Software Testing

软件测试丛书

精通自动化测试框架设计

Proficiency in Testing Automation Framework Design

陈冬严 邵杰明 王东刚 蒋涛 编著

人民邮电出版社

北京

图书在版编目（CIP）数据

精通自动化测试框架设计 / 陈冬严等编著. -- 北京:
人民邮电出版社, 2016.4
ISBN 978-7-115-41565-3

Ⅰ. ①精… Ⅱ. ①陈… Ⅲ. ①软件工具－测试 Ⅳ.
①TP311.56

中国版本图书馆CIP数据核字(2016)第036830号

内 容 提 要

全书共分 3 部分，第 1 部分包括第 1～8 章，介绍了有关测试框架与 UI 自动化测试的主题。在第 1 章中介绍了若干种不同类型的自动化测试实践，并提出了 T 型自动化测试框架以及纺锤形自动化测试模型。在第 2 章介绍了自动化测试中如何进行数据的交互与管理，并结合实际案例列举了 Java 属性文件、XML、Excel、数据库以及 CSV 等不同的处理方式。第 3 章和第 4 章介绍如何分层构建 Solvent、SeMet 等底层框架。第 5～8 章是有关 TestLink UI 自动化测试框架的构建。第 2 部分是 UI 自动化框架横向拓展的主题。第 3 部分讲解 API 测试。实现了 UI/API 的分层自动化测试，并探讨了在敏捷模式下，通过统一框架，同一用例在不同技术实现方式下无缝切换运行的可行性和由此带来的价值。第 16 章介绍了 Webdriver 的基础概念及简单元素封装、自定义 Page Object 等内容。读者可以按照此书介绍的方法，根据自身工作中被测应用的实际特点，加上适当的工具，来尝试建立适合自身项目实际需求的自动化测试框架。本书是帮助读者从初学者踏上通往更高层级测试工程师的阶梯。

本书适合作为测试初学者、测试从业人员、测试经理、测试管理人员、测试开发人员的参考用书，也可以作为大专院校相关专业的师生用书和培训学校的教材。

◆ 编　　著　陈冬严　邵杰明　王东刚　蒋　涛
　责任编辑　张　涛
　责任印制　张佳莹　焦志炜
◆ 人民邮电出版社出版发行　　北京市丰台区成寿寺路 11 号
　邮编　100164　　电子邮件　315@ptpress.com.cn
　网址　http://www.ptpress.com.cn
　固安县铭成印刷有限公司印刷
◆ 开本：800×1000　1/16
　印张：24.25　　2016 年 4 月第 1 版
　字数：464 千字　　2024 年 7 月河北第 9 次印刷

定价：59.00 元

读者服务热线：(010)81055410　印装质量热线：(010)81055316
反盗版热线：(010)81055315
广告经营许可证：京东市监广登字20170147号

前　言

在凌晨熬夜完成年度双 11 采购付款任务的同时，本书也将最终交付给出版社了。不知不觉间，互联网公司从一个“搅局者”成为市场的主流玩家，影响着数亿人的生活。

而互联网公司背后的软件开发模式也逐步成为行业的主流声音。伴随着敏捷时代的到来，互联网公司更催生出了测试开发工程师以及测试架构师这些新兴的职业。而传统的测试人员则面临着转型的挑战，职业生涯也更早地遇到了天花板。许多公司甚至都不再设立“测试经理”的职位，招聘人员也开始秉承着“不会做开发的测试不是一个好测试”的理念去遴选候选人，造成了很多测试人员将“转做开发”而不是“做好测试”作为自身职业发展的一个目标。另外一个方面，一般的自动化测试人员，在熟悉了 Webdriver 等自动化测试工具之后，如何从一个工具的使用者，仅仅完成测试步骤的自动化翻译工作，转变成为一个工具、框架或者平台的构建者、维护者，成为使用者们的支持人员，实现自我价值的提升与组织收益的共赢？这需要从业人员有很好的业务理解能力、新技术学习能力以及持续不断地自我激励与坚持。此外，还需要一个好的机遇，能得到项目实践的机会。而能在实际工作中得到这种系统锻炼，快速从“菜鸟”成长为“老法师”的无疑都是幸运儿。

本书希望凭借着作者们多年的自动化测试实践，将自动化测试可能的一些挑战、问题与处理的方式以及方法，通过选择合适的被测应用作为案例一步步进行展示的形式，介绍自动化测试框架的搭建以及后续演变过程。读者可以按照此书介绍的方法，根据自身工作中被测应用的实际特点，糅合进适当的工具，来尝试建设适合自身项目实际的自动化测试框架，并进而走出使用者的大门，并在踏上通往更高层级的台阶中走得更好。

本书的主要内容

第 1 部分包括第 1 章到第 8 章，介绍了有关测试框架与 UI 自动化测试的主题。在第 1 章中介绍了若干种不同类型的自动化测试实践，并提出了 T 型自动化测试框架以及纺锤形自动化测试模型。本着兵马未动，粮草先行的策略，在第 2 章中介绍了自动化测试中如何进行数据的交互与管理，并结合实际案例列举了 Java 属性文件、XML、Excel、数据库以及 CSV 等不同的处理方式。第 3 章和第 4 章开始着手介绍如何分层构建 Solvent、SeMet 等底层框架。在第 3 章有关 Solvent 的构建中，提供了诸如用例基类、日志、计时、检查点、截屏、数据处理等基础功能。在第 4 章有关 SeMet 的构建中，结合自动化测试工具 WebDriver 以及被测应用 TestLink，介绍了 SeMet、TLTestCase 等类的实现。

第 5 章到第 8 章则是有关 TestLiink UI 自动化测试框架的构建。在第 5 章中，笔者选取了 TestLink 的部分典型控件进行了封装，并提出了聚合而不是继承的 UI 页面切分原则。在第 6 章中，笔者引入了三段式页面封装法，并通过案例介绍了业务对象类、方法链、业务与具体实现的隔离、使用枚举类封装页面数据以及构建自给自足的测试用例等一些实用的方法。另外，在第 6 章到第 8 章中，分别介绍了测试项目管理、测试规约、关键字、测试用例集、测试计划、版本管理、平台、测试执行等单业务对象的 UI 自动化实现。在第 8 章中，还介绍了多业务对象之间进行交互的测试场景下的自动化实现。

本书第 2 部分则是有关 UI 自动化测试框架横向拓展的主题。

第 9 章关注浏览器兼容性问题，对浏览器端 Web App 的渲染、容错、布局等内容进行了介绍，并列举了许多兼容性测试案例。

在第 10 章中介绍了本地化测试的自动化课题。在提出了“一码走天下”的愿景之后，也根据实际需要介绍了一种利用轻量级数据库来存储数据字典，结合 Java 反射机制，完成页面定位信息动态生成的方式。

本书第 3 部分将引入 API 测试，提出多层次自动化测试的课题。

在第 12 章中介绍了如何使用第三方提供的 TestLink Java API 通过 XML-RPC 协议操作 TestLink，并简要介绍了一种接口测试用例自动化生成的方法。在第 13 章中，介绍如何在 SeMet 层混合使用接口服务，实现局部的跨层混合自动化，在一些数据和结果验证的场景中通过用例无缝切换，实现速度和鲁棒性的大幅提升。在随后的章节中，引入了与 SeMet 层并列的 APIMet 层，从而实现了 UI/API 的分层自动化测试，并探讨了在敏捷模式下，通过统一框架、同一用例在不同技术实现方式下无缝切换运行的可行性和由此带来的价值。在第 14 章中，围绕代码管理和审查的课题，结合代码检出、提交、合并等日常工作场景，介绍了 Git/Gerrit 代码工具的使用。在第 15 章中，结合 Jenkins 这一持续集成工具，介绍了持续集成的各项工作、常见问题和最佳实践。第 16 章介绍了 Webdriver 的基础概念以及简单元素封装、自定义 Page Object 等内容，供初次接触 Webdriver 自动化测试的读者阅读参考。

本书的总体结构如下图所示。

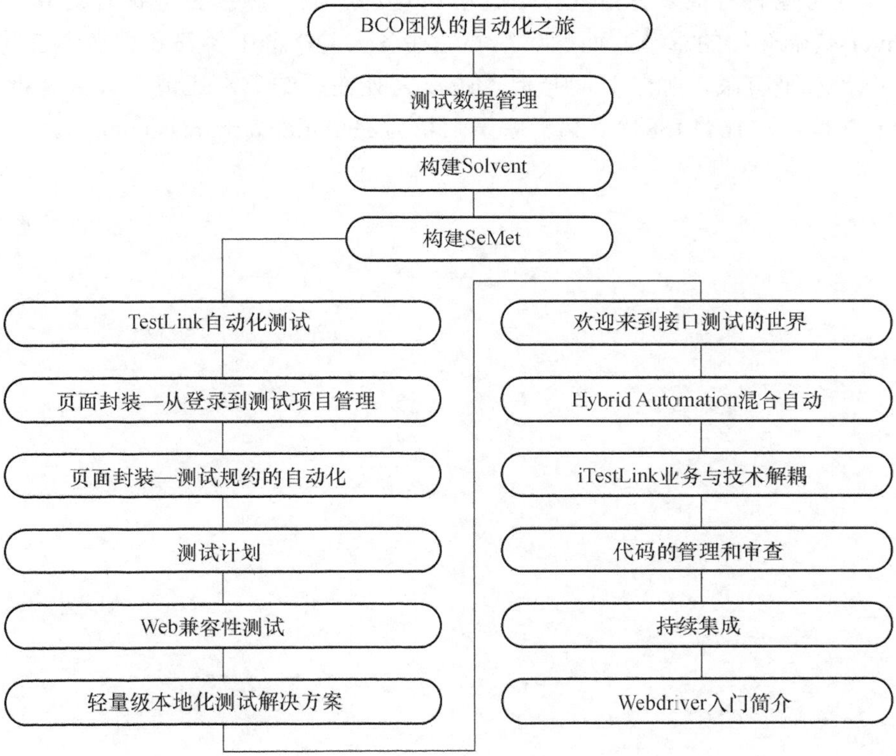

致谢

感谢朱少民老师欣然应允为本书写序，相信很多读者是读着朱老师的书入行的。感谢人民邮电出版社的编辑张涛老师。没有他的热心指导，本书无法从一个想法落地实施，并最终与读者见面。

最需要感谢的是我们的家人。没有他们在过去一年中默默的付出和谅解，以及不断的鼓励，本书是无法写成的。

还要感谢前同事王哲、牛锐，本书很多的内容都源自于和他们之前探讨的话题，与他们的一次次午餐闲聊最终促成了本书早期提纲的形成。感谢 SPR Tracker 的作者方建新对本书第 1 章初稿的评阅。

感谢我的合作伙伴们。依稀记得当年在杭州学院路的办公室，王东刚每周忍着烟瘾编写程序的神情。后来才知道他编著了《软件测试与 Junit 实践》一书，是 Junit 在国内的早期传播者与践行者之一。这次，他又同意将有关兼容性等最近的研究成果拿出来与大家分享。感谢邵杰明，承担了有关测试项目工程管理部分的撰写工作，在我负责撰写的章节中，也与他有着很多有益的探讨。感谢蒋涛，他欣然接受了我的邀请，撰写了有关 Webdriver 基础介绍的章节，而且还热心地在各大 QQ 群中解答各种初学者的问题。

由于作者水平有限，加之时间仓促，疏漏之处在所难免，还请广大读者批评指正。本书答疑 QQ 群：（516414684），编辑联系邮箱为 zhangtao@ptpress.com.cn。

陈冬严

于上海

序

2015 年国庆节长假最后一天，打开 To Do List，里面显示还有一项工作没有完成，那就是应本书作者的邀请为本书写序，节前已经承诺，我会在“十一”假期期间完成这一任务。但假期快要结束了，还没有开始写，能完成吗？如果有一个机器人，我只要把想表达的主题、关键字（主要想法）告诉它，接着它就能很快帮我完成写作。最后，我只要校对一遍，稍作修改，就大功告成，那该多好啊！这样的梦想可能在不久的将来会成为现实，因为半个多月前，新闻写作机器人 Dream writer 就已经出现，它只花了 1 分钟，就炮制出了一篇新闻稿。但“序”的写作还属于高难度动作，Dream writer 目前还干不了。由此想到软件测试，在软件发布前，留给回归测试的时间一般也很少，人们也希望有机器人助自己一臂之力，能够快速自动地执行测试。为此，有些著名的测试工具乐意取名为 Robotium、Robot Framework，和机器人（Robot）扯上关系。在敏捷开发模式流行的今天，没有自动化就无法“敏捷”起来；没有自动化测试就无法做到持续集成，没有持续集成就不能做到持续交付。所以，人们一直致力于提高自动化测试水平，例如，在移动 App 的安装/卸载测试、兼容性测试、基本功能测试、“闪退”测试等方面，人们已经享受到自动化测试的云服务，需要什么测试就能获得相应的服务，甚至可以做到一键式测试，让测试自动化达到极致。

但是，当我们面对企业的软件应用产品时，其业务逻辑复杂，用户交互（UI）界面也不简单，仅仅完成基本功能的验证是不够的、也是很难的，而且需要针对各种业务场景、业务流程、业务数据等进行验证。这时，需要我们针对 UI、API 开发大量的自动化测试脚本，自动化测试会面对更大的挑战。虽然针对 API 进行自动化测试的效率高、执行稳定，维护成本也低，但没有 UI 的自动化测试配合，测试还不够彻底，还需要手工执行部分 UI 测试。所以，UI 自动化测试再难，也必须克服这个困难，才能比较彻底地实现自动化测试。

本书就是从 UI 自动化测试入手，逐步展开各项自动化测试技术的讨论，包括面向接口的自动化测试、数据驱动的自动化脚本、兼容性测试和本地化测试的自动化实现等。全书文字流畅、幽默，案例丰富，技术也很有深度，亮点也不少，例如：

- 对自动化测试框架层层剖析，对构成自动化测试框架的各个元素，包括基类、日志、计时、检查点、截屏、数据处理，娓娓道来，并实现了 UI/API 的分层自动化测试，更有效地应用于敏捷开发模式下的快速、灵活的持续测试。

- 多数业务测试是数据驱动的，本书对不同类型、格式的测试数据（如 XML、Excel 文件、数据库等数据源）的处理技术做了详细交待，能够满足不同业务数据的测试需求。
- 一个随手可得的案例（开源 TestLink 项目）贯穿其中，从单点功能到多点功能、功能操作的封装、页面封装、控件封装、数据封装，到业务与具体实现的隔离、分层处理等，各种自动化具体技术或技巧都很好地被呈现出来，让读者可以一面学习、一面实践，效果倍增。
- 本书构建的自动化测试框架是从底层 Solvent、SeMet 开始，一方面是基于 Selenium＋Webdriver 实现，基础可靠；另一方面，又能脱离 Selenium＋Webdriver，为 API 等其他不同技术实现的自动化测试服务。我们知道，Selenium 是众多开源测试工具的佼佼者，2006 年我就向自己的团队介绍 Selenium 并开始试用，将近 10 年过去了，Selenium 依旧光彩照人，在与 Webdriver 结合之后，其能力和影响更大了，基于 Selenium＋Webdriver 实现的自动化测试框架值得我们信赖。

本书是作者多年的自动化测试实践经验的积累，且不是停留在工具应用上，而是作为自动化测试框架的创建者、开发者来分享经验的。所以，本书不仅适合刚入门的测试人员阅读，也适合资深测试工程师阅读，在阅读时，会有思想火花的碰撞、会从中得到启发，能从中学到不少东西。本书也不仅适合测试工程师阅读，而且适合开发人员阅读，这正和目前开发的敏捷潮流吻合，未来的测试工具开发或维护工作，可能更多由开发人员来承担起来。希望本书的出版，给软件测试图书世界带来一丝清新的气流，让更多的读者能呼吸到这股新鲜的空气，舒畅快乐！

朱少民

同济大学软件学院

作者介绍

陈冬严，浙江大学硕士，具有 10 年软件测试和团队管理的工作经验，先后服务于 ITSM、PLM 软件研发企业，现就职于某金融行业核心机构 IT 规划部门。业余时间喜欢园艺。

邵杰明，热爱测试工作，10 多年的测试行业经验，曾先后供职于多家世界一流软件公司担任测试开发和测试管理工作，积累了丰富的行业工作经验，拥有 PMP 认证，目前担任测试架构师的工作，致力于自动化测试设计、持续交付等方面的工作。

王东刚，常用网名 fastpoint，资深测试专家，《软件测试与 Junit 实践》作者，在项目管理、产品开发和测试方面均有建树。也曾自主创业，主推专业的软件测试服务。个人网站：http://www.fastpoint.cn/。

蒋涛，高级测试工程师，现负责雅虎两个主要移动端产品的测试工作。从 Selenium 1.0 时代便开始使用其进行工作，期间经历过多个国际级的大型项目，属于国内较早一批接触 Selenium 的人之一，拥有丰富的自动化项目经验。现在主要工作重心在移动互联网上，部署、实施、开发过多个移动平台的自动化项目。同时也是一个摄影爱好者，喜欢独自背包旅行。

目　录

第1部分　构建UI自动化框架

第2部分 UI自动化框架横向拓展

你多吃点饭，到东吴的路很长，很费体力。

——《赤壁》

1

第1部分 构建UI自动化框架

在本书的这一部分，将介绍数据管理、底层公共框架构建等主题，并借助TestLink Web UI自动化测试框架构建的实践案例来展示如何从底层框架开始，搭建一个具有良好可维护性以及后续可扩展性的Web UI自动化框架。

第 1 章　BCO 团队的自动化之旅

1.1　奥运年的新挑战

2008 年的夏天是一个举国欢腾的日子。An 君在办公室里正对着“厨房三件套”的 Office 开始一段全新的奇妙旅程。

An 君加入的团队是 P 公司上海研发中心组建的第一个所谓种子团队（Seeded Team）。上班第一天所看到的是略显空荡荡的办公室，以及拥有同样兴奋心情的其他团队成员。团队里绝大部分人拥有硕士学位，5 年左右的相关行业软件测试工作经验。他们面对的产品是一个已经有十多年历史，服务于上万家企业客户的行业标杆级产品。开发工程团队分布在全球各地、高度分工，且这个千人团队正酝酿着敏捷转型。

这个团队接手的第一个项目叫做 BCO。

1.1.1　BCO 是什么

这几乎也是每个新成员问的第一个问题。BCO 是 Build Checkout（版本签出）的简称。BCO 测试团队负责检查和验证集成团队发布的每个 Build 是否通过既定的质量标准，并将通过测试的 Build 对组织进行发布。这一过程将在某一发布（Release）的第一个 Build 开始，直到 RTM（Release To Manufacture）Build 结束。

BCO 针对每一个 Build 的测试周期是 5 个工作日，从接到集成团队的 Email 通知开始，到全部 BCO 缺陷修复且验证通过、发出 Build Release 的 Email 为止。之所以是 5 个工作日，是因为这个一千人的产品开发组织按照每周一个 Build 的节奏进行组织级版本构建。

1.1.2　为什么需要 BCO

BCO 的出现是为了解决一个庞大软件开发组织的版本集成的问题。经过多年的实践摸索，该组织建立起了如图 1.1 所示的多阶段持续集成模式。而 BCO 是该模式中的一环，是背后庞杂的产品开发流程中简单而又非常关键的一环。

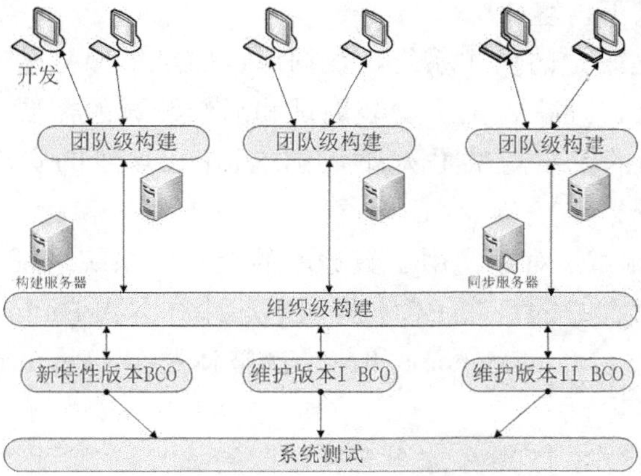

图 1.1 多阶段持续集成模型

所谓多阶段持续集成，可以参考 Damon Poole 于 2008 年所发表的文章[1]。这个模式与这个组织的团队结构是吻合的。在采用了 SCRUM 之后，开发团队按照产品的功能和专业职能，划分成了约 60 个 SCRUM team。这些团队又根据特性与模块间的相似性，以及产品组合间的市场接受程度，聚合成了大约 15 个 Integrated SCRUM team，也就是所谓的集成 SCRUM 团队。这种模式也被称为 SCRUM of SCRUM。这个组织的多阶段持续集成是按照如下的模式运行的。

（1）每周中央集成库签入与签出——每个 SCRUM team 的配置管理员维护自身团队的代码库。每周初，从中央集成库中更新同步最新发布的代码基线。每周末，将团队代码库中通过集成的代码签入中央集成库。

（2）团队每日集成——每天由团队的配置管理员进行该团队的版本集成，接受团队成员签入的新代码。

（3）个人每日集成——SCRUM 团队成员每日在团队代码库中进行签入和签出，并随时在私有代码库上进行私有构建。

（4）对于系统测试团队和本地化、市场等其他团队而言，只使用（1）中由集成团队构建的版本进行测试。

这套流程能顺利运转的关键一环是发生在组织级构建与系统测试之间的 BCO 测试。从图 1.1 中组织级构建与不同版本 BCO 之间的双向箭头也可以看出，开发团队所使用的也是经过 BCO 验证的 Build。

1.1.3 测试任务与测试内容

BCO 测试的主要任务是在集成团队发布了版本之后，进行 BCO 测试与版本发布。该级别的测试主要完成以下内容。

（1）安装测试：在既定的操作系统、数据库、LDAP 服务器产品和其他第三方产品上安装既定的解决方案。通常，出于安装测试和后续测试的需要，一般要安装若干套系统。当然，相对于专门的安装测试团队所实施的几十个场景的安装测试来说，BCO 只涉及其中极其有限的场景。

（2）Schema 比较测试：对于使用了数据库的企业级系统来说，数据库以及其中的数据定义的一致性是非常关键的。在 BCO 测试中，针对本次 Build、本次 Build 的前一个 Build、前一次修订发布（Maintenance）和前一次整体发布（Feature）的 ORACLE Schema 分别进行比较。

（3）API 测试：大约有 1500 条来自开发团队的 API 测试用例需要执行。

（4）Dev/QA Check：根据开发进程的不同，测试将分为 Dev Check（约 200 条 UI 用例）及 QA Check（约 400 条 UI 用例，包含 Dev Check）。

（5）产品集成测试：该产品与公司其他上游产品的交互集成，约 200 条用例，需要一些行业及上游产品的使用技能。

（6）最终版本验证与发布：在所有该 Build 上发现的 BCO 缺陷全部修复后，集成团队将进行该 Build 的重新编译集成。在此基础上，BCO 团队将运行前述所有用例，验证所有缺陷。如果一切顺利，就进行 Build Release。

从上述内容得知，这个团队不负责具体的系统模块，却涉及几乎全部的系统模块。他们的 UI 用例大约占整个测试组织全部用例的 1%。

1.1.4　利益干系人

划分利益干系人是建设一个新团队必须要做的事情。对于 BCO 来说，其划分大致是这样的。

（1）BCO 团队成员，位于上海，负责该项目的执行。

（2）BCO 团队主管，上海与北美，接力把控项目的整体进度与质量。

（3）Integration Team 集成团队：负责各产品版本的每周构建。BCO 是他们的客户之一，为后者提供 Build 以及 BCO patch。

（4）QA：系统测试团队，内部客户以及国庆、春节黄金周期间的替补。BCO 测试用例的评审者。

（5）Dev：开发团队，内部客户，BCO 缺陷修复者以及 BCO 测试用例的评审者。

（6）Installation and Upgrade Dev：同 Dev，专注于安装以及升级相关领域的开发团队。

（7）PO：产品经理，Triage（缺陷分类）时的参与者及 BCO 测试用例的评审者。

（8）Release Management：发布管理团队，产品及 Build 发布计划的制定者、内部客户、BCO Board 成员。

（9）BCO Board：包括所有测试和开发的经理和总监，BCO 流程的拥有者，审核 BCO 用例变更以及版本丢弃等重大事项。

（10）BCO-ALL：一个邮件组，所有与 BCO 的产出物相关的邮件需要抄送该邮件组。几乎所有上述人员均在该邮件组内。

可以看出来 BCO 是一个纯服务于产品工程团队的内部团队。

1.1.5 Pink Mail、Escalation 和 SPRTracker

这是 An 君最喜欢的部分。Pink Mail 是内部对于 BCO Break mail（缺陷通知邮件）的昵称。每当 BCO 团队成员在执行测试用例中发现了问题并经过团队负责人的确认，就可以直接在缺陷管理系统中新增一个带有 BCO 标签的缺陷，并且这个缺陷基本上就是 Blocking（阻塞）的严重级别，这是其他普通系统测试人员所不具有的特权。

这还不够，作为信息传递与沟通的主要方式，BCO 成员还要在系统中发出一封以粉红色为背景的 Email。Email 中包括常规的缺陷信息，以及对于所有后续流程的提示，还要抄送给缺陷负责人的直接上级以及 BCO-ALL。在 An 当年访问其他研发中心时，曾有同事打趣说，他每天到公司的第一件事情，就是看一下有没有属于他的 Pink Mail。如果没有，很庆幸，可以继续正常干活了。

按照 BCO 的规程，一个 BCO 缺陷如果在规定的时间内（如 36 小时）没有有效响应，就可以向修复者的上级（经理或者总监）进行 Escalation，然后就会触发后续的沟通协调与更频繁的修复进度状态跟踪。基本上没有人愿意接到 Escalation。

Email 的沟通还是有些不够及时和醒目，最终团队成员 Ken 做出了他们的熔岩灯（Lava Lamp），一个 Web 版本的缺陷计时器来作为可视化的版本状态提醒工具。这个取名叫做 SPRTracker 的工具，会以 10 分钟每次的频率去扫描缺陷库，遴选出属于在建发布的所有带有 BCO 标签的未修复缺陷，列出修复者的大名，缺陷开出的时间，以及一个距离 Escalation 还有多少小时的沙漏计时器。大家都喜欢这个工具，它还被要求做成了一个 RSS（*Really Simple Syndication*）源，成了很多人使用的公司内网首页的一个组件。

1.1.6 沟通，还是沟通

做到这里，还是不够。BCO 团队每天会将所有上述工作写成一个进度报告，发布给 BCO-ALL。此外，还有每日的上海/北美 BCO 主管会议，主要沟通存在的问题与需要交棒的工作内容。在每周一次、全部测试经理和产品经理都要参加、由测试副总主持的全产品线测试沟通会议上，BCO 团队的进展报告通常都是第一个议题。按照测试副总的说法，BCO 团队的每个人都是名人。

1.2 史前的自动化

自动化测试不等于 UI 自动化测试，也不仅仅是完成测试用例的自动化翻译和执行过程。本节将介绍一些过往的自动化实践，供读者在自动化测试框架设计或者选型时进行参考。

1.2.1 自动化安装系统

该 SUT 是一套典型的 B/S 架构的基于 J2EE 的产品，安装过程中至少有 20 个 GUI 页面，需要不停地填写和勾选相关的配置信息。最令人头痛的是需要填写大约 50 个端口号。当然，后续的版本上这个问题已经改善许多。开发环境中，还要考虑一台服务器上部署多套系统，手工安装时选择端口号几乎成了最痛苦的事情，就类似于程序员在决定怎样给他的类和方法命名时的感觉。

由于需要快速、方便地完成这些工作，这个团队继承了一套基于 Perl+MySQL 的自动化安装系统。这个系统维护了一套资源池，包括服务器、账号、可供安装的目录、Oracle/SQL Server 实例组、LDAP 实例组、文件服务器组、Masterpack 安装包服务器连接信息以及基本端口库。使用时只要运行一个命令，指出你要选择安装的产品组合类型、数据库类型、待安装的版本构建号 Release+Build 就可以了，它会自动去后台资源库里根据提供的信息选择可用的资源进行安装。

你接下来要做的就是访问它的主页。上面会展示上述信息，并提供访问新安装的服务器的链接。细心的读者会问了，那删除怎么办。只需在页面上选择你要删除的安装实例，其他的删除以及资源释放等问题它都会解决。除了必须连接 VPN 登录公司内网，和在命令行下运行安装相比，它几乎没有别的缺点，直到它被基于 Jenkins+Ant 的新系统所替代。

1.2.2 快速回归测试系统的混合自动化

在为期一个月的培训中，这个团队还接收了一套名为“快速回归测试系统”的测试框架。它是用来进行专门的产品设计以及产品开发管理软件集成交互测试的，也就是

GUI+Web 混合测试。作为一套快速的测试系统，它平均运行一个用例需要 5 分钟。

先介绍下它的测试用例一般做些什么操作。譬如，它要在产品设计软件中打开一个苹果手机的 3D 模型，然后按照用例描述，对它进行一系列的签出、修改、签入等操作，这其中的某些操作是在该软件的菜单中完成，而另外一些操作，则在它内嵌的 Web 浏览器中进行。

而用例的生产则需要采用一个特别的许可证。有了许可证，这个软件就可以录制所有在界面内的操作，并形成一个基于 JavaScript 的描述文件以及一个用于比对的结果文件。它的逻辑是，Do the thing right first time, and every time。后续只要修改这个文件，就可以实现操作步骤的参数化，应用于后续用例的重复执行和其他测试场景。这可以看作是当时如日中天的某款 Record and Replay 的自动化测试工具的一个手工版。

现在我们再回过头来介绍一下它为什么需要 5 分钟，并且还被称为快速。看过杂技的读者肯定都知道扔球的游戏。杂技演员右手依次把多余的 3 个球扔向空中，然后左手依次接住落下的球，再交给右手，以此循环往复。

这个系统的设计思路也是如此。如图 1.2 所示，它首先有一个装载的过程，把一套测试运行所需的资源导入资源池，如导入一个 Oracle 数据库实例、LDAP 目录以及文件服务器等。再将空壳的被测系统指向这些资源，启动系统开始运转，这就如完成球向上扔的过程。

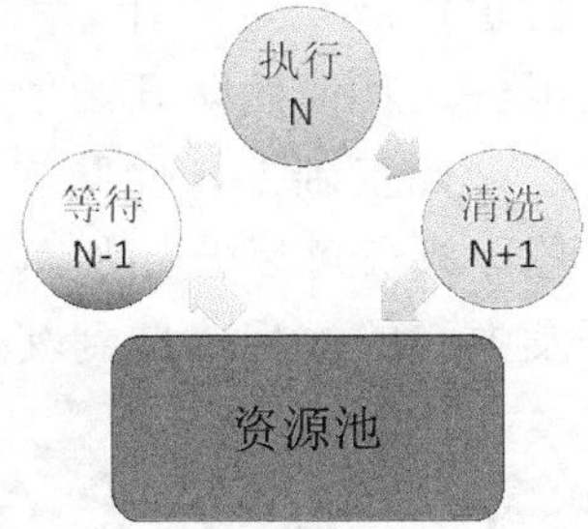

图 1.2 快速回归系统的资源调度

然后，引擎开动，一个测试用例开始被调用、运行，等到执行完毕，球开始往下落。这时候又有个服务开始完成卸载的过程，关闭应用，drop 掉 Oracle 数据库实例，清空 LDAP 目录和文件服务器，将清洗完毕的资源系统交还给资源池。

当然这 3 个步骤是一个并行的过程。也就是用例 N 在运行的同时，系统同时在准备 N+1 个用例的装载过程，并且再“清洗”N-1 个用例所使用过的系统。所谓的快速，估计也是源于此吧。

1.2.3 来自小众自动化工具的框架

前面介绍这两套系统，都是这个团队建立时接收过来的遗留系统。接下来出场的是一套团队建立时正在建设并后续转交过来的新的 UI 自动化框架。它基于一个商用自动化工具建设而成。用例的描述采用当时最流行的自动化测试编程语言 VBScript，而用例的存储则采用了数据库，并且用例有了版本的控制。

在此基础之上，利用对象库和页面对象库的概念进行用例的编写。当然，一个基础库已经开发完毕，针对公司产品界面上主要的 HTML 控件已经进行了封装，后续用例实现时，调用这个基础库里面的控件，并给出定位信息就可以操纵控件了。

看起来，这是个基本没有挑战的工作了，尤其是团队里的好几个成员拥有当时最主流的一款自动化测试工具的实施经验的情况下。不过事实并非如此，在测试用例自动化的初期，团队遇到的最大的问题就是没有相关文档。当遇到某个 API 的问题，需要查看用户指南等文档的时候，相比于前款软件，经常得到的反馈就是文档写了等于没写。想要的基本没有，写的都是用不着或者已经知道的内容。譬如，最简单的一个按钮对象，需要知道它可以如何被定位、有什么属性可以定位、有哪些事件、最好还能有一些例子，基本上这些内容都是没有的。更为糟糕的是，因为是一个小众产品，所以，在互联网上是很难找到相关信息的。有时候，只能按照前款产品的对应控件说明来碰运气，而且屡试不爽，这也算是一种 Workaround（变通方法）吧。

不过，在这群顽强的工程师面前这些都不算什么大的困难。很快，所有的 UI 测试用例也按照既定的计划完成了自动化测试并投入了生产。这个框架在 BCO 团队的成功也很快让其他团队开始使用该产品。

在此基础上，团队快速成长为一个全面自动化测试的团队。同时，团队的职能不断扩展，成员可以开始加入新的项目。BCO 的专职实施人员逐步减少，并最终完成在上海研发中心的旅程，转到其他研发中心，当然这是后话了。

1.3 五天太久，还能压缩吗

两年以后，投入巨资，耗时两年的一个特性发布终于 RTM 了。测试组织也适时提出了 BCO 发布可否从 5 天压缩到 4 天这样的挑战，最终的目标是配合集成团队实现每周两次的组织级构建，这是一个典型的持续改进的需求。通过在该特性发布上积累的数据，可以对其进行回顾，评价一下团队的表现，发现问题，进而明确改进的方向。

1.3.1 BCO 版本发布用时分布

这是大家首先想到的需要分析的数据。如图 1.3 所示，在该特性发布的 100 多个 Build 中，有 70%是在 5 天以内完成的。可以轻轻松松完成的 Build 极其少见，只有 5%的 Build 在两天之内被搞定。

完成时间在 4～6 天所占比例总共有 77%。当然，这个统计的背景就是平均每周这个团队工作在 3 个不同的发布上。

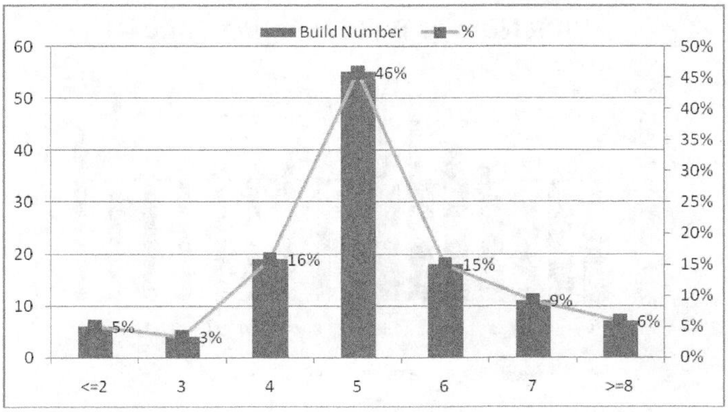

图 1.3 BCO 版本发布用时分布图

一开始团队的讨论和关注的焦点还是那些问题频出、超时严重的 Build。这个统计结果出来以后，几乎所有人都同意。如果要去挑战或者实现 4 天的发布周期，最直接的方式就是将 4、5、6 天的数据向左平移 1 天。这说明需要重点关注和分析的是正常发布过程中是否还有可以改善的地方。

通过查看发布时间为 4～6 天的 Build 列表中每个 Build 的缺陷数，发现大量（大于 20）的 Build 存在类似的问题。虽然缺陷数目较少（3 个以下），但是，发布时间都在 4～6 天。这为后续进行的根因分析给出了有效的问题切入点。

1.3.2 缺陷压力测试

接下来出场的是版本发布用时与缺陷的关系。首先，根据图 1.3 所示的统计，平均的 BCO 版本用时是 5.2 天。图 1.4 所示的统计结果也显示，平均每个版本上有 6.1 个缺陷，而没有缺陷的版本数则占了大概 5%，这和图 1.3 所示中两天内发布版本所占的百分比是相对应的。

如果把缺陷数量当作一个压力测试，那么第一个阈值出现在 7 个缺陷这个节点。在此之前，团队可以完全在 5.2 天之内完成一个版本的 BCO 发布。随着缺陷数的继续增加，团队承受的压力也越来越大，但是，也还是在相对可控的范围之内。一旦达到 14 个以上，整个平均发布的时间就有一个大幅的跃升，基本上就达到了发布时间不可控、版本质量崩溃的情况。

当然，这不是故事的全部。BCO 是整个组织的“哨兵”，那有没有谁可以来做 BCO 的“哨兵”呢？而不是在高压下埋头工作 5 天，然后挣扎 3 天搞定一个 Build 或者最后不得不丢弃它。这样的结果既影响了整个组织的进度，也降低了团队的士气。

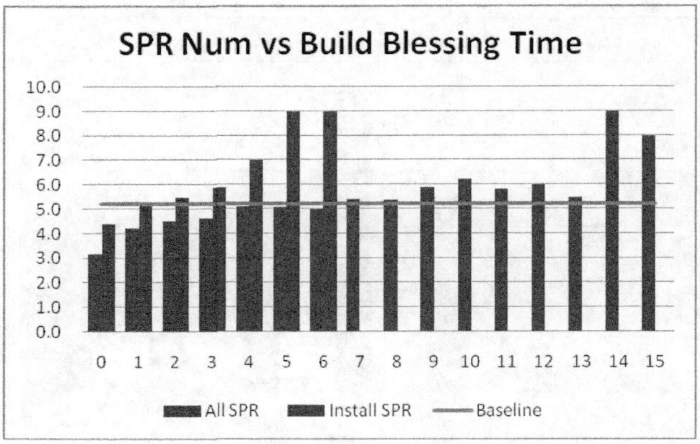

图 1.4 缺陷数量与版本发布用时

于是，就有人去统计安装缺陷的情况，结果非常让人吃惊。首先，有超过 70%的版本是无法一次安装成功的。而安装缺陷对于 BCO 发布的影响是巨大的，因为它在测试推进的主干线路上。只要安装缺陷数超过 1 个，这个版本就会 100%出现延期。而如果数字增加到 5 和 6，两条高耸的数据线就出现了。这和全部缺陷统计时的 14、15 天时间发布上的情形是类似的。感谢安装团队，没有出现更多的缺陷。看到图 1.4 有的团队成员直接就提出，以后超过 5 个安装缺陷，直接将版本丢弃。

图 1.3 和图 1.4 只是一个举例，其他如针对缺陷/模块分布的帕累托图分析等方法也是非常有意义的。通过这样的一个过程，整个团队基本统一了思路，明确了后续需要改进的地方。然后有针对性地进行改进，如更好地沟通、及时地排错、预防性在构建过程中增加安装步骤等。有意思的是，作为一个工作基本自动化的团队，所选定的流程改进的对象并没有太多关于自动化工具的，更多的问题点在于流程、沟通等有关人的问题上。工具或许能有效优化或者解决一些问题，不过在进行根因分析或者持续改进时，请更多地考虑产生问题或者改进问题的外部因素，也就是跨团队与跨部门的沟通问题，以及技术对于业务支持的可能性。这些都与软件工程师日常最为熟悉的软件、工具或者代码没有直接的联系，但是，这又是整个组织良好运作的基础。无论你是否意识到，整个公司并不是围绕着代码或者测试用例进行运作的，业务才是商业世界的主宰。

1.4 听说又有一个新框架了

在 2009 年年初，也就是基于上一个 UI 自动化框架的 BCO 自动化项目刚刚实施完毕，开始进入生产运行时，又有一个重要的特性版本开始开发。这次整条产品线采用了新的前端框架，引入了大量提高性能和易用性的设计。简而言之，就是之前的绝大部分 UI 自动化测试用例都失效了。于是又有一个新的自动化框架从上而下推行下来。这次它的名字叫 Solvent，是基于 Selenium+JUnit 的，在 Eclipse 中通过编写代码进行用例开发。

当时，这套框架已经基本完成了一期的开发工作，正在寻找团队进行试用，而 BCO 按照老规矩，就被管理层选中了。

从团队成员的工作经历来讲，这是一次比较大的工作方式的变动。很多人毕业以后基本没正式写过 Java 代码，而 Selenium 的使用还需要更多有关 HTML 的知识。不过再难也难不倒这个聪明好学的团队。通过头脑风暴，大家很快辨识出了以下几个需要学习的方向。

- Java 基础知识。
- HTML 及 XPath 定位。
- Selenium API。

接下来，每周都组织 1～2 次团队分享，轮到介绍技术的同事就自己选择的学习点进行大约半个小时的介绍，然后大家讨论。

最后一个"大作业"是由一位同事搭建了一个简单的网页，罗列了常见的一些 HTML 控件，然后所有人用 Selenium IDE 进行录制，并转换成 Java 代码，通过 Eclipse 调试，完成代码的编写。当然基础好点的人，就直接在 Eclipse 中开始写代码了。

1.4.1 初见 Solvent

过完农历新年，终于有一天团队组织了一次正式的培训，介绍如何使用这个框架进行自动化测试。培训取得了很大的成功，大家都对这个新框架显示出了浓厚的兴趣。培训也达到了它所宣称的目的，介绍清楚了如何利用这套框架进行自动化用例的编写。它很好地对页面对象和动作进行了封装，隔离了针对 Selenium 的操作，减轻了自动化用例编写人员的工作量。

不过，还是有同事在培训完成后表达了对培训的不满，他们认为内容过于简单，过多着重于如何应用的层面，对于框架如何构建，页面如何封装等问题没有过多涉及。

An 君对此的看法是，国内的测试团队已经不仅仅满足于简单的用例自动化实施，而是希望能更进一步深入核心，完成更多、更有挑战性的课题。显然，北美的管理层可能没意识到，或者没有意愿做这件事。另一方面，坦诚地说，国内的测试团队在技术上也没有做好充足的储备，或者更准确地说整个 QA 组织还没有做好技术上的储备，这也是当时很多测试团队的现状。

如果敏捷是这个快速变化的时代的要求，那么来自 20 世纪的独立的 QA 组织如何获取自动化这个钥匙，打开走向敏捷的这扇大门？这已经是必须解答的问题了。当时的现实情况是，这把钥匙掌握在开发团队手上。

1.4.2 学习 XPath 和 HTML

对于 HTML、DOM、XPath 等基本概念是什么还不是很了解的读者，推荐大家去学习 W3C 学校的在线课程[2]。这个网站比较系统和详细地介绍了各种 HTML 中的概念以及常见的控件。其次，通过自己的动手实践，尝试编写简单的 HTML 页面和学习如何对元素进行定位，掌握基本的定位方法和技巧。

1.4.3 XPath 定位工具

在学习使用 XPath 或者 CSS 进行元素定位时，拥有一个合适的工具是很重要的。读者可以参考使用 Firefox 下的调试工具 Firebug，这款由 Joe Hewitt 开发的插件[3]可以非常方便地在页面的 HTML 源码中进行元素查找和定位。

Firebug 以 Firefox 的插件方式工作。在完成插件的安装之后，在 Firefox 工具栏（如图 1.5 所示）中就会出现 Firebug 的图标（一只虫子）。在单击了虫子右侧的下拉箭头之后，Firebug 的相关菜单就会展示出来。默认情况下，单击虫子图标就会激活 Firebug，之后在浏览器的底部就会出现如图 1.6 所示的 Firebug UI。

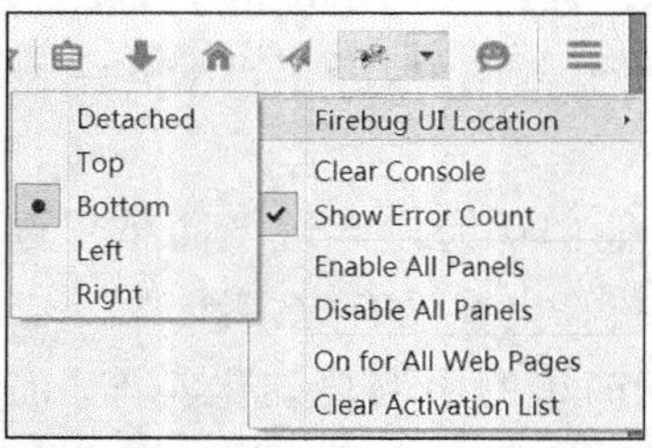

图 1.5 Firebug 工具栏图标

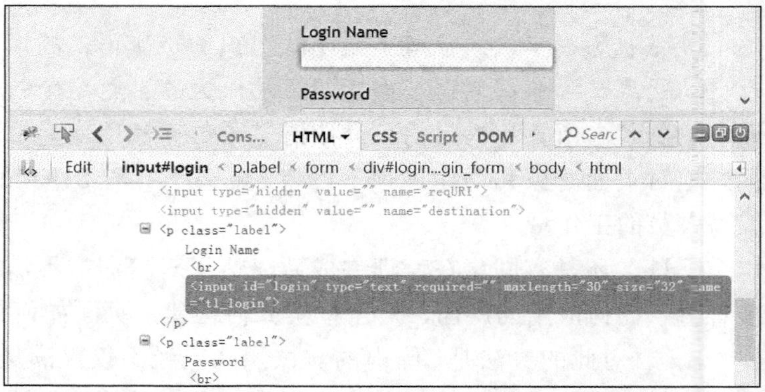

图 1.6 Firebug 选中页面元素

这其中最常用的功能，是 Firebug UI 左上角倒数第二个带框箭头图标，也就是“inspect”。在单击该图标后，再选择页面中的任何元素，就可以在下面的信息区动态展示该元素所对应的 HTML。在图 1.6 所示中，通过选中“Login Name”下方的输入框，在信息区中就显示出了 id="login"的 input 元素的详细信息。通过这种方式，可以非常方便地了解元素的相关定位信息和层级关系，这是后续的 Web UI 自动化测试的一个基础性工作，很多时候这也是一个难点工作。

俗话说，一个好汉三个帮。除了 Firebug 之外，在进行元素定位和查找时，还有一个搭配使用的工具，即 Firefinder。这是一款 Firebug 的插件。在安装之后，就会在图 1.7 所示的 Firebug UI 的最右侧出现一个“Firefinder”页面。

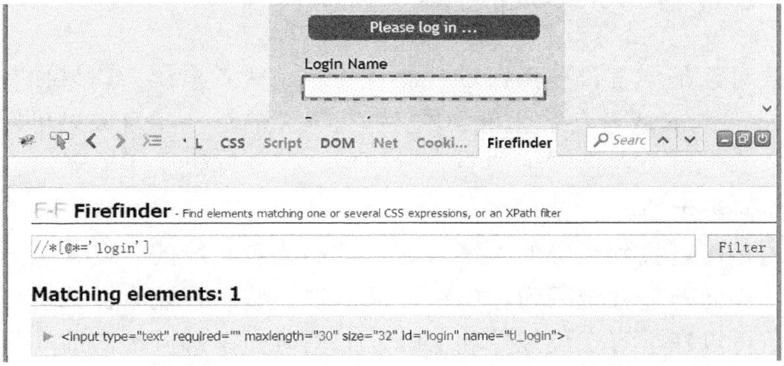

图 1.7 Firefinder 元素查找功能

这款插件用来在 Firebug 环境中搜索匹配的 CSS 或者根据 XPath 表达式来搜索对应元素。在图 1.7 的示例中，通过输入 XPath "//*[@*='login']"来查找该页面中所有带有属性值为'login'的元素，并且将匹配结果显示在下部的页面中。这样就更加方便进行元素的定位了。特别是通过这个方法来验证元素定位串的正确性，而不再需要在 Web UI 自动化测试框架中通过编写用例进行验证，可以大幅提高工作效率。当然，读者需要注意的是，Firefinder 目前暂时不能通过 frame 进行元素匹配。如果元素是嵌在 frame 或者 iframe 中，就无法通过 Firefinder 插件来判断输入的元素属性是否正确，会一直提示找不到元素。

1.4.4 自信与挑战

在进行了基础概念的学习以后，需要使用一个合适的项目对象进行练习。很多人喜欢用自己常用的网站，如搜索网站、购物网站或者邮箱等。这些都是很好的案例学习的实践对象。需要提醒读者注意的是，一开始不要过多地挑战这些属于行业标杆型的产品或者系统。这样做的一个直接结果是容易使自己陷入挑战技术难点的岔路中。经常有朋友在技术交流的群中询问如何获得某网站的搜索结果，或者得到某网站的搜索框的某些关键字的问题，甚至还有询问某火车购票网站的识别码的破解问题。交流之后，An 君发现问这些问题的人对什么是 DOM 还不是很清楚。

An 君希望提醒读者的是，在学习的初期，能解决这些问题固然会带来很大的成就感，但更多时候会因为没有解决问题而带来挫败感。从心理学的角度来说，保持自身的自信和对新事物的兴趣，是成功学习新事物的一大保障。如何不断地小有成绩，逐步推进，维护好自己的信心和兴趣，是所有新学者需要面对的问题。

1.4.5 找到适合自身的实践对象

首选的实践对象是读者目前正在进行测试的产品或者系统。如果你是带着领导安排的任务来学习 Selenium 或者自动化框架的，那么早先的这些学习成果可以直接在以后的工作中进行复用，也可以在后期框架完善过程中，不断回过头来看看自己的早期代码，体会到自己是如何进步的。

更为重要的是可以找到免费的教练（这个产品或者系统的开发人员）来帮助解答一些自己遇到的难点问题，甚至因为你的练习而发现一些软件兼容性或者可测试性方面的问题。此外，还可以在学习定位控件和 XPath 的同时，了解产品的前端框架以及一些以后在开展自动化框架建设过程中的技术难点。当然，同样建议先把它们扔到 Backlog List（任务清单）里，等以后再说，记得保护好自己的学习兴趣。

如果因为某些原因不能使用自己的产品/系统，那么可以考虑自己搭建一个比较简单、但是控件类型较为丰富的网页，并把它部署到 Apache 或者其他 Web 服务器上，供自己学习使用。

当然，当你学习完这些，自信满满地准备大展拳脚的时候，有一点需要注意，以上这些只是在模拟器上学习了一下如何飞行，正式属于你自己的飞机还没造出来呢。

1.4.6 框架的归属问题

如果你是团队里唯一的自动化测试人员、测试架构师兼用例设计师，或者作为架构师（或用户），你的用户（或架构师）和你向同一个经理汇报，那么非常感谢你购买了这本书，并且读到了这里，不过你可以完全略过讨论归属问题的这一小节，除非你有兴趣了解其他人的曲折经历。

An 认为，自动化测试框架的未来属于一个独立的、小型的，同时服务于开发和测试团队的工程团队。在到达这个目标之前，作为 P 公司最为成功的一个自动化框架，Solvent 已经被整个组织所接受。但框架的归属权并不在其使用者手中。它的核心底层归属于一个自动化工作组，而这个工作组的绝大部分成员来自于一个提供公共前端框架的开发团队。

An 一直以为，抛开其他的因素，这的确是一个非常好的主意。尤其在自动化推进的早期，这样的解决方案保障了框架的开发质量，并为测试团队后续与开发团队共用 API/单元测试自动化框架植入了许多的可能性。

1.4.7 Automation 100

现在来介绍下 Solvent 这个框架是如何进行推进并取得成功的。首先，BCO 团队顺利完成在新的特性发布（还记得那个耗时 2 年、耗资上亿的版本发布吗，就是它）上将全新产生的用例实现了自动化测试，并赶在最终发布版本构建以前的若干个 Sprint（迭代）投入了生产，保障了最后一轮回归测试的开展，增强了组织对这个框架的信心。

而后，一个名叫 Automation 100 的计划横空出世。计划的核心内容是每个集成 SCRUM 团队（一般由 3～6 个 SCRUM 团队组成）在每个 Sprint 中投入 100 个人天天进行自动化测试实施，以提高各个解决方案/子系统的自动化测试用例的覆盖率。

经过前前后后很多人历时 5 年的努力，在整个测试组织的人手不断减少的情况下，自动化测试用例的总数成功突破了 10000 大关，并且在后续所有的发布版本上进行了每个版本的全回归测试。

它还实现了对多种浏览器的支持，完成了 Selenium 向 Webdriver 的迁移，使用者也顺利拓展到开发、本地化等团队。涵盖的测试类型则从功能测试扩展到了兼容性测试、本地化测试和可靠性测试等。

1.5 冰山

伴随成功到来的，必然是更多的、全新的挑战。

1.5.1 假失败

首先遇到的是用例假失败（False Failure），也就是类似足球比赛中假摔的问题，或者因为非缺陷原因导致的自动化测试用例运行失败。一般大批量的测试运行开始于每个发布的若干个最早期的几个 Sprint 之后；这时候基本上已经达到 100%通过率的测试用例。但在新版本上的通过率会有一个明显的降低，从上一版本的全部通过快速下降到 60%甚至更低，然后就是一场艰苦卓绝的排错与根因分析的攻坚战，逐步又将通过率提升并稳定在 95%左右，直至在最终发布前回到 100%，并以此循环往复。

通过测算，发现一个典型的功能测试团队（如 5～8 个人）如果只配备一名全职的自动化测试工程师，那么他的时间基本都被排错的工作占据了。只能在两个发布的间隔期，也就是每季度有 1～2 个星期，这个团队才有时间和精力去增加他们的自动化测试用例。当然，这个速度是远远赶不上手工测试用例增加的速度的。很快，这种挫败感会降低实施自动化测试最初给团队所带来的乐观与兴奋。如果不及时应对，甚至会动摇管理层对于自动化测试持续投资的信心。

1.5.2　低优先级的自动化 Backlog

随着新特性的开发需求量的饱满，导致许多产品经理（PO）不得不去安抚客户耐心等待。而忙碌的 SCRUM 团队的一个正常的举动，就是 Sprint 计划会有意识地降低对于属于“技术债”的自动化 Backlog 的选取率，集中精力去完成产品开发的工作。

1.5.3　破窗与“造轮子”

当一个自动化测试框架的缺陷从被报告到它的修复经常超过一个月的时间，这自然而然就引发了破窗效应。类似的这种行为很快从个人蔓延到整个组织，由此带来的后果就是许多以前尝试利用 Selenium 作为他们 Sprint 自动化测试一部分的开发团队，率先放弃了这一测试方式，并重新回到了不测试或者只有少量 API/单元测试的时代。

An 君和其他投身于自动化的测试工程师一样，无奈选择了加入再“造轮子”的行列。这一行为也导致了在用例中植入了许多原本属于框架部分的 Selenium 代码。

如果有机会回过头去看那一时期的自动化测试框架的缺陷，很有意思的一个现象就是，经常有些缺陷的描述信息或者附件里面包含了测试人员提供的如何修复该缺陷的 Java 代码，甚至是一个完整的重构的类。

1.6　再启航

尽管面临这样或者那样的问题，一些测试团队仍然成功获得了开发团队的信任，建立起了双方每周对话的机制，在周例会上沟通彼此遇到的技术问题，并决定自动化测试任务的优先级。也有些测试团队的成员，开始代替开发人员着手修复或者新建框架中的类，并提交代码进代码库而不再只作为缺陷描述中的补充。这样做所取得的直接效果就是降低了与自动化测试框架相关的缺陷的修复时间。

在测试组织内部，也通过这两年的锻炼，吸引了一些熟练掌握框架 API 并且熟悉产品知识的自动化测试人员，他们通过 BCO 牵头，成立了一个虚拟的自动化测试团队。

在这个背景下，终于有人喊出了测试组织需要拿回框架所有权的口号，并逐步运用上述团队的力量实施这一战略。而开发团队也终于越来越意识到加大投资自动化测试的必要性。于是整个工程部门召开了一次由相关方参与的自动化测试峰会。会议上基于自动化测试金字塔方针，提出了"做更有效的自动化测试"的策略。

1.6.1 自动化测试金字塔与冰淇淋

Lisa Crispin 在其广为流传的《敏捷软件测试：测试人员与敏捷团队的实践指南》一书中提到了自动化测试金字塔[4]。依据图 1.8 所示的金字塔，自动化测试的资源投入或者收益额度从大到小的分别是单元测试、API 测试、UI 测试。

随着敏捷这一软件工程实践日益成为主流，这一模式目前已经被行业遵守，甚至还演化出了其他不同的形式。例如，Alister Scott 提出了冰激凌模式[5]，这也是目前很多从 UI 开始自动化测试实践的测试团队的现状。

在这种自动化测试的反模式下，如图 1.9 所示，单元测试在冰激凌杯的底部，表示其数量或者投入很少，甚至有可能完全没有。接着中间部分是集成测试，其情况略好于下部的单元测试。冰激凌杯的最上部，也就是体积最大的杯口部分，则是 UI 自动化测试。而在这个冰激凌杯里面所盛放的，是一块超级大的冰淇淋，名字叫做手工测试。冰淇淋是一种让人产生愉悦感觉的食物，而这款自动化测试冰激凌，估计吃过的人很少会感觉好吃并且愿意推荐给其他人。

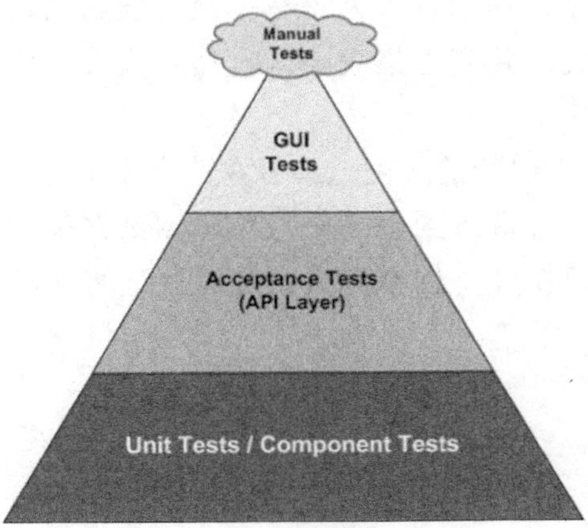

图 1.8 自动化测试金字塔

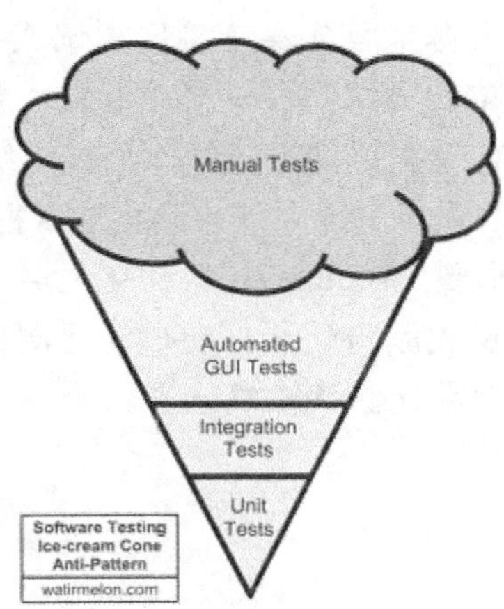

图 1.9 自动化测试冰激凌（反模式）

1.6.2 橄榄形的自动化测试

自动化测试金字塔看似美好却很难达到，而更多的自动化测试团队，则是吃着自动化测试冰激凌大餐并且难以下咽。为了解决这一挑战，An 君从自身所经历的经验教训出发，认为自动化测试首先要达到橄榄形的自动化模式。如图 1.10 所示，接口测试位于中间，且占比最大，UI 测试和单元测试位于橄榄的两端。建议在测试组织的自动化测试达到这个稳定的橄榄形之后，再另行考虑自动化金字塔的可达到性。

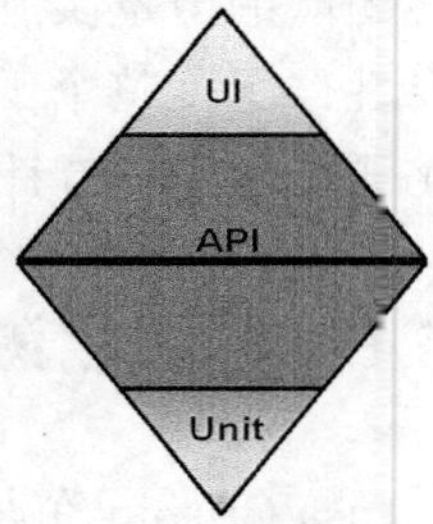

图 1.10　边际效益最大化的橄榄形自动化

从面向业务的角度来说，接口测试同样可以覆盖业务逻辑的测试需求，并且相比于 UI 自动化测试其运行效率、稳定性和可靠性更高。从面向技术的角度来说，接口测试比单元测试进入的门槛更低，并且单个测试用例的覆盖范围更广，单位收益也更高。

从投资收益的角度考虑，也可以得出类似的结论。按照边际效用递减法则的原理，在进行自动化投资的初期，边际效用会增加，自动化投资的总收益也随之增加。随着自动化投资的持续，其边际效用会逐渐减少。而当边际效用递减至 0 时，表示总收益达到最大。如果此后再进行投资，反而会因为负的边际效益而使总收益降低。

显而易见，UI 自动化测试虽然覆盖范围最广，却因为后期的高维护成本，UI 自动化测试投资的边际效用是最早递减至 0 的。单元测试却因为前期的高投入，以及关注代码自身，而不是业务的缘故，限制了其后期的总收益。因此，在各类型的自动化测试中，接口测试的综合收益最高。

综合来说，建议测试组织在自动化测试的发展路径图的初期，最大限度集中可投入的有限资源，首先实施接口测试或者集成测试，而后再涉及部分的 UI/端到端自动化测试。而单元测试则可以交由开发人员自行完成，并交由集成团队收集并执行，成为版本集成的前置测试的方式纳入测试组织的用例库。

这也是本书取名《自动化测试框架设计再入门》的缘由。读者在读完本书之后，会发现这里假借 Webdriver 自动化之名，却是将读者带入到了统一自动化测试框架这扇门之前。由反式脂肪酸造出的自动化测试冰激凌即使好吃也不健康，是时候出来运动运动，打一场自动化测试橄榄球了。

第 2 章　测试数据管理

2.1　简介

在本章中将结合案例介绍各种数据管理与交互的方法。那么问题来了，作为一本介绍架构自动化测试框架的书籍，为什么首先要介绍数据管理呢？

正所谓兵马未动，粮草先行。自动化测试也建议数据先行。测试过程中所涉及的被测应用自身、测试用例、测试报告等，都需要各种不同类型的数据进行支撑。一般来讲，所谓软件产品的功能，就是该产品在某一上下文状态下，将一系列的输入数据处理以后，转换成相应的输出数据。而软件测试，也就是通过模拟数据来触发这些功能的过程。因此，在软件测试过程中，各种类型和来源的测试数据的生产、处理和存储，是自动化测试用例设计的重点之一，也是自动化框架所必需的功能和首要考虑的问题之一。

在这一章节中，将介绍测试数据的分类、几种不同类型的数据源的处理方法，以满足框架中不同部分的使用目的和一些特殊的使用场景，如图 2.1 所示。

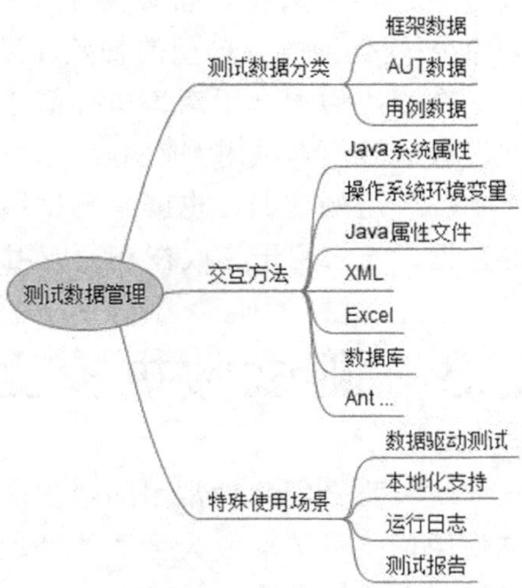

图 2.1　测试数据管理

2.2　测试数据分类

据 James Whittaker 在他划时代的《探索式软件测试》一书中的介绍，软件测试人员在制定测试策略时需要关注以下 5 个部分，包括输入（input）、状态（state）、代码路径（code path）、用户数据（user data）和执行环境（execution environment）。在资源有限的情况下，完整解决这其中的哪怕一个问题都是不可能的。因此，需要测试人员时时做出测试决策。作为一个测试框架架构人员，也必然需要面临这些问题，解决测试人员在面对前述这些问题时所提出的自动化测试框架的需求。而其中的核心，恐怕也就是测试数据的问题。

依据图 2.1 测试数据管理将自动化测试中相关的测试数据简单划分为 3 类，即框架数据、被测应用数据以及测试用例数据。

（1）框架数据包括框架平台数据和执行工具数据。

① 框架平台数据：测试框架为完成自身工作所需要的数据。典型应用场景如 Log4j 的属性文件、外部数据库的连接信息等。

② 执行工具数据：和框架平台数据类似，这是有关 Selenium/Webdriver 自身的一些所需数据，如全局的页面、控件载入超时设置、浏览器配置信息等。

（2）被测应用（AUT，Application Under Test）数据，也就是框架中封装的有关被测系统的数据。在 UI 测试中，最为普遍的数据来源之一是元素的定位数据。此外还有系统自身提供的数据，譬如一个下拉菜单中的选项等。另外一个被广泛使用的数据源是 AUT 初始化数据。典型的初始化数据（如用户及权限的数据）往往是在系统部署过程中或者在相应的测试用例集执行前通过预定义的文件（如 CSV、XML 等）集中导入 AUT，并提供给后续测试用例使用。

（3）用例数据，也就是测试用例与 AUT 进行交互时，测试框架从测试用例中获取的数据，通常用于完成在被测应用中输入或者与验证应用的输出数据。

2.3 测试数据交互基本方法

本节将介绍几种常用的数据交互的方法，并就以上这些数据类型，根据各自的来源与使用场景，选取较为合适的处理方法。在实践中，读者可以根据适合自身框架的特点有针对性地加以改造。

在开始之前，首先介绍下在国内领先的问卷调查网站问卷星上做的一个软件自动化测试问卷调查（http://www.sojump.com/jq/3569220.aspx）中一道有关测试数据题目的调查结果，如图 2.2 所示。

从结果上看，Excel 占据着最大的份额，可见 MS Office 系列的成功；而直接内嵌以及 XML 紧随其后，有着 20%上下的占比。居中的则是属性文件交互以及 CSV 交互这样相对更专业的方式。数据库交互则以 3%不到的份额差点垫底，估计在日益追求轻量化的今天，数据库这种“重”的方式也逐渐被大家所摒弃。

当然，上述数据只是该次调查的结果，供大家在方案选型时做参考。最关键的是读者结合自身项目的实际情况，选择适合的数据交互方式。

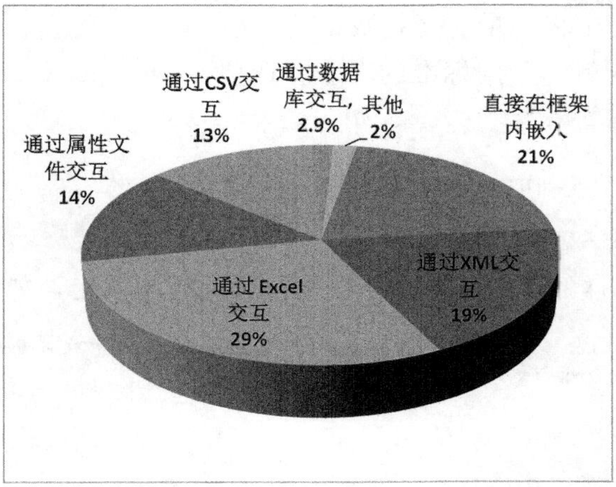

图 2.2 调查结果：你使用的框架如何处理测试数据

2.3.1 使用 Java 的系统属性

Java 在包 **java.lang.System 中**提供了一些标准的系统属性。这些信息可以用于确定用例执行方式，或者记录运行环境。读者可以通过运行下面这个例子来了解这些属性。

```
import java.util.Iterator;
import java.util.Properties;
public class SysProp {
    public static void main(String args[]) {
        Properties props=System.getProperties();
        Iteratoriter=props.keySet().iterator();
        while(iter.hasNext())  {
            String key=(String)iter.next();
            System.out.println(key+" = "+ props.get(key));
        }
    }
}
```

如果需要获得某一特定的系统属性，可以通过方法 String java.lang.System.getProperty（String key）来完成。譬如下面这段代码获得了用户的根目录，并赋值给变量 USER_HOME。

```
public static final String USER_HOME= System.getProperty("user.home");
```

类似地，System.setProperty（key, value）和 System.setProperties（props）可以用来设定系统属性。譬如，下面这个语句就把属性值“firefox”赋给自定义的系统属性 *BROWSER_TYPE*。

```
System.setProperty("BROWSER_TYPE", "firefox");
```

介绍完了在代码中的设置与获取，再介绍下如何在 Java 系统让属性信息可以在命令行、IDE 环境或者 Ant 中将少量的变量数据传递给 JVM。

命令行中最简单的就是使用标准的命令行选项 " -Dpropertyname=value " ，如：

```
Java -DBROWSER_TYPE=firefox [class][arguments]
```

在 Ant 中可以使用<sysproperty>子单元直接传递。

```
<sysproperty key="browser.type" value="firefox"/>
```

而在像 Eclipse 这样的 IDE，可以直接在运行配置中设定，如图 2.3 所示。

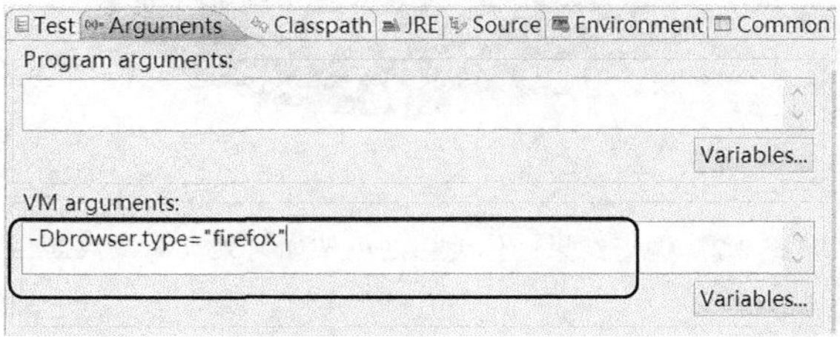

图 2.3 Java 系统属性

读者如果感兴趣，可以通过以上这 3 种方式来运行下面这段代码。

```
import static org.junit.Assert.*;
import org.junit.Test;
public class SysProp {
private String SELENIUM_PROPERTIES=System.getProperty("browser.type");
    @Test
    publicvoid Test() {
        assertEquals("firefox",SELENIUM_PROPERTIES);
        }
    }
```

它们运行后，应该能获得一致的运行结果。

2.3.2 使用操作系统的环境变量

环境变量，简单来讲，对于 Windows 操作系统，就是在系统属性→高级→环境变量中设置的变量。对于一些全局的测试数据，如数据库连接参数、第三方类库文件位置等，可以考虑通过环境变量来传递。

读者可以运行下面这段程序来了解 System.getenv()的用法，并和前一小节中的输出进行比较，了解系统属性参数和环境变量的具体区别。

```
import java.util.Iterator;
import java.util.Map;
public class EnvProp {
    public static void main(String args[]) {
```

```
            Map<String, String>envMap=System.getenv();
            Iterator iter=envMap.keySet().iterator();
            while(iter.hasNext()) {
                String key=(String)iter.next();
                System.out.println(key+" = "+ envMap.get(key));
                }
            }
        }
```

2.3.3 使用属性文件

前面介绍的两种方式，一般适合于框架中所使用的属性为个位数的情况。随着测试复杂性的增强，测试用例数量也呈几何级数增长。这时候，你可能需要一种更灵活、更有效的数据存储和交换的方式，那就是Java的属性文件。操作属性文件的方法其实和操作系统属性很类似，都可以使用包java.util.Properties中提供的类。细心的读者可能已经发现，前面两种方法虽然数据来源不一样，但其实都是在利用同一种数据格式：

Key=value

属性文件中的属性值也是采用这种方式保存数据。操作属性文件，因为牵涉到文件，所以首先需要为Properties类提供一个读写流。Properties用于读写属性文件的方法分别是：

```
//读取属性文件流的方法
public void load(InputStream inStream) throws IOException {}
//写属性文件流的方法
public void store(OutputStream out, String comments) throws IOException {}
```

这里只是列举了一些简单的读取方式，供初学的读者进行了解。在第3章中将介绍Solvent框架的整体解决方案如何综合使用各类型数据交互方法满足各种测试框架的需求。

2.4 使用XML文件

XML，可扩展的标识语言（eXtensible Markup Language），其先驱是SGML和HTML。1996年万维网协会（W3C）开始设计一种可扩展的标记语言，使其能够将SGML的灵活性和强大功能与已经被广泛采用的HTML结合起来。1998年2月，XML 1.0成为了W3C的推荐标准（顺便说一下Webdriver现在也是W3C推荐标准）。XML最大的优势在于对各种数据的跨平台管理，任何操作系统，包括Windows、MacOS、Linux以及其他平台都可以通过XML的解析器来读取XML数据，并且以XML格式输出结果。虽然早在2004年就有人喊出了“XML在互联网上已经失败”（XML on the Web Has Failed[1]）

的口号，但目前 XML 仍是目前事实上的系统间数据交换的标准。

2.4.1 Webdriver 中的定位方法

俗话说女大十八变。用这句话来形容 B/S 架构的软件产品的用户界面也是非常贴切的。UI 自动化的一大挑战就是如何应对经常变化的界面，将界面定位的维护成本控制在一个较为合理的范围内。这其中一个比较好的实践就是将界面元素的定位信息保存在外部文件中，如 XML，作为运行时框架类的输入数据，动态地导入到其对应的页面类中供定位使用。

Webdriver 中通过实现了 By 这一接口的各个 driver 类的实例来进行元素定位。典型的用法如下例所示：

```
WebElement element = driver12.findElement(By.id("eleId"));
List<WebElement>elements= driver.findElements(By.className("eleClass"));
```

第一个方法返回一个 WebElement 实例或者抛出异常。后者返回所有找到的 WebElement 的实例列表或者空列表。

其中，By 这个接口中定义的元素定位的方法有如下 8 种。

```
By.className(className))
By.cssSelector(selector)
By.id(id)
By.linkText(linkText)
By.name(name)
By.partialLinkText(linkText)
By.tagName(name)
By.xpath(xpathExpression)
```

按照一般的理解，通过 id 或者 name 去定位一个元素效率上是最高的，也是比较推荐的一种方式。不过在很多情况下，一些开发规范遵守的不是很好的工程组织，可能对于给每个页面元素进行命名这种事情做得并不太好，或者随着现在比较主流的前端框架，或者开发库，如 ExtJs、JQuery 等，一般都采用随机或者相同的 id、name 等，需要采用更为复杂的定位方法。这在后续章节中会有详细的介绍。

接下来根据一个样例来介绍如何进行 XML 文件的解析。假定有如下一个名叫 LocatorPaser.xml 的文件。

```
<?xml version="1.0" encoding="UTF-8"?>
    <datasets name="ds1">
        <locators name="LoginSeMet">
        <locator name="loginLocator" by="id">login</locator>
        <locator name="pwdLocator" by="name">tl_password</locator>
        <locator name="submitLocator" by="xpath">//input[@name='login_submit']</locator>
```

```
    </locators>
</datasets>
```

从该 XML 文件的格式上看，单个定位数据以 locator 标记为一个元素，元素属性分别有 name、by，而元素内容就是 by 对应的定位方法需要的定位信息。locator 之间彼此独立，并同属于一个带 locators 标签的父元素。

从文件内容上看，该 XML 文件维护着某一被测应用 UI 自动化测试中的定位信息，并且显而易见是一个登录页面中有关用户名、密码输入框以及登录按钮这 3 个页面元素的定位信息。其中用户名和密码输入框分别使用了"id"、"name"等属性，而登录按钮则使用了 XPath 的定位串。

在实践中使用最为广泛、表现也最为稳定的可能是 XPath 或者 cssSelector 这两大流派。首先，对于其他定位方式来说，这两个都是可以由相应方法实现相同的目的。其次两者虽然采用的技术路线不同，所能达到的效果也基本是伯仲之间。因此，只要学好学精一门，其余略懂即可。在本书中主要采用 XPath 来介绍相关的元素定位技术。相信采用 cssSelector 的读者可以较为方便地进行转换。当然本节的主题是有关 XML 的解析，有关 XPath 等元素定位的基本方法，可以参见本书最后一部分有关 Webdriver 的基础知识介绍。

2.4.2 使用 dom4j 进行解析

接下来将使用 dom4j 这一第三方工具以 SAXReader 的方式完成该文件的解析，来简要介绍如何处理来自 XML 的数据信息。dom4j 是由 dom4j.org 维护的一款非常优秀的 Java XML 开源解析工具包，读者可以从 http://sourceforge.net/projects/dom4j/获取其最新版本。它具有性能优异、功能强大和极端易用的特点，为众多开源项目所采用。

SAX（Simple API for XML）是一种事件驱动的 XML API，其采用了输入流的方法，按照事件模型来解析 XML 文档。因为不必像 DOM 那样加载整个文档，因此它对内存的要求较低，解析更快速、更轻量，非常适合于本案例中对于 XML 文件的只读访问。

下述 LocatorPaser 类将对前述的 XML 文件进行解析，最终获取到像"xpath=//input[@name='login_submit']"这样的定位串，可以用于后续的元素定位。类的具体实现如下：

```
public class LocatorPaser {
    private Document doc; //定义 Document 文档对象
    public LocatorPaser() { //在默认构造方法中完成对 XML 文件的解析
    InputStream in=getInputFileAsStream(this.getClass());
        SAXReader reader = new SAXReader(); //得到解析器
       try {
          doc = reader.read(in); //解析文档
       } catch (DocumentException e) {
      e.printStackTrace();
```

```
        }
    }

    public static InputStream getInputFileAsStream(Class<?> testClass) {
        String packageName = "";
        if (testClass.getPackage() != null) {
            packageName = testClass.getPackage().getName() + ".";
        }
        String resourceBase = (packageName + testClass.getSimpleName()).replace('.' '/');
        //得到当前类的完整路径
        String resourceName;
        ClassLoader classLoader = testClass.getClassLoader();
        resourceName = resourceBase + ".xml";
        //XML 文件与当前类同名，且在同一目录下
        System.out.println("Searching for default input file: " + resourceName);
        return classLoader.getResourceAsStream(resourceName);
        //完成同名 XML 文件资源的获取
    }
    public String getLocator(String name) {
     String locator=null;
    Element datasets = (Element) this.doc.selectSingleNode("//datasets");
    //查找到"datasets"标签
    for (Iterator d = datasets.elementIterator("locators"); d.hasNext();) {
    //开始定位串解析
        Element data = (Element) d.next();
        for (Iterator e = data.elementIterator("locator"); e.hasNext();) {
            Element elem = (Element) e.next();
            String value= elem.valueOf(".") //获取当前节点值
            String nameString=elem.valueOf("@name"); //获取 name 属性值
            System.out.println("\n'"+nameString+"'");
                   if(name.equalsIgnoreCase(nameString)){
                    if (!elem.valueOf("@by").isEmpty()){
                        locator=elem.valueOf("@by")+"="+value;
//将 by 属性值与当前节点值进行拼接，如"xpath=//input[@name='login_submit']"
                    }
                break;    //完成解析，跳出循环
            }
        }
    }
        return locator;  //返回定位串或者 null
    }
    //接下来是一个简单的测试
    @Test
    public void testPaser(){
    String locator="loginLocator";
    long curTime=System.currentTimeMillis();
    String resultString=this.getLocator(locator);
    long delta=System.currentTimeMillis()-curTime;
    System.out.println("\n"+locator+"='"+resultString+"'\nTime used(ms)::"+delta);
    }
```

上述测试用例在一台笔记本上的执行结果是：

```
loginLocator='id=login'
Time used(ms)::183
```

结果正确，文件解析的效率也是不错的。

2.5 使用 Excel

2.5.1 经典的 DataTable

在图 2.2 所示的调查中，Excel 作为排名第一的数据源是情理之中的。甚至可以说，应该找不出来没有使用过 Excel 表格进行数据处理的读者。Excel 的易用性、强大的数据处理功能，也能让即使不会编程的使用者可以快速解决一些常用的数据统计、计算的问题。在早期的商业自动化测试工具中，数据驱动或者关键字驱动是作为一个卖点被广为宣传的亮点。接触过这些工具的读者估计都对 DataTable 之类的概念印象深刻。在那个假设“系统测试工程师不懂代码”的史前年代，将 Excel 与自动化测试工具相结合，将前者作为数据源提供者，强迫测试工程师如写“五言七律”或者“三句半”一般，通过填写一个不知道从何而来又将被如何处理的 Excel 表单来完成自动化用例的编写。这种方式的确为自动化测试的启蒙与推广起到了巨大的作用。问题在于这种方式剥夺了这些所谓的“具有多年自动化测试经验”的测试工程师编写代码的机会。他们与架构自动化测试框架的架构师之间是完全“解耦”的关系，两者之间存在着鸿沟。

在 Selenium 时代来临之后，也有类似表 2.1 中使用 Excel 进行自动化测试的尝试，通过将 Selenium IDE 中的脚本转移到 Excel 中，将 Excel 作为用例开发与存储的载体，实现所谓新型的关键字驱动。

表 2.1 关键字驱动样例 1

	A	B	C
1	open	www.baidu.com	
2	type	kw	关键字驱动
3	clickAndWait	su	
4	verifyTextPresent	关键字驱动	

这种方式更应该被认为是一个美丽的误会，只会给自动化测试的赞助人（Sponsor）带来更多的成本投入，从而给该类框架的架构师带来一个更加“稳固”的职位。原因在于这种方式更多地糅合了两种方式的烦恼与挑战。自动化测试工程师依然是被束缚在一个个

表单当中，填写单元格的人与框架的构造者之间，双方依旧是“各安其位，各司其职”，泾渭分明。但是另一方面，因为编写用例的所谓自动化测试工程师需要面对 Webdriver API,DOM,XPath 元素定位等 UI 自动化实现方面的问题，对于测试工具与 Web 前端技术的学习要求不可谓不高。可是又因为用例与框架间的割裂，在调试、排错用例的时候的无助感，会给当事人带来非常大的负面反馈，而整个自动化项目在后续的可维护性、可扩展性都存在着问题，框架的构架者必然会成为瓶颈。针对这种方式，提出以下两点建议。

（1）如有可能，使用与开发团队相同的语言、IDE（集成开发环境）来构建自动化测试框架，编写用例，甚至复用其代码评审工具与版本集成环境。

（2）如有可能，让编写自动化测试用例的工程师参与编码，甚至是参与部分框架搭建的机会，这会成为整个自动化项目成功的有力保障之一。

2.5.2 强关键字驱动的自动化用例

如果因为一些业务或者其他的原因，如甲乙方合同要求、外包发包方规定等，非要在自动化测试框架前面加上“基于 Excel”（或者 XML，HTML 以及其他非编码方式），建议考虑类似下面的处理方式。

（1）拓展目标用户：将该套框架的目标使用者从传统的系统测试工程师往前推进到敏捷中的接收测试（Acceptance Test）或者用户验收测试（User Acceptance Testing）参与者之中。也就是让产品经理（Product Owner）或者用户代表等代表领域专家（Domain Expert）作为自动化测试的目标用户。

（2）提升关键字层级：用自动化技术的术语来说，就是关键字不再基于用例执行技术，描述被测应用如何被操纵，而是基于业务原子操作，讲述如何完成被测应用的一个个业务相关的事务。如在 TestLink 中，有如表 2.2 所示的一些业务对象，以及它们所对应的属性。

表 2.2 业务对象及其属性

对象	序列号	名称	描述	关联对象序列号	是否活跃	是否公开
Platform	id	Name	Notes			
Build	id	buildName	buildNotes	testPlanId		
Project	id	Name	Notes	Prefix	isActive	isPublic
testPlan	id	Name	Notes	projectName	isActive	isPublic
Login		Name	password			

而一个典型的手工系统测试用例，可以是按照如下的方式进行描述的。

（1）以管理员 Admin/admin 登录。

（2）创建测试项目（序列号：tpj111,名称……略）。

（3）创建测试计划（序列号：tp111,名称……略）。

（4）修改测试计划，将前述创建的测试项目与之关联。

在这个用例中我们看不到输入框、按钮或者其他内容。如果按照前述的关键字驱动型的用例实现方式，在 Excel（或者其他任何非代码的媒介）中进行实现，可能看起来可以按照表 2.3 的方式进行描述。

表 2.3 关键字驱动样例 2

指令	序列号	名称	描述	关联对象序列号	是否活跃	是否公开
Login		Admin	Admin			
InsProject	tpj111	UI 测试项目 1	UI 测试项目 1	ui1	YES	YES
InsTestPlan	tpl111	测试计划 1	测试计划 1		YES	YES
UpcTestPlan	tpl112	测试计划 1	测试计划 1	测试计划 1	YES	YES

这个 Excel 的每一行都以一个指令开头，而这个指令是在描述一个业务操作。紧随其后的这一行的每一个单元格都具有预先设计的涵义，并通过事先的整理，具有类似意义的字段名称被尽可能地安置在同一个列中，方便了使用者的理解。接下来，只要按照提供的一个关键字列表以及业务数据的填写指南，即可完成测试用例的编写。自动化测试工程师则可以作为业务代表与测试框架搭建者之间的媒介与桥梁，识别出业务对象与其方法和属性，提出对指令与数据的自动化要求，供框架搭建者进行实现。因为用例正是在关注业务实现，而不是技术层面的用例驱动执行，从而提供了一个选择的可能性，让喜欢关注业务的测试工程师真正摆脱用例执行的实现技术细节，而喜欢技术的测试工程师则可以在底层驱动框架与 Excel 用例之间，通过关键字的实现过程，建立起一层足够厚度的中间层，让框架提供成长的空间给工作其中的工程师，也给自身的可扩展性与可维护性的提高带来保障。相较于表 2.2 中的实现方式，后者更贴近业务，从而保障了用例的稳定性，学习成本也要低很多。

2.5.3 Apache POI 介绍

从本小节开始将介绍 Excel 文件的解析，并且将使 Apache POI 作为解析工具包。Apache POI 是 Apache 软件基金会的开放源码库，POI 提供 API 给 Java 程序对 Microsoft Office 格式文档读和写的功能。该项目的官方网址是 http://poi.apache.org/。在编写本书时，其最新发布的版本是 3.10，并且已经提供了 3.11 的 beta 版本。

Microsoft Office 是一个产品族，涵盖了这种类型的文档格式，POI 也提供了不同的 API 组件来进行相应的支持。

- Excel (SS=HSSF+XSSF)
- Word (HWPF+XWPF)
- PowerPoint (HSLF+XSLF)
- OpenXML4J (OOXML)
- OLE2 Filesystem (POIFS)
- OLE2 Document Props (HPSF)
- Outlook (HSMF)
- Visio (HDGF)
- TNEF (HMEF)
- Publisher (HPBF)

在本章中，我们将只涉及 Excel 文件的读取工作。感兴趣的读者可以通过 POI 官网提供的各种样例学习和了解更多有关 POI 的使用方法。

2.5.4 单个工作表的解析

Excel 工作簿是由一个个工作表所组成的。很多情况下当讨论如何进行 Excel 解析的时候，其实是在讨论如何解析其中的一个工作表。

因此，首先来通过引入类 SheetData 来介绍下单工作表的解析。该类的简单实现如下：

```
package com.dataset.excel;

import java.util.ArrayList;
import java.util.List;
import org.apache.poi.ss.usermodel.Cell;
import org.apache.poi.ss.usermodel.DateUtil;
import org.apache.poi.ss.usermodel.Row;
import org.apache.poi.ss.usermodel.Sheet;


public class SheetData {
      private Sheet sheet;
      private List<String[]> dataList = new ArrayList<String[]>();
      public SheetData(Sheet sheet){
           this.sheet=sheet;
           setSheetDataSet();
      }
    protected String getCellText (Row row,int column) {
           String cellText="";
         Cell cell = row.getCell(column, Row.CREATE_NULL_AS_BLANK);
            switch(cell.getCellType()){
              case Cell.CELL_TYPE_STRING:
```

```
            cellText = cell.getStringCellValue().trim();
             break;
           case Cell.CELL_TYPE_BLANK:
            cellText = "";
             break;
           case Cell.CELL_TYPE_BOOLEAN:
            cellText = Boolean.toString(cell.getBooleanCellValue());
             break;
           case Cell.CELL_TYPE_NUMERIC:
             if(DateUtil.isCellDateFormatted(cell)){
              cellText = String.valueOf(cell.getDateCellValue());
             }else{
               cell.setCellType(Cell.CELL_TYPE_STRING);
               String value= cell.getStringCellValue();
                       if(value.indexOf(".")>-1){
                cellText = String.valueOf(new Double(value)).trim();
               }else{
                cellText = value.trim();
               }
             }
             break;
           case Cell.CELL_TYPE_ERROR:
            cellText = "";
             break;
           case Cell.CELL_TYPE_FORMULA:
             cell.setCellType(Cell.CELL_TYPE_STRING);
             cellText = cell.getStringCellValue();
             if(cellText!=null){
              cellText = cellText.replaceAll("#N/A","").trim();
             }
             break;
           default:
            cellText = "";
             break;
         }
       return cellText;
     }
 private void setSheetDataSet(){
      int columnNum = 0;
       if(sheet.getRow(0)!=null){
         columnNum = sheet.getRow(0).getLastCellNum()-sheet.getRow(0).
        getFirstCellNum();
       }
        if(columnNum>0){
          for(Row row:sheet){
              String[] singleRow = new String[columnNum];
              int n = 0;
              for(int i=0;i<columnNum;i++){
              singleRow[n]=this.getCellText(row, i);
                 n++;
```

```
                }
                if("".equals(singleRow[0])){continue;}
                dataList.add(singleRow);
            }
        }
}
public List<String[]> getSheetDataSet(){
    return dataList;
 }
 public int getRowCount(){
    return sheet.getLastRowNum();
 }
 public int getColumnCount(){
    Row row = sheet.getRow(0);
    if(row!=null&&row.getLastCellNum()>0){
        return row.getLastCellNum();
    }
    return 0;
 }

    public String[] getRowData(int rowIndex){
      String[] dataArray = null;
      if(rowIndex>this.getRowCount()){
        return dataArray;
      }else{
        dataArray = new String[this.getColumnCount()];
        return this.dataList.get(rowIndex);
      }

    }
 public String[] getColumnData(int colIndex){
    String[] dataArray = null;
    if(colIndex>this.getColumnCount()){
      return dataArray;
    }else{
      if(this.dataList!=null&&this.dataList.size()>0){
        dataArray = new String[this.getRowCount()+1];
        int index = 0;
        for(String[] rowData:dataList){
          if(rowData!=null){
             dataArray[index] = rowData[colIndex];
             index++;
          }
        }
      }
    }
    return dataArray;

 }
```

```
        public String getText(int row, int column){
            return getRowData(row)[column];
        }
    }
```

在 SheetData 类中，首先定义了如下两个变量：

```
private Sheet sheet;
private List<String[]> dataList = new ArrayList<String[]>();
```

其中，私有的 sheet 变量将用于保存在构造方法中获取的 Sheet 对象的实例。

```
public SheetData(Sheet sheet){
    this.sheet=sheet;
    setSheetDataSet();
}
```

Sheet 类是 POI 包中有关工作表的对象模型。整个 SheetData 也可以说是在 Sheet 类之上又进行了一层封装，提供了一些更为适用于本次案例的工作表数据读取方法。

另一个私有变量 dataList 则被定义为一个数组列表，读者也可以猜测出来其用途是保存从 sheet 中读取的数据。从上述构造方法来看，这一过程是通过调用 setSheetDataSet()方法来完成的。

这个方法的核心是，通过 **for**（Row row:sheet）这一循环，遍历整个工作表中的每一行。在这个循环之下，又通过遍历该行中的每一个单元格来读取每个单元格的值，将其保存在 singleRow[]数组中：

```
singleRow[n]=this.getCellText(row, i);
```

并将其添加进 dataList 列表中。

```
dataList.add(singleRow);
```

另外一个需要指出的是，这个方法中也花了大量的篇幅通过一个 switch/case 来处理一些单元格中的特殊情况。

```
switch(cell.getCellType())
```

通过判断单元的不同特殊情况，如字符串、空白、数值等，来完成相应的处理。

在完成了这些基础的数据解析与读取工作之外，SheetData 类中还提供了几个方法来方便后续的对于 dataList 数据的使用，例如：

```
public String[] getRowData(int rowIndex)
public String[] getColumnData(int colIndex)
```

这两个方法可以分别读取指定行或者列的数据。而 **public** String getText（**int** row, **int** col）通过单元格行列数的方式来获取某一指定单元格的值。其实这个时候对于工作表的处理，与 Web 自动化测试中有关表（table）的处理方式是类似的，例如 getRowCount

以及 getColumnCount 方法等。感兴趣的读者可以参考第 5 章中有关 TestLink 表格的部分了解更多的情况。

2.5.5 整个工作簿的解析

单个工作表的解析只是为本小节中所需要完成的工作打了个前站。在本小节中，将完成 Excel 文件读取，并真正地完成解析，为后续的工作提供数据源，为此，这里引入了 ExcelPaser 类。该类的实现如下：

```
package com.dataset.excel;
import java.io.IOException;
import java.io.InputStream;
import java.util.HashMap;
import org.apache.poi.openxml4j.exceptions.InvalidFormatException;
import org.apache.poi.ss.usermodel.Workbook;
import org.apache.poi.ss.usermodel.WorkbookFactory;

public class ExcelPaser {
  private Workbook wb = null;
  private HashMap<String,SheetData> sheetDataMap=new HashMap<String,SheetData>();
  private int sheetNum=-1;
  public ExcelPaser(InputStream in){
    try {
      wb = WorkbookFactory.create(in);
      sheetNum= wb.getNumberOfSheets();
      setSheetDataMap();
    } catch (InvalidFormatException e) {
      e.printStackTrace();
    } catch (IOException e) {
      e.printStackTrace();
    }

  }
  private void setSheetDataMap(){
      for(int sheetIndex=0;sheetIndex<sheetNum;sheetIndex++){
          String sheetName=wb.getSheetName(sheetIndex);
      SheetData sheetData= new SheetData(wb.getSheetAt(sheetIndex));
      sheetDataMap.put(sheetName, sheetData);
      }
  }

  public SheetData getSheetDataByName(String sheetName){
      return sheetDataMap.get(sheetName);
  }
  public int getSheetIndex(String sheetName){
      int index=wb.getSheetIndex(sheetName);
    //  System.out.println("\nsheet["+index+"]="+sheetName);
```

```
        return index ;
    }
    public String getText(String sheetName,int row, int column){
        return getSheetDataByName(sheetName).getText(row, column);

    }

}
```

整个类的结构与前述 SheetData 是类似的。在构造方法中完成了针对输入的 Excel 文件的读取与解析，以及数据的保存。

```
public ExcelPaser(InputStream in){
    try {
        wb = WorkbookFactory.create(in);
        sheetNum= wb.getNumberOfSheets();
        setSheetDataMap();
    } //其余略
}
```

其中，通过使用 InputStream 这一抽象类的实例 in 作为入参，可以接受多种类型的输入，提高了便利性。而通过使用 WorkbookFactory 这个工厂类来接受入参，则使得程序可以接受 xls 或者 xlst 等不同类型的 Excel 文件，提高了通用性。在 Webdriver 中，也使用到了这一设计模式。读者可以参考本书最后一部分有关 Webdriver 基础介绍的部分。

另外，对于头一次使用 POI 工具包的读者，有一点需要注意，即 WorkbookFactory 这个类并没有包含在默认的 poi.jar 包中，如果需要使用，就在工程中添加 poi-ooxml.jar 以及 poi-ooxml-schemas.jar 这两个包。

与前一小节中的 setSheetDataSet()方法相类似的，这次我们使用了 setSheetDataMap() 来保存整个工作簿，也就是通过 sheetIndex 遍历每个工作表：

```
SheetData sheetData= new SheetData(wb.getSheetAt(sheetIndex));
```

来依次获取了所有工作表中的数据，并存入一个 Map 之中。为了验证整个文件导入与数据读取的效率，这里也做了一个中等数据的测试，具体结果请见下一小节。

2.5.6 用例解析与执行

前面有关工作表与工作薄的解析具有一定的通用性。读者可以直接使用这些类与方法，稍加修改，运用于自身的测试框架。接下来将介绍如何使用之前的这些工作成果，完成基于 Excel 的测试用例解析与执行工作。

```
package com.dataset.excel;

import java.io.FileInputStream;
```

```
import java.io.FileNotFoundException;
import java.io.InputStream;
import java.lang.reflect.Method;
import java.util.Arrays;
import java.util.HashMap;
import java.util.Map;
import org.apache.poi.ss.usermodel.Sheet;
import com.dataset.excel.MockAPI.MockAPI;
import com.dataset.excel.MockAPI.MockTestLinkAPI;

public class CaseLoader {
    static {
        loadExcel();
    }
     private static SheetData sheetData;
     public static void  loadExcel(){
       String path="sample.xls";
       String sheetName="用例 111"; //实际项目中这两个可来自配置文件
       ExcelPaser reader=null;
         long now=System.currentTimeMillis();
     try {
        InputStream in = new FileInputStream(path);
         reader=new ExcelPaser(in);
    } catch (FileNotFoundException e) {
        e.printStackTrace();
    }
     if(reader !=null){
    sheetData=  reader.getSheetDataByName(sheetName);
    long delta=System.currentTimeMillis()-now;
    System.out.println("\n Time used in ms::"+delta);
     }
    }

    public static String[] getCallList(){
        return sheetData.getColumnData(0);
    }

    public static String[] getParams(int rowIndex){
        return sheetData.getRowData(rowIndex);
    }

     public static void main(String args[]){
              Class<?> clazz = MockAPI.class;
          Method[] methods =clazz.getDeclaredMethods();
          String [] callList=getCallList();
     for(int i=1;i<callList.length;i++){
          for(Method m:methods){
                  if( m.getName().equalsIgnoreCase(callList[i])){
            try {
                m.invoke(new MockAPI(),(Object)getParams(i));
```

```
            } catch (Exception ex) {
            ex.printStackTrace();
            }
               }
          }
          }
    }
}
```

首先介绍一下 CaseLoader 的执行逻辑。通过静态块部分调用了 loadExcel()方法。

```
static {
    loadExcel();
}
```

该方法使用之前的工作成果，完成了给定 Excel 的读取与解析。

```
String path="sample.xls";
String sheetName="用例 111";
```

并且将指定的工作表 sheetName 中的数据存储于内存之中，完成了测试用例及其数据的初步导入。

```
sheetData=  reader.getSheetDataByName(sheetName);
```

紧接着，按照之前的设计，该工作表的第一列作为自动化用例所调用的指令。因此，在 getCallList 这个方法中，通过获取 *sheetData* 中第一列的数据就完成了所有需要运行的指令的获取。

而某一行中，除了第一列之外的其余数据，就是该指令的各种入参。这些参数通过 getParams 方法获取。

测试用例执行的工作是在 main 方法中完成的。整体的思路就是读取 Excel 中第一列的指令字符串，并通过反射与指令执行类的指令进行匹配和调用。

首先，通过遍历整个指令数组 callList 的方式，依次进行用例步骤的执行工作。

```
for(int i=1;i<callList.length;i++)
```

其中使用 Java 中的反射方式，通过以下代码获取到 MockAPI 类所有定义的方法并存入方法数组 methods 之中。

```
    Class<?> clazz = MockAPI.class;
Method[] methods =clazz.getDeclaredMethods();
```

并且依次和 MockAPI 类的方法名称进行匹配。

```
for(Method m:methods){
     if( m.getName().equalsIgnoreCase(callList[i])){
    try {
       m.invoke(new MockAPI(),(Object)getParams(i));
```

```
    } //略
}
```

如果匹配成功，则通过 invoke 的方式，调用该方法，并传入相应的入参。这样，就完成了以 Excel 编写测试自动化测试用例并自动运行的工作。

考虑到文件读取与解析需要耗费一定的时间，并且受文件中数据量大小的影响，这里简单地通过打桩的方式来获取文件读取与解析前后的时间，以测试不同数据量下的耗时。

```
long now=System.currentTimeMillis();
```

工作表“用例 111”中包含了 5 行 7 列的数据，并且只有一个工作表，文件解析的用时及运行结果如下：

```
Done to parse sheet '用例 111' in ms::731
**Matched Method::login
**************called login**********
Params::{username=admin, password=admin}
************************************
**Matched Method::InsProject
**************called InsProject*****
Params::{isActive=ui1, prefix=UI 测试项目 1, name=tpj111, isPublic=YES, notes=UI 测试项目 1}
```

如果将这一工作表的内容扩充为一个包含 5000 行 10 列数据的中型工作表，运行结果为：

```
Done to parse sheet '用例 111' in ms::1350
```

大体上只增加了一倍时间。而如果将“用例 111”复制 3 份，使得整个文件包含了约 2 万行 10 列数据的中型数据集，运行结果则更新为：

```
Done to parse sheet '用例 111' in ms::2462
```

基本上又增加了一倍，但也是秒级的耗时。对于运行时间一般为若干分钟的 API 测试用例集到若干小时的 UI 测试用例集来说，这点耗时是可以接受的，甚至是可以忽略的。从这点上来说，通过 Excel 来作为开发测试用例的载体，运行时通过解析该文件来执行用例在性能效率上是可行的。

2.5.7 Mock API 类

前面 ClassLoader 中所使用到的 MockAPI 只是一个适配器类，作用是在用例执行类以及 MockAPI 这个真正驱动被测对象、进行测试执行的类 MockTestLinkAPI 之间建立一个桥梁，完成指令和入参的转义和执行。当然本例中的只是一个 Mock 类，本身并不完成任何的用例步骤执行工作，只是在示例的两个方法中简单地申明了一下方法被调用并回显出来传入的参数列表。

```
package com.dataset.excel.MockAPI;
import java.util.Map;
public class MockTestLinkAPI {
    public boolean login(Map <String,String> params){
        System.out.println("**************called login**********");
        System.out.println("Params::"+params.toString());
        System.out.println("************************************");
        return true;
    }
    public void InsProject(Map <String,String> params){
        System.out.println("**************called InsProject*****");
        System.out.println("Params::"+params.toString());
        System.out.println("************************************");
    }
}
```

限于篇幅，这里就只示例了 login 以及 InsProject 这两个方法。

2.5.8 Mock API 适配器类

在介绍用例执行时曾经介绍过 Mock API 的作用是作为被测应用的执行 API 与测试用例之间的一个转换器。因为现实中很多情况下这些 API 可能是第三方提供，并非框架构建人员完成的。很少能遇到类似 MockTestLinkAPI 这样可以自行定义方法与入参形式的。因此，类似 MockAPI 这种适配器类就显得非常有必要了。

```
package com.dataset.excel.MockAPI;
import java.util.HashMap;
import java.util.Map;
public class MockAPI {
    private MockTestLinkAPI api = new MockTestLinkAPI();
    public static final String[] loginArray={"","","username","password","",""};
    public static final String[]  InsProjectArray={"id","name","notes","prefix",
    "isActive","isPublic"};

    public boolean login(String [] values){
        Map<String,String> map =getParamMap(loginArray,values);
        if (map!=null){
            return api.login(map);
        }
        else return false;
    }
    public void InsProject(String [] values){
        Map<String,String> map =getParamMap(InsProjectArray,values);
        if (map!=null){
            api.InsProject(map);
```

```
        }
    }

    private Map<String,String>getParamMap(String[] params,String[] valuses ){
        if (params.length>valuses.length){
            System.out.println("value number is less than param number");
            return null;
        }
        Map<String,String> map=new HashMap<String,String>();
        for(int i=1;i<params.length;i++){
            if(params[i]!=""){
                map.put(params[i], valuses[i]);
            }
        }
        return map;
    }
}
```

这个类的主要作用就是将来自 MockTestLinkAPI 的方法转换成可供用例执行类 CaseLoader 调用的方法。另一个变化就是入参形式的变化。在用例执行类中，指令执行的入参是一个字符串数组，而在 MockTestLinkAPI 中，所有方法的入参都是 Map<String, String>类型的。因此在该类中也提供了一个数组向 Map 进行转换的方法以及 loginArray 等指令入参所需的各个参数的名称。

至此，我们通过一个小型但是较为实用的案例完成了对于 Excel 作为数据源的测试数据管理的介绍。其中使用了 POI 这一功能强大的 Office 系列文档的处理工具集的一小部分功能。同时也介绍了一种基于 Excel 的测试用例的编写与执行方法。在实现的过程中也简单介绍了反射的使用以及适配器类的使用。

2.6 使用数据库

如果读者所在的企业正在招聘测试工程师或者读者正在求职，翻开工作说明书，无论是熟悉、掌握还是精通，估计绝大部分都会对于数据库有一定的要求。这说明了数据库在现在软件行业的普遍应用，也说明了这几乎是自动化测试所绕不开的一个技术点。在本小节中，将简要介绍如何通过编写代码与数据库进行交互。当然，这只是浅显的使用层面的介绍。如果牵涉到多套数据库数据配套不同用例集、基础数据导入以及数据清洗等问题，读者可以参考第 1 章中有关“快速回归测试系统”的介绍，以及下一小节中有关 CSV 文件的处理部分。因为各类型项目的挑战各不相同，本书给出的各种办法也仅供参考。读者需要结合自身的项目实际发现和解决各自的自动化问题。

2.6.1 JDBC 连接数据库

即使是没有写过 Java 代码连接过数据库的读者，估计也都知道 JDBC（Java Data Base Connectivity，Java 数据库连接）和它的作用。JDBC 对程序员而言是 API，为程序开发提供标准的接口，通过这些用于执行 SQL 语句的 Java API，可以为多种关系数据库提供统一访问。自从 JDBC 出现之后，就不必为访问 Oracle 数据库专门写一个程序，为访问 MySQL 数据库又专门写一个程序了。对实现与数据库连接的数据库厂商及第三方中间件厂商而言，JDBC 则是接口模型，为实现与数据库的连接提供了标准方法。后者只要提供相应的驱动程序，提供给 JDBC 即可。数据库连接与操作一般都需要如下 3 个步骤。

（1）提供驱动程序名，供 JDBC 加载对应的数据库驱动程序。

（2）提供数据库连接串，从 DriverManager 中取得与数据库的连接。

（3）在已经取得数据库连接对象 Connection 的基础上进行各种数据库操作。

下面将介绍如何通过 JDBC 连接 MySQL 中 TestLink 数据库，并且从中完成查询。为了实现上述的前两个步骤，需要提供如下的一些信息。

```
Driver="com.mysql.jdbc.Driver"; //驱动程序名
URL="jdbc:mysql://localhost:3306/testlink"; //数据库连接串
```

示例程序实现如下：

```
package com.dataset.db;
import java.sql.Connection;
import java.sql.DriverManager;
import java.sql.ResultSet;
import java.sql.ResultSetMetaData;
import java.sql.SQLException;
import java.sql.Statement;
import java.util.ArrayList;
import java.util.List;
    public class DBDriver {
        //TODO:put the params below to Configurator class & file
        private static final String URL="jdbc:mysql://localhost:3306/testlink";
        private static final String User="root";
        private static final String Password="";
        private static final String Driver="com.mysql.jdbc.Driver";
        private static Connection conn;
        public static Connection getConnection()
        {
         Connection connection=null;
        if(conn!=null){
            connection= conn;
        }
```

```
else {
    connection= getConnection(Driver,URL,User,Password);
    conn=connection;
}
return connection;
}

public static Connection getConnection(String driver,String url,String
user,String password)
{
    Connection conn=null;
    try
    {
       Class.forName(driver);//load database driver
       conn = DriverManager.getConnection(url, user, password);//create connection
       System.out.println("New db conn created::"+conn.toString());
    }
    catch (Exception e) {
       e.printStackTrace();
    }
    return conn;
}
public static void closeConnection(Connection con,Statement stm,ResultSet rs)
{
    try
    {
       if(rs!=null)
          rs.close(); //close resultset
       if(stm!=null)
          stm.close();//close statement
       if(con!=null){
          con.close();//close connection
       System.out.println("Connection closed. Bye!");
          }
    } catch (SQLException e) {
    throw new RuntimeException("Failed to close database!", e);
}
}
public static ArrayList select(String selectSql){
Statement stm = null;
ResultSet rs = null;
ResultSetMetaData rsmd =null;
ArrayList result=new ArrayList();
try {
    stm = conn.createStatement();
rs = stm.executeQuery(selectSql);
rsmd = rs.getMetaData();
int cols=rsmd.getColumnCount();
ArrayList row=new ArrayList();
while (rs.next()){
```

```
            row=new ArrayList();
            for(int i=1;i<cols;i++){
                if(null==rs.getString(i)){
                    row.add("");
                }else {
                    row.add(rs.getString(i));
                }
            }
        result.add(row);
        }
        } catch (SQLException e) {
        e.printStackTrace();
        } finally{
            closeConnection(null,stm,rs);
        }
        return result;
        }

        public static void main(String [] args){
        DBDriver.getConnection();
        String sqlString="SELECT * FROM platforms ORDER BY id ASC";
        ArrayList list=select(sqlString);
        System.out.println("**********String to query::"+sqlString+"******************");
        for(int i=0;i<list.size();i++){
         System.out.println( list.get(i).toString());
        }

        sqlString="SELECT * FROM keywords ORDER BY id ASC ";
        list=(ArrayList) select(sqlString);
        System.out.println("**********String to query::"+sqlString+"******************");
        for(int i=0;i<list.size();i++){
         System.out.println( list.get(i).toString());
        }
         closeConnection(conn,null,null);
         }

}
```

在示例程序中，介绍了获取数据库连接的方法：

```
getConnection(String driver,String url,String user,String password)
```

通过传入不同的数据库驱动名称，就可以实现连接不同类型、不同实例的数据库。在实践中，一般通过读取配置文件来获取上述这些信息，避免了代码的重新编译与应用的部署。

另外，这里也提供了一个便利的方法用于关闭数据连接等相关的对象实例。作为一个良好的编程习惯，在程序结束的时候一定要通过调用该方法完成相关资源的释放，否则会造成资源不足等问题。

```
closeConnection(Connection con,Statement stm,ResultSet rs)
```

这里并没有在 select 方法中调用 closeConnection 的时候关闭数据库连接。

```
public static ArrayList select(String selectSql)
```

通过程序的输出也可以看出，整个程序中只连接了一次数据库，而不是在每次的数据库操作中都需要重新连接数据库和关闭数据库连接，没有特别要求，只需重用即可。

```
New db conn created::com.mysql.jdbc.JDBC4Connection@5c2445
**********String to query::SELECT * FROM 'platforms' ORDER BY 'id' ASC*****************
[2, tpf_1409450867125, 19]
[3, tpf_1409465605992, 19]
[4, test111111, 107]
[5, tpf_1414333517893, 114]
[6, tpf_1414333737639, 114]
**********String to query::SELECT * FROM 'keywords' ORDER BY 'keywords'.'id' ASC
*******************
[2, k1, 19]
[3, k2, 19]
[4, k3, 19]
[5, 123, 114]
[6, 1234566, 114]
[40, tpf_1416620840767, 125]
Connection closed. Bye!
```

2.6.2 使用 Apache DbUtils

在前一小节介绍了基本的 JDBC 使用之后，可能会觉得使用 JDBC 操作数据库并不难。但是需要细致与耐心，做许多繁琐且重复的工作，正如卖油翁所说，“无他，但手熟尔”。除了 Spring 等相对功能强大但学习成本较高、带有一整套架构理论的框架之外，还有一个适合自动化测试框架构建者的轻量级 JDBC 工具包，就是 Apache 基金会 Apache Commons 项目出品的 DbUtils 工具包。DbUtils 封装了对 JDBC 的操作，简化了 JDBC 操作，却只有 3 个包，并且只依赖于 JRE 1.6 或以上的版本。该工具包可以从其官网下载，目前最新的版本是 1.6。

官网及下载地址：

```
http://commons.apache.org/proper/commons-dbutils/
```

JavaDoc 网址：

```
http://commons.apache.org/proper/commons-dbutils/apidocs/
```

工具包的功能：

- org.apache.commons.dbutils——连接、关闭数据等常规操作。

- org.apache.commons.dbutils.handlers——对于 ResultSet 的操作。
- org.apache.commons.dbutils.wrappers——处理、修改 ResultSet 的一些特殊数据。

1. org.apache.commons.dbutils

该包中的主要类和功能如下。

（1）DbUtils：该类提供了关闭连接、装载 JDBC 驱动程序之类的常规工作方法，并且这些方法都是静态的。

① close：DbUtils 类提供了 3 个重载的关闭方法。这些方法检查所提供的参数是不是 NULL，如果不是，就关闭连接、声明和结果集（ResultSet）。前面介绍的 closeConnection 方法就是借鉴了这种思想实现的。

② closeQuietly：如果不想捕捉使用 close 时抛出的诸如 SQLEeception 之类的异常，那么 closeQuitely 就是一个更好的选择。在调用 handlers 完成数据集的处理之后，在数据库操作的最后，只需要调用这一方法即可完成全部关闭操作。

③ loadDriver(String driveClassName)：这一方法完成装载并注册 JDBC 驱动程序，如果注册成功就返回 TRUE，否则返回 FALSE。这样，就不再需要去捕捉注册驱动程序失败时所抛出的异常 ClassNotFoundException，只需要根据返回的布尔值结果进行判断即可。

（2）QueryRunner：简化了数据库的增删改查操作，用来替代 JDBC 中的 executeQuery、executeUpdate 等方法。通过与 ResultSetHandler 配合使用，能够大大减少所要写的代码。

① update：执行 INSERT，UPDATE 或者 DELETE 等 SQL 语句。

② insert：执行 INSERT 语句。

③ query：执行 SELECT 语句。

另外，可以调用相关的 batch 方法来批量执行 INSERT, UPDATE 或者 DELETE 等 SQL 语句。

（3）ResultSetIterator：该类实现了 iterator 接口，把一个 ResultSet 对象包装成一个迭代器。

（4）ResultSetHandler：顾名思义，该接口执行处理一个结果集 ResultSet 对象，将数据转变并处理为任何一种形式，供其他应用使用。

2. org.apache.commons.dbutils.handlers

该包中的类都是对于前述 ResultSetHandler 的实现。

（1）ArrayHandler：将 ResultSet 中第一行的数据转化成对象数组。

（2）ArrayListHandler：将 ResultSet 中所有的数据转化成 List，List 中存放的是 Object[]。

（3）BeanHandler：将 ResultSet 中第一行的数据转化成类对象。

（4）BeanListHandler：将 ResultSet 中所有的数据转化成 List，List 中存放的是类对象。

（5）ColumnListHandler：将 ResultSet 中某一列的数据存成 List，List 中存放的是 Object 对象。

（6）KeyedHandler：将 ResultSet 中的每一行数据都封装到一个 Map 里，再把这些 map 再存到一个 map 里，其 key 为指定的 key。

（7）MapHandler：将 ResultSet 中第一行的数据存成 Map 映射。

（8）MapListHandler：将 ResultSet 中所有的数据存成 List。List 中存放的是 Map。

（9）ScalarHandler：将 ResultSet 中一条记录的某一列数据存成 Object。

3．org.apache.commons.dbutils.wrappers

该包内有以下两个包装类。

（1）SqlNullCheckedResultSet：该包装类用来对 SQL 语句执行完成之后的数值进行 NULL 的替换，并且可以根据需要替换成预设值，如 N/A、-1 等。

（2）StringTrimmedResultSet ：去除 ResultSet 中字段的左右空格，就是将 ResultSet 方法中的 getString()和 getObject()方法（如果获取的是 String 类型）获取的值，去除其前后空格，并将装饰过的 ResultSet 返回，供后续使用。

2.6.3 从 TestLink 数据库中读取数据

接下来，通过一个简单的案例来简要介绍如何使用 DbUtils。当然在 DbUtils 官网上也提供了一些使用案例。感兴趣的读者可以通过以下网址进一步学习：

```
http://commons.apache.org/proper/commons-dbutils/examples.html
```

该示例将从 TestLink 数据库中读取平台表 platforms，并且将结果借助于 MapListHandler 返回 Map 类型的数据集。

```java
package com.dataset.db;
import java.sql.Connection;
import java.sql.DriverManager;
import java.sql.SQLException;
import java.util.Iterator;
import java.util.List;
import java.util.Map;

import org.apache.commons.dbutils.DbUtils;
import org.apache.commons.dbutils.QueryRunner;
import org.apache.commons.dbutils.handlers.MapListHandler;

public class DbUtil {
    private static final String URL="jdbc:mysql://localhost:3306/testlink";
    private static final String User="root";
    private static final String Password="";
```

```
    private static final String Driver="com.mysql.jdbc.Driver";
    private static Connection conn;
    public static Connection getConnection(){
        Connection conn = null;
       DbUtils.loadDriver(Driver);
        try {
           conn =DriverManager.getConnection(URL,User,Password);
        } catch (SQLException e) {
           e.printStackTrace();
        }
        return conn;
    }

    public static void main(String[]args) {
        conn = getConnection();
        QueryRunner qr = new QueryRunner();
        List list = null;
        String sqlString="SELECT * FROM `platforms` ORDER BY `id` ASC";
        try {
           list = qr.query(conn,sqlString, new MapListHandler());
        Iterator ite = list.iterator();
        while(ite.hasNext()){
           Map map = (Map)ite.next();
          System.out.println(map.toString());
        }

        } catch (SQLException e) {
            // TODO Auto-generated catch block
            e.printStackTrace();
        }finally {
            DbUtils.closeQuietly(conn);
        }
    }
}
```

可以看到通过使用 DbUtils 可以较为方便地完成数据库的各项操作。并且通过配合 MapListHandler，实现了结果集的类型转换。在 2.5 节中介绍的 MockTestLinkAPI 这个类的各个方法均使用了 Map 作为入参，两者如果配合使用，即可完成类似的从数据库中读取测试数据。按需转换后传递给测试执行 API 执行测试步骤的方案。除了 MapListHandler，DbUtils 还有其他如 BeanListHandler、ArrayListHandler 等进行数据集转换的类，可以配合不同的数据读取和处理的需求。读者可以根据实际项目的需要进行选择，这里就不赘述了。

2.7 使用 CSV 文件

CSV[1]的全称是 Comma Separate Values，即以逗号为分隔符，每条记录占一行的一种文件格式。当然分隔符并不限制于逗号，因此其另一个名字叫做 Character Separated Values。这种古老的文件格式早在 20 世纪 60 年代就已出现，被使用于 IBM OS360 上，远早于个人电脑时代的来临。时至今日，CSV 文件依然顽强并且广泛地使用着，特别是在程序间交换数据的场合。例如，在某些 ERP 系统中，作为安装的一部分，在完成了二进制可执行文件的安装之后，需要导入一些基础数据，如工作流的定义、各种对象的定义与属性、变更流程定义等。这些很多时候是使用 CSV 格式的文件进行的交互。另外，用户列表、组织权限、产品列表等产品使用或者示例的数据等，也是如此。

在进行自动化测试时，测试用例中的数据非常依赖于 AUT 中的上下文基础数据，而这些基础数据又可以通过 CSV 文件导入到 AUT 之中。那么，考虑将这些 CSV 文件中遴选出部分必需的数据，导入到测试框架中，作为测试框架的基础数据存在并供下游用例使用。据此，则可简单实现所谓的单一数据源（Single Source Of Truth），即使后期 CSV 文件中的变化了，因为用例和被测应用使用同一套数据源，自动化测试也可以照常执行。这种设计既提高了数据通用性，又降低了维护成本。

2.7.1 CSV 文件数据解析思路

从面向对象的角度，如果将一个 CSV 文件的记录结构类比成一个 Java 类，那么该 CSV 文件中的每一条记录就可以理解为同一个类的不同实例，它们有着相同的属性，当然属性值随着记录数据的不同而不同。因此，与通过 xstream 将 XML 文件转换成 Java 对象类似，通过将 CSV 文件导入并转换成 Java 对象，然后按照操纵对象的方式来处理 CSV 文件中的数据，从而避免了通过 I/O，反复处理文件操作这种费时费力的方式。熟悉数据库开发的读者可能对这种方式很熟悉，这其实就是借助了数据库中常用的对象关系映射（ORM, Object/Relation Mapping）概念。感兴趣的读者可以查阅相关的资料进行学习。

提供了将 CSV 文件转换为 Java 对象的第三方工具包比较多，这里采用的是 opencsv。这一工具包的作者是 Glen Smith，目前的维护者是 Sean Sullivan。整个项目还处在积极的维护当中。在此小节写成的这一周，其官方网站 http://opencsv.sourceforge.net 上的单周下载量超过了 1000 次。另外其采用的是 Apache 2.0 许可模式，只要不对它进行修改，即使用于商业用途，也是免费的。当然这一工具除了进行 CSV 到 Java 对象的转换，其余的功能如 CSV 导入导出功能也是比较全的。需要进行更多的 CSV 操作的读者可以到其官网上详细了解其他功能。

2.7.2 实现泛型解析

Opencsv 提供了非常方便的 CSV 文件解析方法。在此基础上加以简单的封装，就可以实现一个较为通用的 CSV 文件转换为 Java 对象的方法。核心代码如下：

```
        public static<T extends BaseBean> List<T> parseCSV2Bean (String filename,Class<T>
type){
              List<T> list =null;
    try {
    CSVReader reader = new CSVReader(new FileReader(filename), ',', '\"');
    //构造了一个 CSV 文件的解析器，待解析的 CSV 文件以逗号分隔记录中的字段，以双引号作为各字段的起止标志。
    HeaderColumnNameMappingStrategy<T>mappingStrategy =
    new HeaderColumnNameMappingStrategy<T>();
              //HeaderColumnNameMappingStrategy 实现了 MappingStrategy 接口，这种匹配策略下会将
    //文件第一行的每个字段作为待转换的 bean 类的成员变量，也就是其属性
    mappingStrategy.setType(type);
              //此处通过泛型实现了待解析文件和与之对应的 Java Bean 类之间的动态匹配
    CsvToBean<T> csv = new CsvToBean<T>();
    list = csv.parse(mappingStrategy, reader);
              //完成解析，并将解析的结果返回给一个泛型的 list
              } catch (FileNotFoundException e) {
    e.printStackTrace();
              }
    return list;
        }
```

至此，通过一段简短的代码，就实现了通用的 CSV 转换为 Java Bean list 的功能。当然有一个小窍门就是，所有的 Java Bean 类都需要继承 BaseBean。

2.7.3 对象类案例

下面是一个简单的示例。假设有一个 employee.csv 的员工信息表，与之对应的是一个 EmployeeBean 的类，其成员变量可以是 id,name,position,salary 等，如下面的代码所示：

```
public class EmployeeBean {
private int id;
private String name;
private String role;
private String salary;

//其余 get/set 方法省略

}
```

通过下面的这两行代码，就可以实现两者之间的解析和匹配的工作。

```
List<EmployeeBean> employees;

employees=CSVDigester.parseCSV2Bean("employee.csv",EmployeeBean.class)
```

解析得到的结果将返回给一个 List<EmployeeBean> employees 的变量。据此，如本

小节开头所介绍的那样，将繁琐的文件操作转换成了对一个 list 的访问，简化了操作，提高了速度，并增强了系统鲁棒性。

2.7.4 提供数据源的外部访问

```
  Public class Beans {

private static List <EmployeeBean>employees;
public static void setEmployees(List <EmployeeBean> employees) {
    Beans.employees = employees;
}
public static List<EmployeeBean>getEmployees() {
    return employees;

}//提供该 Employee 数据源的外部访问接口

static {
    setEmployees(CSVDigester.parseCSV2Bean("employees.csv",EmployeeBean.class));

 //测试框架初始化时读入该数据

}
```

如果有其他的 CSV 文件需要解析，则在 Beans 的静态块中使用类似操作即可。通过以上的操作，已经将针对 CSV 文件的操作转换成了对 List employeeBeans 的操作。使用时，直接采用以下语句：

```
Beans.getEmployees();
```

既提供了静态方法，也方便了数据的使用。

通过有针对性地将一些通用的操作封装成方法，简化测试用例的自动化实现和代码的复用性，譬如查询某个 employee 是否存在等。具体的代码例子这里不再列举，读者可以自行实现。

2.7.5 CSV 文件通过 SQL 方式查询结果

CSV 文件还可以通过 SQL 查询的方式通过 JDBC 进行读取。以 2.6.3 中所介绍的读取 TestLink 数据库中的表 platforms 为例。如果将该表导出到一个 CSV 当中，则可以将前述的案例程序稍加改动，将 driver 以及 Connection 的取得方式更换成 CSV 文件方式即可，具体程序如下：

```
package com.dataset.db;
```

```
import java.sql.Connection;
import java.sql.DriverManager;
import java.sql.ResultSet;
import java.sql.ResultSetMetaData;
import java.sql.SQLException;
import java.sql.Statement;
import java.util.ArrayList;
import java.util.List;
    public class CSVDriver {
        private static String filepath="D:\\repo\\Playground";
        private static final String URL="jdbc:relique:csv:" + filepath;
    private static final String Driver="org.relique.jdbc.csv.CsvDriver";
        private static Connection conn;
        public static Connection getConnection()
        {
             Connection connection=null;
            if(conn!=null){
               connection= conn;
        }
            else {
               connection= getConnection(Driver,URL);
               conn=connection;
             }
             return connection;
        }

        public static Connection getConnection(String driver,String url)
        {
            Connection conn=null;
            try
            {
                Class.forName(driver);//driver 来源已经修改为 CSV 驱动器
                conn = DriverManager.getConnection(url);//连接也已经使用了重载的方法，单以
               URL 为入参
            System.out.println("New db conn created::"+conn.toString());
            }
            catch (Exception e) {
                e.printStackTrace();
            }

            return conn;
        }
        //以下 closeConnection、select 方法与之前无异，略
        public static void main(String [] args){
         //main 方法中无任何变化
         }
```

这个程序运行完毕后，如果输入的数据内容相同，那么可以得到与之前相同的输出

结果。这种方式为基础数据的参数化提供了便利，在数据库中完成开发之后，可以将结果导出为 CSV，供用例集运行时作为初始基础数据使用。毕竟如本书第 1 章中所介绍的"快速回归系统"，在测试执行过程中，一遍遍清洗数据库是一个耗时耗力的事情，至少包括数据库的停止、清洗、导入和开启。而将不同的数据集导出为 CSV 文件，不同的测试集通过使用不同的 CSV 文件目录作为数据源，可以大大减轻其中的复杂程度。

第 3 章　构建 Solvent

3.1　框架是什么

3.1.1　六万立方米的混凝土大底板

谈到框架，回想起曾经在办公室耳闻目睹的高楼建设过程。记得 2010 年初春有一则新闻，其标题是“中国第一高楼‘上海中心’完成最大基础底板浇筑”。文中介绍，中国第一高楼“上海中心”自开工以来，相继完成一系列高难度的桩基工程和基坑施工。经过建设者们 60 小时的连续作业，“上海中心”顺利完成了 6.1 万立方米大底板混凝土浇筑。上海中心的大底板是一个直径 121 米、厚达 6 米的圆形钢筋混凝土平台，相当于 1.6 个标准足球场的大小，厚度则达到两层楼高，是世界民用建筑底板体积之最。而在大楼的建设出了地面之后，则需要完成主楼核心筒封顶、内外幕墙搭设等工程，才算基础建设的完成。

后来，当需要考虑构建一个自动化框架的时候，这些基坑、大底板、中心筒、幕墙等作为大厦框架的不同组成部分，经常会萦绕在眼前。

3.1.2　测试框架及其目标

据《JUnit 实战（第 2 版）》的作者 Petar Tachiev 的定义，框架提供了一个可复用的公共结构，可以在多个应用程序之间进行共享。开发人员将框架融入到他们自己的应用程序中，并且加以扩展以满足他们特定的需求。

而作为一个测试框架，应该能达到如下目标。[1]

- 简化测试的编写，包括测试框架本身的学习和测试用例的编写。
- 使测试保持持久的有效性。
- 使得利用既有测试来编写相关的测试成为可能。

这是当年 JUnit 开发团队为这个项目所定义的目标。时至今日，依旧非常好地阐述了测试框架的使命。本书所提出的各种解决方案，如 Solvent、Semet 等，都是希望从各自的角度，通过良好的组合，达成这样一个目标。

3.2 Solvent 与 JUnit

据维基百科中文版的介绍，Solvent 是溶媒，能溶解气体、固体、液体而成为均匀混合物的一种液体。习惯上把气体和固体叫溶质，液体叫溶剂。

类似地，测试框架需要有一层将其他相关的框架、工具集、功能和程序等融合起来，提供通用性的解决方案，供给框架中更加上层的测试用例驱动执行层进行测试。简而言之，Solvent 是将 JUnit 作为大底板，辅以各种工具类来共同搭建的一个底层平台解决方案。

那为什么选择 JUnit 呢？首先 JUnit 已经是久经考验的老战士了。自从 1997 年 Erich Gamma 和 Kent Beck 实现这一测试框架以来，已然快二十个年头。这其中多少 IT 巨头和开发语言以及框架潮起潮落，而作为 Java 开发测试框架的开创者和事实上的标准，JUnit 依然屹立不倒，并且不断随着潮流进行自我变革。许多的后来者，也都是在学习和借鉴其思想的基础上发展起来的。

其次，JUnit 依然是市场上的主流。据一项 2013 年的调查[2]显示，在被调查的来自 Github 的 10000 个 Java 项目中，有高达 30.7%的项目使用到了 JUnit，是使用程度最广的框架。这一数字比来自第二梯队的 Sprint-test 和 testng 等高出一个数量级。

当然，最后一个，也是最重要的原因是，笔者过往的项目中更多地使用 JUnit。因此，如果有读者目前使用了类似的 xUnit 框架，没有特殊的原因，继续使用即可，大可不必改弦换辙而转用 JUnit。本书中所介绍的内容，也几乎可以无成本地阅读、理解和进行复用。

3.3 迟早，你需要一个基类

在 JUnit 和 Selenium 的发展过程中，都不约而同地引入过相应的测试用例基类。如果需要使用这类框架编写测试用例，则必须将这些用例作为该基类的派生类。在 JUnit 框架中，这个基类就叫作 TestCase，而在 Selenium 的早期版本中，则提供了一个继承自 JUnit 中的 TestCase 的基类，叫作 SeleneseTestCase。因此在远古的时代，将这两个框架进行集成是一大挑战。不过感谢技术进步，现在这两个框架和其他许多的框架都已经放弃了这种做法。

JUnit 4 引入基于 Java 注释的特性之后，JUnit 开发团队简化了用例的编写，不再强制测试用例类需要继承某个来自框架的类，只要用@Test 来进行标注即可。而 Selenium

1.0 时代，则继续提供 SeleneseTestBase 作为其框架中测试用例的基类。

这样做有许多好处，不过好处有限。譬如如果读者来自于另一大测试框架阵营，譬如 TestNG，则必须编写另外一个基于 TestNG 的 SeleneseTestBase 来提供类似的功能。另外，从笔者实践的来看，几乎所有测试项目需要对使用的框架进行扩展，譬如对 DefaultSelenium 类进行二次开发，这样与之配套的 SeleneseTestBase 就成了鸡肋。

到了 Selenium 2.0 时代，这个 Selenium 项目和来自谷歌的 Webdriver 项目进行了合并之后，就不再提供用例基类供使用者调用了。

从框架发展的历程来看，是不是意味着提供一个用例基类就是坏味道了呢？《JUnit Receipe》的作者 Rainsberger 曾这样写到：“迟早，你需要一个用例基类。”基础框架（如 JUnit）、执行框架（如 Webdriver）等放弃强制的用例基类，正是为了方便使用者在各自的测试项目中编写各自的用例基类。或者反过来说，如果某个框架强制使用者必须继承其提供的用例基类来编写用例，就大大降低了被使用者的框架集成的机会。

3.3.1 用例基类 SolventTestCase

诚如 Rainsberger 所言，从另外一方面说，作为一个企业或者团队内部使用的测试框架，拥有一个自己的用例基类其必要性也是不言而喻的。这种对于开放性的放弃或者妥协可以带来更多的内部收益。

因此，在本小节中，将引入 SolventTestCase 这个类作为所有基于此框架的测试用例的基类。这个类中将包含一些最常用的测试用例解析、执行、报告等必需的基础方法。

当然，为了体现“分层架构，各司其职”的思想，推荐通过继承 SolventTestCase 来新建另外一个类以处理具体测试执行层的问题，譬如针对 Web UI 自动化的 SeMetTestCase。当然，该类的具体实现将在下一章中进行介绍，本章重点介绍 SolventTeseCase。最基础的，没有引入太多可选功能和方法的 SolventTestCase 可以按照如下的方式实现：

```
package com.solvent;
import java.util.ArrayList;
import org.apache.log4j.Logger;
import org.junit.After;
import org.junit.BeforeClass;
import com.solvent.SolventLogger;
import com.solvent.l10nHelper.HsqldbHelper;
import com.solvent.l10nHelper.I18NUtil;
import com.solvent.timerHelper.Timer;
public abstract class SolventTestCase {
    private static ArrayList<Timer> timers = null;
    private static ArrayList<CheckPoint> checkPoints = null;
    protected static Logger log;
```

```
    private static ArrayList<Timer> timers = null;
    private static ArrayList<CheckPoint> checkPoints = null;
    public SolventTestCase() {
     log = SolventLogger.getLogger(this.getClass());
      I18NUtil.processI18NKeys(this);
    }
    @BeforeClass
    public static void setupClass(){
        startHSQL();
    }
     @Before
    public void setup(){
        checkPoints = new ArrayList<CheckPoint>();
        timers=new ArrayList<Timer>();
        start();
    }
    protected abstract void start();
    public String uniquify(String str) {
       return str + "_" + System.currentTimeMillis();
    }
    public static void waitfor(long milles){
    try{ Thread.sleep(milles);}
    catch(Exception e) {
      log.info("\n\n timed out with exception: "+e.getMessage());
    }
    }
    @After
       public void tearDown() throws Exception {
           checkForFailures();
           checkTimers();
       }
    @AfterClass
    public static void tearDownClass(){
    HsqldbHelper.stopHSQL();
    }
    }
```

这个类中的@BeforeClass 与@AfterClass 对修饰的方法中分别完成了 HSQLDB 数据库的启停工作。该数据库是为框架中支持本地化而引入的，并且在默认构造方法中被以下方法所使用。

```
I18NUtil.processI18NKeys(this);
```

具体的实现将在后续有关本地化操作的章节中介绍。

而在@Before 与@After 对修饰的方法中，分别对自定义的验证点以及计时器进行了布防和结果检查。这些方法的详细设计将在本章后续小节中介绍。在@Before 方法中还调用了一个抽象方法：

```
protected abstract void start();
```

在使用 Webdriver 作为用例执行工具的 UI 自动化测试中，该方法将被实现为完成 webdriver 对象的赋值以及浏览器的启动等操作。

另外，在 SolventTestCase 中也引入了 uniquify、waitfor 等辅助性的方法，为获取伪随机数以及简单等候等需求提供了一个简便的实现。

3.3.2 业务功能基类 Solvent

与 SolventTestCase 是所有测试用例类的基类类似，Solvent 类是作为所有后续有关自动化框架中业务功能类的基类而引入的，其针对一些最基本和通用的事务进行了处理。一个简单的框架基类 Solvent 可以按照如下的方式实现：

```
package com.solvent;
import java.util.HashMap;
import org.apache.log4j.Logger;
import com.solvent.SolventLogger;
import com.solvent.l10nHelper.I18NUtil;
public abstract class Solvent {
    private static final Logger log = SolventLogger.getLogger(Solvent.class);
    protected final HashMap<String, String> parameters = new HashMap<String, String>();
    public Solvent() {
        I18NUtil.processI18NKeys(this);
    }
    public void parseParams(String... params) {
        for (String param : params) {
            try {
                String name = param.substring(0, param.indexOf('=')).trim();
                String value = param.substring(param.indexOf('=') + 1).trim();
                if (!parameters.containsKey(name))
                    parameters.put(name, value);
                else
                    log.warn("Duplicated parameter '" + name + "' given.  Ignoring...");
            } catch (Exception e) {
                log.error("Solvent Error Happened Evaluating Parameter '" + param
                    + "'. Correct format is 'name=value'. This parameter will be
                    ignored.\n" + e.getMessage());
            }
        }
    }
    public String getParam(String name) {
        if (!parameters.containsKey(name))
            log.debug("Requested parameter '" + name + "' does not exist! Returning null.");
        return parameters.get(name);
    }
    public void setParam(String name, String value) {
```

```
            parameters.put(name, value);
        }
        protected boolean paramDefined(String paramName) {
            return parameters.containsKey(paramName)
                    && (!parameters.get(paramName).equals("") && parameters.get(paramName) !=
        null);
        }
        public abstract void prepare();
        public <X extends Solvent> X navigateTo(X se) {
            se.prepare();
            return se;
        }

        public static void waitfor(long milles){
        try{ Thread.sleep(milles);}
        catch(Exception e) {
          log.error("\n\n Time Out With Exception: "+e.getMessage());
        }
        }
}
```

接下来介绍该类中的主要代码及其功能。这个类首先定义了一个 Logger 类的实例 log，并将 SolventLogger 类中获取的记录器实例赋值给它，从而完成对这个类的日志支持。

```
private static final Logger log = SolventLogger.getLogger(Solvent.class);
```

具体的 SolventLogger 类将在本章后续小节中完成。接下来再看一下 Solvent 类的默认构造方法：

```
public Solvent() {
    I18NUtil.processI18NKeys(this);
}
```

这个方法只做了一件事情，就是完成了该类中的本地化资源的解析。这一部分工作将在后续的章节中介绍本地化测试时使用到。如果读者想要自己运行该类以及本小节中的示例代码，但又对 com.solvent 包中的其他类及其关系目前还不是很了解，那么可以简单地将该方法体的代码进行注释。

接下来 Solent 提供了几个有关参数处理的方法：

```
public void parseParams(String... params)
public String getParam(String name)
public void setParam(String name, String value)
protected boolean paramDefined(String paramName)
```

还配套定义了一个 HashMap<String, String>类型的变量来存储参数：

```
protected  final HashMap<String, String> parameters = new HashMap<String, String>();
```

通过阅读代码不难看出，parseParams 方法可以将以 String 数组方式传入的参数对按照

```
name=value
```

的方式进行解析的方式，存入 parameters。其他三个方法也分别完成参数表中参数的读取、获取以及判断是否存在等功能。上述这几个方法，配合后续的 Solvent 数据管理解决方案，将综合使用前一章节中介绍的各种数据处理和解析方法，实现不同的数据获取和使用的场景。

Solvent 中还引入了 prepare 这个抽象方法以及 navigateTo 这个泛型方法。

```
public abstract void prepare();
public<X extends Solvent> X navigateTo(X sol) {
        sol.prepare();
return sol;
    }
```

重点介绍一下 navigateTo 这个方法。按照该方法的类型和入参都被定义为 Solvent 的子类，并且在方法体内部也调用了 prepare 方法。这样设计是有着工程实践意义的。譬如在页面 A 中单击一个按钮，会触发一个弹出框，或者导航至一个新的页面 B。在完成这项工作和进行在 B 中的后续操作之前，如果需要进行一些简单的准备工作，那么可以在其对应的 prepare()方法中实现相关操作，并通过在 A 中调用 navigateTo 方法完成该组操作。

通过一个简单的例子来介绍一下这两个方法配合使用的场景。当然，下述的代码只是示例，并不是实际可运行的代码。

假设存在一个登录页面，在登录完成以后，系统会被重定向到主要的业务页面。因此，首先定义一个 LoginPageSolvent 类。

```
public LoginPageSolvent extends Solvent{
public void doLogin()
}
```

而后，再定义一个 MainPageSolvent 类来封装业务页面。我们假设该类需要规定最大化窗口，才能进行后续操作。

```
public MainPageSolvent extends Solvent{
@Override
public prepare(){
waitfor(1000); //等待 1 秒钟，页面载入
Windows.Maxmize(); //最大化窗口
}
}
```

在测试用例或者框架其他类中，可以有这样的调用。

```
public NaviToMainSolvent{
public MainPage Navi2Main(){
```

```
    LoginPage login= new LoginPage();
    login.doLogin();
    return navigateTo(new MainPage());
    }
```

通过这种方式，可以在完成后续类的实例化的同时，也通过隐式调用完成相关的后续类的操作开展前所必需的准备工作。

简单回顾一下，Solvent 类的主要功能就是添加了日志记录器，处理了本地化所需资源，也进行了参数处理，并为测试步骤间的跳转提供了衔接。当然，也简单实现了一个等待功能。至此，这个框架的第一个框架类的核心代码就简要完成了。

3.4 基于 Log4j 的日志

在介绍完了用例以及业务功能类的两个基类之后，就可以开始为其增加不同的骨架，丰富框架的功能。

据说有这样一个有关程序员的话题。如果要求程序员在完成业务功能需求的实现之外，还需要实现一项非功能需求，那么做得最多、做得最好的，绝大部分情况下可能会是可维护性，换言之，就是软件的日志功能。因为日志是给维护程序的人员使用的，特别是如果那个维护程序的人就是开发人员自己。因此，首先引入的自动化测试框架的是有关日志的功能。

一般来说，引入日志是基于以下 3 个原因[4]。

- 监视代码中变量的变化情况，周期性地记录到文件中供其他应用进行统计分析工作。
- 跟踪代码运行时轨迹，作为日后审计的依据。
- 担当集成开发环境中的调试器的作用，向文件或控制台打印代码的调试信息。

当然，日志的运用也要适时适量。在 Apache Log4j 的官网上，开发团队就表示了反对者们对于过度日志导致的代码污染，降低可读性以及代码冗长所导致的运行速度降低等问题的某种程度的认可[5]。

市面上的日志解决方案有许多。在 Solvent 中，这里选取了主流的 Log4j 作为日志解决方案。

3.4.1 Log4j 简介

Log4j 是 Apache 的一个开放源代码项目，是 Apache Logging 项目组一系列日志解决方案中最早、最为成功的项目。目前 Solvent 是基于 Log4j 1.2 的 API。据 Log4j 的官网介绍，Log4 j2 正在进行 beta 版测试。感兴趣的读者可自行了解。

首先，我们来了解下使用 Log4j 的基本组成和使用方法[5]。

1. 具有层级架构的日志记录器 Logger

Logger 负责处理日志记录的大部分操作。按照官方的介绍，其与 System.out.println 最大的不同在于 logger 具有一个层级结构。也就是说，一个名为"com.foo"的 logger 可以理解为是"com.foo.Bar"的父类。

其中，rootLogger 是一个特殊的 logger。原因在于以下两点。

（1）rootLogger 始终存在。

（2）rootLogger 不能通过名字获取。

以上两点反应在 Logger 类中就是下面这两个方法。

```
public static Logger getRootLogger();
public static Logger getLogger(String name);
```

2. Logger 与 Level

Level 定义了日志记录器的优先级。Log4j 默认提供的级别从低到高分为 TRACE、DEBUG、INFO、WARN、ERROR 和 FATAL。用户也可以自定义级别，虽然这种做法不被 Log4j 团队所鼓励。如果某一 Logger 的级别定义为 INFO 级别，只有等于及高于这个级别的日志信息才会被进行处理，也就是程序中所有 DEBUG 级别及以下的日志信息将不被打印出来。另一方面，如果某一 Logger 没有显式地定义一个 Level，那么结合 Logger 的层级架构，将按照就近原则，从其最近的一个定义了 Level 的父类处可以继承得到并使用其 Level。

3. Appender

Appender 负责控制日志记录操作的输出，基本上支持将日志记录输出到任何设备，包括控制台、文件、图形界面、远程网络服务器、JMS、Windows 事件日志和远程的 UNIX Syslog 等。同样地，基于 Logger 的层级架构，Appender 也有如下两条特性。

（1）所有符合 Logger Level 条件的日志信息将输出到所有注册在该 Logger 上的 Appender。

（2）上述日志信息将向上输出到所有的该 Logger 的父类 Logger 上，直至 rootLogger。

Solvent 之中使用到的 Appender 有两种，即 org.apache.log4j.ConsoleAppender（控制台）和 org.apache.log4j.FileAppender（文件）。

4. Layout 和 PatternLayout

Layout 负责格式化 Appender 的输出。Log4j 提供的 layout 有以下几种。

（1）org.apache.log4j.HTMLLayout（以 HTML 表格形式布局）。

（2）org.apache.log4j.PatternLayout（可以灵活地指定布局模式）。

（3）org.apache.log4j.SimpleLayout（包含日志信息的级别和信息字符串）。

（4）org.apache.log4j.TTCCLayout（包含日志产生的时间、线程、类别等信息）。

PatternLayout 主要负责格式化日志信息。Log4j 采用类似 C 语言中的 printf 函数的打印格式格式化日志信息，打印参数如下。

（1）%m 输出代码中指定的消息。

（2）%p 输出优先级，即 DEBUG，INFO，WARN，ERROR，FATAL。

（3）%r 输出自应用启动到输出该 log 信息耗费的毫秒数。

（4）%c 输出所属的类目，通常就是所在类的全名。

（5）%t 输出产生该日志事件的线程名。

（6）%n 输出一个回车换行符，Windows 平台为“rn”，UNIX 平台为“n”。

（7）%d 输出日志时间点的日期或时间，默认格式为 ISO8601，也可以在其后指定格式，比如：%d{yyyy MMM ddHH:mm:ss,SSS}。

（8）%l 输出日志事件的发生位置，包括类目名、发生的线程以及在代码中的行数。

3.4.2 一个简单的例子

使用配置文件可以提供更多的灵活性，也更方便后期的框架维护。Log4j 支持两种配置文件格式，一种是 XML 格式的文件，另一种是 Java 特性文件 log4j.properties。Solvent 中使用了后者。因此我们先用一个简单的例子作为入门。新建一个 log4j.properties 文件，内容如下：

```
####################
log4j.rootLogger=INFO, stdout, logfile    #日志级别是 INFO，分别输出到控制台和日志文件
log4j.appender.stdout=org.apache.log4j.ConsoleAppender
log4j.appender.stdout.layout=org.apache.log4j.PatternLayout
log4j.appender.stdout.layout.ConversionPattern=[Solvent]<%d> %-5p %c [%t] (%x) - %m%n
log4j.appender.logfile=org.apache.log4j.FileAppender
log4j.appender.logfile.File=d:\\tmp\\Solvent.log
log4j.appender.logfile.layout=org.apache.log4j.PatternLayout
log4j.appender.logfile.layout.ConversionPattern=[Solvent]<%d> %-5p %c [%t] (%x) - %m%n
####################
```

然后将该文件放置在 classpath 路径之内，并编写如下一个测试用例。

```
import org.apache.log4j.Logger;
import org.junit.Test;
public class tLogger {
private static final Logger log = Logger.getLogger(tLogger.class);
//调用 Logger 类的取得记录器方法取得相应的非根记录器对象
@Test
 public void test() {
```

```
   if (log.isDebugEnabled())
  {
lcg.debug("debug is enabled.");
  }
   if (log.isInfoEnabled())
  {
  log.info("info is enabled.");
  }
 }
}
```

控制台输出如下：

```
[Solvent]<2012-11-08 23:13:11,959>INFO  tLogger [main] () - info is enabled.
```

同时在 d:\tmp 下生成了一个 Log 文件 Solvent.log，里面的内容与控制台一致。Log4j 的简单使用介绍完毕。接下来，通过一个完整的 SolventLogger 类及其使用来介绍 Solvent 是如何构建起基于 Log4j 的日志功能的。

3.4.3　实现 SolventLogger 类

SolventLogger 类的作用是提供统一的 Logger 服务入口，供后续的框架和用例使用。这个类的简要代码如下：

```
public class SolventLogger {
public static final String CONSOLE_APPENDER_NAME = UUID.randomUUID().toString();
public static final String FILE_APPENDER_NAME = UUID.randomUUID().toString();
// 根日志记录器
private static Logger root = LogManager.getRootLogger();
// 确认 Log4j 是不是已经配置了
private static boolean configuredExternally = root.getAllAppenders().hasMoreElements();
    //配置类中获取日志格式和级别
private static String defaultPattern = Configurator.getSolventOutputPattern();
private static String defaultVerbosity =Configurator.getSclventOutputVerbosity();
static {
initializeLogging(defaultPattern, defaultVerbosity, null);
    }
//静态块中调用初始化日志的方法。只初始化控制台，不设置文件输出
public static void initializeLogging(String pattern, String verbosity, File logFile) {
// 调用前述标志，确保 Log4j 没有被重复设置
if (!configuredExternally) {
root.removeAppender(CONSOLE_APPENDER_NAME);
// 去除可能存在的控制台 Appender，并新建一个
    Appender conApp = new ConsoleAppender(new PatternLayout(pattern));
    conApp.setName(CONSOLE_APPENDER_NAME);
// 将该 Appender 添加到 root 下面，后续所有的 Logger 都将使用到
root.addAppender(conApp);
```

```
    root.setLevel(Level.toLevel(verbosity, Level.ALL));
    // 建立文件 Appender,过程类似上述控制台 Appender
    if (logFile != null) {
    try {
                    Appender fileApp = new FileAppender(new PatternLayout(pattern),
logFile.getPath());
                    fileApp.setName(FILE_APPENDER_NAME);
    root.addAppender(fileApp);
                } catch (Throwable t) {
                 t.printStackTrace();
                }
            }
        }
    }

    public static void disableFileLogging() {
    root.removeAppender(FILE_APPENDER_NAME);
    }
    public static Logger getLogger(Class<?> clazz) {
    return getLogger(clazz.getName());
    //返回任意一个类的经过初始化的 Logger 实例
    }
    public static Logger getLogger(String name) {
    return LogManager.getLogger("solvent." + name);
    }
    //返回任意给定名字的经过初始化的 Logger 实例
```

3.4.4 使用 SolventLogger

以下是 SolventLogger 类的一个使用示例代码：

```
    public abstract class SolventTestCase {
        protected static Logger log;;
    public SolventTestCase() {
    log = SolventLogger.getLogger(this.getClass());
        }
    }
```

SolventTestCase 作为所有测试用例的基类，在其构造方法中加入对于 SolventLogger 类的 getLogger 方法的调用，就可以在后续的测试用例中直接使用类似下面的语句进行日志的输出：

```
    log.info("Hello Solvent");
```

有关如何通过统一的配置类获取框架基础配置数据，如 *defaultPattern* 以及 *defaultVerbosity*，请参见本章后续有关测试数据管理的部分。

3.5 使用 TestWatcher 截屏

每当测试用例运行失败，除了看运行报告和日志以外，还有另外一种比较常用的方法，就是在运行出错的当时对 AUT 进行截屏，从而提供更为详细的信息和更为直观的方法，方便事后排错定位以及确认缺陷。

Webdriver 自身也可以通过 TakesScreenshot 这种方式来进行截屏。考虑到截屏这种功能使用较为广泛，将其理解为属于 Solvent 层，脱离于 Wedbriver 等关注于 UI 层驱动和业务封装等更为上层的部分，可能更为恰当。当然看各个项目的需要。没有多种应用场景的话，就没有必要再造轮子，直接利用 Webdriver 提供的类似功能即可。

3.5.1 功能分析

截屏这样一个功能的实现也可以分为，先实现截屏的功能，然后将这个功能作为一个报警器的一部分，在用例运行时进行布防。

从技术实现上来说，截屏功能可以借助于 Java AWT 中的 Toolkit 以及 Robot 类中的相关方法来完成。然后，为了方便后续处理，获取运行时的上下文，也就是测试类和测试方法，作为截屏文件的文件名，当然这就需要借助于 JUnit 中的相关方法了。

最后通过重写 JUnit 中的 TestWacher 方法，将这一报警器进行布防。一旦有用例被判为失败，立即触发这一报警装置，并进行截屏。

3.5.2 实现示例

首先是完成必要的准备工作，实现截屏和文件名获取以及写入的工作。

```
private File filenameFor( Description description) {
       String className = description.getClassName();//获取测试类名
       String methodName = description.getMethodName(); //获取方法名
return new File(directory, className + "_" + methodName + ".png");
//生成 png 后缀的截屏文件
   }

private void silentlySaveScreenshotTo(File file, String format) {
try {
saveScreenshotTo(file, format);
       } catch( Exception e ) {
System.err.println("Failed to screenshot to " + file + ", " + e);
       }
   }
```

```
    private static BufferedImagetakeScreenshot() throws AWTException {
           Robot robot = new Robot();
           Rectangle captureSize = new Rectangle(Toolkit.getDefaultToolkit().getScreenSize());
    //获取当前屏幕的尺寸，并且以此大小来生成一个矩形图像
    return robot.createScreenCapture(captureSize);
    //完成截屏动作，并返回缓存的图像
        }
    private static void saveScreenshotTo(File file, String format) throws AWTException,
IOException {
    ImageIO.write(takeScreenshot(), format, file);
    //将缓存的图像以指定的格式写入文件
        }
```

然后，就是布防的工作。在 SolventTestCase 这个测试用例基类中，增加如下代码：

```
    public class SolventTestCase {
    private final File directory= new File("./pic");
    public SolventTestCase() {
    //   在用例基类的构造方法中生成指定目录
    directory.mkdirs();
        }
        @Rule
        public TestRule watcher = new TestWatcher() {
        @Override
        public void failed(Throwable e, Description description) {
    silentlySaveScreenshotTo(filenameFor(description), "png");
        //重写 TestWatcher 的 failed 方法进行布防。当用例被判为失败时，该方法被调用进行截屏
            }
        };
```

通过以上的工作，就实现了一个较为简单但比较通用的用例失败时运行进行截屏的方法。读者也可以在此基础按照实际的需要进行扩展，如在文件名字中加入时间戳，或者将文件格式作为一个可配置的框架属性进行管理等。

3.6 经改造的 Apache 计时器

天下武功，唯快不破。在进行性能测试时，除了关注经典的压力、容量之外，还需要关注单个功能、方法的耗时。即使在功能测试的过程中，也经常要关注运行时间和性能问题，对 AUT 的某些典型功能或者业务场景的耗时进行测量，或者进行基线定标。这时候就需要一款灵敏、高效的计时器了。

3.6.1 Apache 的计时器

JUnit 或者其他测试框架都会提供测试用例的执行时间等信息，但对于更加底层的代

码级的测量，则需要采用其他的工具了。Apache Commons Lang 是一个 apache 基金会对于 Java 提供的一个工具集。这其中就提供了一款非常实用的计时器，叫作 StopWatch。其主要提供的功能如下。

（1）start：启动一个时间会话，清除以前所有的数据。

（2）stop：停止一个时间会话，计时结束。

（3）reset：计时器重启，清除之前的数据。

（4）split：设置一个停止时间，以便可以提取运行时间，但是不影响启动时间，以便最终的时间记录正确。

（5）unsplit：配合 split，重置停止时间，启动时间不受影响，移除 split 状态。

（6）suspend：暂停，直到 resume 方法调用。不计算 suspend 和 resume 之间的时间间隔。

（7）resume：恢复暂停状态。

读者可以去 apache 官网下载 Apache Commons Lang 的源程序。在本书写成时其最新版本为 3.3.2。

3.6.2 Solvent 增强的计时器

StopWatch 这个工具基本达到了中长跑运动队教练所使用的秒表的功能，不过如果把上述的功能介绍给教练的话，他估计会马上提出一个改进建议，那就是这个秒表还缺少多次计时的功能。作为教练，他需要告诉每个队员各自的成绩。他的秒表可以在一次计时开始后，分别按下结束按钮，最后依次循环显示各运动员的成绩。这有点类似 spring-framework 中 StopWatch 的实现[6]。不过还有个更简单的解决办法，就是多带几个计时器。

因此，在 Apache Commons Lang 的基础上，通过简单的改造，就可实现类似 spring-framework 带 ID 的 StopWatch，并保持它的简单。

首先，给每个 StopWatch 定义一个私有的 id：

```
private final String id;
```

然后，改造其无参的构造方法，增加初始化 id 为空的语句：

```
public StopWatch() {
super();
this.id = "";
    }
```

并且增加一个带有 id 的构造方法：

```
public StopWatch(String id) {
this.id = id;
```

以及返回 id 的公共方法：

```
public String getID() {
return this.id;
    }
```

通过上面的改造，就可以在代码中使用该计时器了。

```
StopWatch AAA= new StopWatch("AAA");
AAA.start();
//do something
AAA.stop();
```

3.6.3 部署计时器

前述的改造只实现了第一步。下一阶段，还需要将 StopWatch 部署到测试用例的基类中，然后在测试的运行过程中记录下所有的计时点，并在测试执行完成以后进行结果输出。

因此，在 SolventTestCase 中，首先，定义

```
private static ArrayList<StopWatch> Timers = null;
```

然后，在 setup()方法中进行初始化：

```
@BeforeClass
public static void setup(){
    Timers=new ArrayList<StopWatch>();
}
```

并且在 tearDown()方法中调用 checkTimers()进行结果输出。

```
@AfterClass
public static void tearDown(){
checkTimers();
    }
```

checkTimers 将 Timers 中注册的 StopWatch 实例的相关信息仿照 csv 格式简单地进行输出，方便后续的处理。

```
private static void checkTimers(){
        StringBuilder sb = new StringBuilder("ID,TIME");
    for (StopWatch timer:Timers){
        sb.append("\n");
        sb.append("\""+timer.getID()+"\"");
        sb.append(",");
        sb.append("\""+timer.getTime()+"\"");
```

```
        }
    log.info(sb.toString());
    }
```

另外，SolventTestCase 中还需要提供一个 newStopWatch 的方法，在生成 StopWatch 实例的同时，将其加入到 Timers 当中，实现注册。

```
public StopWatch newStopWatch(String id)  {
    StopWatch timer = new StopWatch(id);
Timers.add(timer);
return timer;
        }
```

完成上述工作后，测试框架在执行完用例之后调用 tearDown 方法时，所有的计时记录将被输出。这样集中在最后处理的方法的一个好处是避免了计时信息迷失在用例执行的过程日志之中，方便后续的统计与计时信息再加工。当然这只是一个示例，读者可以根据实际需要改造 checkTimers 方法。

3.6.4 计时精度与延迟

在一些极端的情况下，需要关注毫秒及以下的时间精度要求。读者可以通过下面的一个测试用例来简单验证一下上述这款码表的计时精度。

```
public class NanoTime extends SolventTestCase{
    @Test
    publicvoid testNano() {
        for (int i=0;i<10;i++){
        long deltaTimeNano;
        long startTimeNano;
        StopWatch timer= newStopWatch("Timer["+i+"]");
            startTimeNano= System.nanoTime();
            timer.start();
        deltaTimeNano = System.nanoTime() - startTimeNano;
            timer.stop();
            deltaTimeNano = System.nanoTime() - startTimeNanc;
        System.out.println("the time used in nano:" +deltaTimeNano);
    }
        }
}
```

在 CPU 为 intel i7-4500U 的笔记本电脑上，其运行结果是以纳秒计时的 deltaTimeNano 保持在几百纳秒到几微秒之间的数值，而 StopWatch 则在稳定地输出 0 毫秒，因为 SolventTestCase 中的 checkTimers 使用的 getTime()方法的精度在毫秒。可见，通过前述工作，提供了一个可信赖的毫秒级计时解决方案。如果将 getTime()修改为 getNanoTime，并在主频更高的 CPU 上运行，完全可以达到 10 微秒级的测量精度，适用于更为严苛的计时要求。

不过在这个精度上，需要对计时器进行更为精细的校准，如考虑实例化 StopWatch 等操作引入的额外开销等因素，甚至引入专用硬件等方式进行微秒级的度量。

3.7 使用 Timeout 进行超时判负

为了保证比赛的公平性和连续性，在网球等球类比赛中都对时间有着详细的规定。如发球，ATP 规定从一分结束到下一分的发球之间，选手有 25 秒的时间来准备，而在 WTA 巡回赛和由国际网球联合会管理的大满贯赛事中，这个时间是 20 秒。在盘中比赛时，球员交换场地（每两局）后则应在 90 秒内发球，而每盘比赛后有 120 秒的休息时间。

类似地，提供一个超时判负的功能对于自动化用例执行也是有着较为积极的意义的。想象下如果没有这个功能，下班的时候启动自动化测试用例集的执行，等到第二天早上来上班准备看报告、排查结果时，却发现测试用例卡在了其中的某一个用例上。因为没有设定一个兜底的超时就判定用例执行失败的功能，所以用例执行并没有继续下去，浪费了宝贵的时间。

在 JUnit 4.7 以后的版本中，引进了一个 Timeout rule，大大地便利化了判定用例是否超时的工作。只要在 SolventTestCase 这个所有测试用例的基类中加入下述代码即可：

```
@Rule
public MethodRule globalTimeout= new Timeout(Congfigurator. getTestCaseTimeout);
```

完成在基类中的布防之后，测试用例在运行时，如果运行时间超过 Timeout 的设定值（如 3000 毫秒），则用例执行结果将被判定为失败，用例执行结束，如下例所示。

```
public class TTimeOut extends SolventTestCase {
@Test
public void testTimeout() {
while(true);
    }
```

报错信息如下：

```
java.lang.Exception: test timed out after 3000 milliseconds
    at com.solvent.TimeOut.testTimeout(TimeOut.java:8)
```

3.8 自定义检查点 CheckPoint

3.8.1 检查点类 CheckPoint

一个测试用例的最基本元素，一般包括测试描述（操作步骤）以及期望结果。JUnit

中提供了强大的 Assert 断言来完成测试过程中对于期望结果的判断。当然许多读者可能都知道，Assert 在使用时，如果预期结果与实际运行结果不一致，会直接将当前运行的测试用例判定为运行失败，并直接导致用例的停止执行。

在某些情况下，可能存在另外一种场景，就是希望对于某些结果进行校验，不过不希望校验的结果影响测试的继续执行。即使该判定失败了，测试用例也能继续执行后续步骤，直到所有步骤执行完成或者遇到第一个失败的 Assert 为止。据此，可以设计一个自定义的检查点类 CheckPoint 来提供上述功能。该类的具体实现如下：

```
public class CheckPoint {
    private final String id; //检查点的 id
    private String description = "";//对于检查点的描述
    private Throwable error = null;
    private String message = ""; //与预期不一致时的描述
    private boolean result = false; //检查结果
    private CheckPoint(String id) { //只带 id 的构造方法
        if (id == null || id.trim().isEmpty()) {
            throw new SolventException("CheckPoint ID cannot be <null> or an empty String!");
        }
        this.id = id;
        log.info("CheckPoint:" + id + " created.");
    }

    private CheckPoint(String id, String description) {//带 id 以及描述的构造方法
        this(id);
        if (description == null) {
            throw new SolventException("CheckPoint Description cannot be <null>!");
        }
        this.description = description;
    }

    public void validate(boolean condition, String failureMessage) {
    //提供对于 boolean 类型的条件进行判定的方法
        if (condition) {
            succeeded();
        } else {
            failed(failureMessage);
        }
    }

    public void validate(boolean condition) {//简化的判定方法
        validate(condition, null);
    }

    public void failed(String errorMessage) { //判定失败后的处理方法
        result = false;
```

```
        message = prepareMessage(errorMessage, result);
        log.error(message);
    }

    public void failed(String message, Throwable t) {  //记录 Throwable 的 fail 方法
        result = false;
        this.message = message;
        this.error = t;
        log.error("CheckPoint:" + getId() + ":" + message + " failed");
    }

    public void succeeded() {
        succeeded(null);
    }

    public void succeeded(String successMessage) {
        result = true;
        this.message = prepareMessage(successMessage, result);
        log.info(this.message);
    }

    private String prepareMessage(String message, boolean success) { //准备验证失败的信息
        StringBuilder text = new StringBuilder("CheckPoint: " + id);
        if (!description.trim().isEmpty()) {
            text.append(" (" + description + ")");
        }
        text.append(success ? " succeeded." : " failed!");
        if (!(message == null || message.trim().isEmpty())) {
            text.append(success ? " Message: " : " Reason: ");
            text.append(message);
        }
        return text.toString();
    }

    public String getId() {
        return this.id;
    }

    public boolean status() {
        return result;
    }

    public Throwable getError() {
        return this.error;
    }

    public String getStatusMessage() {
        return message;
```

```
    }

    public String getDescription() {
        return description;
    }
}
```

至此，一个简易的 CheckPoint 类就实现完毕了。由于 CheckPoint 类只需要部署在 SolventTestCase 之中，因此可以作为该类的内嵌类而存在。

3.8.2 部署与使用

在完成 CheckPoint 类的实现之后，就可以在 SolventTestCase 中进行部署了。在 3.3 节中介绍用例基类 SolventTestCase 时，已经列出了@Before 和@After 所修饰的两个方法中有关 CheckPoint 的代码。

```
public abstract class SolventTestCase {
     private static ArrayList<CheckPoint> checkPoints = null;
     @Before
    public void setup(){
        checkPoints =new ArrayList<CheckPoint>();
    }
    @After
        public void tearDown() throws Exception {
            checkForFailures();
        }
```

通过上述代码，可以大致了解 CheckPoint 的工作机理。在用例 setup 时，建立一个检查点的数组列表 ArrayList<CheckPoint> *checkPoints*。而在用例 teardown 时，则会检查测试过程中各个检查点，也就是 CheckPoint 实例的通过情况。当然这是通过调用 checkForFailures()方法来实现的。

首先来看一下 checkForFailures 方法是如何实现的。

```
private void checkForFailures() {
    String exceptionMessage = "";
    // Check for CheckPoint errors
    boolean checkFailureFound = false;
    for (CheckPoint check : checkPoints) {
        if (!check.status()) {
            checkFailureFound = true;
            log.error(check.getStatusMessage());
        }
    }
    if (checkFailureFound) {
    exceptionMessage = exceptionMessage + "Found CheckPoint failures! See log for
```

```
            details.";
        }

        // Throw an exception if  Checkpoint failures are found
        if (!exceptionMessage.isEmpty()) {
            throw new SolventException(exceptionMessage);
        }
    }
```

在对于检查点数据列表的遍历检查中，如果发现某一检查点失败了（status()==false），那么会生成一个 error 的 log，并且将 checkFailureFound 置为 false，并最终抛出一个 SolventException。

在完成上述工作之后，检查点的部署就基本完成了。接下来，就需要提供对外使用的方法了。

```
        public static ArrayList<CheckPoint> getCheckPoints() {
            return checkPoints;
        } //外部获取检查点数组列表的方法
        public CheckPoint newCheckPoint(String id) {
            return newCheckPoint(id, "");
        }
        public CheckPoint newCheckPoint(String id, String description) {
            if (!checkExists(id)) {
                CheckPoint check = new CheckPoint(id, description);
                checkPoints.add(check);
                return check;
            }
            throw new SolventException("Check with id:" + id + " already exists.Specify unique
            id for your check");
        }
        private boolean checkExists(String id) {
            for (CheckPoint check : checkPoints) {
                if (check.getId().equals(id)) {
                    return true;
                }
            }
            return false;
        }
    }
```

由于 SolventTestCase 是所有用例的基类，因此可以直接在后续的测试用例中通过类似以下的代码来使用检查点：

```
CheckPoint cp1= newCheckPoint("cp1_sample");
cp1.validate(1==0, " This is failed on purpose.");
```

读者可以在自己的用例中试着添加这一部分的代码。与设计一致，这个失败的检查点并不会让测试用例停止执行。

3.9 Configurator 提供统一框架配置参数

以上这些工作都是围绕着 SolventTestCase 展开的。接下来将要介绍的数据管理部分属于 Solvent 以及 SolventTestCase 共同使用的配置数据，并且将借助于上面所完成的相关工作成果。该方案的基本思路就是提供统一的参数文件，作为运行时的基础数据使用。另外，出于系统的鲁棒性考虑，对于某些基础数据，考虑通过默认参数文件进行了配置。

3.9.1 Configurator 类的实现

测试框架中可能会需要设置自动化测试工具的一些配置。另外，关于日志部分也有需要通过属性文件来设置日志。在本例中，将提供一个 solvent-default.properties 文件来为测试框架提供统一的配置参数及其赋值，并且允许用例集在执行时动态获取自定义的 properties 文件作为输入来覆盖和修改默认值。

该类的实现如下：

```
package com.solvent;
import java.io.File;
import java.io.FileInputStream;
import java.io.IOException;
import java.util.HashMap;
import java.util.Properties;
import java.util.Map.Entry;
import org.apache.log4j.Logger;
public class Configurator {
   public static final String DEFAULT_PROPERTIES_RESOURCE = "/com/solvent/conf/solvent-
   defaults.properties";
   public static final String SOLVENT_PROPERTIES = "solvert.conf";
   private static Properties defaults = new Properties();
   private HashMap<String, String> confMap = new HashMap<String, String>();
   private static Configurator INSTANCE = null;
   private static Logger log =SolventLogger.getLogger(Configurator.class);
   private static String propFileName = System.getProperty(SOLVENT_PROPERTIES);
      static {
         System.out.println("Loading defaults......");
         // Load default configurations from the local resource
          try {    defaults.load(
          Configurator.class.getResourceAsStream(DEFAULT_PROPERTIES_RESOURCE));
          } catch (IOException e) {
             throw new ConfigurationError(e.getMessage(), e);
          }
      if (propFileName != null) {
```

```
        File propFile = new File(propFileName);
        log.info("\nusing propFile: "+ propFile.getName());
    try {
        Properties props = new Properties();
        props.load(new FileInputStream(propFile));
        initialize(props);
    } catch (IOException e) {
        throw new ConfigurationError("Error while loading configuraiton file: " +
        propFile.getAbsolutePath(), e);
    }
      }
    }
    //*****************************************************************
    public static final String SOLVENT_OUTPUT_VERBOSITY = "solvent.output.verbosity";
    public static final String SOLVENT_OUTPUT_PATTERN ="solvent.output.pattern";
    public static final String SOLVENT_OUTPUT_FILENAME ="solvent.output.file";
    //*****************************************************************
    public static String getSolventOutputVerbosity() {
        return getString(SOLVENT_OUTPUT_VERBOSITY);
    }

    public static String getSolventOutputPattern() {
        return getString(SOLVENT_OUTPUT_PATTERN);
    }

    public static File getSolventOutputFile() {
      return getFile(SOLVENT_OUTPUT_FILENAME, null);
    }

private Configurator(Properties prop) {
    this();
  String pattern = prop.getProperty(SOLVENT_OUTPUT_PATTERN);
  String verbosity = prop.getProperty(SOLVENT_OUTPUT_VERBOSITY);
  File logFile = getLogFile(prop.getProperty(SOLVENT_OUTPUT_FILENAME));
      if (logFile != null) {
  prop.setProperty(SOLVENT_OUTPUT_FILENAME,logFile.getAbsolutePath());
        }
  SolventLogger.initializeLogging(pattern, verbosity, logFile);
  for (Entry<Object, Object> entry : prop.entrySet()) {
        String key =(String)entry.getKey();
        String value = (String) entry.getValue();
           if (value != null && !value.isEmpty()) {
  log.info("Loading configuration property: " + key + " = " + value);
             confMap.put(key, value);
             }
         }
     }
//*****************************************************************
    public static void initialize(Properties prop) {
    INSTANCE = new Configurator(prop);
```

```
        }
    private Configurator() {
    setDefaults();
        }
    private static Configurator getInstance() {
          return INSTANCE;
        }
    private void setDefaults() {
        // L10N
        setDefault(L10N_LANGUAGE);
        // aut.properties
        setDefault(APP_URL);
        // solvent.log4j.properties (output)
        setDefault(SOLVENT_OUTPUT_VERBOSITY);
        setDefault(SOLVENT_OUTPUT_PATTERN);
        setDefault(SOLVENT_OUTPUT_FILENAME);
    }

    private void setDefault(String option) {
        String value = defaults.getProperty(option);
        if (value != null && value.trim().isEmpty()) {
            value = null;
        }
        confMap.put(option, value);
    }


    private static File getLogFile(String logFileName) {
    File logFile = null;
        if (logFileName != null && !logFileName.trim().isEmpty()) {
            logFile = new File(logFileName);
            if (!logFile.isAbsolute()) {
          logFile = new File(System.getProperty("user.home"),logFileName);
                }
            }
        System.out.println("\nlogfile path:"+logFile.getAbsolutePath());
            return logFile;
        }
private static String getString(String optionName) {
          return getInstance().confMap.get(optionName);
          }
private static int getIntOption(String optionName) {
    String value= getInstance().confMap.get(optionName);
         //log.debug("\n\n "+optionName + " = " + value);
         return Integer.parseInt(value);
    }
private static File getFile(String optionName, String defaultValue) {
    String value = getInstance().confMap.get(optionName);
    if (value == null) {
        return (defaultValue == null) ? null : new File(new File(System.getProperty
```

```
("user.home"), ".semet"), defaultValue);
        }
        System.out.println("fileName::"+value);
        return new File(value);
    }


    //*************************************************************
    public static final String APP_URL = "app.url";
    public static final String SELENIUM_PORT = "selenium.port";
    public static final String BORWSER_COMMAND = "browser.command";
    public static final String SELENIUM_HOST ="selenium.host";
    public static final String WEBDRIVER_NAME="webdriver_name";
    private static final String TESTCASE_TIMEOUT="solvent.test.timeout";
    public static final String L10N_LANGUAGE = "l10n.language";
    //*************************************************************
    public static String getAppURL() {
            return getString(APP_URL);
        }
    public static int getTestCaseTimeout() {
        int time=getIntOption(TESTCASE_TIMEOUT)*60*1000;
        return time;
        }
    }
```

这个 Configurator 类的主要作用就是通过配置文件提供框架所有运行时所需的基础数据。与普通的直接读取配置文件不同，Solvent 这一解决方案中使用了默认基础数据以及客户化基础数据的方式。也就是使用下述默认基础数据文件：

```
    public static final String DEFAULT_PROPERTIES_RESOURCE = "/com/solvent/conf/solvent-
defaults.properties";
```

以及在用例运行时读入的 solvent.conf 所读入的属性文件。

```
    public static final String SOLVENT_PROPERTIES = "solvent.conf";
    private static String propFileName = System.getProperty(SOLVENT_PROPERTIES);
```

该部分的具体实现已经在 2.3 测试数据交互基本方法中介绍过。这里首先介绍如何完成默认基础数据文件的读取以及相应参数的解析。

3.9.2 双重参数文件的读取

在 Configurator 类的静态块中，调用了 getResourceAsStream 方法将默认基础数据文件 DEFAULT_PROPERTIES_RESOURCE 中的参数首先读入 Properties 类的实例 defaults 中。

```
    static {
            try {    defaults.load(
```

```
Configurator.class.getResourceAsStream(DEFAULT_PROPERTIES_RESOURCE));
            } catch (IOException e) {
                throw new ConfigurationError(e.getMessage(), e);
            }
        if (propFileName != null) {
            File propFile = new File(propFileName);
            try {
                Properties props = new Properties();
                props.load(new FileInputStream(propFile));
                initialize(props);
            } catch (IOException e) {
                throw new ConfigurationError("Error while loading configuraiton file: " +
                propFile.getAbsolutePath(), e);
            }
}
```

在第一个 try/catch 中完成了 defaults 的赋值后，在第二个 try/catch 中调用了 *initialize* (props)

来完成后续的基础数据解析和读取工作。该方法其实就完成了一件工作，即完成了 Configurator 自身类的对象 INSTANCE 的赋值。

```
public static void initialize(Properties prop) {
INSTANCE = new Configurator(prop);
    }
```

既然涉及该类的实例的问题，就需要介绍下该类的两个构造方法。首先介绍下无参构造方法：

```
private Configurator() {
setDefaults();
    }
```

这个构造方法调用了 setDefaults 来完成从 defaults 属性集中将预定义的默认参数及其值存入：

```
HashMap<String, String> confMap
```

参数值的解析与读取将在后面介绍。接着来看一下带参的 Configurator 类的构造方法中的核心代码。

```
private Configurator(Properties prop) {
    this();
```

调用了上述默认无参方法，完成了默认参数的赋值。

```
SolventLogger.initializeLogging(pattern, verbosity, logFile);
```

使用获取的默认参数完成日志的初始化。接下来是构造方法中最重要的部分：

```
for (Entry<Object, Object> entry : prop.entrySet()) {
```

```
        String key = (String)entry.getKey();
        String value = (String) entry.getValue();
          if (value != null && !value.isEmpty()) {
            log.info("Property loaded: " + key + " = " + value);
            confMap.put(key, value);
            }
        }
    }
```

这段代码通过循环读取入参的属性集中的元素视图，将非空的 key 和 value 存入 confMap，从而完成了整个基础数据文件中的参数的解析。

至此，Configurator 类中前一半的工作完成了。接下来，开始着手介绍对外提供数据的工作。

3.9.3 配置参数的使用

存放参数数据的 HashMap<String, String> confMap 中 value 是以 String 的类型存储的。因此，首先提供根据给定的 optionName 来获取 String 类型参数值的方法。

```
private static String getString(String optionName) {
   return getInstance().confMap.get(optionName);
}
```

当然，某些情况下，参数可以是其他普通类型的，如 int、boolean 等。

```
private static int getInt(String optionName) {
   return Integer.parseInt(getInstance().confMap.get(optionName));
}
private static boolean getBoolean(String optionName) {
   return Boolean.parseBoolean(getInstance().confMap.get(optionName));
}
```

上述两个方法将从 confMap 中获取的原始 value 通过相应类型的解析器进行了转换，并作为参数值进行返回。

在完成了私有的基础类型数据的 get 方法之后，就可以根据需要为一个个既定的框架配置参数提供相应的 get 方法。例如，获取日志格式和级别的方法如下：

```
public static String getSolventOutputPattern() {
    return getString(SOLVENT_OUTPUT_PATTERN);
}
public static String getSolventOutputVerbosity() {
    return getString(SOLVENT_OUTPUT_VERBOSITY);
}
```

在本章介绍有关 SolventLoggeer 类的实现时，已经介绍过如何使用 Configurator 中的上述两个方法。

```
defaultPattern = Configurator.getSolventOutputPattern();
defaultVerbosity =Configurator.getSolventOutputVerbosity():
```

因为配置参数的获取都是经由静态方法完成，并且在同一个类之中完成，因此也更显得方便、易用。

3.10 基于 XML 的运行时参数处理

在本书第 2 章有关 XML 文件解析的部分曾经介绍了一种以 XML 方式来存储元素定位信息的方法。当时介绍的重点是 XML 文件的解析，以及节点中元素以及其属性值的获取。接下来将介绍如何在运行时读取来自测试用例的数据。该方案假设在测试用例同级目录下存在与 Java 文件同名的 XML 数据文件，并在用例运行时自动予以解析读取。

3.10.1 来自 XML 的用例数据集

还是以登录用例作为案例。假定在测试用例下面有如下同名的 XML 文件。

```
<?xml version="1.0"?><testConfig>
   <workingDataSet name="active"/>
    <datasets>
        <dataset name="active">
            <!-- Single User -->
            <var name="userName">admin</var>
            <var name="userPassword">admin</var>
        </dataset>
            <dataset name="dataDriven">
            <var name="userName">admin</var>
              <list name="password">
              <var>admin</var>
              <var>solvent</var>
              <var>testlink1</var>
              <var> testlink2</var>
              </list>
        </dataset>
    </datasets>
</testConfig>
```

这个 XML 文件以<testConfig></testConfig>作为最外层的元素，包括了需要提供给测试用例的所有数据。并且以<workingDataSet name="active"/>来标记当前有效的数据集，也就是说，这个文件中可以有不同的数据集<dataset > </dataset>。在解析时，程序将根据<workingDataSet>中指定的 dataset 进行数据读取。也就是将<dataset name="active">下的数据解析，作为有效输入读入内存中。

另外一方面，在<dataset>之下，这个 XML 中展示了单个变量<var></var>节点以及支持简单数据驱动的<list></list>节点。在后续的解析类中将具体介绍如何完成这些节点的解析和数据的获取。

3.10.2 InputFileFinder 获取输入文件

获取输入文件的工作主要由包 com.solvent.datasets 中的 InputFileFinder 类完成，其具体实现如下：

```
package com.solvent.datasets;
import java.io.InputStream;
import org.apache.log4j.Logger;
import com.solvent.Solvent;
import com.solvent.SolventLogger;
import com.solvent.SolventTestCase;
public class InputFileFinder {
    private static final Logger log = SolventLogger.getLogger(InputFileFinder.
    class.getName());
    public static InputStream getInputFileAsStream(SolventTestCase testClass) {
        return getInputFileAsStream(testClass.getClass());
    }
    public static InputStream getInputFileAsStream(Solvent solventClass) {
        return getInputFileAsStream(solventClass.getClass());
    }
    public static InputStream getInputFileAsStream(Class<?> testClass) {
     //提供一个入参为泛型的方法
    String packageName = "";
        if (testClass.getPackage() != null) {
            packageName = testClass.getPackage().getName() + ".";
            //获取类的包名
        }
        String resourceBase = (packageName + testClass.getSimpleName()).replace('.' '/');
        //获取类的名字
        String resourceName;
        ClassLoader classLoader = testClass.getClassLoader();
        resourceName = resourceBase + ".xml";
        //拼接出完整的 XML 输入文件名。所以使用时，XML 文件需要和类同名，并在同一目录
        log.info("Searching for default input file: " + resourceName);
        return classLoader.getResourceAsStream(resourceName);
    }
}
```

在该类的最后一个方法 getInputFileAsStream(Class<?> testClass)中，其主要是通过调用 ClassLoader 中的 getResourceAsStream 方法来将获取到的 XML 文件以输入流的方式

读入到程序中。当然为了完成此项工作，还通过 getPackage()和 getSimpleName()等方式构造出一个完整的资源文件的路径，提供给 getResourceAsStream 进行解析。

完成上述工作以后，提供了两个方法，分别将 Solvent 类和 SolventTestCase 类作为入参。因为该框架中所有的业务功能的框架类和测试用例类分别继承自这两个类，因此，通过调用这两个方法，实现测试框架类和测试用例类的测试数据输入文件的后台获取。

3.10.3 InputFileDigester 进行解析

InputFileDigester，顾名思义，就是完成 XML 文件解析的工作。这里需要具备一定 Java 解析 XML 的基础知识，建议结合第 2 章中有关 XML 解析的部分进行比较阅读。

```
package com.solvent.datasets;
import java.io.InputStream;
import java.util.ArrayList;
import java.util.HashMap;
import java.util.Iterator;
import org.apache.log4j.Logger;
import org.dom4j.Document;
import org.dom4j.DocumentException;
import org.dom4j.Element;
import org.dom4j.io.SAXReader;
import com.solvent.SolventException;
import com.solvent.SolventLogger;
import com.solvent.SolventTestCase;
public class InputFileDigester {
    private static final Logger log = SolventLogger.getLogger(InputFileDigester.class.
    getName());
    private Document doc;
    private SolventTestDataSet workingDataSet;
    public InputFileDigester(InputStream in) {
        SAXReader reader = new SAXReader(); //SAX 方式读取
        try {
            doc = reader.read(in);
        } catch (DocumentException e) {
            log.error("Error when attmeping to parse input file", e);
        }
    }
    public SolventTestDataSet getWorkingDataSet() {
        return workingDataSet;
    }
    public ArrayList<SolventTestDataSet> parseDataSets(String suiteDataSetName) {
        ArrayList<SolventTestDataSet> dataSetCollection = new ArrayList<SolventTestDataSet>();
        //存放所有<datasets></datasets>下的数据
        Element workingDS = (Element) this.doc.selectSingleNode("/testConfig/workingDataSet");
        String workingDSName = null;
```

```
        if (suiteDataSetName != null && suiteDataSetName.trim().length() != 0) {
            workingDSName = suiteDataSetName.trim();
        } else {
            if (workingDS != null) {
                workingDSName = workingDS.attributeValue("name");
            } //获取当前有效的 dataset 名称
        }
        log.debug("======= Working Data Set: " + workingDSName);
        if (workingDSName != null) {
              SolventTestCase.setDataSetOverride(workingDSName);
            Element datasets = (Element) this.doc.selectSingleNode("//datasets");
            for (Iterator d = datasets.elementIterator("dataset"); d.hasNext();)
{           //以<dataset></dataset>为单位进行解析
                Element data = (Element) d.next();
                String dataSetName = data.attributeValue("name");
SolventTestDataSetBean dataSetBean = new SolventTestDataSetBean(dataSetName);
for (Iterator v = data.elementIterator("var"); v.hasNext();) { //解析<var></var>
                    Element elem = (Element) v.next();
        dataSetBean.addVar(elem.valueOf("@name"), elem.valueOf("."));
                }
for (Iterator f = data.elementIterator("file"); f.hasNext();) {{ //解析<file></file>
                    Element elem = (Element) f.next();
        dataSetBean.addFile(elem.valueOf("@name"), elem.valueOf("."));
                }
for (Iterator l = data.elementIterator("list"); l.hasNext();) {{ //解析<list></list>
                    Element elem = (Element) l.next();
                    String listName = elem.attributeValue("name");
                    ArrayList<String> varList = new ArrayList<String>();
         for (Iterator v = elem.elementIterator("var"); v.hasNext();) {
                        Element listElem = (Element) v.next();
                        varList.add(listElem.getText());
                    }
                    if (varList.size() > 0) {
                        dataSetBean.addVarList(listName, varList);
                    } else {
                        ArrayList<String> fileList = new ArrayList<String>();
         for (Iterator f = elem.elementIterator("file"); f.hasNext();) {
                            Element listElem = (Element) f.next();
                            fileList.add(listElem.getText());
                        }
                        dataSetBean.addFiles(listName, fileList);
                    }
                }
   SolventTestDataSet dataSet = new SolventTestDataSet(dataSetBean);
                dataSetCollection.add(dataSet);
   if (dataSetName.equals(workingDSName)) {
                 this.workingDataSet = dataSet; //存放当前有效 dataset 的解析结果
                }
            }
        }
```

```
        else {
            throw new SolventException("No Data Set Defined");
        }
        return dataSetCollection;
    }
}
```

这个类中有关 SAXReader 的部分在第 2 章有关 XML 解析部分的 LocatorPaser 类中已经有讲解，并且该类中的 locator 解析方法 getLocator 的工作流程与本例中下面的方法基本一致。

```
public ArrayList<SolventTestDataSet> parseDataSets(String suiteDataSetName)
```

该方法完成了本小节中示例 XML 各个节点的解析，如

```
<var name="userName">admin</var>
   <list name="password">
   <var>admin</var>
   <var>solvent</var>
   </list>
```

此外，还包括了<file></file>等其他没有在示例 XML 中使用到的节点类型，处理方式类似。

3.10.4 数据结构之 SolventTestDataSetBean

细心的读者可能已经注意到，在前述 parseDataSets 方法中，XML 文件的解析结果首先被存放进 SolventTestDataSetBean 的实例 dataSetBean 之中，然后 dataSetBean 又被作为入参，去初始化了一个 SolventTestDataSet 的实例 dataSet，并存入了存放整个 XML 中数据的 ArrayList<SolventDataSet>dataSetCollection 之中，返回给调用者。现在，我们来逐一介绍各个数据容器。

首先，介绍的是 SolventTestDataSetBean。这个类的主要功能就是定义了一个个 Hashtable<String, String>类型的哈希表，用来存储各种数据类型的数据。该类的实现如下：

```
package com.solvent.datasets;
import java.util.ArrayList;
import java.util.Hashtable;
public class SolventTestDataSetBean {
    private Hashtable<String, String> myVars = new Hashtable<String, String>();
    private Hashtable<String, ArrayList<String>> myVarLists = new Hashtable<String,
    ArrayList<String>>();
    private Hashtable<String, String> myFiles = new Hashtable<String, String>();
    private Hashtable<String, ArrayList<String>> myFileLists = new Hashtable<String,
    ArrayList<String>>();
    private String name;
    public SolventTestDataSetBean(String name) {
        this.name = name; //这里的 name 对应数据 XML 文件中某个<dataset>节点的 name
```

```
    }
    public void addVar(String varName, String varVal) {
        myVars.put(varName, varVal);
    }
    public void addVarList(String varName, ArrayList<String> valueList) {
        myVarLists.put(varName, valueList);
    }
    public void addFile(String fileName, String filePath) {
        myFiles.put(fileName, filePath);
    }
    public void addFiles(String fileName, ArrayList<String> fileList) {
        myFileLists.put(fileName, fileList);
    }
    public String getName() {
        return this.name;
    }
    public String getVarValue(String varName) {
        if (myVars.containsKey(varName)) {
            return myVars.get(varName);
        }
        return null;
    }
    public ArrayList<String> getVarValues(String listName) {
        if (myVarLists.containsKey(listName)) {
            return myVarLists.get(listName);
        }
        return null;
    }
    public String getFile(String fileName) {
        if (myFiles.containsKey(fileName)) {
            return myFiles.get(fileName);
        }
        return null;
    }
    public ArrayList<String> getFiles(String listName) {
        if (myFileLists.containsKey(listName)) {
            return myFileLists.get(listName);
        }
        return null;
    }
}
```

SolventTestDataSetBean 类的带参构造方法可以通过传入的 dataset 的 name 属性值来完成该类实例与<dataset>节点的一一对应。而这个类中维护了如下的几个哈希表：

```
private Hashtable<String, String> myVars
private Hashtable<String, ArrayList<String>> myVarLists
private Hashtable<String, String> myFiles
private Hashtable<String, ArrayList<String>> myFileLists
```

其中，myVars 是有关单个参数的，而 myVarLists 适用于简单数据驱动的场合，myFiles 以及 myFileLists 则维护了单个文件以及一个文件列表。

3.10.5 数据结构之 SolventTestDataSet

SolventDataSet 这个类的主要功能是维护了一个外界访问 SolventDataSetBean 的入口。

```
package com.solvent.datasets;
import java.io.File;
import java.util.ArrayList;
public class SolventTestDataSet {
    private SolventTestDataSetBean myBean;
    public SolventTestDataSet(SolventTestDataSetBean bean) {
        this.myBean = bean;
    }
    public String getName() {
        return myBean.getName();
    }
    public String getVariable(String varName) {
        String varValue = myBean.getVarValue(varName);
        if (varValue == null) {
            throw new InvalidParameterException("Input variable \"" + varName + "\" not
            found");
        }
        return varValue;
    }
    public ArrayList<String> getVariables(String listName) {
        ArrayList<String> vars = myBean.getVarValues(listName);
        if (vars == null) {
            throw new InvalidParameterException("Input variable list \"" + listName +
            "\" not found");
        }
        return vars;
    }
    public File getFile(String fileName) {
        String filePath = myBean.getFile(fileName);
        if (filePath == null) {
            throw new InvalidParameterException("Input file variable \"" + fileName +
            "\" not found");
        }
        File file = new File(filePath);
        if (!file.exists()) {
            throw new InvalidFileException("Input file \"" + filePath + "\" not found");
        }
        return file;
    }
    public ArrayList<File> getFiles(String listName) {
```

```
        ArrayList<String> filePaths = myBean.getFiles(listName);
        if (filePaths == null) {
            throw new InvalidParameterException("Input list variable \"" + listName +
            "\" not found");
        }
        ArrayList<File> files = new ArrayList<File>();
        for (String filePath : filePaths) {
            File file = new File(filePath);
            if (!file.exists()) {
                throw new InvalidFileException("Input file \"" + filePath + "\" not found");
            }
            files.add(file);
        }
        return files;
    }
}
```

这个类的构造方法以 SolventTestDataSetBean 类的实例作为入参。

```
public SolventTestDataSet(SolventTestDataSetBean bean) {
    this.myBean = bean;
}
```

并提供了获取<dataset>名称的方法

```
public String getName()
```

以及获取 SolventTestDataSetBean 中各类型数据的 get 方法。

```
public String getVariable(String varName)
public ArrayList<String> getVariables(String listName)
public File getFile(String fileName)
public ArrayList<File> getFiles(String listName)
```

3.10.6 在 SolventTestCase 中完成解析

在本章之前介绍的测试用例基类 SolventTestCase 之中，需要增加部分代码来为之前的工作画上一个句号，并且提供测试用例中获取数据的访问方法。

首先，在@Before 注释的 setup 方法中添加解析数据的方法：

```
@Before
public  void setup(){
    initializeDataSet();
}
```

解析数据的方法 initializeDataSet 的实现如下：

```
    private  void initializeDataSet() {
        try {
```

```
InputStream in = InputFileFinder.getInputFileAsStream(this);//与用例类同名的 XML 文件
        if (in != null) { //获取到了 XML 文件
                log.info("Found test input...digesting file...");
        InputFileDigester digester = new InputFileDigester(in);
        digester.parseDataSets(dataSetOverride.get());      //解析整个 XML 文件
        data = digester.getWorkingDataSet(); //获取当前有效的 dataset
            } else {
                log.info("No test input file found");
            }
        } catch (Exception e) {
            log.error("Error while parsing input file..", e);
        }
    }
}
```

当然，还需要定义如下的变量，以供 initializeDataSet 方法调用：

```
private SolventTestDataSet data;
private static String dataSetOverride ; //该方法
```

其中，dataSetOverride 还需要提供 set 和 get 方法，供解析过程中使用。

```
public static void setDataSetOverride(String dataName) {
    dataSetOverride=dataName;
}
public static String getDataSetOverride() {
    return dataSetOverride;
    }
```

3.10.7 SolventTestCase 提供统一数据获取方法

在完成了上述工作之后，接下来就可以在 SolventTestCase 中实现对外提供数据的入口方法 getData()了。

```
public SolventTestDataSet getData() {
    if (data == null) {
        throw new SolventException("Cannot retrieve dataset. No dataset was found for
this test class.");
    } else {
        return data;
    }
    }
```

同时也可以通过在 SolventTestCase 中增加 useDataSet 方法来指定使用某一特定的<dataset>所携带的数据集。

```
public void useDataSet(String dataSetName) {
    setDataSetOverride(dataSetName);
```

```
    initializeDataSet();
}
```

至此，SolventTestCase 中添加测试用例数据的工作就完成了。因为该类是所有测试用例的基类，只要继承了该类的测试用例类，就可以使用与自身同名的 XML 文件实现用例数据的输入，并且通过 getData()方法来获取数据。

3.10.8 测试用例参数化案例

笔者选择了一个简单的测试用例：

```
package com.testlink.platform.createPlatform;
import org.junit.Test;
import com.semet.TLTestCase;
import com.semet.testlink.desktop.testProject.TestProjectSeMet;
import com.semet.testlink.login.LoginSeMet;
import com.semet.testlink.objectBeans.PlatformBean;
import com.semet.testlink.projectMgr.platformMgr.PlatformMgrSeMet;
public class CreatePlatform extends TLTestCase {
    @Test
    public void testCreatePlatform(){
        LoginSeMet login = new LoginSeMet();
        String loginName=getData().getVariable("userName");//获取用户名
        String passWord=getData().getVariable("userPassword");//获取密码
        String platformPrefix=getData().getVariable("prefix");//获取前缀
        login.login(loginName, passWord);
        log.info("\nNavi to project now");
        platformMgr=TestProjectSeMet.navi2TestPlatformMgr();
        PlatformBean bean = new PlatformBean();
        String name=uniquify(platformPrefix);
        bean.setName(name);
        platformMgr.createPlatform(bean);
    }
}
```

在这个用例的同级目录下，生成如下一个与之同名的文件 CreatePlatform.xml。

```
<?xml version="1.0"?><testConfig>
    <workingDataSet name="set1"/>
    <datasets>
        <dataset name="set1">
            <!-- Users -->
            <var name="userName">admin</var>
            <var name="userPassword">admin</var>
            <!-- platform's prefix-->
            <var name="prefix">tpf</var>
        </dataset>
    </datasets>
</testConfig>
```

通过读取这个文件中定义的三个变量<var>的值，就可以实现测试用例中测试数据的参数化。如果要修改测试数据，直接修改 XML 即可，无需重新编译和部署。至此，基于 XML 的运行时的参数处理就介绍完了。

第 4 章　构建 SeMet

4.1　SeMet 是什么

据维基百科中文版的介绍，硒（Selenium）是一种化学元素，是人体必需的微量矿物质营养素。硒在动物组织中最常以甲硒胺酸（selenomethionine，缩写为 SeMet）和硒半胱氨酸（selenocysteine，缩写为 SeCys）的形态存在，其中甲硒胺酸无法由人体合成，仅能由植物合成后经摄食再经消化代谢而获得。因此，笔者将基于 Selenium 这一 UI 自动化测试工具以及在其基础上搭建起来的 Web UI 自动化框架命名为 SeMet，取其螯合 Selenium 之意，最终组成了整个自动化测试执行层的主体。

与 Solvent 作为一个独立且通用的 Java 工程项目不同，SeMet 会随着被测应用的不同而有不同的展示形态与组成。无论读者选择是否将其与 Solvent 项目合并，建议将两者放在不同的包中，如 com.solvent 以及 com.semet，方便后续的维护。本书将通篇以 TestLink 作为被测应用案例进行介绍，因此 TestLink 或者其他被测应用的 SeMet 层将

（1）扩展 Solvent 底层框架，使之能支持基于 Webdriver 的 Web UI 自动化测试；

（2）添加针对自动化测试执行工具，如 Webdriver 的功能增强；

（3）实现被测应用的典型页面元素与控件的封装；

（4）实现页面与功能操作的封装；

（5）实现业务类与面向业务的自动化测试；

（6）横向拓展测试类型，本书简要介绍了本地化测试、兼容性测试的支持。

上述 6 点是一个层层递进、由低向高演进的过程。本章将介绍（1）、（2）部分，并在后续章节中花费大量笔墨围绕着 TestLink 依次介绍（3）～（6）部分。

当然，测试用例的自动化编写不属于 SeMet 的范畴，甚至在很多公司都可能是由不同的团队进行着两项工作。因此推荐另行作为一个独立的 Java 工程项目进行管理与实现。

4.2　引入 SeMet 类

首先，在上一章中引入了 Solvent 类的基础上，本节将在框架中引入 SeMet 类。Solvent

类提供有关参数处理的方法，以及带参数的构造方法。这个 SeMet 类将继承 Solvent 类，添加有关 Web UI 自动化测试所特有和必需的功能，以及相关对于 Webdriver 的增强与必要改进，以支持各个特定的被测应用的自动化测试。因为软件所服务的行业千差万别，有各自的特点与需求，因此从这一部分开始基本上就是一个百花齐放、百家争鸣的状态，留给框架架构师非常广阔的发挥空间。而这里介绍的，也只是茴香豆的一种写法而已。当然，框架的搭建也是有迹可循的，读者可以按照自身项目需求与所在团队的实际情况，按照一般的学习路线，从僵化复用到有意模仿，再从模仿到改进，直至自我创新，完成自身从测试工程师、自动化测试工程师到架构师的职业转变。

言归正传，SeMet 类的核心实现如下：

```
package com.semet;
import java.util.List;
import org.apache.log4j.Logger;
import org.openqa.selenium.By;
import org.openqa.selenium.JavascriptExecutor;
import org.openqa.selenium.NoSuchElementException;
import org.openqa.selenium.WebElement;
import org.openqa.selenium.interactions.Actions;
import org.openqa.selenium.remote.RemoteWebDriver;
import com.semet.SeMetWebDriverSession;
import com.solvent.Solvent;
import com.solvent.SolventLogger;

public abstract class SeMet extends Solvent {
    private static final Logger log = SolventLogger.getLogger(SeMet.class);
    private String id = null;
    private String name = null;
    private String xPath = null;
    private String rootXPath = null;
    private WebElement element = null;
    private String elementTag="*";
    protected static RemoteWebDriver driver=null;
    public  RemoteWebDriver getRemoteWebDriver() {
        return SeMetWebDriverSession.get();
    } //获取 RemoteWebDriver 实例
    public void setRemoteWebDriver(RemoteWebDriver remotewebdrier) {
    SeMetWebDriverSession.set(remotewebdrier);
        driver = SeMetWebDriverSession.get();
    } //将传入的 RemoteWebDriver 实例进行注册
    protected SeMet() {
        this((RemoteWebDriver)null);
        log.debug("\n\n called::'SeMet()'");
    } //无参构造方法，调用下面的构造方法，完成初始化
    protected SeMet(RemoteWebDriver driver) {
    log.debug("\n\n called::'SeMet(RemoteWebDriver driver)'");
        if (driver != null) {
```

```
            SeMetWebDriverSession.set(driver);
        }
     driver = SeMetWebDriverSession.get();
    } //该构造方法完成 driver 在 SeMetWebDriverSession 中的注册
    public SeMet(WebElement element){
        this();
        this.element = element;
        elementTag=element.getTagName();
    } //该方法通过 WebElement 进行构造;
  public SeMet(String ... params) { //通过入参，如定位串构造 SeMet 实例，并登记使用的定位信息
      this();
      prepare();//子类中需要实现该抽象方法
      log.debug("\n called prepare() in SeMet(String param)");
      parseParams(params);
        log.debug("\nparam::" + params);
        if (paramDefined("id")) {
            setId(getParam("id"));
        }
        if (paramDefined("name")) {
            this.name = getParam("name");
        }
        if (paramDefined("xpath")) {
            this.xPath = getParam("xpath");
        }
        if (getId() != null && getId().length() > 0 ) {
                rootXPath = "//" + elementTag + "[@id='" + getId()+ "']";
            return;
        }
        if (this.name != null && this.name.length() > 0) {
            rootXPath = "//" + elementTag + "[@name='" + this.name + "']";
            return ; }
        if (this.xPath != null && this.xPath.length() > 0) {
            rootXPath = this.xPath;
            return ;
        }
        rootXPath = null;
        return ;
  }
//*****至此完成了 SeMet 类支持的几种构造方法
    public String getRootXpath(){
          return rootXPath;
    }//获取前面构造方法中定义的 rootXpath
    protected WebElement getElementUsingXpath(String xpathLocator){
    return getElement(By.xpath(xpathLocator));
    } //以 xpath 方式获取元素
    protected List<WebElement> getElementsUsingXpath(String xpathLocator){
    return    getElements(By.xpath(xpathLocator));
    } //以 xpath 方式获取元素列表
    public  WebElement getElement(By by) {
            try {
```

```
            element = (WebElement) driver.findElement(by);
        } catch (NoSuchElementException e) {
            log.error("Could not find element:" + by.toString());
            element =null;
        }
        return element;
    } //以 By 方式获取元素，若元素未找到，则返回 null。也可加入给定时间内循环查找直至超时的功能，
      增强鲁棒性
    public  List<WebElement> getElements(By by)  {
     List<WebElement> elements;
       try {
          elements = driver.findElements(by);
       } catch (NoSuchElementException e) {
          log.error("Could not find elements:" + by.toString());
          elements =null;
       }
       return elements;
} //以 By 方式获取元素列表
    public  WebElement getElement(String param)  {
       try {
          return getElement(getLocator(param));
       } catch (Exception e) {
          // TODO Auto-generated catch block
          e.printStackTrace();
          log.debug("getElement returns a NULL");
            return null;
       }
} //通过给定参数完成元素获取
    public  List<WebElement> getElements(String param)  {
     try {
       return getElements(getLocator(param));
    } catch (Exception e) {
       // TODO Auto-generated catch block
       e.printStackTrace();
    }
       return null;
}//通过给定参数完成元素列表的获取
    public WebElement getElement()  {
       return element;
} //返回根元素
     public static By getLocator(String param) throws Exception {
     String locator=param;
     String locatorType = locator.substring(0, locator.indexOf('=')).trim();
        String locatorValue = locator.substring(locator.indexOf('=') + 1).trim();
             if (locatorType.toLowerCase().equals("id"))
                return By.id(locatorValue);
            else if (locatorType.toLowerCase().equals("name"))
                return By.name(locatorValue);
                else if (locatorType.toLowerCase().equals("xpath"))
                return By.xpath(locatorValue);//以上三种为最常用的方式
```

```
            else if ((locatorType.toLowerCase().equals("classname"))
                    || (locatorType.toLowerCase().equals("class")))
            return By.className(locatorValue);//支持全称或者简写两种方式，下同
            else if ((locatorType.toLowerCase().equals("tagname"))
                    || (locatorType.toLowerCase().equals("tag")))
                return By.className(locatorValue);
            else if ((locatorType.toLowerCase().equals("linktext"))
                    || (locatorType.toLowerCase().equals("link")))
                return By.linkText(locatorValue);
            else if (locatorType.toLowerCase().equals("partiallinktext"))
                return By.partialLinkText(locatorValue);
            else if ((locatorType.toLowerCase().equals("cssselector"))
                    || (locatorType.toLowerCase().equals("css")))
                return By.cssSelector(locatorValue);
            else
                throw new Exception("Locator type '" + locatorType
                        + "' not defined!!");
        //getLocator 返回一个 Locator 而不是 WebElement。将元素的定义与后续的获取分离，在需要时
//可以通过返回的 locator 重新获取元素，从而避免了一次获取后，重复使用时因为 DOM 更新导致的元素失效。这个
//问题在基于 ajax 的前端框架开发的应用的自动化测试实践中非常常见
    }
        public abstract void prepare(); //来自 solvent 的抽象方法


    //****************至此完成了元素定义与获取的几个基本方法


        public  void scrollTo(String locator) throws Exception {
            scrollTo(getElement(locator));
        }
        public static void scrollTo(WebElement element) {
        JavascriptExecutor js = (JavascriptExecutor) driver;
        js.executeScript("arguments[0].scrollIntoView(true);", element);
        }//将页面滚动，使得元素可见。此处没有使用横向或者纵向滚动条的操纵，而是直接使用元素进行滚动
        //操作，简化了判断

        public void setId(String value) {
            this.id = value;
        }
        public String getId() {
            return this.id;
        }

        public boolean isElementPresent(String locator, int wait) {
        boolean present = (getElementUsingXpath(locator) !=null) ? true:false;
   //首次查找，如果成功，就不用等待 500 毫秒
            while (!present && wait > 0) {
        waitfor(500);
                wait -= 500;
                present = (getElementUsingXpath(locator) !=null) ? true:false;
            }
```

```
        if (!present) {
            log.debug("element not present.  Locator: " + locator);
        }
        return present;
    } //在指定的 wait 时间内，以 500 毫秒的频率进行元素查找，直至找到元素或者超时退出，返回查找结果
    public boolean isElementPresentAndVisible(String locator, int wait) {
    boolean present = (getElementUsingXpath(locator) !=null) ? true:false;
        while (!present && wait > 0) {
        waitfor(500);
            wait -= 500;
            present = (getElementUsingXpath(locator) !=null) ? true:false;
            if (getElementUsingXpath(locator)!=null){
            present=(getElementUsingXpath(locator)).isDisplayed();
            }
        }
        if (!present) {
            log.debug("element not present.  Locator: " + locator);
        }
        return present;
    } //请注意，webdriver 中如 getText()等方法必须是元素存在于 DOM 中且可见的状态才能调用，否
//则会直接报错。因此这个判断是非常必要的。请读者根据实际需要，平衡好元素定位与查找时的 wait 时间以及测试
//运行返率之间的矛盾
    public boolean isElementPresent(String locator) {
    return  isElementPresent(locator, 5000);//此处 5000 亦可通过统一配置至外部参数文件处理
    }

    public void moveto(WebElement element){
          Actions action = new Actions(driver);
           action.moveToElement(element).build().perform();
           pause(500);
        }  //操纵鼠标移动至元素上
    public void mouseOver(WebElement element){
        StringBuilder sb = new StringBuilder();
              sb.append("var element = arguments[0];");
              sb.append("if (document.createEvent) {");
              sb.append("var event = document.createEvent(\"MouseEvents\");");
              sb.append("event.initMouseEvent(\"mouseover\", true, true, window,0,
              0, 0, 0, 0,false, false, false, false,0, null);");
              sb.append("element.dispatchEvent(event);");
              sb.append("}");
              sb.append("else if (element.fireEvent) {");
              sb.append("element.fireEvent(\"onmouseover\");");
              sb.append("}");
              driver.executeScript(sb.toString(), element);
    } //触发 mouseover 事件。在许多 ajax 的应用（如漂浮菜单等）会使用到
    public void mouseOver(String locator){
        mouseOver(getElementUsingXpath(locator));
        pause(500);
          }
```

```
    public void pause(long time) {
        SeMetWebDriverSession.pause(time);
    }
     public static void waitForContent() {
        log.debug("Wait for page content to be ready. Ensures all ajax calls are
        complete before test continues. ");
        SeMetWebDriverSession.pause(3000);  // 简单方式等待 Ajax 请求完成
//
    }
    //************以上有关 webdriver 对于元素操作的增强
   public void setCheckbox(WebElement checkbox,boolean check){
        if(checkbox.isSelected()){
             if(!check){
                  checkbox.click();
             }
        }
             else {
                  if(check){
                       checkbox.click();
                  }
             }
    } //根据多选框 checkbox 的状态以及需要选中与否来操作控件

   protected void setRadioByValue(List<WebElement> options,String value){
        for(WebElement option:options){
             String optionValue=option.getAttribute("value");
             if (optionValue.hashCode()==value.hashCode()){
                  log.debug("\n found radio box with value='"+value+"'");
                  option.click();
                  break;
             }
        }
    }    //通过单选框的 value 来判断及选中待选项

   public void importFile(WebElement element,String filepath) {
        element.sendKeys(filepath);
}//简单文件上传
//************以上是有关页面控件操作的增强
}
```

4.3 引入 TLTestCase

与 Solvent/SolventTestCase 组合相配合，在引入 SeMet 类之后，接下来就需要为所有 TestLink Web UI 测试的用例引入一个基类。该类的使用者主要为后续的用例编写人员，为了使之更具有辨识度，在类的命名时考虑不使用 SeMetTestCas 这个名字，而是使用被测应用的名称，如 TLTestCase。其简要实现如下：

```
package com.semet;
import org.apache.log4j.Logger;
import org.junit.After;
import org.openqa.selenium.remote.RemoteWebDriver;
import com.semet.SeMet;
import com.semet.SeMetWebDriverSession;
import com.solvent.Configurator;
import com.solvent.SolventLogger;
import com.solvent.SolventTestCase;

public class TLTestCase extends SolventTestCase{
     protected static Logger log;
     private static  RemoteWebDriver  rwd = null;
   public TLTestCase() {
      log = SolventLogger.getLogger(this.getClass());  //获取日志器
   }
   public void start() { //实现 SolventTestCase 中的 start()方法
       if(SeMetWebDriverSession.get()==null){
        rwd=(RemoteWebDriver) WebDrivers.getDriver();  //获取新的实例      }
        start(rwd);
         waitfor(3000);
         }
  }

    public void start(RemoteWebDriver wd) {
    String appURL=Configurator.getAppURL();
       wd.get(appURL);
    log.info("\n\n setting selenium with URL::" +appURL);
    SeMetWebDriverSession.set(wd);
    } //真正完成浏览器启动的 start 方法
    @After
    public void cleanUP(){
        SeMetWebDriverSession.get().quit();
    }
}
```

4.4 引入 SeMetWebDriverSession 类

这个类在 TLTestcase 类中已经使用到，它的主要作用是维护了一个 RemoteWebDriver 的实例，方便在各个 SeMet 类中取用，并且确保各个类中使用了同一个实例。

```
package com.semet;
import org.apache.log4j.Logger;
import org.openqa.selenium.remote.RemoteWebDriver;
import com.solvent.SolventLogger;
```

```
import com.thoughtworks.selenium.SeleniumException;
public class SeMetWebDriverSession  {
    private static ThreadLocal<  RemoteWebDriver > rwd = new ThreadLocal<
    RemoteWebDriver>();
    private static Logger log= SolventLogger.getLogger(SeMetWebDriverSession.class.
    getName());
    public static RemoteWebDriver get() {
        return rwd.get();
    }
    public static void set(RemoteWebDriver instance) {
    rwd.set(instance);
        }
}
```

4.5　引入 Webdrivers 工厂类

WebDriver 通过不同的浏览器驱动类的实现，支持几乎所有的主流浏览器。如果项目中需要涉及被测应用在不同浏览器间的运行，那么引入一个 Webdrivers 工厂类，就成了一个必须要做的工作。这个类将根据在配置文件中的浏览器名称设置，相应地获取对应浏览器的 Webdriver 实现类的实例。该类的具体实现如下：

```
package com.semet;
import java.io.File;
import java.lang.reflect.Constructor;
import org.apache.log4j.Logger;
import org.openqa.selenium.Capabilities;
import org.openqa.selenium.WebDriver;
import org.openqa.selenium.firefox.FirefoxDriver;
import org.openqa.selenium.ie.InternetExplorerDriver;
import org.openqa.selenium.remote.BrowserType;
import org.openqa.selenium.remote.DesiredCapabilities;
import com.solvent.Configurator;
import com.solvent.SolventLogger;
public class WebDrivers {
        private static final Logger log = SolventLogger.getLogger(WebDrivers.class);
        private static WebDriver driver;
    static { //静态块中完成 driver 的设置
        log.debug("called WebDrivers static.");
        setDriver();
    }
        public static void setDriver() {
    String browserName=Configurator.getBrowserName() ; //获取浏览器名称
        DesiredCapabilities capabilities = new DesiredCapabilities() ;
        capabilities.setBrowserName(browserName);//设置浏览器名称
        driver=setDriver(capabilities);
        }
```

```
    private static WebDriver setDriver(DesiredCapabilities capabilities) { //根据给定
//的浏览器名称,调用对应浏览器的 setDriverXXX 方法。如果没有匹配,则使用默认的 IE 浏览器。例如,只支持 FIREFOX
//以及 IE 的实现如下:
        String browserType = capabilities.getBrowserName();
        if (browserType.equals(BrowserType.FIREFOX))
        return setDriverFirefox(capabilities);
        if (browserType.equals(BrowserType.IE))
        return setDriverIE(capabilities);
        else {
        log.info("\n BrowserType NOT SUPPORTED!! Using IE now");
        return setDriverIE(capabilities);
        }
    }
    public static WebDriver getDriver() {
        return driver;
    }

    public static WebDriver setDriverFirefox(DesiredCapabilities capabilities){
        log.debug("\n set Firefox driver");
        driver= new FirefoxDriver(capabilities);
        return driver;
    }
    public static WebDriver setDriverIE(DesiredCapabilities capabilities){
    log.debug("\n set IE driver ");
    File file = Configurator.getIEDriver(); //获取指定的 IE 驱动程序地址
    System.setProperty("webdriver.ie.driver", file.getAbsolutePath());
    capabilities.setCapability(InternetExplorerDriver.INTRODUCE_FLAKINESS_BY_IGNORING_
    SECURITY_DOMAINS,true);
    driver = new InternetExplorerDriver(capabilities);
    return driver;
  }
    }
```

至此，就可以实现根据指定的浏览器类型来获取所需要的浏览器驱动器实例了。所有有关特定浏览器的设置也可以在其相应的 set 方法中完成。

4.6 小结

本章主要介绍了 com.semet 中的几个基础类，分别是 TestLink 用例基类、业务框架基类、保存 WebDriver 实例以及获取 Webdriver 实例的工厂类。在测试用例的执行过程中，这几个类通过 SeMetTestCase 中的 start()方法作为入口，完成了一系列初始化与浏览器启动的过程，为后续的用例执行做好了准备。

当然 SeMet 层中更多的是有关被测应用的框架类，其封装的厚度也在一定程度上体现了整个项目的自动化程度。在后续的章节中，将陆续介绍这部分内容。

第 5 章　TestLink 自动化测试

从第 5 章开始，将围绕如何使用之前介绍的测试框架中的各个类和方法来逐步推进针对 TestLink 的自动化框架的开发工作。

5.1　自动化测试策略

首先，作为自动化测试架构师或者团队负责人，必须关注如何通过自动化测试支持公司业务发展需求，并考虑如何获取管理层的支持。自动化测试是一项非常高成本的投资，从团队建设、能力培养、软硬件采购、流程优化等方面都需要获得投入，并且这种投入是持续不断的，很少能毕其功于一役，而后可以马放南山的。因此发掘投资人的需求，投其所好，急其所急，通过自动化测试来支持业务发展，解决其困扰，是自动化测试团队的使命所在，也是优先输出的团队价值，更是保障获取管理层支持的不二法则。

其次，需要注重发掘和传承组织中的既有资产。很多业内同仁所在的团队，在整个软件应用或者系统的开发、测试、运维的全生命周期中，或多或少都有不少有关测试自动化相关的资产积累。即使是那些已经被贴上“失败”标签的自动化项目，其失败的原因分析结果本身就是一笔巨大的财富。不过很遗憾，大家经常听到的话是“这个技术已经落伍了”“这个工具不好用”，然后是“为什么不像那什么公司一样用那个什么工具”“我看我们还不如重新做一套框架吧”。特别是一些刚进入项目团队的资深工程师，如果进门就想着要改弦易帜，推倒重来，照搬自身过往的项目实施经验，等待他们的，经常会是重重阻力。因此，在启动自动化项目，特别是在所谓的 CPE（Current Product Engineering，当前产品工程）或改造型项目时，一定注意首先做一个系统的项目资产普查，摸清家底，找出优劣，特别是发掘和继承过往解决方案的优点，说明后续方案将如何传承与发展既有方案。而不是把架构、方案评审会弄成数落过往方案多么糟糕的批斗会。说不准，台下坐着的项目赞助人就是当年的架构师。

当然，既要“一针见效”，针对某些痛点问题能快速拿出解决方案，让各个利益相关者尽快看到投资的好处，又不能想着“一口吃成胖子”，需要控制好各方的预期，做到剥丝抽茧、层层递进，保障中长期目标的达成。这些都需要架构师确定自动化测试推进优先级，考虑客户需求、风险驱动、复杂度、预算、时间、人员等方面的问题，制定贴合实际的自动化测试目标。对于小型的自动化测试团队来说，考虑设定如图 5.1 所示的 T 型测试框架建设目标。即在项目启动的初期，如钉子一般，横短竖长，可以找准目标，易于快速契入。而后，能再逐步增加“1”的粗度，使其能更加稳定地支撑整个项目周期。而后，持续不断增长横向生长，在需求范围、功能覆盖率、支持的测试类型等方面加以拓展。而对于中大型的自动化测试团队或者整个软件工程组织，在 T 型的基础上，可以继续进行演化，通过逐步打通自动化测试金字塔各层间的隔离，支持各个测试层面上的不同测试需求，实现多层次的自动化测试防护网。

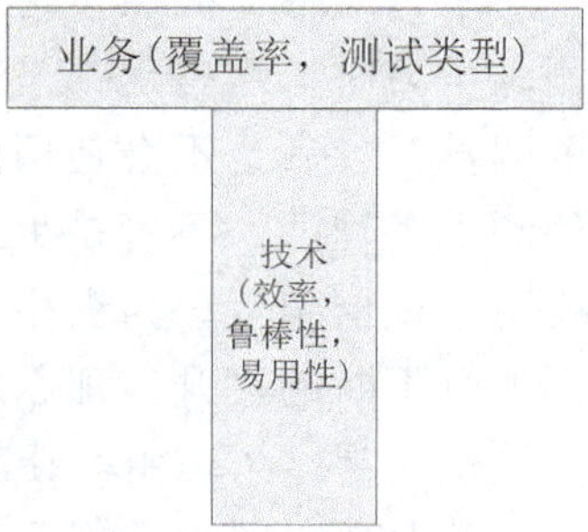

图 5.1 T 型测试框架

5.2 为什么是 TestLink

接下来再来说说为什么选择了 TestLink。如何选择一个适合本书案例的应用是一个经历了反复讨论的问题。最终，在若干个候选应用中选择了 TestLink。具体的选择理由如下。

1. B/S 架构，使用了较为丰富的 HTML 组件

B/S 架构是一个基本的条件，必须满足，因为本书主要围绕 Web 自动化测试开展。另外，很多时候 Web 自动化的挑战很大部分来自于 HTML 组件的封装，尤其是在项目推进的初期。TestLink 使用了标准的 HTML，以及 ExtJS 等前端框架。对于 Web 自动化测试人员来说，需要解决诸如框架（Frame）、表格（Table）、树（Tree）等较为复杂的 Web 组件的封装问题。此外 TestLink 中的页面结构较为固定，且重复性较高，适合用于本书中关于页面类的封装部分的讲解。

2. 页面结构相对简单，易于讲解

本书的目标是通过沙盘演练，让读者对框架搭建这件事看得明白，用得起来。TestLink 的页面普遍来说比商用产品或者国内各大网站应用的界面元素数量要少许多，结构也相对简单。这些都有助于读者在学习和实践过程中抓住重点，不迷失在编码和解决难题中，而是始终聚焦在学习本身。从这一点上来说，TestLink 作为一个示例的被测应用，提供了具有合适深度的自动化挑战。

3. 免费开源，且使用者众多

这也是一个必要的条件，可以避免复杂的许可证的问题。而众多的使用用户，可以让读者在学习过程中遇到各种问题时方便地通过网络自行查找并解决。

4. 领域知识（Domain Knowledge）的学习成本较低

所谓隔行如隔山，每个行业、领域都有各自的语言体系和进入门槛。在进行自动化测试学习时，这些也都是需要考虑的学习成本。特别是当你在学习如何自动化一个你不了解甚至以后也不会使用的应用时，成人学习的功利性会触发一种底层的抵触。作为软件测试工程师，不管是手工测试还是以编写代码进行测试的自动化测试工程师，甚至靠编写测试框架代码为谋生手段的所谓测试开发工程师，在入门以后，如果想要在本职工作上有不断的提升，那么对于被测软件所在领域的专业知识的不断积累是一个重要的前提。也正是这条理由，让我们在候选应用列表中最终选择了 TestLink。

考虑到测试管理流程以及测试用例管理是测试领域核心的实践，如图 5.2 所示的基于 Testlink 的测试管理流程，可以说稍有测试基础的读者几乎可以零成本掌握。

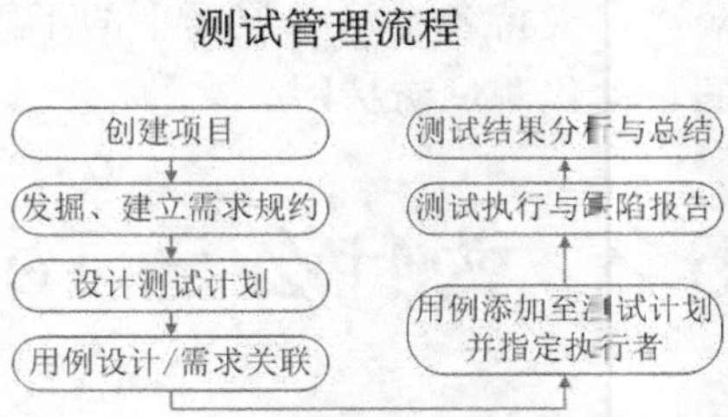

图 5.2　基于 Testlink 的测试管理流程

5. 具有丰富的 API

TestLink 自从版本 1.8.0 起提供了一套基于 XML-RPC 的接口。在 Web 界面上可以完成的操作几乎都可以通过调用 API 接口实现。同时通过 API，也可以非常方便地实现与其他系统的集成。这也是一个吸引点。

6. 具有开放的数据库

传统或者现代的测试，都不可避免需要与数据库打交道。早期的测试验证模式，就是在前台进行操作，在后台数据库中通过编写 SQL 来进行验证。时至今日，即使行业已经发展到内存数据库，或者 No-SQL 数据库的大量应用，这种方法依然大行其道。因此，在自动化测试框架中，介绍如何与数据库交互，甚至是进行数据库级别的测试，是一个非常有价值的课题。而这些，都需要一个开放的，能让读者完全掌控的数据库。TestLink 默认集成的 MySql 就完全符合这个要求。

7. 具有多语言支持

许多软件产品或者系统都提供多语言版本的界面，本地化或者国际化测试也是许多测试工程师日常测试工作的一部分。在本书中将简要介绍如何在自动化框架中提供本地化支持。而 TestLink 则较好地提供了这样的特性。通过指定用户的 locale（地域），可以方便地更换该用户登录后的界面语言。

8. 学习成果可复用

在本书编写时的前期调研中，发现许多测试工程师或者自动化测试工程师的职业目标就是测试架构师。而很多测试架构师的一项工作，就是建立或者持续优化所在组织的测试平台（test portal）以及其背后的测试管理流程。自动化测试作为一种测试手段，只是庞杂的软件测试工程中的一环。而 TestLink 背后所包含的测试用例，是衔接前后各项工序的一个重要环节，体现在软件或者系统的整个生命周期当中。所有在本书中介绍的这些技术、实践和思想，读者完全可以按照自身项目需要进行裁剪或者二次开发，运用于自身的测试工程管理当中。

5.3 TestLink 简介

TestLink 是开放源代码的基于 Web 的测试管理系统，覆盖完整的测试过程，提供测试需求管理、测试用例管理、测试计划管理、测试执行与结果报表管理等功能。通过集成配置，TestLink 可以和主流的缺陷管理系统进行协同工作。该工具还对外提供了 XML-RPC 编程接口，用于定制开发，主要功能如下。

（1）测试需求管理：用于收集、定义测试需求，提供版本控制机制来解决无法跟踪需求变更的问题。

（2）测试用例管理：用于定义测试用例设计，不同模块的用例可以分别维护在不同的测试套件集合里。

（3）测试计划管理：可以为测试计划指定被测软件运行所在的平台信息和被测软件的测试构建信息。可以把测试用例执行工作分配给不同的测试工程师。

（4）测试执行与结果报表管理：执行完毕测试，填写测试结果信息。TestLink 支持上传结果文件，以及缺陷编号等信息。其报表系统则可以提供测试图表和执行矩阵的信息。

（5）良好的扩展特性：允许自定义字段，且允许调用系统提供的 XML-RPC API 接口进行定制开发。

TestLink 是 sourceforge 上的开放源代码项目之一。目前其稳定版本的版本号为 1.9.11。读者可以从官方网站 http://www.testlink.org/上获取其完整的安装文件以及源代码。TestLink 也提供预装了该应用的 Bitami 虚拟机以及来自云端的 TestLink 服务。感兴趣的读者可以访问上述网站进行了解。

5.4 TestLink 安装

根据 TestLink 所提供的安装手册，作为一个 B/S 架构的软件应用，TestLink 服务器端可以支持安装在 Linux 以及 Windows 的操作系统上。作为系统的组成部分，还要求至少提供一个数据库、一个 Web 服务器、一个 PHP 运行环境。其余如缺陷跟踪系统或者

LDAP 服务器等可以根据实际需要进行裁剪。

部署这样的一套生产系统，对于许多对环境搭建方面接触较少的读者来说会是一个不大不小的挑战。在本节中，将简要介绍如何在 Windows 7 上，采用 XAMPP 这一集成了 MySQL、PHP 和 Apache 的应用来部署 TestLink。通过这种方式，绕开了复杂的环境搭建问题，让读者能将注意力集中在后续的自动化测试框架搭建上。当然，依据 XAMPP 官网[1]上的介绍，XAMPP 的开发目的主要是提供一个开发环境而不是生产上使用，为了快速、方便地提供这一环境，有许多安全上的潜在问题。如果读者准备使用基于 XAMPP 搭建的 TestLink 在生产环境下使用，请务必阅读 XAMPP 官网上的介绍并逐一解决这些问题。

记得有个一男装品牌店的广告，叫作“男人的衣柜”，其营造的客户感受是每次购买都超值、省心、便捷，能挑到喜欢的款式或颜色，节约了购物时间，“一年逛两次”就足够了。XAMPP 也是类似的一款应用。在这一部分写完时，XAMPP for Windows 的最新版本为 1.8.4。这是一个夹杂了许多主流开源产品的集合包，包括 Apache 2.4.10、MySQL 5.6.20、PHP 5.5.15、phpMyAdmin 4.2.7.1、OpenSSL 1.0.1、XAMPP Control Panel 3.2.1、Webalizer 2.23-04、Mercury Mail Transport System 4.63、FileZilla FTP Server 0.9.41、Tomcat 7.0.42、Strawberry Perl 7.0.42 Portable 等众多的开源产品。感兴趣的读者可以自行了解和学习。

5.4.1 XAMPP 的安装

可以从 XAMPP 官网上下载最新的安装包。安装的过程极其简单，稍有软件使用经验的人员均可完成安装。安装启动之后只要一路单击“下一步”按钮即可，直至最终安装界面上显示 XAMPP 安装完成，单击“结束”按钮完成整个安装过程。安装结束之后，如图 5.3 所示的 XAMPP 控制面板将被自动开启。

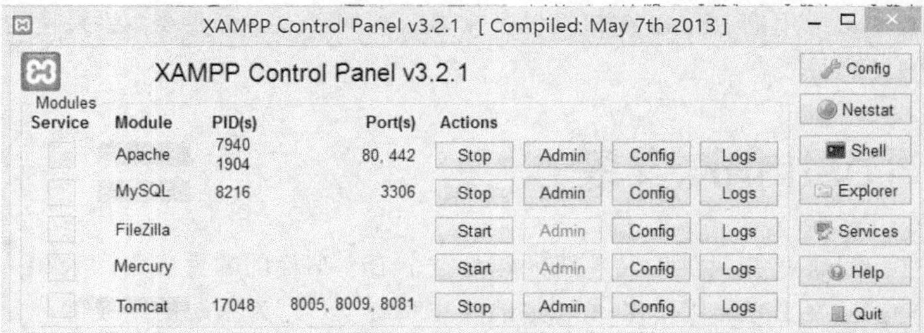

图 5.3 XAMPP 控制面板

因为是默认安装，所以 XAMPP 将同时安装其他内嵌在安装包内的其余软件应用，并采用了默认的系统配置，如 Apache 将占用 TCP/IP 的 80 端口。因此如果在安装完成以后发生 Apache 服务器无法启动等问题时，请读者优先考虑端口等设置问题并进行修改。

5.4.2 TestLink 部署

首先，需要将 TestLink 的相关文件部署到 XAMPP 上。从 TestLink 官网获取到了 TestLink 的压缩包后，需要将其解压到 XAMPP 安装目录下的 htdocs 目录，并将解压缩后的目录重命名为 testlink。如果读者在安装 XAMPP 时采用了默认安装路径，则上述路径为 C:\xampp\htdocs\testlink。

然后，需要在图 5.3 所示的 XAMPP 管理面板上启动 Apache、MySQL 和 Tomcat。而后在浏览器中访问 TestLink 的网址，如 http://localhost/testlink/。此时，界面上会引导进入 TestLink 的安装页面。在此页面上单击 New Installation（新安装）则进入后续的安装步骤。读者需要完成如下步骤。

① Acceptance of License（接受许可证）。

② Verification of System and configuration requirements（验证系统与配置需求）。

③ Definition of DB access（连接数据库）。

④ Create DB, testlink DB user, structures and default data & create configuration file（配置数据库）。

⑤ Verify the procedure result and continue to TestLink login（验证安装结果并登录）。

因为 TestLink 默认的配置是基于 Linux 环境，所以在验证系统与配置需求这一步骤时，可能会出现如下的报错：

```
Checking if /var/testlink/logs/ directory exists [S]  Failed!
Checking if /var/testlink/upload_area/ directory exists [S]  Failed!
```

发生类似的问题，只要在 TestLink 目录下打开 config.inc.php，并依据报错信息中提供的目录名称进行搜索，并依据实际情况进行替换。关于替换后的配置项和值，举例如下。

```
$tlCfg->log_path = 'C:\app\xampp\htdocs\testlink\logs';
$g_repositoryPath = 'C:\app\xampp\htdocs\testlink\upload_area';
```

在连接数据库页面中，需要提供如下的 MySQL 数据库连接信息：

```
Database admin login: root
```

因为是测试环境，所以为了方便直接使用 root 账户。

```
Database admin password: root
```

MySQL下默认root没有密码，在MySQL中先行修改密码，如修改为root。下面两个参数也使用上述配置。

```
TestLink DB login : root
TestLink DB password: root
```

在完成上述步骤并执行完成相关的TestLink数据库创建后，页面上会提醒：

```
Installation was successful!
You can now log in to Testlink.
```

此时，可以使用TestLink默认的管理员账户admin/admin进行登录。整个安装部署过程也顺利结束了。

5.5 TestLink主要功能分析

5.5.1 基于文档的测试

在进行商用现货（commercial off-the-shelf，COTS）软件产品的测试时，一般来说测试人员不会拿到譬如软件需求规格说明书或者用例（user case）等有关产品需求的文档。这时用户手册、安装与管理手册等文档就成为了快速学习与熟悉被测软件、了解产品功能、分析和明确测试需求的重要参考资料。

在软件产品或者软件系统开发企业内部的测试实践中，这一方法同样适用。而且很多时候，这些文档本身也是被测对象，也就是所谓的文档测试（Documentation Testing），主要关注文档内容的正确性、HTML格式的帮助文档中有无死链接等。此类文档中提及的内容是未来客户学习和使用软件系统时首先接触到的部分，具有较高的测试价值。James A. Whittaker在《探索式软件测试》一书中提到的“卖点测试法（The Money tour）”也是类似的思路。

因此，在进行回归测试用例的选择时，可以考虑将基于文档的测试（Documentation-based Testing）纳入测试范围，并给予较高的优先级。不同于前述的文档测试，这种测试实践通过阅读文档，将文档中提及的软件特性、功能点以及使用场景等内容直接作为测试用例，进而产生回归测试用例，并随着文档中新特性的不断加入而不断进行更新。

在某些情况下，敏捷测试实践中经常遇到的一个挑战是面对碎片化了的产品需求，缺少一个对该大型软件或者系统的一个整体上的认识，在功能/特性的改造影响分析和测试需求分析时难免产生遗漏。此时，通过这种基于文档的测试的方式，也可以产生所谓的业务功能树，从而类似全景图一般，在整体上给予测试人员以指导，可以作为部分的替代解决方案。

在本书后续章节将要介绍的测试用例与场景，也是基于对TestLink用户手册学习后设计的。

5.5.2 TestLink 基本业务对象

TestLink 发布的用户手册中专门在第一部分中介绍了术语，也就是 TestLink 中的业务对象。这是学习和认识 TestLink 背后的测试理论的基石。虽然可能绝大部分读者已经了解这些概念，但是还是很有必要介绍一下。在本书后续的测试框架构建过程中，这些业务对象也会被逐一进行封装。

（1）测试用例：通过测试步骤（动作，场景）和预期结果来描述一个测试任务。测试用例是 TestLink 里最基本的成分。

（2）测试集：测试用例的组织单元。它构成测试规约的逻辑部分。

（3）测试计划：在执行测试用例之前，需要创建一个测试计划。测试计划包括构建、里程碑、用户指派和测试结果。

（4）测试项目：待测试的项目，可以根据被测项目的生命周期建立不同的版本。测试项目包括测试规约以及测试用例、需求规约和关键字。

（5）用户：每一个 TestLink 用户都有一个角色，如系统管理员、项目经理、测试工程师等。

5.5.3 模块与功能点

类似地，通过用户手册，简单地介绍一下 TestLink 部分的系统模块和功能点，如图 5.4 所示，可以作为自动化测试项目中的需要覆盖的测试用例输入。

测试项目	**测试规约**	**测试计划**
创建测试项目	Test Suite 测试集	创建和删除测试计划
编辑测试项目	Test Case 测试用例	构建版本
删除测试项目	Keywords 关键字	添加和删除测试用例
Inventory 资产管理	产生测试规约文档	测试执行指派
测试优先级	基于需求的测试	平台
里程碑	**测试报告与指标**	**管理**
测试执行	生成测试计划指标	用户账号设置
浏览与设置	指标查询	角色权限
执行结果		测试计划分配
		定制化
		导入导出

图 5.4 TestLink 简要功能列表

5.6 TestLink 页面分析

前面介绍了选择 TestLink 的原因以及该应用的安装使用以及简要功能等背景内容。从这一节开始，将正式开始编写 TestLink 有关的自动化测试框架的代码。假定项目团队首先的任务是实现进行上述介绍的 TestLink 相关功能的冒烟测试，或者 Build Checkout Testing。

在确定了项目第一期的自动化目标之后，需要对于相应涉及到的 Web 界面进行一个更进一步的分析和整理，作为自动化测试框架建设方案制定时的一个重要依据。当然，这项工作其实在制定自动化策略和项目推进方案时就可以投入一定时间进行了。特别是如果产品开发过程中使用了一些特别的技术，或者是在实施自动化一些非常规的测试类型时，这项工作更应该提前进行，有助于及早发现风险和潜在的问题，也就是《高效能人士的七个习惯》中所提倡的“以终为始”的工作。

5.6.1 页面结构分析

页面结构分析是在着手进行 Web 自动化测试框架的搭建前必须要做的一件事情。通过分析被测应用的总体页面结构，对于后续的页面封装做到心中有数，避免脚踩西瓜皮的问题。另外，在初步的页面浏览过程中，也可以标记下在此过程中观察到的一些特殊的、比较具有挑战性的 Web 组件，为后续的组件封装打好前站。特别是在目前普遍采用一些前端框架或者组件库（如 jQuery、ExtJs、YUI 等）来建设富内容的、统一界面风格以及易于维护的 Web 应用，这种情况下，页面结构分析以及后续的组件分析等就显得更为重要了。

以 TestLink 为例，如图 5.5 所示。在用户以管理员身份登录以后，呈现在眼前的是其主页面。通过观察，可以看出这是一个较为典型的上下结构。其中，上部是一个公用导航的菜单栏，用户可以通过单击或者选择不同的组件，导航至不同的业务模块。也可以在此处完成已登录用户名确认以及登出等操作。

而在下部，则是一个分为左右两块的菜单导航。左侧包括了系统、测试项目、需求以及测试规约的各项管理链接。而在右侧，系统则提供了有关测试计划与测试执行等业务模块相关的管理链接。两者相对独立，又通过当前选定的项目以及测试计划等彼此关联。

在进行自动化封装时，则可以考虑将此类页面按照上、左、右的方式进行拆分，分别进行封装。因此这个主页面可以至少拆分成 3 个彼此独立的类，再聚合成一个完整的页面。这种方式，比通过类继承的方式进行页面的组合提供了更多的灵活性，也更为简洁，有利于后期的复用与维护，更符合单一职责原则（Single Responsibility Principle, SRP）。

这也是 Peter Tahchiev 在《JUnit in Action》中所提出的“组合优先于继承”最佳实践。[2]

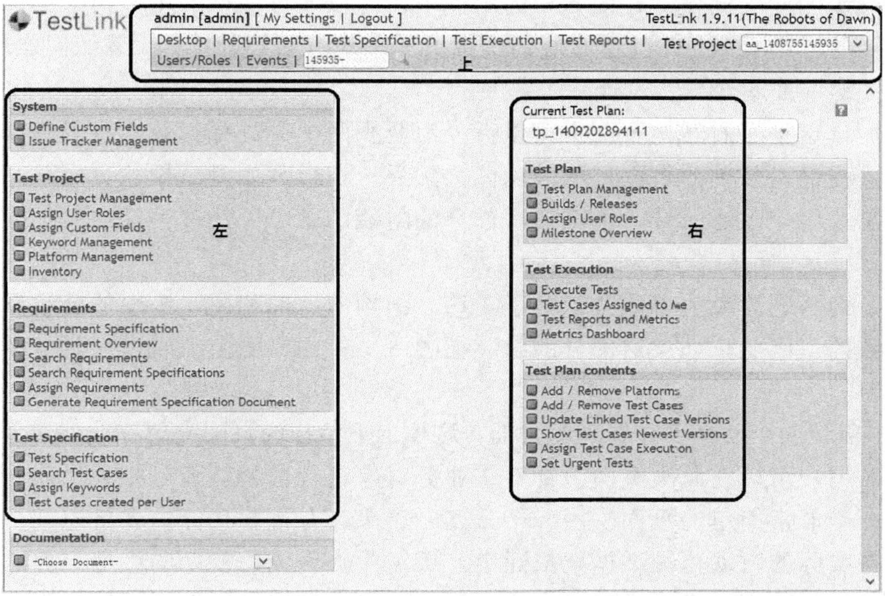

图 5.5 TestLink 主页面

图 5.6 所示的页面以左右结构为主，是 TestLink 中最为常见的一种页面形式。左侧

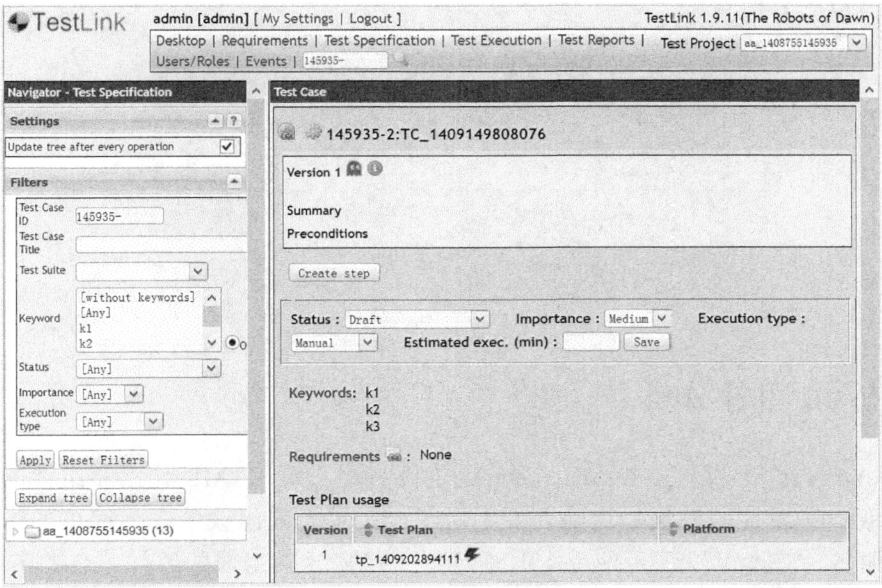

图 5.6 左右页面

的部分是一个导航栏。通过在左侧操作不同的组件，可以在右侧展现出不同的后续页面，进行更进一步的业务操作。在图 5.6 的示例中，可以通过底部的用例树（用例集）定位到某一用例的详细页面，并且在右侧的详细页面中进行后续的操作，譬如创建用例步骤、添加修改关键字或者变更测试计划等。

类似地，这种左右结构页面也可以拆分为至少两个类进行封装。可以建立两个最为基本的类，提供最基础的页面定位等功能，然后，在封装如测试规约页面时，只要继承该类，再添加诸如过滤区域、用例树等部分的封装，就可以快速完成这一部分的封装工作了。

此外，细心的读者也可能意识到了，这一结构的上部和图 5.5 中的公用导航的部分是完全一致的。因此，如果这部分的封装在图 5.5 中的界面上完成以后就可以在该页面上直接复用。

图 5.7 所示的是一个平台管理的页面。这种上下结构的页面主要在业务对象的列表展示时使用。用户可以在此类页面上针对该业务对象进行增删改查等相关操作。当然这里展示的是一个非常简单的页面，由一个三列、表头具有排序功能的表格以及下部的按钮组组成。在实际的自动化测试框架搭建中，还需要处理更为复杂的组件。但这些简单与复杂的页面的封装可以遵循类似的实践，即由表格、按钮等基础页面组件类来组合成该页面类。而且一些通用的页面元素，如创建等，可能在每个页面中都存在，完全可以抽取出来，放在基类中，提高代码的复用性。所有这些都会在后续的页面及组件封装实战中有更进一步的介绍。

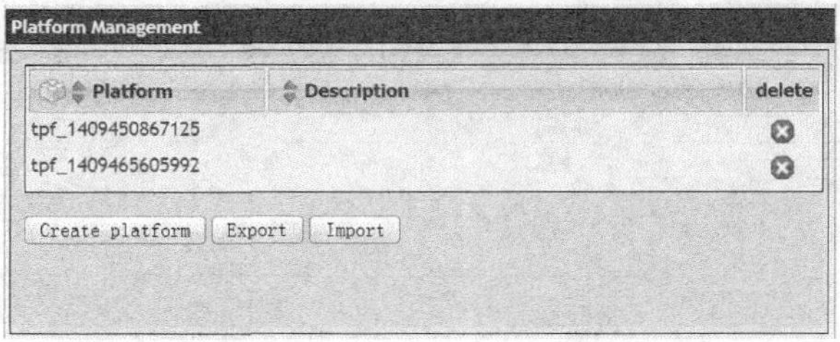

图 5.7 上下结构的页面

5.6.2 Web 组件分析

在 Webdriver 中，通过 WebElement 这个接口定义对 HTML 元素和组件的一些典型操作和获取一些属性的方法。这些功能，对于一些单元素组成的较为简单的组件，如输入框、按钮等，基本可以满足使用。但是对于一些多元素组成的组件，或者由第三方 UI 框架所提供的组件，则有些心有余而力不足，因此需要额外的一些扩展。在 Webdriver 中，目前只针对标准的 HTML 下拉菜单提供了 ui.suppport.select 这个类来实现一些功能。如果读者不清楚这个类的具体使用方法，可以参考本书最后一章中的 Webdriver API 简介部分。

根据在前述页面分析过程中的记录，简单列举一些在 TestLink 中较为常用的并且具有典型的 UI 自动化测试挑战的组件。这当中去除掉上一小节所提到的可以由原生的 WebElement 所支持的组件，详见图 5.8。

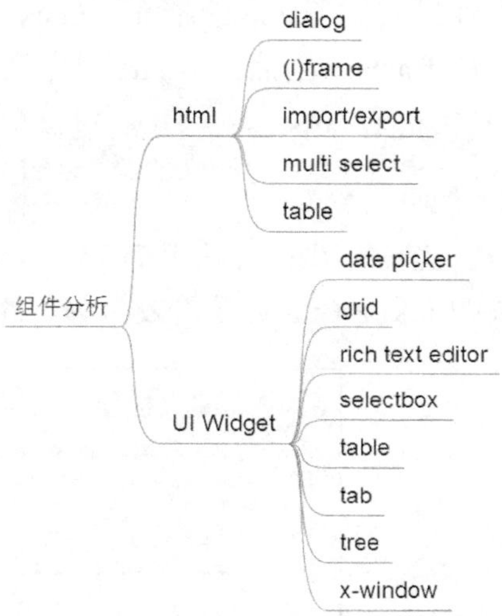

图 5.8 TestLink 组件分析

以上这些组件往往被视为是横亘在UI自动化测试初学者面前的挑战。许多人可能在经历过几次不太成功的尝试以后，就放弃了对于 UI 自动化的学习，使得自己的水平久久停留在入门的阶段。又或者降低了对于良好封装的框架的要求，转而按照短平快的方式追求短期内提高自动化覆盖效果，为此不得不承受后期大量的用例维护工作量，更有可能导致整个自动化测试项目的失败。

通过以 TestLink 为样例，介绍如何按照一定的方法分析和解决上述框架的有效封装问题。当然，本书的目的以介绍思路与方法为主，所以不追求大而全的控件覆盖。因此像日历控件（date picker）、富文本编辑器（rich text editor）等一些控件就没有进行介绍，从而将有限的篇幅用于介绍一些更为典型、使用频率较高、与自动化目标契合度更高的组件。

5.7 框架

框架(i)frame 通常和框架集（frameset）结对出现。作为一种 HTML 的标准标签，frameset 元素可定义一个框架集，用来组织多个框架（frame），<frame>标签定义 frameset 中的一个特定的窗口（框架），每个框架存有独立的 HTML 页面。

之所以将框架(i)frame 作为第一个组件来进行介绍，是因为这个组件在 TestLink 中几乎每个页面都被使用了。其他所有组件的定位、封装等后续的自动化实践都必须首先解决这一问题。此外，有关如何处理(i)frame 的问题经常在一些自动化 QQ 群中被问及。提问的人常常问的问题是，他在定位一个页面元素的时候发现一直定位不了，Webdriver 老是返回无法找到该元素，反复检查写的代码，也没有任何问题。这个时候，群里老鸟就会幽幽地说，请翻阅本论坛 TOP10 常问问题中的第 X 个。当然，那就是一个有关(i)frame 的问题。

5.7.1 Webdriver 中有关(i)frame 的处理方法

在 Webdriver 中，提供了 switchto.frame()的方法，可以通过以下 3 种方式来访问，即通过指定 frame 的指数（index）、名字或者 id 以及对应的 WebElement 实例来切换到相应的 frame。当然，iframe 也完全适用于这一方式。

```
public abstract org.openqa.selenium.WebDriver frame(int arg0);
public abstract org.openqa.selenium.WebDriver frame(String arg0);
public abstract org.openqa.selenium.WebDriver frame(WebElement arg0);
```

当然，往往方法很简单，实现却很复杂。拜那些喜欢使用 frame 的开发人员所赐，TestLink 这样业务逻辑较为单一的页面中，也到处是如图 5.9 所示的 frameset 以及 frame。

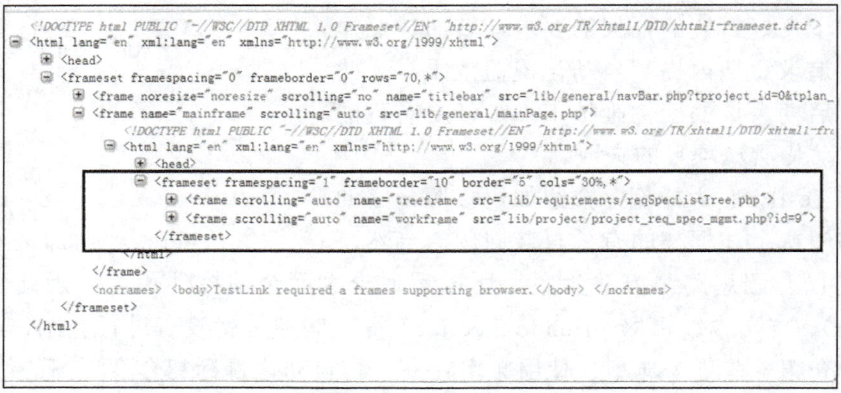

```
<!DOCTYPE html PUBLIC "-//W3C//DTD XHTML 1.0 Frameset//EN" "http://www.w3.org/TR/xhtml1/DTD/xhtml1-frameset.dtd">
<html lang="en" xml:lang="en" xmlns="http://www.w3.org/1999/xhtml">
  <head>
  <frameset framespacing="0" frameborder="0" rows="70,*">
    <frame noresize="noresize" scrolling="no" name="titlebar" src="lib/general/navBar.php?tproject_id=0&tplan_
    <frame name="mainframe" scrolling="auto" src="lib/general/mainPage.php">
      <!DOCTYPE html PUBLIC "-//W3C//DTD XHTML 1.0 Frameset//EN" "http://www.w3.org/TR/xhtml1/DTD/xhtml1-fr
      <html lang="en" xml:lang="en" xmlns="http://www.w3.org/1999/xhtml">
        <head>
        <frameset framespacing="1" frameborder="10" border="5" cols="30%,*">
          <frame scrolling="auto" name="treeframe" src="lib/requirements/reqSpecListTree.php">
          <frame scrolling="auto" name="workframe" src="lib/project/project_req_spec_mgmt.php?id=9">
        </frameset>
      </html>
    </frame>
    <noframes> <body>TestLink required a frames supporting browser.</body> </noframes>
  </frameset>
</html>
```

图 5.9 TestLink 中 frame 的使用

5.7.2 回到原点的 frame 处理方法

在 2010 年夏天，《黎明之前》横空出世，成为街头巷尾大家讨论的热门话题。在这部电视剧中，除了刘新杰这个万人迷之外，水手也给笔者留下了极为深刻的印象。他所领导的这个组织中，有一个核心点，就是与其直接联系的军师。这个组织中其他人与别人的联系，都需要通过军师来进行，无法彼此之间直接产生联系，从而确保了组织在敌人一次次的侦查和突袭中存活下来。

类似地，在 Webdriver 中，从一个 frame 中跳转到与之并行或者层叠的其他 frame 也必须通过最上层根节点 root 的中转，无法直接进行 frame 之间的跳转。也就是说，进入 frame 和退出 frame 的道路有且只有一条，就是从 root 到 frame 本身，并且必须一层一层进入，而退出可以直接一步到位，退出到 root。

如图 5.9 所示，以 root 代表根节点、各 frame 的 name 元素作为定位符，在 TestLink 的大量 HTML 页面中存在如图 5.10 所示的一个 frame 结构。

整个结构中，有且只有如下 4 条路径，可以到达各个 frame（左侧进入箭头），或者从各个 frame 到达 root（右侧离开箭头）。

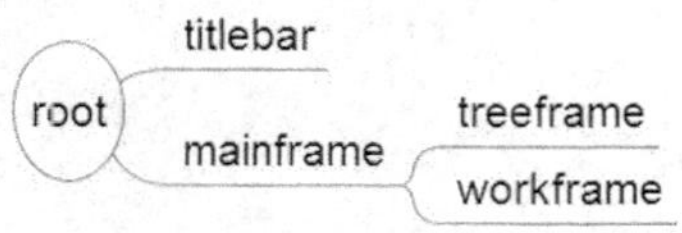

图 5.10 frame 结构

（1）root→titlebar→root

（2）root→mainframe→root

（3）root→mainframe→treeframe→root

（4）root→mainframe→workframe→root

举例来说，如果需要在任意 frame（如上述（1）中的 titlebar）中要访问另一个 frame（如 treeframe 中的页面元素），就需要通过上述路径，从原本所在的 titlebar 首先回退到 root，然后，再沿着 treeframe 所在路径，即上述路径（3）切换到该 frame。

因此在这个解决方案中，核心的要点就是首先理解这种较为奇特的行为方式，包括进入以及退出。然后维护各个从 root 到达各个 frame 的路径，即 framePath，方便后续的操作。

5.7.3 工具类 FrameHelper

考虑使用下述工具类，它通过维护一个 framePath 的 List 来作为某一 frame 的定位标志。然后通过提供的 selectFrame 以及 deSelectFrame 方法来分别进入和退出该 frame。

另外，对于那种只有一层并行 frame 的场景，如图 5.10 中的 titlebar 以及 mainframe 的情况，也提供了比较简单的通过 frame 的 ID 或者 Name 属性来定位的构造方法。核心代码如下：

```
public class FrameHelper extends SeMet {
        private static final Logger log = SolventLogger.getLogger(FrameHelper.class.
        getName()); //提供自定义的日志服务
        private final WebDriver rwd;//保存传入的 webdriver 实例
        private final String frameID;
        //单层定位器，可以是 name 或者 id，适用于一层 frame 结构的情况
        private List<String> framePath=new ArrayList<String>();
        //层级定位器，适用于多层 frame 层叠的情况
        public FrameHelper(WebDriver wd, String frameID ){
             this.rwd = wd;
              this.frameID = frameID;
        }
        public FrameHelper(RemoteWebDriver rwd, List<String> framePath ){
             this.rwd = rwd;
             this.framePath = framePath;
             this.frameID = null;
```

```
        }
        public void selectFrame() {
            if(framePath.size()>0){ //已经完成初始化，因此不需要 null 判断，直接看是否有记
                                    //录即可。没有就直接跳过
                    log.trace("\n using frame path mode."+framePath.toString());
                for(int i=0;i<framePath.size();i++){
                    log.trace("\n now switiching to ::"+framePath.get(i).toString());
                    rwd.switchTo().frame(framePath.get(i));//一层层进行切换
                    waitfor(500);//等待 500 毫秒
                }
            }
            if (null!=frameID){ //单层
                log.trace("\n single frame mode ::"+frameID);
            rwd.switchTo().frame(frameID);
        }
        public void deSelectFrame() {
            rwd.switchTo().defaultContent();//不管在多少层下的 frame，退出的时候只能直接
                                            //退出到最外层的页面
    }
}
```

5.7.4 一级页面的使用方法

在图 5.5 所示的主页面中，存在着一个 name 属性值为“mainframe”且为第一级的 frame，因此可以用如下的方式进行封装。

```
public class PageSeMet extends SeMet {
    public static Logger log = SolventLogger.getLogger(PageSeMet.class.getName());
    protected FrameHelper frm= new FrameHelper(getRemoteWebDriver(),"mainframe");
}
```

接下来，在进行页面元素的查找时，还需要在类 PageSeMet 中提供对 Webdriver 中进行元素查找的方法 findElement 进行增强，使其能够顺利通过退出和进入相应的 frame 来实现元素的查找与定位。

```
public WebElement getItem(String item){
    frm.deSelectFrame(); //不管目前在哪里，首先退出到根节点
    frm.selectIFrame();  //通过给定的路径到达指定的 frame 内部页面
    String itemLocator=getRootXpath()+item;
    WebElement element= getElementUsingXpath(itemLocator);
    return element; //找到并返回
}
```

5.7.5 二级以下页面的使用方法

如前述介绍，在针对二级以下页面进行封装时，需要定义一个 List<String> framepath

来指定该页面的到达路径，并作为 FrameHelper 的构造方法的入参，生成该类的实例。在图 5.6 左右两个二级子页面中，右侧的页面包裹在一个 name 属性值为“workframe”的 frame 中，而该 frame 又是“mainframe”的二级页面。因此，可以按照如下的方式进行封装。

```
public class WorkFrameSeMet extends PageSeMet {
    public static Logger log = SolventLogger.getLogger(WorkFrameSeMet.class.getName());
    private static String locatorString="//div[@class='workBack']";
    private List<String> framepath=Arrays.asList("mainframe", "workframe");
    //指定到达路径
    public  WorkFrameSeMet() {
        super("xpath="+locatorString); //二级页面定位
        frm=new FrameHelper(getRemoteWebDriver(),framepath);
//  来自父类 PageSeMet 中的 frm 被重新赋值
    }
}
```

如果要查找并操作该类中封装的各种页面元素，可以直接调用来自父类 PageSeMet 的 getItem 方法来实现。

至此，通过上述介绍的 frame 封装方式，实现了不同级别的页面及元素的定位以及操作，基本可以满足 TestLink 或者其他 Web 应用中的自动化实践。

5.7.6 不同框架下使用组件的方法

在前一小节中，通过定义 List<String> framepath 完成了二级框架及以下页面中的定位与操作问题。在后续介绍的很多组件中，如本章 5.12 节中的下拉选择框，虽然在框架中其对应的 SelectBoxSeMet 类继承自 PageSeMet，也就是说默认情况下其对应的框架（frame）是“mainframe”，但是在使用时，可能会在别的框架或者子框架下使用到该类组件。因此，需要为此类场景提供解决方案，即实现在组件类实例化时的 framepath 的参数化。如通过以下代码完成 SelectBoxSeMet 在不同框架下的正确元素定位与查找。

```
String locator="//div[preceding-sibling::select[@name='"+selectName+"']]";
    return new SelectBoxSeMet("xpath="+locator,"frm=mainframe->treeframe");
```

当然这涉及到在 SeMet 类中接受 frm 入参，并将其从“frm=mainframe->treeframe”解析成为类似

```
private List<String> framepath=Arrays.asList("mainframe", "workframe");
```

的 list 形式，并最终利用 framepath 完成对 FrameHelper 的初始化。

```
new FrameHelper(getRemoteWebDriver(),framepath);
```

具体实现，读者可以参考 SeMet 类中的下述构造方法，对其进行扩展练习。

```
public SeMet(String param)
```

5.8　左右选择框

左右选择框是一个非常经典的页面组件，简单又实用。通过它可以比下拉式的多选择框提供更好的易用性。在 TestLink 中，多处用到了左右选择框 MultiSelect。如图 5.11 所示，使用者可以通过箭头选择，将关键字选择项的内容在左侧候选框以及右侧已选框之间来回切换。

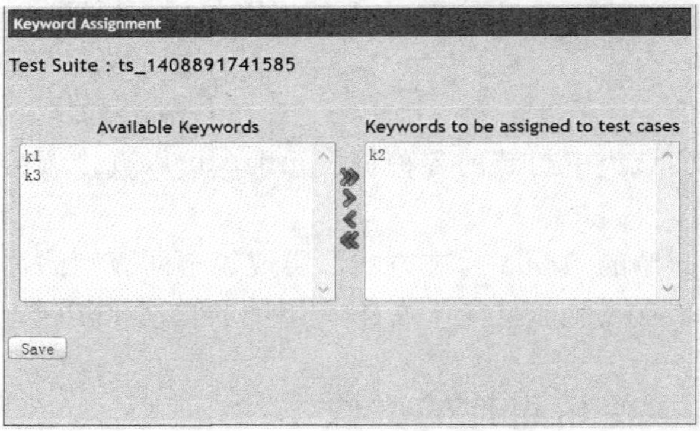

图 5.11　左右选择框

5.8.1　页面分析及自动化实现

左右选择框组件主要由左、右两个选择框，向右全部、向右、向左、向左全部以及保存等 7 个基本组件组成，如图 5.11 展示的页面。通过 FireBug 分析其 HTML 源代码，可以得知上述所有的组件被包裹在如下一个 div 中。

```
<div class="option_transfer_container">
</>
```

而该 div 又存在于一个 name 属性值为“workframe”的二级框架中。因此，可以通过创建一个 MultiSelectSeMet 类来封装这一框架，并且这个类是 WorkFrameSeMet 的子类，从而解决最基础的定位问题。而在这个类的构造方法中，通过传入该 div 的 xpath 定位串来定位其本身，并作为后续组件元素的定位串的根串。核心的类定义以及构造方法如下：

```
package com.semet.html;
public class MultiSelectSeMet extends WorkFrameSeMet { //通过继承父类解决 frame 问题
```

```
    private static String containerString="//div[@class='option_transfer_container']";
//利用 class 来定位
    public MultiSelectSeMet() {  //默认无参构造方法
        super("xpath="+containerString);  //页面定位串
    }
    public MultiSelectSeMet(String params) {      //提供有参构造方法，保留扩展性
    super(params);
    }
}
```

至于左、右两个选择框，则使用了标准的 HTML Select 组件。如图 5.11 所示的左侧组件，其 HTML 源码如下：

```
<select id="from_select_box" ondblclick="window.setTimeout('ot.transferRight()',20
);" multiple="yes" style="width: 98%;" size="8" name="from_select_box">
<option value="2">k1</option>
<option value="4">k3</option>
</select>
```

可以通过 Webdriver 所提供的 org.openqa.selenium.support.ui.Select 这个类来实现封装和操作。

首先，定义两个定位字符串：

```
private static String leftString="//select[@id='from_select_box']";
private static String rightString="//select[@id='to_select_box']";
```

以及两个 Select 类的变量来封装左、右两个选择框：

```
private Select LeftSelect;
private Select RightSelect;
```

然后，在默认构造方法中添加以下两行来为选择框提供运行时的实例。

```
public MultiSelectSeMet() {
    setLeftSelect(leftString);
    setRightSelect(rightString);
}
```

这其中用到了以下两个方法。

```
public void setLeftSelect(String leftLocator){
            LeftSelect= getSelect(leftLocator);
}
public void setRightSelect(String rightLocator){
            RightSelect= getSelect(rightLocator);
}
```

可以看到，在 PageSeMet 中定义的这个 getSelect 方法，在此处得到了较好的复用。

至此，当调用 MultiSelectSeMet()这个无参的构造方法生成新的实例时，左、右两个选择框也同时完成了定位与实例生成的工作。

当然，读者需要注意的是，这种方法也有一些局限性。因为当调用 getSelect 方法时，最终将调用 Webdriver 的 findElement 方法进行元素定位，这时要求元素必须存在于页面的 DOM 中。而如果页面载入后，需要在发生某些 ajax 调用时，才会令元素出现，Webdriver 也会认为元素不存在，从而导致构造方法抛出异常。又或者在后续的某项操作中产生了页面刷新，即使外观与 HTML 源文件完全一致，如果直接使用之前的 LeftSelect 或者 RightSelect 的值，Webdriver 也会认为此元素不存在，也会产生元素无法找到的异常。此时，需要重新利用 getSelect()来获取新的 Select 实例。当然，在 TestLink 中并不存在这种问题，可以放心使用。

接下来是较为简单的 4 个箭头按钮。通过观察，它们是使用了图片来实现的。如向右全部这一按钮的 HTML 源代码如下：

```
    <img style="cursor: pointer;" alt=">>" onclick="window.setTimeout('ot.transferAllRight()',
20);" src="gui/themes/default/images//ico_all_r.gif">
```

因为是最基础的 HTML 组件，所以用 WebElement 封装即可，过程也与前述 Select 的封装相类似。限于篇幅，这里就简单介绍其中一个按钮。其余部分，读者可以自行练习。

```
    private static String transferAllRight="//img[contains(@onclick,'transferAllRight')]";
//定位串
    public void setTransferAllRight(String transferAllRight){ //定位方法
        TransferAllRight= getItem(transferAllRight);
    }
    public MultiSelectSeMet() {
        setTransferAllRight(transferAllRight); //构造方法中完成封装
    }
```

类似地，位于最底部的保存按钮，是一个由 input 标签所表示的组件，也可以用 WebElement 封装。这里就不再赘述了。感兴趣的读者可以阅读项目源代码或者按照自己的方式进行实践。

至此，最基本的元素封装就完成了。

5.8.2 功能分析及自动化实现

相对来说，左右选择框这个类 MultiSelectSeMet 需要提供的功能是非常直观的。在元素定位与封装已经完成的情况下，无非就是根据测试用例或者功能需求，针对这些已经完成封装的页面对象提供相应的操作方法即可。例如，如果需要将左侧选择框的内容转移至右侧选择框，则可以调用如下方法。

```
    public MultiSelectSeMet TransferRight(){
        TransferRight.click();
```

```
        return this;
    }
```

当然，一个具有实际使用意义的 TransferRight 方法可能是这样的：

```
    public void TransferRight(String item){
        if (isInLeft(item)){   //确定选项是否在左侧选择框
            LeftSelect.selectByVisibleText(item); //选择该选项
            TransferRight();   //单击按钮，完成转移
        } else{                  //如果不存在，则不操作
                log.info("\n not found::"+item );
                }
    }
```

此外，一个实用的功能是检查左侧或者右侧的选择框是否为空。考虑采用如下的方法：

```
    private boolean isEmpty(Select select){
        boolean isEmpty=false;
    List<WebElement> optionList=   select.getOptions();//获取选项列表
    log.debug("\n the options are::"+optionList.toString());
    if(optionList==null || optionList.size()==0){  //判断选择框是否为空
        isEmpty= true;
        }
        return isEmpty;
    }
```

如果需要判断左侧选择框，就调用如下方法：

```
    public boolean isLeftSelectEmpty(){
        return  isEmpty(LeftSelect);
    }
```

右侧选择框的判断方法与之类似。

5.9 浮动对话框

浮动对话框是一种新型弹出框，可以在基础页面上弹出后进行位置拖动，代替了老旧的 HTML 确认窗口。在 TestLink 中针对业务对象的删除操作，大量采用了 extjs 提供的浮动对话框组件。

5.9.1 页面分析及自动化实现

首先要解决的是浮动对话框的定位问题。当选择如图 5.7 中的任意一条记录并单击删除图标时，该浮动对话框就会弹出。通过查看 HTML 源代码，可以看到图 5.12 所示的浮动对话框使用了如下的代码：

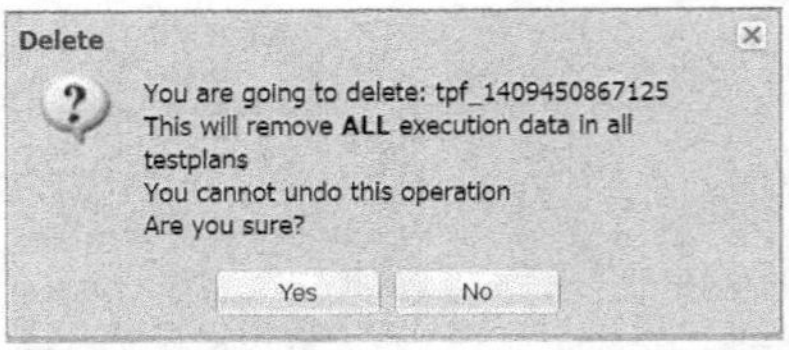

图 5.12 浮动对话框

```
    <div id="ext-comp-1006" class=" x-window x-window-plain x-window-dlg" style=
"position: absolute; z-index: 9003; visibility: visible; left: 464px; top: 68px; width:
352px; display: block;">
    <div class="x-window-tl">
    <div id="ext-gen5" class="x-window-bwrap">
    <a id="ext-gen13" class="x-dlg-focus" tabindex="-1" href="#"> </a>
    </div>
```

其中，整个对话框是包裹在最外层的<div></div>标签中。在其内部，另有两个 div 标签，分别完成了对话框头部标题以及对话框主体部分。

Extjs 组件封装的一个挑战是这些组件基本都以 div 为主，其 id 也是自动生成的，与传统网页的区别较大，因此需要其他方法解决。

通过观察，可以看到 extjs 提供了丰富的 class 属性值。浮动对话框则可以使用如下 xpath 定位串来完成唯一性的定位：

```
    String dialogString="//div[contains(@class,'x-window-dlg')]"
```

但是这里还存在一个问题。通过比对浮动对话框在出现与消失前后，发现即使在关闭对话框之后，其依旧存在于 DOM 之中。只是源码有略微变化。细心的读者可能也已经发现，在已经关闭的对话框中，其 style 属性中的 visibility 字段从 visible 改变成了 hidden。也就是说，对话框是否展现出来，是 css 中通过控制 style 属性的字段值来实现的，具体如下：

```
    <div id="ext-comp-1006" class=" x-window x-window-plain x-window-dlg" style=
"position: absolute; z-index: 9003; visibility: hidden; left: -10000px; top: -10000px; width:
352px; display: block;">
    <div class="x-window-tl">
    <div id="ext-gen5" class="x-window-bwrap">
    <a id="ext-gen13" class="x-dlg-focus" tabindex="-1" href="#"> </a>
    </div>
```

在后续的基础组件元素的查找中，需要确保首先该 div 是可见的，也就是浮动对话框是在弹出的状态下，否则 Webdriver 会抛出元素没有找到的异常。因此，我们的 xpath 定位串可以优化为

```
    String dialogString="//div[contains(@class,'x-window-dlg') and contains (@style,
'visibility: visible')]"
```

使用上述定位串，则可以将定位方法优化为只查找 class 属性中包含了指定字符串并且是当前可见的浮动对话框，确保了程序的鲁棒性。这也是 Webdriver 相对于 Selenium 1.0 中的 defaultSelenium 类的一个相对比较脆弱但是又更贴近测试实际的改进点，确保了在 Web 自动化测试时的确是在模拟真实用户的操作，而不是为了执行而执行。

5.9.2 功能分析及自动化实现

在解决了整体组件定位的问题以后，后续的组成元素和功能实现就较为直接了。很直观地可以得到该组件上可能的操作和测试点，按照可能的使用场景和出现的频率，自动化推进的优先顺序排列如下。

（1）单击下部的确认按钮，完成上游操作（如删除）的确认工作。

（2）单击下部的取消按钮，或者右上角的关闭按钮，取消上游操作。

（3）获取头部名称，确认浮动对话框的正确性。

（4）获取浮动对话框中的确认文字内容，确认其正确性。

首先来解决确认按钮的元素定位问题。通过 Firebug 查看 HTML 源代码，可以看出确定或者右侧的取消按钮均包含在层层的 div 中。其中具有代表性的一个 div 标签的内容如下：

```
<div id="ext-gen7" class="x-window-footer x-panel-btns" style="width: 330px;">
```

采用该 div 的 class 属性中的'x-panel-btns'来标记这两个按钮共同所在的位置，比较具有可读性。

通过继续往下查看和比对两个按钮的 HTML 源代码可以发现，两者在上述 div 之下的结构基本相同。确定按钮最底层的结构如下：

```
<button id="ext-gen20" class=" x-btn-text" type="button">Yes</button>
```

类似地，取消按钮的结构如下：

```
<button id="ext-gen22" class=" x-btn-text" type="button">No</button>
```

两者除了按钮上的文字不同之外，并无其他可以利用的定位信息可以区分彼此。因此只能考虑采用文字来参与定位，尽管这是 UI 自动化实践中的一个坏味道。

综上，采用如下的方式解决确定按钮的定位问题。

```
    private static String btnsString
= "//div[@class='x-window-bwrap']//div[contains(@class,'x-panel-btns')]";
//按钮整体定位，提高 DOM 查找效率
    private static String yeString="Yes";  //参数化文字，为后续本地化测试提供支持
    private static String btnYeString = btnsString
 + "//button [contains(normalize-space(.),'"+yeString+"')]";//通过拼接的定位串完成定位
```

完成了上述的定位工作之后，就是对于该按钮的操作了。这就是简单获取元素以及单击的问题了，使用的代码如下：

```
public void clickBtnYES(){
    getItem(btnYeString).click();
    }
```

取消按钮的定位也可以采用相同的方法进行。因此上述第二项中取消操作将介绍如何通过图 5.12 右上角所示的关闭按钮完成。

依据前一小节中有关页面分析的结果，该对话框标题部分包含在如下的一个 div 之中：

```
<div class="x-window-tl">
```

而通过 FireBug 定位而来的关闭按钮的 HTML 源代码如下：

```
<div id="ext-gen10" class="x-tool x-tool-close" style="display: block;"> </div>
```

两者结合，通过 class 来定位的 xpath 定位串可以描述为：

```
private static String titleString="//div[@class='x-window-tl']";
private static String closeString=titleString+"//div[contains(@class,'x-tool-close')]";
```

完成具体单击按钮操作的方法如下：

```
    public void closeDialogWindow(){
        getItem(closeString).click();
}
```

类似地，如果需要获取对话框的标题文字，则可以采用如下的定位串以及方法：

```
private static String headString=titleString+"//span[@class='x-window-header-text']]";
    public String getHeadText(){
    return getItem(headString).getText();
}
```

最后部分的对话框主体文字，则请感兴趣的读者自行练习。方法与前述各个元素的封装过程完全一致。

至此，浮动对话框的封装工作告一段落。在此过程中，体现出了 UI 自动化中一个比较棘手的缺少定位信息的问题，虽然通过利用按钮上文字信息的方式得到了暂时的解决，但在本地化测试中将面临比较大的问题。后续将介绍相应的解决方案。而在页面及元素的分析和自动化实现过程中，读者可能也体会到了元素之间依赖以及定位串拼接等深层元素的定位问题及处理方法。通过不断的练习，相信读者们可以在 xpath 定位串的有效性、复杂度、鲁棒性以及执行效率之间取得一个较好的平衡。

5.9.3 复选框的简单增强

通过前面两个较为复杂的页面组件的介绍，读者应该对于分析处理的过程有了一个较为初步的理解。这一小节介绍的复选框（Checkbox）是最为基础的 HTML 组件之一，基本没有任何难度。这里一方面介绍下过去自动化的一个小贴士，另一方面也请读者注意下学习的节奏，如果有必要，可以再回头复习，通过实际编程来掌握，以达到学以致用的目的，而不是贪多学快，最后无法实践。

回到复选框上来，复选框通常用于某选项的打开或关闭，在 TestLink 中也有着较为广泛的应用。如图 5.13 所示，通过复选框能方便地让系统管理员完成某一用户在不同方面的权限管理和设定的问题。

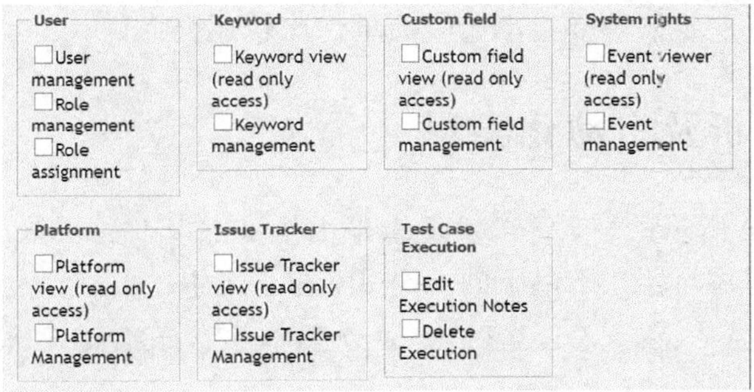

图 5.13 复选框

在这里介绍的小贴士，是在 SeMet 基类中通过提供一个复选框操作的方法，优化复选框的选中以及清除的操作。在实际的测试实践中，复选框的操作不能按照用例的描述去单击设定选择或者清除，因为上下文或者系统设置的问题，复选框经常具有默认选中或者清除的状态，如果不加以判断，则往往与实际的预期相反。因此，在实际的测试中建议使用如下的方法，通过增加 check 入参，并且检查复选框当前的状态，来解决上述问题，以提高鲁棒性。

```
public void setCheckbox(WebElement checkbox,boolean check){
    if(checkbox.isSelected()){ //复选框当前是否已经选中
        if(!check){ //选中的情况下，如果目的是选中，check=true，那就不需要后续操作了
            checkbox.click();
        }}else {
if(check){ //清空的情况下，如果目的是清空，check=false，那就不需要后续操作了
                checkbox.click();
            }}}
```

读者可以在通过本章前面介绍的 getItem 等方法返回找到复选框对应的 WebElement

实例，然后，通过调用该方法，完成相应的复选框操作。这也是一个简单的元素操作的扩展方法，读者可以与通过 ui.support.select 等类的扩展方法进行比较，学习各自的优点。

5.10 树

这是一种非常有用的页面组件，可以天然地表示树形结构的数据间的层级关系，被广泛应用于各种业务软件中，典型的场景如 ERP 系统中的物料清单表（Bill Of Material,BOM）、办公自动化产品的组织结构图等。

树也是一个具有一定自动化难度的标志性组件，特别是来自 extjs 或者其他富内容前端框架的树。曾有同事打趣说，能够封装好一棵树，是 Web 自动化入门的一个标志，而封装好类似 extjs 的各种表格，则是成为熟手的象征。当然，在 TestLink 中所使用的树和表格，无论从功能还是复杂程度上都比较简单，比较适合入门。

5.10.1 页面分析及自动化实现

通过观察图 5.14 所示的树，可以发现这是由根节点以及各层级上的子节点所共同组成的一个组件。它们共同存在于以下的一个 div 标签之中：

```
<div id="tree_div" class=" x-panel x-tree" style="overflow:auto; height:100%;border:1px solid #c3daf9;">
```

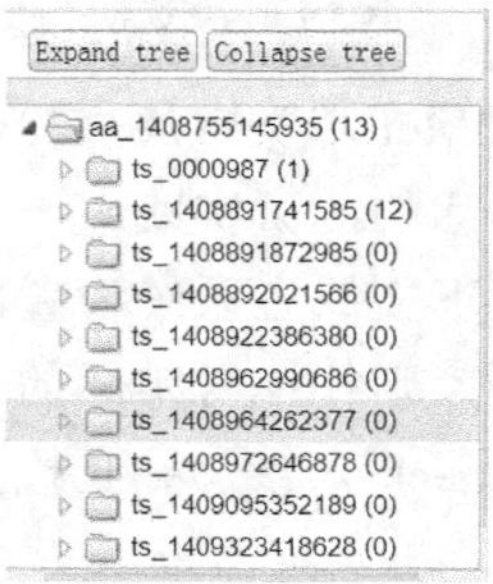

图 5.14 测试规约树

并且其提供了 id="tree_div"这一宝贵的定位信息，可供后续使用。而在上述的 div 外层，读者会发现其嵌套在两层的框架之中。

```
<frame name="mainframe" scrolling="auto" src="lib/general/mainPage.php">
<html lang="en" xml:lang="en" xmlns="http://www.w3.org/1999/xhtml">
<frameset framespacing="1" frameborder="10" border="5" cols="30%,*">
<frame scrolling="auto" name="treeframe" src="lib/testcases/listTestCases.php?feature=edit_tc">
```

```
</frameset>
</html>
</frame>
```

根据前述有关框架的自动化实践的介绍，可以较为方便地使用如下的方式进行封装。首先，解决页面的定位问题，引入 TreeFrameSeMet 类：

```
public class TreeFrameSeMet extends PageSeMet {
    protected static Logger log = SolventLogger.getLogger(TreeFrameSeMet.class.getName());
    private static String locatorString="//div[@id='tree_div']";
    private List<String> framepath=Arrays.asList("mainframe", "treeframe");
    public  TreeFrameSeMet() {
        super("xpath="+locatorString);  //通过 xpath 定位串完成定位
        frm=new FrameHelper(getRemoteWebDriver(),framepath);//指定到达路径
    }
    public TreeFrameSeMet(String params) {
        super(params);
        prepare();
        frm=new FrameHelper(getRemoteWebDriver(),framepath);
    }
}
```

在完成了框架定位的基础上，再引入 TreeItemSeMet 类进行针对树的封装。

```
public class TreeItemSeMet extends TreeFrameSeMet {
    private static Logger log =SolventLogger.getLogger(TreeItemSeMet.class);
        private TreeItemSeMet parent = null;  //节点的父节点
         protected String itemText = null;    //节点文本
         private String rootXpath = null;     //节点的定位串
    public TreeItemSeMet(String itemText){ //通过节点文本辅助定位的构造方法
        this.itemText=itemText;
        setRootXpath();
    }
    public TreeItemSeMet(String itemText, TreeItemSeMet parent){ //指定父节点的构造方法
            this(itemText);
            this.parent = parent;
    }
```

通过阅读上述代码，读者可能有些奇怪，TreeItemSeMet 这个类从名字到内容，体现的并不是针对整棵树的封装，而是针对一个个树节点的封装。这背后的理念，是根据自动化测试实践得出的经验总结。在过往的测试中，发现在大量的测试用例中，凡是有关树的测试，基本都是围绕某一节点为对象展开的各种操作，而不是在整棵树中进行。并且在一棵包含有大量节点的树当中，每个测试用例所涉及的节点也不会超过两位数，一般在 3、4 个节点之内。因此，如果以整棵树作为对象，将产生大量的无效的冗余对象，并且由于树的结构往往是动态变化的，因此整个封装会更为复杂。综合考虑，采用了目前的这种方法，以点带面，围点打援。

细心的读者也可能已经发现上述代码中有一个 setRootXpath 的方法并没有进行解释。这并不是遗漏，而是需要通过下述的页面分析来得出。以下是图 5.14 所介绍的那棵树中所选中的那个节点的 HTML 源代码。

```
<li class="x-tree-node">
<div id="extdd-13" class="x-tree-node-el x-unselectable folder x-tree-node-collapsed
x-tree-selected" unselectable="on" ext:tree-node-id="30">
<img class="x-tree-ec-icon x-tree-elbow" src="http://localhost/testlink/third_party/
ext-js/images/default/s.gif" alt="">
<a class="x-tree-node-anchor" tabindex="1" href="javascript:ETS(30)" hidefocus="on">
<span id="extdd-15" unselectable="on">
<span title="">ts_1408964262377 (0)</span>
</span>
</a>
</div>
<ul class="x-tree-node-ct" style=""></ul>
</li>
```

通过仔细查看图 5.14，可以得出一个节点的基本组成包括节点主体文字、节点前部的展开、折叠箭头。而比较上述 HTML 代码，从中可以得出，<li class="x-tree-node">是某个节点的最外层标签。而节点的主体结构，是该标签内部的一个在 class 属性中包含了'x-tree-node-el'字符串的 div。因此，setRootXpath 可以按照如下的方式实现。

```
protected void setRootXpath()
{
    rootXpath="//div[contains(@class,'x-tree-node-el') and contains(normalize-space(.),
'" + itemText+"')]";;
}
```

与之前的其他 extjs 元素定位类似，这个 rootXpath 的定位串通过 div 的 class 属性以及其自身包含的节点文本来共同组成参与定位。这里需要说明的是，虽然在此处采用了 itemText 节点文本，但是该本文所代表的内容一般属于业务数据的一部分。譬如在 TestLink 中，节点可能是某一项目的测试用例集或者具体的测试用例，并非系统自身数据。

5.10.2 功能分析及自动化实现

在 TestLink 所使用的树中，基本的功能点或者说自动化需要实现的功能如下。

（1）单击、右键单击节点。

（2）展开、折叠节点。

（3）判断某一节点的状态是否是展开或者折叠。

（4）拖曳。

依据后续业务自动化分析及实现部分的需求，提供的上述功能点可以满足要求。

首先，介绍单击节点，这个和普通的单击操作并没有太大的不同，只是需要调用构造方法中传入的 rootXpath 作为入参，通过调用 getItem 方法通过 2 层 frame 框架寻找到该元素并完成单击，具体实现如下：

```
public TreeItemSeMet click() {
    getItem(rootXpath).click();
    return this;
}
```

右键单击的思路与单击基本一致，所不同的是 Webdriver 部分的实现方式。

```
public void rightClick(){
    Actions actions= new Actions(getRemoteWebDriver());
    actions.contextClick(getItem(rootXpath)).perform();
}
```

完成了单击之后，接下来是针对节点的展开和折叠部分的判断与操作。在前述的 div 标签中，通过 class 属性包含'x-tree-elbow"的 img 标签表示展开、折叠箭头，具体的 HTML 源码如下：

```
<img class="x-tree-ec-icon x-tree-elbow" src="http://localhost/testlink/third_party/
ext-js/images/default/s.gif" alt="">
```

通过反复比较各种节点在展开以及折叠状态下的 HTML 源码，发现该树在表达上述两个状态时采取的方法如下。

（1）如果是该节点下没有子节点，则如上述 HTML 所示，该 img 标签的 class 即为"x-tree-ec-icon x-tree-elbow"，并且在单击扩展或者折叠按钮之后该 img 标签无变化。

（2）在该节点展开的情况下，则上述 x-tree-elbow 会被替换成 x-tree-elbow-minus。而在该节点折叠的情况下，则使用 x-tree-elbow-plus 来表达。因此，判断当前节点展开、折叠状态的方法如下：

```
public boolean isCollapsed(){
      return isWhat("plus");   //是否折叠
      }
public boolean isExpanded(){
    return isWhat("minus");    //是否扩展
   }
private boolean isWhat(String what){
    boolean status=false;
    String ItemClass=getItemElbow().getAttribute("class"); //获取 class 属性值
    if(ItemClass.endsWith(what)){
     status =true;
    }
    return status;
```

```
    }
private WebElement getItemElbow(){  //获取展开、折叠图标元素
        return getItem(rootXpath+"/img[contains(@class,'x-tree-elbow')]");
    }
```

进行展开或者折叠节点操作的方法也是参照上述方法稍加修改。具体代码如下：

```
public void Expand(){
            if(isCollapsed()) //已展开或者是叶子节点，则不进行单击
            doClick();
        }
    public void Collapse(){
            if(isExpanded())//已折叠或者是叶子节点，则不进行单击
            doClick();
        }
    private void doClick(){
     WebElement elbow=getItemElbow();
     elbow.click();
    }
```

虽然这里付出了额外多处一次调用 getItem 方法的成本，但是通过这种拆分各种原子操作，作为内部私有方法的方式，简化了各业务方法内部的实现。读者可以根据自身实际在两者之间进行适当的平衡。

拖曳节点是 TestLink 在使用 extjs 作为前端界面框架后所引入的一种新功能。在过往的自动化实践中针对拖曳的处理也是一种比较麻烦的，需要鼠标、键盘多个动作的组合处理。在 Webdriver 中的 Actions 类当中，引入了 dragAndDrop 方法，大大地简化了上述处理过程。针对树节点本身的实际，设计了这种从一个节点拖曳到另一个节点的方法：

```
public void dragAndDrop(TreeItemSeMet destination){
   Actions actions= new Actions(getRemoteWebDriver());
   actions.dragAndDrop(this.getTreeItem(), destination.getTreeItem()).perform();
}
```

使用时，需要定义两个树节点，即两个 TreeItemSeMet 的实例，然后在其中一个树节点中调用上述方法，拖曳到另一个节点，成为子节点。

5.11 表格

在 TestLink 中较多采用了二维表格的形式来表示一些业务对象的实例。如图 5.15 所示的测试项目管理页面中，就存在着一个测试项目表格，展示了测试项目相关的一些必要属性，如名字、前缀，另外还有是否活跃、是否公开等属性，并提供了删除该测试项目的链接。

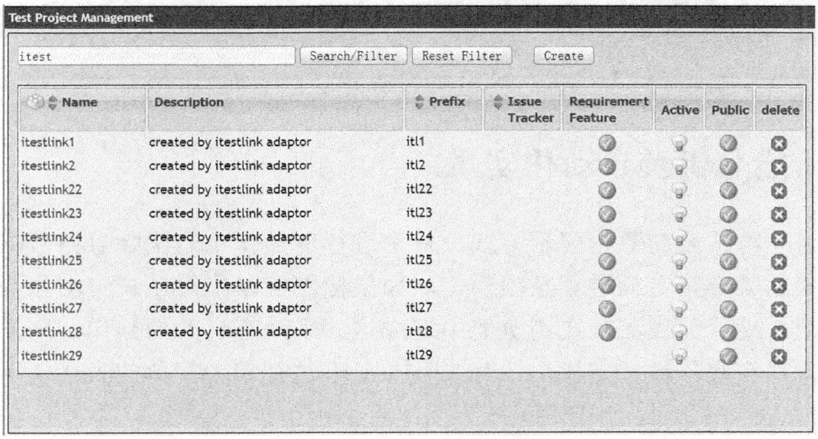

图 5.15 测试项目表

5.11.1 页面分析及自动化实现

HTML 中，表格是由<table>标签来定义的。每个表格均由若干行组成，使用<tr>标签进行定义，每行又被分割为若干单元格，采用<td>标签来定义。这其中，tr 是 table row 的首字母简写，td 则指 table data，即数据单元格的内容。前述部分通常在<tbody>标签的内部出现。除此之外，表格的第一行通常被表示为表头，其中的数据单元格使用 <th>标签进行定义，可以理解为每一列的列名。这部分通常被包含在<thead>的标签中。根据上述介绍，通过 firebug 查看图 5.15 所示的测试项目表的 HTML 源代码，可以查找到表示该表格的核心代码如下：

```
<table id="item_view" class="simple_tableruler sortable">
<thead>
<tbody>
<tfoot></tfoot>
</table>
```

很幸运地，<table>标签提供了属性 id="item_view"，可以用来进行表格的定位。而在表格标签的更上层，则存在着一个 name 属性值为"mainframe"的框架。而这部分的定位与操作的封装工作已经在 PageSeMet 类中初步完成了。

据此，表格对应的类 TableSeMet 的构造方法以及表格的定位可以按照下述方式进行：

```
public class TableSeMet extends PageSeMet {     //继承自 PageSeMet
    private static String tableString="//table[@id='item_view']";
    public TableSeMet() {   //默认构造方法，采用默认定位串
        super("xpath="+tableString);
    }
```

```
    public TableSeMet(String params) {
        super(params); //采用不同的定位串，提供可扩展性
    }
}
```

5.11.2 功能分析及自动化实现

表格作为一种二维的数据展示方式，最常进行的操作也是围绕表格数据展开的，即在某一行记录的某一指定列进行某项操作，如鼠标左键单击等。在自动化测试实践中，如果需要驱动自动化测试工具在浏览器中完成这一系列有目的的操作，则需要实现更多的基础性的方法在底部进行支撑。针对 TestLink 中这种较为简单的表格，至少要完成以下一系列的方法。

- 获取行、列总数（不考虑翻页和列隐藏）。
- 获取某一给定行列、数的数据单元格的文本内容（或者其他标签或者属性）。
- 依据给定的信息，如测试项目名称，确定其所在行数。
- 在指定行、列的单元格中完成鼠标操作，如左键单击。

首先，实现获取行列数的方法：

```
public int getRowCount () {
    List<WebElement> tableRows =getItems("/tbody//tr"); //获取表主体部分所有 tr 标签元素，
    //去掉了表头所在的那一行
    int rowCount=tableRows.size();  //获取上述 list 的大小，即行数
    log.debug("\n\n total row count ="+ rowCount);
    return rowCount;  //返回结果
}
```

这是最为简单的获取行数的实现方法。在实践中，读者可能还需要面对更加复杂的诸如数据延迟加载、分页显示或者在行（tr）与行（tr）之间填充有其他目的的 tr 标签等问题，需要根据实际情况进行有针对性的处理。当然这些在 TestLink 中并未体现，因此仅提出问题点，供读者自行考虑了。

类似地，获取列数的方法实现如下：

```
public int getColumnCount () {
    List<WebElement> tableCols =getItems("/thead/tr//th");//使用完整的表头定位串，减少
定位查找时间
    int columnCount = tableCols.size();
    log.debug("\n total ColumnCount = " + columnCount);
    return columnCount ;
}
```

与获取行数的方法一样，这也是最为简单的获取列数的方法。如果表头没有使用 th 而是 td 标签，或者存在某些被隐藏的列等，则需要进行更为细致的处理，这里不再赘述。

获取表格的行、列数只是表格功能封装的第一步。接下来，则是非常实用的在表格内部进行查找的方法。

```
private int searchWithinGivenColumn(int maxRow,int maxColumn,String content){
    int totalRowCount =maxRow;   //指定查找范围
    int totalColumnCount=maxColumn;  //同上
    int returnNo =-1;           //如果没有找到，则返回-1
    String cellText="";
    log.debug("\nSearching: "+content +"within total rowCount:"+totalRowCount);
    labelBreak:
    for (int rowID=1; rowID<=totalRowCount;rowID++) {
        for(int columnID=1; columnID<=totalColumnCount;columnID++) {
//从第一行第一列按照行序列在指定的最大行列数内进行查找
            try {
                    cellText=getCellText(rowID,columnID);
                    log.debug("\ncell["+rowID+"]["+columnID+ "] = '" +cellText +"'" );
            } catch (SolventException e) {
                        log.error("Failed to find row with content:" +content);
                        log.error("Error happened:" +e.getMessage());    }
            if (cellText.hashCode() ==content.hashCode()) {
               returnNo =rowID;
               log.debug("\nFound. rowID["+rowID+"]+columnID["+columnID+"] cellTxt == "+
              cellText);
               break labelBreak;}     //查找到了，退出双重循环
            }
        }
        return returnNo;     //返回行数
    }
```

该方法为私有的查找方法，在实际的使用中，通过下述方法对外提供查找服务：

```
public  int findFirstRowWithExactContent(String content) {
int totalRowCount =getRowCount();   //获取该表格总行数
int totalColumnCount=getColumnCount(); //获取该表格总列数
return searchWithinGivenColumn(totalRowCount,totalColumnCount,content);//执行查找并
返回对应的行数。如果没有找到，则返回-1
}
```

在上述查找方法中，使用到了方法 getCellText，该方法的具体实现如下：

```
public  String getCellText (int row,int column) {
    String cellText="";
    WebElement element=getItemInCell(row,column,"");
    if (null !=element){ //定位串指定的元素存在
        cellText=element.getText();//获取元素文本
    }
    return cellText;
}
```

读者可能比较奇怪，上述代码中调用的一个 getItemInCell 方法为何使用空""来做参

数。该方法提供了更进一步的对于 PageSeMet 中 getItem 的扩展，用于获取表格中数据单元格中的元素。因为数据单元格可以包含多种形式的内容，如文本、图片、列表、表单、表格等，而通过 itemString 变量的引入，后续调用该方法时，可以根据其单元格中的具体内容提供相应的元素定位串，提供了较好的灵活性。

```
protected WebElement getItemInCell(int rowID,int colID,String itemString) {
    String locator = ("/tbody/tr["+rowID+"]/td["+colID+"]"+itemString).trim( ;
    WebElement element=getItem(locator);
    return element;
}
```

例如，在图 5.15 中，测试项目的名字是一个超链接，单击之后，会跳转到该项目的详细信息页。为了支持上述操作，需要提供一个鼠标单击指定表格数据单元的方法，该方法的核心就是调用 getItemInCell 方法，并将"/a[1]"作为数据单元格内元素的定位串参数传入。

```
public void clickLinkInCell(int rowID,int colID) {
    WebElement element=getItemInCell(rowID,colID,"/a[1]");
    if (null!=element){
        element.click();}
}
```

至此，一个提供了基础操作的表格类 TableSeMet 封装完成了。

5.11.3　TableSeMet 子类

TableSeMet 类作为所有 TestLink 表格的父类，提供了表格定位以及基础的表格操作。在实际应用中，为了更好地提供对于业务操作的封装，需要根据实际情况对其进行扩展。例如，针对图 5.15 中的测试项目表格，可以引入 ProjTableSeMet 类。该类通过继承 TableSeMet 类，通过父类提供的基础操作来实现针对业务的更高层的操作。其核心代码如下：

```
public class ProjTableSeMet extends TableSeMet {
    private static final Logger log = SolventLogger.getLogger(ProjTableSeMet class.
   getName());//日志
    public EditProjectSeMet clickProjectByName(String projName){
        int rowID=findFirstRowWithExactContent(projName); //定位测试项目所在行数
        int colID=1; //测试项目名字在第一行。因为该表格中的列并不能进行动态调整，所以采用了简化处理
        if (rowID <=0){
        log.debug("\n no project found.Please double check.");
        return null;
        } else {
        clickLinkInCell(rowID, colID);
        return navigateTo(new EditProjectSeMet());//跳转至编辑测试项目页面
```

```
        }
    }
    public void deleteProjectByName(String projName){
        int rowID=findFirstRowWithExactContent(projName);
        int colID=8;   //删除图标在第八列
        if (rowID <=0){
        log.info("\n no project found.Please double check.");
        } else{
        WebElement element=getItemInCell(rowID, colID, "/img[1]");//删除图标使用了 img 标签
        if (null!=element){
            element.click();
        }}
    }
    public Integer getProjIDByName(String projName){
        Integer id= new Integer(-1);
        int rowID=findFirstRowWithExactContent(projName);
        String api_info=getApiInfo(rowID);
        log.debug("\n api_info is::"+api_info);
        String [] infoArray=api_info.split("\\s+"); //通过空格进行拆分
        String idString=infoArray[1].trim();
        log.info("\n id='"+idString+"'");
        id=Integer.parseInt(idString);
        return id;
    }
}
```

在上述 ProjTableSeMet 类提供的第一个方法通过单击超链接，完成了页面的跳转，可以进行后续的测试项目属性的修改，而第二个方法则可以通过给定的测试项目类进行测试项目的删除动作。读者可能觉得第三个方法比较奇怪，不是特别了解其来由。通过仔细查看某一测试项目名称所在的数据单元格，可以发现类似下述的 HTML 源代码：

```
<td>
<span class="api_info" style="display:none">[ID: 5 ]</span>
<a href="lib/project/projectEdit.php?doAction=edit&tprojectID=5"> projName1 </a>
</td>
```

在<td>标签之下，还存在着一个<span>标签，其文本中标识着该项目的 ID 号，也就是该方法需要处理的问题，即取得该 ID 号的具体值，并返回。

这里需要解决两个问题。首先是取得该<span>标签的文本值。其挑战在于，该标签中的 style 属性值为"display:none"，也就是说，Webdriver 无法通过简单的 getText()方法获取该文本值。因此，需要通过 JavaScript 注入的方式来获取。因此在 TableSeMet 中增加了如下的方法：

```
public String getApiInfo(int rowID){
    String locator=getRootXpath()+"//tr["+rowID+"]//span[@class='api_info']";
    log.debug("\n Locator as " + locator);
    String textString ="";
```

```
        try {
                WebElement element=getElementUsingXpath(locator);
                String script = "return arguments[0].innerHTML"; //获取文本的核心代码
                textString = (String) ((JavascriptExecutor) driver).executeScript(script,
               element);
                log.debug("\n the raw api_info text is '"+textString+"'");
                }catch (SolventException e){
                        log.info("\n Error happened " + e.getMessage());
                }
        return textString;
    }
```

第二个需要处理的问题就是对于取得的文本值（如"[ID: 5]"）进行解析，从中取出 ID 号，如本例中的"5"。该部分内容在 getProjIDByName 方法中已经有具体体现，就不再赘述了。

本节中所介绍的只是标准 HTML 表格的封装。在一些主流的前端框架中，大多都有各自的表格组件，其主要的操作与功能的封装可以借鉴上述方案。当然这些框架也添加了诸多高级交互特性，如表格浮动菜单、表格与网格（grid）集成等。因此从组件封装的角度来讲，如果树的封装是入门的标志，那么复杂表格的封装就是学徒出师的标志之一了。相信读者只要根据本章所介绍的套路，按照页面分析、功能分析这样的角度进行拆分与组合，是可以达到这样的组件自动化封装水平的。

5.12 下拉选择框

5.12.1 组件介绍

图 5.16 所示的 Jquery 下拉选择框（SelectBox），粗看之下与普通的 HTML 下拉框（Select）类似，同样是由一个显示当前选择项的输入框以及一个下拉列表组成。首先通过操作来观察、了解该下拉选择框的行为。在单击了输入框的下拉箭头之后，下拉列表就打开了。在下拉列表中，随着鼠标的移动，列表中的选项也会被依次高亮。而在单击列表中的某一项后，这个下拉列表就会消失，紧接着输入框的当前选择项就更新为先前的所选内容了。

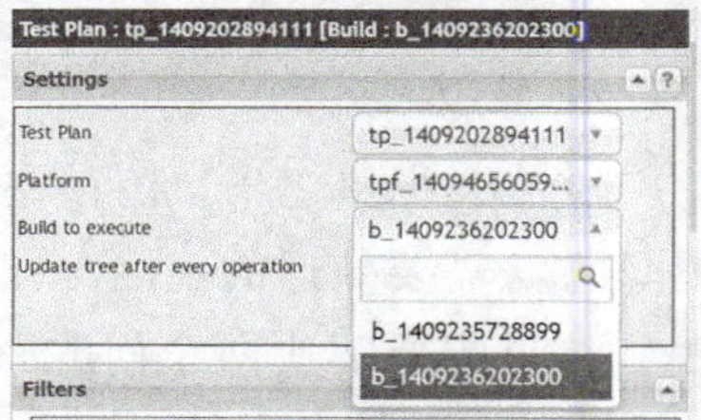

图 5.16 Jquery 下拉选择框

以上是在界面上进行的一个简要分析。接下来通过 HTML 源码分析，可以看出 SelectBox 与 Select 这两者在界面之下的巨大不同。

```
<tr>
<td>Build to execute</td>
```

```
<td>
<select class="chosen-select" onchange="this.form.submit()" name="setting_build"
style="display: none;">
<option value="1">b_1409235728899</option>
<option selected="selected" value="2">b_1409236202300</option>
</select>
<div class="chosen-container chosen-container-single" style="width: 85%;" title="">
<a class="chosen-single" tabindex="-1">
<span>b_1409236202300</span>
<div>
<b></b>
</div>
</a>
<div class="chosen-drop">
<div class="chosen-search">
<input type="text" autocomplete="off">
</div>
<ul class="chosen-results">
<li class="active-result" data-option-array-index="0" style="">b_1409235728899</li>
<li class="active-result result-selected" data-option-array-index="1" style="">b_
1409236202300</li>
</ul>
</div>
</div>
</td>
</tr>
```

以上是图 5.16 中"Build to execute"右侧的下拉选择框的 HTML 源代码。可以看出下拉选择框通过 class 属性包含在"chosen-container"的一个 div 标签之中。当前选择框是通过标签 *<a class="chosen-single">*进行标示的。而在下拉列表打开之后，<div class="chosen-drop">标签包裹的<li>标签则标识了一个个下拉选项。该组件以 ajax 方式进行动态数据查询与显示。读者可以观察与比较下拉列表未打开过、打开的状态以及打开后关闭这 3 种状态下的 HTML 源代码的不同。限于篇幅，这里就不罗列了。

5.12.2 功能与测试点分析

通过上述分析，在测试框架中需要封装和提供的常用功能可能包括如下几点。

（1）打开下拉列表。

（2）在下拉列表中选择某一选项。

（3）获取当前的选择项。

（4）判定下拉列表是否呈打开状态。

（5）获取整个下拉列表中的选项。

（6）以 Ajax 方式在下拉列表中选择某一选项，即通过部分输入在带有搜索图标的输入框中输入部分下拉列表项名称的方式完成选择项选取的动作。

通过实践中的一些经验，前 3 条是最为常用的方法。3、4、5 提供了从被测应用获取数据的功能，主要应用于检查和校验。而 6 只在某些特殊场景的用例中会被使用到，一般情况下频度最低。读者也将按照这一方式进行该组件的自动化推进。

5.12.3 SelectboxSeMet 类

按照前述的页面分析和功能分析，可以按照如下的方式完成下拉选择框类 SelectboxSeMet 的构建工作。

```
package com.semet.html.jquery.selectbox;
package com.semet.html.jquery.selectbox;
import java.util.List;
import org.openqa.selenium.WebElement;
import com.semet.html.PageSeMet;
public class SelectBoxSeMet extends PageSeMet{
    private String linkString="//a[@class='chosen-single']";
    private String with_dropString="chosen-with-drop";
    private String selectsString="//ul[@class='chosen-results']/li[contains(@class,
    'active-result')]";
    private String selectedString="//ul[@class='chosen-results']/li[contains(@class,
    'result-selected')]";
    private String highLightedString="//ul[@class='chosen-results']/li[contains(@class,
    'highlighted')]";
    private String searchString="//div[@class='chosen-search']/input[1]";
    public SelectBoxSeMet(String ... params){
        super(params); //提供多参数的构造方法
    }
    private WebElement getItemChosenSearch()
    {
         return getItem(searchString);
    }
    private WebElement getItemByText(String text){
        String textLocator="//li[(text()='"+text+"')]";
        return getItem(textLocator);
        }
    public String getCurrentSelect(){
        return getItem(linkString).getText();
    }
    private WebElement getRootItem(){
        return getItem("");
    }
    public SelectBoxSeMet openDrop(){
        if (!isDropOpen()){
```

```
            WebElement element=getItem(linkString);
        moveto(element);
        element.click();
        pause(500);
        }
        return this;
    }
    public boolean isDropOpen(){
        String classString=getRootItem().getAttribute("class");
        return classString.contains(with_dropString);
    }
    public List<WebElement> getDropList(){
        if(!isDropOpen()){
            log.info("\n Drop is not open! Please make sure this is on purpose.
        }
        return getItems(selectsString);
        }
    public WebElement getItemSelected()
    {
         return getItem(selectedString);
    }
    public WebElement getItemHighlighted()
    {
         return getItem(highLightedString);
    }
    public SelectBoxSeMet OpenDropAndSelectByInput(String inputString,String
    expectedString)
    {
         openDrop();
         getItemChosenSearch().sendKeys(inputString);
         pause(500);
         getItemByText(expectedString).click();
         return this;
    }
    public SelectBoxSeMet OpenDropAndSelect(String text){
        openDrop();
        getItemByText(text).click();;
        return this;
        }
    public SelectBoxSeMet highLightItem(String text){
        openDrop();
        moveto(getItemByText(text));
        return this;
    }
}
```

通过观察下拉列表的 HTML 源代码，发现下拉列表中的项目均包含在一个 class 属性值为'chosen-results'的 ul 标签之下，并且是以 class 属性中包含了'active-result'的 li 标签进行封装的。综合使用上述信息，通过定义变量 selectsString 来作为下拉列表的定位串。

类似地，如果通过检查 li 标签的 class 属性中是否包含了'result-selected'和'highlighted'的字符串，就可以分别定位当前选择项以及当前被高亮的项目。

解决了定位问题之后，就可以开始根据需求实现各个对应的方法。

（1）打开下拉列表：

```
openDrop();
```

（2）在下拉列表中选择某一选项：

```
OpenDropAndSelect(String text);
```

（3）获取当前的选择项：

```
getCurrentSelect();
```

（4）判定下拉列表是否呈打开状态：

```
isDropOpen();
```

（5）获取整个下拉列表中的选项：

```
getDropList();
```

（6）以 Ajax 方式在下拉列表中选择某一选项：

```
OpenDropAndSelectByInput(String inputString,String expectedString);
```

在该类各个针对下拉列表的操作方法中，频繁使用到了 openDrop()方法，这也是出于保障程序鲁棒性的考虑。如果不考虑该问题，那么 OpenDropAndSelect 方法当调用 getItemByText()私有方法时将返回 NULL，导致程序出错。因为该方法体中所使用到的 text()依据 webdriver API 文档的介绍，只能是在该元素存在于 DOM 中并且可见的情况下才有文本值返回。

当然，这些也只是简单的实现。如果在实践中还需要更进一步进行增强。譬如在前面提到的方法 OpenDropAndSelect 中判断作为入参的待选择项 text 是否存在于下拉列表中等。

此外，类中还提供了一些辅助测试的方法，如 getItemSelected、getItemHighlighted 和 highLightItem 等。以上这些读者都可以根据项目的实际需要进行修改。

最后提醒读者注意的是，该类提供了入参为数组的构造方法。主要目的是在后续使用中解决该组件在不同框架（frame）下实现定位的问题。在第 8 章中介绍“测试计划”时，将结合“执行测试”的自动化实例进行介绍。

5.13 小结

本章对 TestLink 的基本功能进行了一个简要介绍。然后对 TestLink 的页面结构以及一些典型的组件的自动化测试封装进行了介绍与演示。

最后，分享一下从一篇介绍 Web UI 框架的介绍文章[3]中摘抄的对于一个组件应该具有的特征。

（1）可组合（Composeable）：一个组件易于和其他组件一起使用，或者嵌套在另一个组件内部。通过这个特性，一个复杂的 UI 就可以拆分成多个简单的 UI 组件。

（2）可重用（Reusable）：每个组件都有独立的功能，它可以被使用在多个 UI 场景。

（3）可维护（Maintainable）：每个组件仅仅包含自身的逻辑，更容易被理解和维护。

（4）可测试（Testable）：因为每个组件都是独立的，对于各个组件的分别测试要比对于整个 UI 进行测试容易得多。

以上这几点也完全适用于 Web UI 自动化测试中对于各个组件的封装工作。

第 6 章　页面封装——从登录到测试项目管理

6.1　登录——三段式页面封装法

在访问 TestLink 的首页 http://localhost/testlink 后，如图 6.1 所示的登录页面就会展现出来。页面中完成登录的主要控件是一个用户名输入框、一个密码输入框以及一个登录按钮。

图 6.1　TestLink 登录

这是一个非常经典也非常简单的案例，类似于著名的“Hello World!”，类似的登录页面可能是许多读者开始学习 Webdriver 时所自动化的第一个页面。因为简单，所以可以很清楚地通过其对应的 LoginSeMet 类的组成来介绍页面封装的方法，以供各位读者参考。这种方法为“三段式页面封装法”。具体是哪三段，可以看以下的代码。

```
publicclass LoginSeMet extends SeMet  {  //继承自 SeMet 基类
    @Override
    publicvoid prepare() {
        waitfor(1000);          //简单地等候一下
    }
    public LoginSeMet(){
        super("name="+formName); //页面定位
        prepare();
```

```
        }
    //第一段，元素定位串。以下 4 个为页面元素定位信息。这里为了简单起见，直接写在代码中。根据之前数据管
//理一章中介绍的方法，读者可以根据项目实际需要进行处理，如采用外部数据文件的方式，将其维护在代码之外。并
//在变量定义时通过调用数据获取方法或者反射等方法传递进程序中。
        privatestatic String formName="login_form";
        privatestatic String loginLocator="//input[@id='login']";
        privatestatic String pwdLocator="//input[@name='tl_password']";
        privatestatic String submitLocator="//input[@name='login_submit']";
    //第二段，元素获取。该部分依据前述给定的元素定位串，通过调用 Webdriver 的 API，进行实际的元素查找
//与实例的返回。请读者注意这里没有使用元素变量而是使用元素获取方法，提供一个动态的元素实例，从而规避页面
//发生重载或者刷新等问题导致的元素找不到等问题。这也是 Webdriver 相对于其前任 Selenium 的脆弱之处，或
//者从工能量的角度说更贴合实际场景的地方。
        public WebElement getLoginInputField(){
            return getElementUsingXpath(loginLocator);
        }
            public WebElement getPWDInputField(){
            return getElementUsingXpath(pwdLocator);
        }
        public WebElement getLoginButton(){
            return getElementUsingXpath(submitLocator);
        }
        //第三段，业务操作。该部分依据测试的实际需要，针对该页面上常用的一些业务操作进行封装，提供给
//用例编写人员进行调用。该部分的目的是让用例编写人员能将注意力集中在用例设计与实现上，而不是更底层的
//Webdriver 技术细节。
        public LoginSeMet setLoginName(String loginName){
            WebElement element=getLoginInputField();
            element.clear();
            element.sendKeys(loginName);
            return this;
        }
        public LoginSeMet setPassword(String password){
            WebElement element=getPWDInputField();
            element.clear();
            element.sendKeys(password);
            return this;
        }
        publicvoid submit(){
            WebElement element=getLoginButton();
            element.click();
        }
    //至此，简单的三段式页面封装法就实施完毕了。
        publicvoid login(String loginName,String password){
            setLoginName(loginName).setPassword(password).submit();
            waitForContent();
        }
```

在实现了上述 3 段的基础上，一个好的自动化测试框架应该提供第四部分。也就是在第三段的基础上进一步对于业务原子操作进行封装，实现针对具体业务的封装。这种

模式可能会跨越一个页面，涉及多个类，并为最终实现基于业务的自动化测试框架铺平道路。当然在这个登录的示例中，就是一个简单的登录方法的实现，也就是这个类的最后一个方法。

```
login(String loginName,String password)。
```

6.2 测试项目对象 TestProjectBean-使用方法链

创建测试项目如图 6.2 所示。

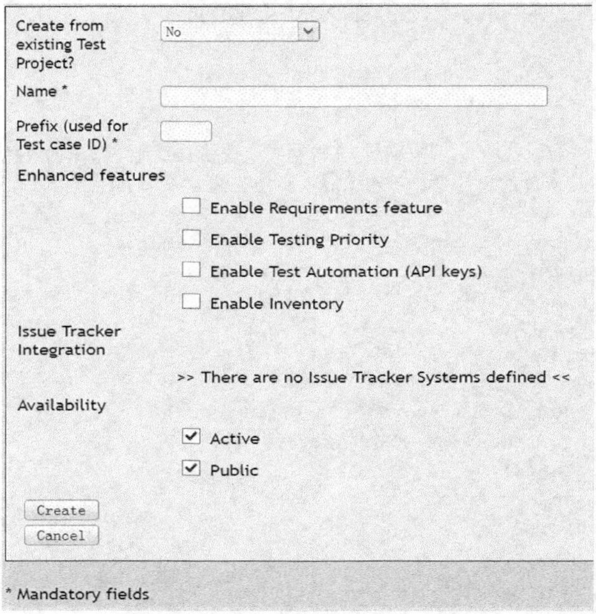

图 6.2 创建测试项目

在 TestLink 创建一个测试项目时，需要填写以下信息：

- 名称 Name
- 前缀 Prefix
- 描述 Project description
- 是否启用需求特性 Enable Requirements feature，默认不启用
- 是否启用测试优先级 Enable Testing Priority，默认不启用
- 是否启用自动化测试 Enable Test Automation，默认不启用

- 是否启用资产管理 Enable Inventory，默认不启用
- 是否公开，默认公开
- 是否活跃，默认活跃

此外在测试项目创建完成之后，该项目会被赋予一个唯一的 ID 编号。因此根据上述获取的信息，可以认为在 TestLink 的测试框架中，识别出来需要建立的第一个业务对象，就是测试项目对象，即需要建立一个如 TestProjectBean 的类来实现对这一业务对象的封装。

```
public class TestProjectBean {
    private Integer id; //编号
    private String name;  //名称
    private String prefix; //前缀
    private String notes; //描述
    private Boolean enableRequirements=Boolean.FALSE;
    private Boolean enableTestPriority=Boolean.FALSE;
    private Boolean enableAutomation=Boolean.FALSE;
    private Boolean enableInventory=Boolean.FALSE;
    private Boolean isActive = Boolean.TRUE;
    private Boolean isPublic = Boolean.TRUE;
public String getName() {
        return name;
    }
    public TestProjectBean setName(String name) {
        this.name = name;
        return this;
    }
    public TestProjectBean setIsPublic(Boolean isPublic) {
        this.isPublic = isPublic;
        return this;
    }
    //其余 set/get 方法略
}
```

在该类中，通过将识别出来的该对象的属性转换成对应的变量，并且有选择性地赋予一些变量以初始值。此外还提供了针对所有变量的 set/get 方法来设置/获取该变量的值。限于篇幅，没有列出所有变量的 set/get 方法的具体代码。

细心的读者可能已经注意到，上述示例代码中提供了两个 set 方法：setName 和 setIsPublic 方法有一个共性，除了对各自需要处理的变量进行赋值，还都返回 this，也就是该类的实例自身。因此，在实际的使用中可以写成这样的代码：

```
TestProjectBean projectBean= new TestProjectBean();
projectBean.setName("name").setIsPublic(true);
```

这样采用方法链的编码形式，既简化了代码，又增加了可读性，特别适合类似于对象赋值以及在同一页面中进行多个操作等场景。在后续的自动化框架构建中，读者会陆

续看到类似的代码应用，届时将不再赘述。

当然，如果采用本书有关数据管理的章节中介绍的方法将测试数据存放于外部文件中，并通过工具类直接转换成 TestProjectBean 等业务对象进行使用，也是一种方式。

6.3　创建测试项目类 CreateProjectSeMet

6.3.1　页面定位

通过页面定位分析，在创建测试项目这一页面，存在一个 name 属性为“mainframe”的框架。按照之前第 5 章中有关框架处理部分的介绍，可以通过让创建测试项目页面类 CreateProjectSeMet 继承 PageSeMet 的方法来完成页面定位、初始化工作，具体代码如下：

```
public class CreateProjectSeMet extends PageSeMet {
//略
}
```

6.3.2　页面元素定位

依据前述测试项目这一对象的介绍，该页面通过一系列的输入和选择框完成对于测试项目这一业务对象的属性赋值以及创建。在实际的页面中，各自的定位串可以通过如下方式构造。

```
    privatestatic String projectNameString="//input[@name='tprojectName']";
    privatestatic String casePrefixString="//input[@name='tcasePrefix']";
//名称与前缀，暂时不涉及项目描述
    privatestatic String enableReqString="//input[@name='optReq']";
    privatestatic String enablePriorityString="//input[@name='optPriority']";
    privatestatic String enableAutoString="//input[@name='optAutomation']";
    privatestatic String enableInventoryString="//input[@name='optInventory']";
//4 种增强特性的单选框
    privatestatic String enableActiveString="//input[@name='active']";
    privatestatic String enablePublicString="//input[@name='is_public']";
//是否启用与公开的单选框
    privatestatic String submitString="//input[@name='doActionButton']";
    privatestatic String cancelString="//input[@name='go_back']";
//提交与取消按钮
```

以上是以 xpath 方式来构造的各个页面元素的定位串。

6.3.3　元素获取与简单操作

完成了上述页面元素的定位与定位串编码之后，就是各个页面元素的获取与简单操作的封装了。例如，项目名称这一元素，有如下的两个方法。

```
public WebElement getProjectNameElement(){
    return getItem(projectNameString);
}
public ProjectMgrCRUSeMet setProjectName(String projName){
    setItem(getProjectNameElement(),projName);
    return this;
}
```

类似地，项目用例前缀这一输入框的获取和赋值也有如下两个方法。

```
public WebElement getPrefixElement(){
    return getItem(casePrefixString);
}
public CreateProjectSeMet setCasePrefix(String prefix){
    setItem(getPrefixElement(),prefix);
    return this;
}
```

之后，是各个单选框部分的封装。根据第 5 章中有关选择框对象的封装，可以复用父类中的 isChecked 方法来提供具有业务意义的各单选框是否选定的判别方法，具体如下：

```
publicboolean isReqEnabled(){
    return isChecked(enableReqString);
}
publicboolean isPriorityEnabled(){
    return isChecked(enablePriorityString);
}
publicboolean isAutomationEnabled(){
    return isChecked(enableAutoString);
}
publicboolean isInventoryEnabled(){
    return isChecked(enableInventoryString);
}
publicboolean isPublic(){
    return isChecked(enablePublicString);
}
publicboolean isActive(){
    return isChecked(enableActiveString);
}
```

在此基础之上，再调用父类中有关 setCheck 的方法，分别提供上述单选框的选中与不选中的操作。

```
public CreateProjectSeMet setEnableReq(boolean isChecked){
    setCheck(isChecked,enableReqString);
    return this;
}
public CreateProjectSeMet setEnablePriority(boolean isChecked){
```

```
        setCheck(isChecked,enablePriorityString);
        return this;
    }
    public CreateProjectSeMet setEnableAutomation(boolean isChecked){
        setCheck(isChecked,enableAutoString);
        return this;
    }
    public CreateProjectSeMet setEnableInventory(booleanisChecked){
        setCheck(isChecked,enableInventoryString);
        return this;
    }
        public CreateProjectSeMet setPublic(boolean isChecked){
        setCheck(isChecked,enablePublicString);
        return this;
    }

    public CreateProjectSeMet setActive(boolean isChecked){
        setCheck(isChecked,enableActiveString);
        return this;
    }
```

最后，是有关两个按钮部分的内容。为简单起见，这里将元素获取部分省略，只提供了元素的单击操作方法。读者可以通过比较这一方法与前述元素获取与操作分开的不同，体会各自的优、缺点。

```
        public CreateProjectSeMet submit(){
            WebElement item=getItem(submitString);
            item.click();
            return this;
        }
        public CreateProjectSeMet cancel(){
            WebElement item=getItem(cancelString);
            item.click();
            return this;
        }
    }
```

如果只针对该元素进行操作，从而实现某种业务场景，而不需要进行 UI 测试，不关心页面元素自身的状态与属性，就可以考虑这种方式，以减少代码量。

6.3.4 高级业务操作——隔离业务与具体实现

通过上面的工作，可以应付大部分针对测试项目创建的功能测试用例的自动化实现。例如，某个测试用例可能测试用户在单击完“设为启用”单选框之后，再检查该单选框是否已经被勾选。在自动化用例中，则可以分别调用 setActive（true）以及 isActive()方法来完成上述操作。

而作为一名系统测试人员，可能测试项目创建只是其设计的测试用例中的一个步骤或者只是一个前置条件而已。对于其内部实现或者具体步骤并不太关心。这在传统的系统测试或者敏捷中的接受测试（Acceptance Testing）是非常常见的。

对于此类需求，则可以通过提供一些更为复杂的业务操作方法来简化测试用例的编写。如测试项目创建，可以通过简单地调用下述方法来完成整个创建过程。该方法调用前述各个元素的操作方法，完成整个测试项目创建的动作。

```
publicvoid createProject(TestProjectBean projectBean){
    setProjectName(projectBean.getName());
    setCasePrefix(projectBean.getPrefix());
    //TODO:setNotes(projectBean.getNotes());
    setEnableReq(projectBean.getEnableRequirements());
    setEnableAutomation(projectBean.getEnableAutomation());
    setEnablePriority(projectBean.getEnableTestPriority());
    setEnableInventory(projectBean.getEnableInventory());
    setActive(projectBean.getIsActive());
    setPublic(projectBean.getIsPublic());
    submit();
}
```

这个方法结合了前述测试项目这一业务对象以及上述基础操作方法。在实际使用中，对于自动化用例编写人员来说，就是调用了一个业务操作方法，并且传入了一系列的参数，对于其中的具体操作，可以实现很好的隔离。

而且对于用例与 Webdriver 工具来说，已经实现了两层隔离，即业务操作与具体步骤、界面元素的隔离，以及步骤、元素与 Webdriver 之间的隔离。在很多诸如 BDD 或者早期的所谓关键字驱动的自动化框架中，可以基于某种形式的用例描述，如基于 Excel 或者 wiki 页面或者其他类文本的方式，通过后台框架的翻译与驱动，实现这种用例与具体页面操作技术的解耦，从而可以更进一步地降低对于自动化用例编写人员的编程要求。

6.4 统一测试项目操作类 ProjectMgrCRUSeMet

在完成了测试项目创建之后，紧接着就会出现类似编辑测试项目或者获取当前测试项目属性等测试用例的自动化需求。

通过比对页面定位、元素定位与获取等因素后，发现测试项目创建和编辑的页面构成基本类似。在前一小节中完成的测试项目创建的绝大部分基础代码完全适用于测试项目编辑页面。因此，自然而然可以考虑引进一个父类 CreateProjectSeMet，将两者共同的部分抽取出来，放置到该类之中，相应地，由该类继承 PageSeMet 类。

```
public class ProjectMgrCRUSeMet extends PageSeMet {
    //将前述 CreateProjectSeMet 类中的可用公共代码挪到该父类中
}
```

6.4.1 重构的 CreateProjectSeMet 类

通过上述改造之后，之前的 CreateProjectSeMet 可以重构为如下的代码，该类中将只剩余一个有关“是否从既有项目中复制”的下拉框的元素定位与获取部分代码，其余的元素获取以及业务操作方法均可以从其父类 ProjectMgrCRUSeMet 中复用而来。

```
publicclass CreateProjectSeMet extends ProjectMgrCRUSeMet {
    privatestatic String copyFromProjString="//select[@id='copy_from_tproject_id']";
    public Select getSelectCopyFromProject(){
        WebElement item=getItem(copyFromProjString);
        return new Select(item);  //返回标准下拉框类的实例
    }
}
```

可见，通过适当地引入父类，实现部分页面以及操作的抽象，可以大幅提高代码的复用性，进而提高自动化测试框架后期的可维护性。

6.4.2 零代码的 EditProjectSeMet 类

在测试项目管理页面上单击任意一个测试项目链接后，即可进入编辑测试项目这个页面。该页面的封装则可以实现零代码。完全不用定义一个变量或者实现一个方法，就能完成整个页面的自动化。所有要做的就是简单地继承父类。

```
publicclass EditProjectSeMet extends ProjectMgrCRUSeMet {
    }
```

可能有读者要问，为什么不直接用 ProjectMgrCRUSeMet 而是要定义一个空白的 EditProjectSeMet 呢？针对目前的这个页面，其实这种处理也是可行的。不过如果后期编辑测试项目中这个页面新增了元素，并且新增测试项目页面中不适用，就必须采用 EditProjectSeMet 这个类了。考虑后续的这种可能性，建议读者使用现在的这种方式先打好预防针，从而规避后续变化所带来的风险。

6.5 测试项目管理 TestProjectMgrSeMet

在图 5.5 所示的主页面中，单击测试项目管理链接“Test Project Management”，就会跳转到如图 6.3 所示的测试项目管理页面。

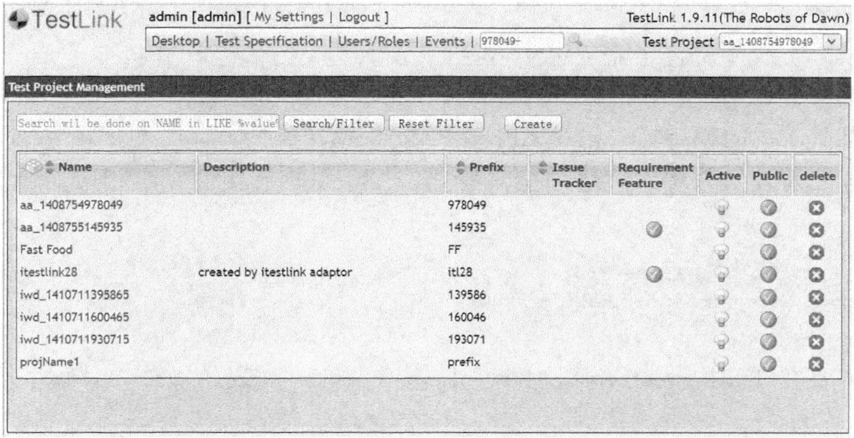

图 6.3 测试管理页面

在分析图 5.5 所示的主页面时，曾经介绍过通过聚合而不是继承的方式来进行页面的切割与封装。应用到图 6.3 中，上部的主导航部分将由单独一个类完成自动化，而下部的测试项目管理部分将交由 TestProjectMgrSeMet 完成。

作为页面自动化的第一步，首先是完成页面的分析与定位。显而易见，这一部分主要由以下 3 个部分组成。

（1）一个测试项目列表。

（2）项目查询，包括输入框、查询按钮以及重置按钮。

（3）创建测试项目按钮。

在界面的背后，通过分析其 HTML 源代码，可以得知该部分存在于一个 name 属性值为"mainframe"的框架（frame）之中，并且被<div class="workBack"> 所包裹，根据第 5 章中有关框架（frame）的自动化实践，该页面的定位可以通过如下方法来完成：

```
public class TestProjectMgrSeMet extends WorkFrameSeMet {
//其余代码见后
}
```

通过父类的通用定位方式，就可完成页面定位，并复用父类提供的基础操作。

6.5.1 测试项目列表

该页面中占据主要位置的就是测试项目列表。在第 5 章有关 HTML 控件封装的介绍中，已经介绍过 TableSeMet 以及其子类的设计目的以及使用方法，并提到了 ProjTableSeMet 作为 TableSeMet 的子类，在其基础上针对测试项目列表所新增的 3 个操作方法：

```
    public EditProjectSeMet clickProjectByName(String projName) //左键单击项目，并进入项目
编辑页面
    public void deleteProjectByName(String projName) //删除测试项目
    public Integer getProjIDByName(String projName) //获取该项目 ID 号
```

而作为上述类的使用方，在 TestProjectMgrSeMet 类中，针对测试项目列表，只要增加一个获得该列表的方法即可通过获得的 ProjTableSeMet 实例完成相应的针对该列表的操作。

```
    public ProjTableSeMet getProjectTable() {
        return new ProjTableSeMet();
    }
```

并不需要在 TestProjectMgrSeMet 中具体实现针对列表的操作，体现了聚合方式的好处。

6.5.2 查询与创建

项目的查询与创建所涉及的 3 个按钮与一个输入框，按照本章前述的介绍，是一个非常简单而直接的三段式操作。具体的元素定位串、元素获取方法，读者可以根据之前的介绍自行练习完成。本节简单介绍下在完成了上述两部分之后，如何进行后续的自动化操作支持。

根据常见的业务操作，首先提供一个 doSearch 方法，通过输入需要查询的项目名称，完成项目查询。

```
    public TestProjectMgrSeMet doSearch(String inputString) {
        setItem(getSearchInputField(),inputString); //在测试项目输入框中输入
        getSearchBtn().click(); //单击查询按钮进行查询
        return this; //查询完成后将停留在本页面上，因此返回 this，见前述方法链介绍
    }
    public TestProjectMgrSeMet resetFilter() {  //简单地单击重置按钮，取消本次查询结果
        getResetBtn().click();
        return this;
    }
    public CreateProjectSeMet Create() {
        getCreateBtn().click();//单击创建测试项目按钮
        return new CreateProjectSeMet(); //单击后将跳转至创建测试项目页面，故返回 CreateProjectSeMet
//的实例
    }
```

至此，测试项目管理页面的自动化封装已经完成了。最常用的一些操作也通过提供相应的方法完成了实现。

6.6 登录后默认主页面——使用枚举类封装框架数据

在以 TestLink 管理员身份完成登录后，系统将进入登录后的默认主页面。该页面也就是在第 5 章中进行 TestLink 页面分析时所使用的例图 5.5。根据当时的分析，该页面可以划分为上部、左下、右下 3 个部分。其中测试项目管理链接位于左下部的测试项目部分。除了测试项目管理之外，还有若干相关业务的链接也在这一板块，如图 6.4 所示。

图 6.4 链接列表

针对上述 6 个链接的自动化，在过往的测试实践中，有两种不同的处理办法。第一种是在框架中只提供通用的链接单击的方法，类似于

```
clickLinkByText(String LinkText)
```

在测试用例中，调用上述方法，并传入相应的链接文本，如：clickLinkByText("Test Project Management")，完成相应的操作。

另外一种方式是将这些链接的文本作为框架的一部分加以封装，提供给后续使用者进行调用。因此在测试用例中，可能使用的方法类似于 navi2TestProjMgr()。

在第 3 章中，从测试数据分类的角度，认为测试数据至少应划分为两部分，即测试用例数据以及测试框架数据。上述 6 个链接，作为 AUT 自带的数据，就是典型的测试框架数据。考虑到类似于“Test Project Management”等数据极有可能在不同的版本中经历变更。如果可能，推荐读者采用第二种方法，而不是在用例中直接使用 AUT 的数据信息。直接使用了底层代码以及 AUT 原生数据的代码如果多处存在于测试用例或者框架的其他部分，对于后期的自动化测试维护人员来说简直就是一个噩梦。

在下述的 TestProjectSeMet 类的自动化实践中展示了一种通过枚举类来实现界面元素封装的方法。

```
public class TestProjectSeMet extends MenuBaseSeMet{
    static String menuLocator="//div[@id='menu_left_block_1']";
```

```
    public TestProjectSeMet() {
        super(menuLocator);    }      //页面定位串
    public enum  ProjectItems{    //定义枚举类
        TestProjMgr("projectView"),
        AssignUserRoles("usersAssign"),
        AssignCustomFields("cfields"),
        KeywordMgr("keywordsView"),
        PlatformMgr("platformsView"),
        Inventory("inventory");
        public String item;
    private  ProjectItems(String item){
        this.item=item;}
    }
    public TestProjectMgrSeMet navi2TestProjMgr(){
         navi2Item(ProjectItems.TestProjMgr.item);
        return new TestProjectMgrSeMet();
    }
    public PlatformMgrSeMet navi2TestPlatformMgr(){
         navi2Item(ProjectItems.PlatformMgr.item);
        return new PlatformMgrSeMet();
    }
}
```

在上述的示例代码中，通过一个枚举类 ProjectItems 来实现了对于 6 个超链接所需相关数据的封装。如 ProjectItems.*TestProjMgr* 作为该类的一个实例，可以通过访问其 item 变量来获取到其所对应的值“projectView”，也就是提供给 navi2Item 方法所需要的入参。

读者可能已经注意到 TestProjectSeMet 继承自 MenuBaseSeMet 类，而后者作为 PageSeMet 的子类，仅仅增加了一个 navi2Item 的方法，通过超链接的 href 属性来进行定位，并完成单击、跳转的动作。

```
public class MenuBaseSeMet extends PageSeMet{
    protected void navi2Item(String item){
        String locator="//a[contains(@href,'"+item+"')]";
        WebElement element=getItem(locator);
        element.click();
    }
}
```

6.7 第一个完整的端到端用例

6.7.1 测试场景

设计如下的一个测试场景。

（1）首先管理员 admin 登录 TestLink，然后在主页面中单击“Test Project Management”（测试项目管理）的超链接，进入“测试项目管理”页面。

（2）在该页面中，单击“创建”按钮进入“创建测试项目”页面。按照之前给定的数据，依次填入测试项目名称、前缀等测试项目相关信息，并单击“创建”按钮完成该测试项目的创建。

（3）完成上述步骤之后，页面将回到“测试项目管理”页面。在该页面的测试项目列表中，查找并验证该项目创建完成。

（4）在前述步骤之后，单击测试项目名称，进入“编辑测试项目”页面，修改测试项目设置，并保存返回上级页面。

（5）在测试项目列表中，单击“删除”按钮，删除刚才创建的项目。

这是一个典型的涉及增加、修改、删除操作的测试用例，也是读者比较熟悉的场景。在许多应用与软件系统中，类似的场景也往往作为最基础的测试用例，属于对于基本逻辑（**happy-path**）的覆盖。

6.7.2 自给自足的测试用例

根据上述步骤描述，一个简单的类似白描的自动化用例可以按照如下的方式实现自动化。

```
public class EditProject extends TLTestCase{
    @Test
    public void testDeleteProject(){
        start();
        log.info("\n login as admin");
        LoginSeMet login = new LoginSeMet();
        String loginName="admin";
        login.login(loginName, loginName);
        TestProjectSeMet menuBar= new TestProjectSeMet();
        log.info("\nNavi to projectMgr now");
        TestProjectMgrSeMet tpm=menuBar.navi2TestProjMgr();
        log.info("\n Select " Test Project Management" link on main page and press
       "Create" button.");
        CreateProjectSeMet createProject=tpm.Create();
        log.info("\n setting up project info");
        String projName= uniquify("aa");
        String projPrefix=projName.substring(10, 16);
        TestProjectBean projectBean= new TestProjectBean();
        projectBean.setName(projName).setPrefix(projPrefix);

        log.info("\ncreate project now");
        createProject.createProject(projectBean);;
        ProjTableSeMet projTable=  tpm.getProjectTable();
```

```
        log.info("\n now checking if the newly created project exists");
        tpm.doSearch(projName);
        int rowID =projTable.findFirstRowWithExactContent(projName);
        CheckPoint cp1= newCheckPoint("cp1_checkIsCreated");
        cp1.validate(rowID>0, projName +" is not found");

        EditProjectSeMet editProject=projTable.clickProjectByName(projName);
        boolean wasActive=editProject.isActive();
        log.info("\nIs projct active now::"+ wasActive);
        editProject.setActive(!wasActive);
        boolean isActive=editProject.isActive();
        log.info("Is projct active now::"+ isActive);
        CheckPoint cp2= newCheckPoint("cp2_checkIsActiveChanged");
        cp2.validate(isActive!=wasActive, projName +" Active Status was::'"+wasActive +"'
       and now is ::'"+ isActive+"'");
        editProject.submit();

        log.info("\n delete the project just created.");
        projTable.deleteProjectByName(projName);
        DialogWindowSeMet dialog= new DialogWindowSeMet();
        log.info("The dialog message is \n"+dialog.getDialogMessage()+"\n");
        dialog.clickBtnYES();
        rowID=projTable.findFirstRowWithExactContent(projName);
        CheckPoint cp3= newCheckPoint("cp2_checkIsDeleted");
        cp3.validate(rowID<1,projName +" not deleted.\n");
    }
}
```

针对测试项目的创建、修改以及删除分别使用了 3 个自定义的检查点 CheckPoint 检验用例的执行结果是否符合预期。有关检查点的更详细内容，请读者参阅本书第 3 章的部分。

在实际的测试用例中，可能很少会有将增、改、删等步骤合并的场景。不过作为自动化用例，将用例之间进行解耦是一件很重要的事情。其可以保证用例不互相依赖，独立地按照任意顺序运行，方便排错与后续维护。在这一案例中，可以将测试项目的创建作为测试准备步骤，进行基础数据创建。而最后的删除测试项目则可以理解为测试现场的还原步骤。其保障了测试用例可以反复在同一环境下执行，并且不影响其余用例的执行。这也就是所谓的自给自足（self-sustained）的测试用例。

当然，由于额外步骤的引入，所带来的自动化用例编写、维护以及执行时间等额外开销也非常可观。读者可以根据各自被测应用的实际情况进行相应的裁剪。

6.8 小结

本章借助 TestLink 中一个业务对象“测试项目”，针对自动化测试中具有典型意义的系统登录、页面跳转、业务对象创建、修改、删除等操作进行了实战练习。也介绍了业务对象抽象、页面基类、业务方法、框架数据封装以及用例间解耦等一些实用的技巧和方法，读者们在实际工作中针对各自工作实际稍加修改即可实现复用。

另外，可能有些读者对于本章内容介绍顺序心存疑虑，怀疑是不是排版错误。除了第一段之外，其余部分貌似是一个逆向的顺序，并不是先介绍自动化用例，然后再根据用例步骤描述，一个页面一个页面地完成自动化。

这种逆序的过程，正是自动化测试框架建设中需要适应的过程。通过类的分层，明确各个类和方法的职责与相互的关联。底层的抽象与上层的调用、业务与实现以及用例与后台框架等，都需要自动化人员在实践过程中对整个过程有一个总体把握，有推进计划。正所谓“不忘初心，方得始终”。适当地使用一些逆向思维，从结果倒推过程，更能够整理清楚彼此间的关系，搭建出结构更合理、实用性和复用性更好的框架结构。

第 7 章 页面封装——测试规约的自动化

本章将围绕着 TestLink 的业务核心、测试用例集与测试用例展开自动化测试的介绍。除了业务之外，自动化测试的内容还将涉及被测应用上下文设定，通过文件进行测试数据的导入导出。读者还将了解到第 5 章中介绍的 UI 控件，如树、左右选择框等如何配合业务操作以及自动化测试中复用 UI 控件类时可能遇到的问题以及如何解决这些问题等。

7.1 导航栏

7.1.1 导航栏页面分析

在第 5 章有关 TestLink 页面结构分析一节中，曾经将图 5.5 主页面划分为上、左、右三部分，建议分别进行自动化封装。在本节中，将针对该图上部的导航栏进行分析，并给出自动化建议。

首先是该部分的页面定位问题。通过查看 HTML 源代码，可以知道这一部分页面存在于一个名称属性值为“titlebar”的框架之中，且为一级框架。而在框架之下，整个导航栏，不包括其上部的当前登录用户以及登出等部分，又被包裹在如下的一个 div 标签之内。

```
<div class="menu_bar" style="margin: 0px 5px 0px 135px;">
```

并且通过浏览并观察 TestLink 不同的页面，可以发现基本每个页面均存在类似的导航栏，页面 HTML 源代码也相同。

因此，可以考虑引入一个 MenuBarSeMet 类，实现对上述页面部分的封装。其定义与初始化构造方法如下：

```
public class MenuBarSeMet extends PageSeMet {
    private static String MenuBarXPath="//div[@class='menu_bar']";
    public MenuBarSeMet() {
```

```
        super("xpath="+MenuBarXPath);
        frm=new FrameHelper(getRemoteWebDriver(),"titlebar");
    }
```

这里 *MenuBarXPath* 变量作为整个导航栏的定位串，通过重新构造 FrameHelper 实例并赋值给 frm，将父类 PageSeMet 中的有关框架信息屏蔽掉，实现了 frame 标签的正确查找与定位。通过继承 PageSeMet，可以得到有关在框架下正确进行元素操作的方法。

7.1.2 元素分析与自动化实现

这个小小的导航栏大体上可以分为 3 个组成部分。左部是各个模块的导航按钮，中间是由一个输入框和一个按钮组成的用例搜索部分，而在右侧则是一个测试项目的下拉框。

首先解决左侧导航按钮的自动化问题。按照前一章中有关页面数据封装的介绍，首先使用一个枚举类提供该类数据的单一提供源问题，然后是有关元素封装的三段式解决办法。通过查看 HTML 源代码，采用各个链接的 Href 中的部分信息作为定位信息。MenuBarSeMet 中具体的代码如下：

```
public enum  MenuItems{
    Desktop("index"),
    Requirements("reqSpecMgmt"),
    TestSpecification("editTc"),
    Users("usermanagement"),
    Events("eventviewer");
    public String item;
private  MenuItems(String item){
    this.item=item;
}
}
private WebElement getItem(MenuItems items){
    String itemLocator="//a[contains(@href,'"+items.item+"')]";
    WebElement element=super.getItem(itemLocator);
    return element;
}
private void navi2Item(MenuItems items){
    WebElement element=getItem(items);
    element.click();
    prepare();
}
public TestSpecOperationSeMet navi2TestSpecification(){
    navi2Item(MenuItems.TestSpecification);
    return new TestSpecOperationSeMet();
}
```

上述代码中 navi2TestSpecification()完成了元素定位以及单击链接的操作，在 TestLink 页面跳转到测试规约页面的同时，程序本身也返回了一个 TestSpecOperationSeMet 的实例给调用者。

接着来看右侧的测试项目下拉列表。这也是一个符合 HTML 标准的使用了 select 标签的下拉列表。针对这个页面元素的最频繁的操作，就是选择给定的测试项目，进而确定后续操作的上下文。因此，提供如下的一个方法。

```
private static String projectString="//select[@name='testproject']";//定位串
public void navi2ProjectByName(String projectName){
    Select projList=getSelect(projectString);  //父类中提供的 getSelect 方法
if(projList.getFirstSelectedOption().getAttribute("title")!=projectName){
    projList.selectByVisibleText(projectName);
    }
}
```

在上述方法中，首先确定当前选择的项目。如果与给定的项目名称一致，就不再需要重复选择了。

中间的测试用例搜索框，读者可以依据前述介绍自行进行练习。

7.1.3 测试上下文

导航栏本身的作用就是提供给用户快速从当前的某一特别底层的业务操作页面直接跳转到另一块大的业务区域。而这些大的业务区域，也就是测试时所依赖的上下文（context）。例如，按照在右侧下拉菜单中的测试项目选择的不同，单击测试规约（Test Specification）或者主页面（Desktop），所展示出的页面也会不同。那些依托于测试项目自身的业务对象，如关键字、平台等，则更加如此。

建议自动化测试人员也要学习业务知识，了解系统如何被使用。其中的一个重点就是识别出测试所依赖的上下文，了解业务对象间的彼此关系。在搭建自动化框架，特别是处理用例及数据间的关系时，就更加有的放矢了。

7.2 关键字管理

在测试规约中，关键字是一个重要的组成部分。可以通过关键字作为标签来快速遴选测试集以及测试用例，进行测试分类，进而指派至测试计划等。而关键字的有效范围，则是一个项目的范围，也就是上一小节中所说的上下文。在一个测试项目内，关键字可以通用，并且必须保持唯一。

7.2.1 页面分析

在某一测试项目的主页面，单击“关键字管理”的链接，即可进入关键字管理页面。如果该项目中目前没有任何的关键字，则会显示出图 7.1 所示的页面。整个页面就只有两个按钮，分别是"Create keyword"（创建关键字）以及"Import"（导入关键字）。

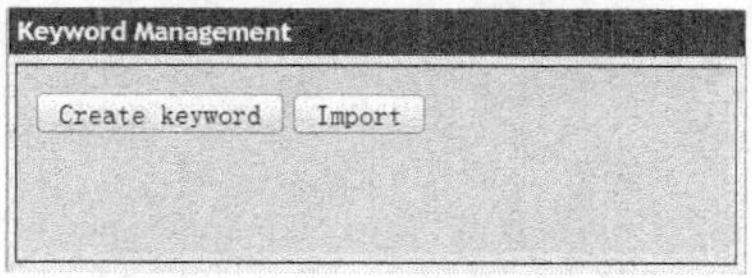

图 7.1 无数据的关键字管理页面

一旦在该项目中已经有了关键字之后，会在页面的上部增加一个关键字表格，并且在页面的下部相应地增加“Assign to Test Case”（指派到用例）以及“Export”（导出）的按钮，如图 7.2 所示。

而在关键字管理页面单击“Create keyword”（创建关键字）之后，TestLink 页面将跳转到关键字创建页面。该页面也是以两个输入框为主，需要提供的信息就是关键字名称以及描述。

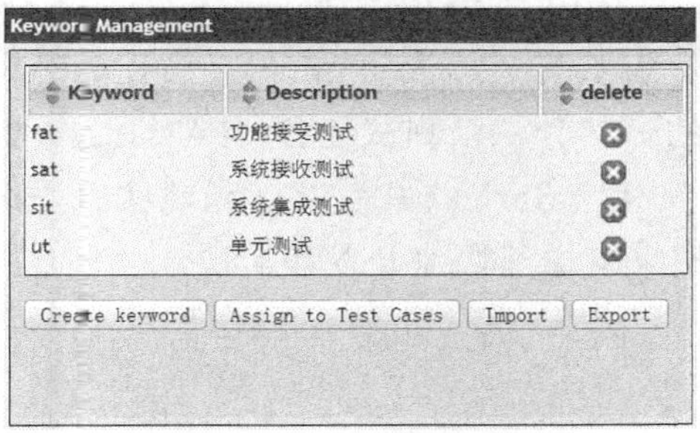

图 7.2 带数据的关键字管理页面

图 7.3 创建关键字

7.2.2 自动化测试用例

如果比对第 6 章中有关测试项目管理页面自动化实现的介绍，读者会发现两者的页面组成结构非常类似。而且相比之下该页面更加简单。在此小节中，我们不妨从使用者的角度，也就是用例编写人员的角度，先写一个类似如下的用例。

```
public class CreateKeyword extends TLTestCase {
    @Test
    public void testCreateKeyword(){
        start();
        LoginSeMet login = new LoginSeMet();
        String loginName="admin";
        login.login(loginName, loginName);
        log.info("\nNavi to Desktop->Test Project->Keyword Mgr now");
        KeywordMgrSeMet keywordMgr=TestProjectSeMet.navi2KeywordMgr();
```

```
            log.info("\nSet keyword");
            KeywordBean bean = new KeywordBean();
            String name=uniquify("tpf");
            bean.setName(name);
            log.info("\nCreate keyword");
            keywordMgr.createKeyword(bean);
            Assert.assertTrue("kewyword  not  exist",  keywordMgr.IsKeywordExist(bean.
getName()));
        }
    }
```

通过阅读上述用例的代码，读者可以大致猜测出整个用例的测试目的以及操作步骤。

第一步：登录系统，以管理员身份登录系统。

第二步：跳转到关键字管理，在（当前默认测试项目的）主页面中的测试管理区块单击“关键字管理”链接。

第三步：创建关键字，根据给定的关键字信息，在创建关键字页面上完成创建过程。

期望结果：新创建的关键字存在于系统中。

这是一个典型的只涉及单功能点的测试，在有的公司中被称为FAT（Function Acceptance Testing，功能接受测试）。这种类型的测试通常只着眼于某一故事（Story），被作为开发一个故事的完成标准（Definition of Done，DoD）的一部分，以测试任务（FAT Task）的形式在SCRUM管理工具中进行跟踪需要在同一个迭代（Sprint）中完成（当然实践下来挑战很大）。这背后，就需要一个成熟和有效的框架来支撑其快速开发和实现。

7.2.3 关键字管理类的实现

从逆向倒推的角度，看实现上述测试用例需要完成哪些自动化实现。在测试用例的最后两行，分别有两个业务相关的方法，一个是创建关键字createKeyword，另外一个是IsKeywordExist，顾名思义，就是用来完成关键字创建以及判断是否存在的。这两个方法同时使用到了“关键字”这一业务对象，也就是用例中的KeywordBean及其实例。此外，上述两个方法来自同一个名叫 KeywordMgrSeMet 的类的实例。而这个实例，又是通过页面导航相关的类TestProjectSeMet中的静态方法*navi2KeywordMgr*所产生的。当然，最起初就是登录的过程。

通过这一推演，可以发现，处于核心地位，完成主要业务操作的，是KeywordMgrSeMet类。按照之前三段式的类的实现方式，很容易地可以在完成页面分析和元素定位后，写出类似下述代码的KeywordMgrSeMet类。

```
public class KeywordMgrSeMet extends PageSeMet {
private static String createString="//input[@name='create_keyword']";
private static String importString="//input[@name='do_import']";
```

```
    private static String exportString="//input[@name='do_export']";
    private static String assignString="//input[@name='keyword_assign']";
    public WebElement getBtnCreateKeyword(){
        return getItem(createString);
    }

    public WebElement getBtnImportKeyword(){
        return getItem(importString);
    }
    public WebElement getBtnExportKeyword(){
        return getItem(exportString);
    }
    public KeywordTableSeMet getTableKeyword(){
        return new KeywordTableSeMet();
    }
    public void deleteeKeyword(KeywordBean bean){
        getTableKeyword().deleteByName(bean.getName(), true);
    }
    public Boolean IsKeywordExist(String keyword){
        int rowNum=-1;
        rowNum=getTableKeyword().findFirstRowWithExactContent(keyword);
        return rowNum>0;
    }
    public void createKeyword(KeywordBean bean){
        getBtnCreateKeyword().click();
        KeywordMgrCRUSeMet platformMgrCRU= new KeywordMgrCRUSeMet();
        platformMgrCRU.createKeyword(bean);
    }
}
```

与之前稍有不同的是，在关键字管理类的第三部分，也就是页面操作部分，除了删除关键字的方法 deleteeKeyword 以及判断关键字是否存在的方法 IsKeywordExist 之外，还增加了一个创建关键字的方法 createKeyword。而在实际页面中，关键字管理页面只提供了一个单击创建的链接。具体的创建过程是在“关键字创建”页面，即图 7.3 中完成的，并且在方法体中也可以看出，在其对应的类中 KeywordMgrCRUSeMet 也提供了一个 createKeyword 方法来具体完成创建的工作。

这种方式比较适合于那种通过上级页面提供的入口进入子页面，并且在子页面操作完成之后，会重新回到上级页面的场景。这样设计的另一个好处就是真正落实了第 6 章中提出的“隔离业务与具体实现”这一主题。用例编写人员或者程序的外部调用者，针对关键字的相关操作，只需要熟悉 KeywordMgrSeMet 这个类及其提供的方法即可，无需再了解更为底层的页面实现。即更为关注业务测试，而不是自动化实现。写出的自动化用例代码，通过适当的类与方法的命名，也更类似于手工测试用例的步骤描述。如果更进一步，将该类中有关 UI 自动化自身的内容（如页面定位信息等）去除掉，进一步抽取出业务逻辑的代码到单独的业务类中，就可以演进出本书将在第 3 部分中介绍的独立于技术实现的统一框架。

7.2.4 文件导入关键字

在很多情况下，基于上下文的测试需要在被测应用中构造大量的基础数据，如 TestLink 中的测试项目、关键字等。而在页面上进行业务对象的创建，考虑到反复页面操作所带来的巨大开销，在大多数情况下并不是一个很好的处理方法。TestLink 在如图 7.1 和图 7.2 的页面上提供了导入的功能，如图 7.4 所示。通过批量导入，可以一次操作，完成测试运行所需的基础数据的导入工作。

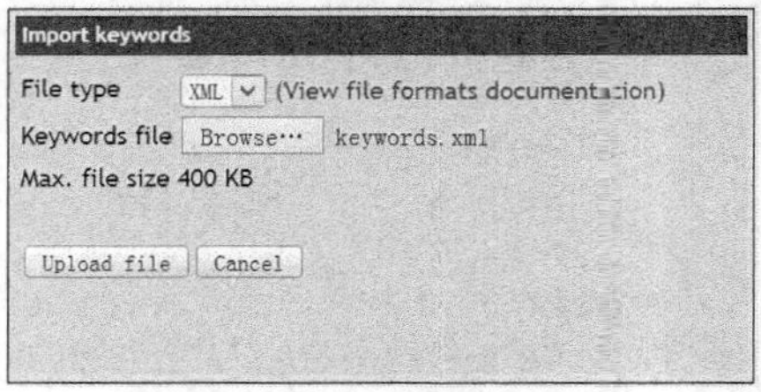

图 7.4 导入关键字

基于上述考虑，可以在 KeywordMgrSeMet 中增加一个如下的方法。

```
public void importKeyword(String filename,FileType filetype){
    getBtnImportKeyword().click();
    KeyordImportSeMet importSeMet= new KeyordImportSeMet();
    importSeMet.importKeyword(filename,filetype);
}
```

与 KeywordMgrSeMet 中的通过页面创建关键字的方法 createKeyword 相类似，importKeyword 也是通过单击链接进入子页面。在子页面中完成文件上传、关键字导入的工作后，重新回到“Keyword Management”（关键字管理）页面上。

而根据图 7.4 所示，在“导入关键字”页面中完成一次关键字导入，需要做如下 3 个步骤。首先是选择文件类型，目前只支持 XML 或者 CSV 类型，其次是完成关键字文件的选择上传，最后是单击“上传文件”按钮，完成导入过程。

```
public class KeyordImportSeMet extends PageSeMet {
    private static String uploadFileString="//input[@name='uploadedFile']";
    private static String uploadBtnString="//input[@name='UploadFile']";
    private static String fileTypeString="//select[@name='importType']";
    public WebElement getImportFileItem(){
        return getItem(uploadFileString);
    }
    public WebElement getImportBtn(){
        return getItem(uploadBtnString);
    }
    public Select getFileTypeSelect(){
        return getSelect(fileTypeString);
    }
```

```
    public enum FileType{
        XML("XML"),CSV("CSV");
        public String option;
        private FileType(String option){
            this.option=option;
        }
    }
    public void importKeyword(String filefullpath,FileType fileType){
        getFileTypeSelect().selectByVisibleText(fileType.option);
        importFile(getImportFileItem(),filefullpath);
        getImportBtn().click();
    }
}
```

在该类中，对于页面中出现的文件类型这一系统数据，通过枚举类 FileType 在测试框架中完成了封装。另外，通过调用 importKeyword 这一方法，通过传入 filefullpath 以及 fileType 变量值，完成整个导入、上传的过程。当然，这里的文件导入工作仅仅是一个示例。在实际的工程实践中，还需要考虑其他一些管理、使用方面的问题。例如，上述基础数据文件的存放，可以考虑通过配置文件指明存放位置，并连同测试用例一起发布。这些到最后还会牵涉到配置管理、变更管理等问题。

最后，我们再回过头来看一下被上传的 XML 文件本身。

```
<?xml version="1.0" encoding="UTF-8"?>
<keywords>
<keyword name="ut"><notes><![CDATA[单元测试]]></notes></keyword>
<keyword name="fat"><notes><![CDATA[功能接受测试]]></notes></keyword>
<keyword name="sit"><notes><![CDATA[系统集成测试]]></notes></keyword>
<keyword name="sat"><notes><![CDATA[系统接收测试]]></notes></keyword>
</keywords>
```

可以看得出来，这个 XML 中每一个节点都以 keyword 标记，包括名字与描述。与在关键字管理页面中的关键字列表中的信息非常类似。这个文件可以通过在 TestLink 的页面进行部分创建，而后导出作为模板文件。然后在导出的模板文件中进行新增和修改得到最终的版本。此外，通过测试发现 TestLink 在进行文件导入时并不检查文件的实际格式与标称格式的一致性，感兴趣的读者可以进行一下尝试。

这个例子不仅仅是介绍如何进行文件上传，更重要的是提出如何进行系统间数据交换以及测试用例中如何进行基础数据管理的问题。在本书的开篇曾用大量的篇幅介绍了各种数据存储与交换的方式。在 TestLink 中，可以通过界面进行导入、导出，较为方便地完成各种基础数据的准备工作。而这项工作，是作为测试框架的架构师所必须解决的问题。

当然，利用 AUT 所提供的界面进行数据导入也是一种不太经济的办法，速度慢，鲁棒性一般。在后续的章节中，将介绍通过 API 接口甚至是直接后台数据库的操作来完成类似的工作。

7.3 测试规约

7.3.1 进入测试规约页面

在 7.1 小节介绍导航栏时，曾经提到了 MenuBarSeMet 类中的 navi2TestSpecification 方法。通过调用该方法，可以完成从导航栏跳转到测试规约页面。此外，该方法还将返回一个 TestSpecOperationSeMet 的实例给调用者。

7.3.2 测试用例集操作

在进入测试规约页面后，TestLink 展示给用户的是如图 5.6 所示的一个左右结构的页面。在该页面的右侧，就是如图 7.5 所示的测试用例集操作子页面。需要注意的是，该页面顶部的如“Create”（创建测试集）等一组按钮是默认隐藏的，需要单击其上的齿轮形状的按钮之后，才会展示出来。

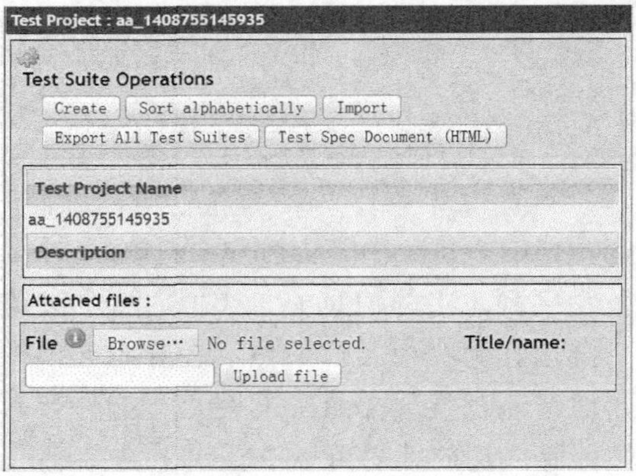

图 7.5 测试集操作

根据 HTML 源码分析，该页面存在于一个二级框架（Frame）之中，其进入路径为：

```
private List<String> framepath=Arrays.asList("mainframe", "workframe");
```

在此之下，该部分页面代码还存在于一个 class 属性值为“workBack”的 div 标签之中。因此，前一小节中所提到的 TestSpecOperationSeMet 类可以按照如下方式定义：

```
public class TestSpecOperationSeMet extends WorkFrameSeMet{
private static String enableGroupBtnString="//img[contains(@onclick,'control_panel')]";
```

```
private static String GroupBtnControllerString="//div[contains(@id,'control_panel')]";
private static String notVisibleString="display: none";
private static String createTestSuiteString="//input[@name='new_testsuite']";
private static String sortString="//input[@name='reorder_testproject_testsuites_alpha']";
private static String importTCString="//input[contains(@onclick,'Import')]";
private static String exportTCString="//input[contains(@onclick,'Export')]";
    public void prepare(){
        waitfor(1000);
    }
    public boolean isGroupBtnHide(){
        boolean isHide=false;
        String styleString=getItem(GroupBtnControllerString).getAttribute("style");
        if(styleString.contains(notVisibleString)){
            isHide= true;
        }
        return isHide;
    }
    protected void clickGroupBtnController(){
        getItem(enableGroupBtnString).click();;
    }
    public void showGroupBtn(){
        if (isGroupBtnHide()){
            log.info("\n group button is not visible. so make it visible firstly");
            clickGroupBtnController();
        }
    }
    public void hideGroupBtn(){
        if (!isGroupBtnHide()){
            clickGroupBtnController();
        }
    }
    public TestSuiteCRUDSeMet createTestSuite(){
        log.trace("\n show groupbtn firstly.");
        showGroupBtn();
        waitfor(500);
        log.trace("click create");
        getItem(createTestSuiteString).click();
        return new TestSuiteCRUDSeMet();
    }
        private void itemClick(String locator){
        showGroupBtn();
        getItem(locator).click();
    }
}
    public void importTC(){
        itemClick(importTCString);
    }
    public void export(){
        itemClick(exportTCString);
    }
```

```
    public void sort(){
        itemClick(sortString);
    }
```

通过 TestSpecOperationSeMet 类继承 WorkFrameSeMet 父类，首先解决了框架（Frame）进出以及页面定位的问题。方法 isGroupBtnHide()则提供了判断按钮组是否被隐藏的功能，并在此基础上提供了相关的隐藏的方法 hideGroupBtn()和展示的方法 showGroupBtn()。

至于按钮的单击方面，首先通过一个私有方法 itemClick()完成了解除按钮组隐藏，并通过入参中的定位串调用父类中的 getItem 方法完成单击。按钮组中的排序、导入、导出等按钮对应的方法则可以直接调用上述私有方法完成单击，进而引发页面跳转。

7.3.3 创建测试集

用例集（Test Suite），顾名思义，就是一组测试用例的集合。在实践中，用例集所包含的用例数量及范围可大可小，小到一个针对一个测试项所设计的几个用例，大到一整个应用、模块的用例。并且，用例集可以通过组合，形成针对某一特定测试需求的更大范围的测试用例集合。因此用例集天然地可以使用树状结构来进行表示。在介绍完成用例集创建之后，后续将介绍有关用例树的操作。

在图 7.5 所介绍的测试用例集操作页面中单击“create”按钮之后，页面就跳转到了“Create Test Suite”（创建测试用例集）的页面。

首先解决整个页面的定位问题。通过 HTML 源码分析，可以发现该页面与“Test Suite Operations”（测试用例集操作）页面位于相同的框架（frame）之中，并且在同一个 class 属性值为“workBack”的 div 标签之中。据此，参照 TestSpecOperationSeMet 的定义，测试用例集的创建类也可以继承自父类 WorkFrameSeMet。

此外，如果在图 7.5 的有关“用例集操作”的相关按钮中，不是单击“Create”而是“Edit”按钮，则会进入“Edit Test Suite"（修改测试用例集）的页面。通过分析，发现两个页面基本一致。不同的部分就只有一个保存按钮，两个页面在按钮的文本描述上稍有不同。考虑到两个页面的相似性，完全可以使用同一个类 TestSuiteCRUDSeMet 来进行封装，具体代码如下：

```
public class TestSuiteCRUDSeMet extends WorkFrameSeMet {
    private static String cancelBtnString="//input[@name='go_back']";
    private static String CUBtnString=cancelBtnString+"/preceding-sibling::input[1]";
    private static String TSNameString="//input[@name='container_name']"
    public void clickCreateORUpdate(){
        getItem(CUBtnString).click();
    }
    public void clickCancel(){
```

```
            getItem(cancelBtnString).click();
        }
        public WebElement getNameElement(){
            return getItem(TSNameString);
        }
        public MultiSelectSeMet getKeywords(){
            return new MultiSelectSeMet();
        }
        public TestSuiteCRUDSeMet setName(String TSName){
            getNameElement().sendKeys(TSName);
            return this;
        }
    }
```

在上述代码中，为了使得"Crete Test Suite"（创建测试用例集）以及“Save”（保存）这两个提交按钮能够在一个方法中实现，使用了 *CUBtnString=cancelBtnString*+"/preceding-sibling::input[1]"，也就是使用了相对位置来进行定位，通过其左侧的"Cancel"（取消）按钮，在 DOM 中往前寻找与该按钮同级的第一个 input 标签，从而完成了提交按钮的定位串的设计。

另外，该页面中也使用到了本章刚介绍到的关键字部分。因此，我们就可以简单地定义如下一个 getKeywords()方法来返回 MultiSelectSeMet 类的实例。有关关键字的具体操作，可以在返回的左右选择框实例中调用相应的方法来完成。

```
public MultiSelectSeMet getKeywords(){
    return new MultiSelectSeMet();
}
```

7.3.4 创建测试用例

1. 引入 GroupBtnOperationSeMet

在完成了测试用例集的创建之后，就可以在相应的测试用例集之中创建测试用例了。

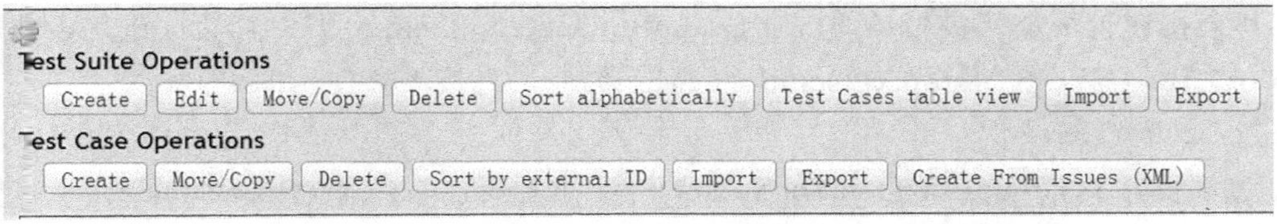

图 7.6 操作按钮组

同“测试用例集”的操作一样，在 TestLink 中，如果需要通过 Web 页面创建一个测试用例，则需要在测试用例树中选择某一个测试用例集，然后单击页面右侧的展示区中的齿轮按钮，在变为可见的“Test Case Operations”（测试用例操作）按钮中单击“Create”（创建）按钮，即可进入测试用例创建页面，完成用例的创建。

通过比对图 7.6 的上下两个按钮组，发现其中 5 个按钮的文本描述完全一致，另外有一个排序按钮都可实现排序，只是排序方式不同。因此考虑将 TestSpecOperationSeMet 进行重构，将相关可以复用的代码转移到父类 GroupBtnOperationSeMet 之中，并且本小节中拟实现的 TestCaseOperationSeMet 类也继承该类，从而达到减少重复代码量，提高复用率的效果。新增的 GroupBtnOperationSeMet 类的核心代码如下：

```
public class GroupBtnOperationSeMet extends WorkFrameSeMet{
private static String enableGroupBtnString="//preceding::img[contains(@onclick,
'control_panel')]";
private static String GroupBtnControllerString="/ancestor::div[contains(@id,
'control_panel')]";
private static String notVisibleString="display: none";
private static String sortString="//input[contains(@name,'reorder')";
private static String createString="//input[@type='submit'][1]";
private static String importString="//input[contains(@onclick,'Import')]";
private static String exportString="//input[contains(@onclick,'Export')]";
private static String deleteString="//input[contains(@name,'delete']";
private static String moveString="//input[contains(@name,'move']";
public GroupBtnOperationSeMet(String locator){
    super("xpath="+locator);
}
//其余略
}
```

在实践中，虽然这两组按钮中有 5 个文本信息一致，其属性值却不尽相同。如“Delete”（删除）按钮，删除测试用例集与删除测试用例的定位串如下：

```
"//input[@name='delete_testsuite']"
"//input[@name='delete_testcases']"
```

因此使用了如下的定位串，使用部分 name 属性的属性值来帮助进行定位。

```
private static String deleteString="//input[contains(@name,'delete')";
```

其余按钮也采取了类似的方式。GroupBtnOperationSeMet 类中有关按钮元素获取及操作方法代码与前述 TestSpecOperationSeMet 类似，直接剥离使用即可。

2. 测试用例操作

完成了引入 GroupBtnOperationSeMet 的工作之后，TestCaseOperationSeMet 这个测试用例操作类可以按照如下方式实现：

```
public class TestCaseOperationSeMet extends GroupBtnOperationSeMet{
    protected static String groupBtnString="//fieldset[@class='groupBtn'][2]"
private static String fromXMLString="//input[contains(@onclick,'XML')]";
public TestCaseOperationSeMet(){
```

```
        super(groupBtnString);
    }
        public TestCaseCRUSeMet createTC(){
            clickCreate();
            prepare();
            return new TestCaseCRUSeMet();
        }
        public void clickCreateFromXML (){
            itemClick(fromXMLString);
        }
    }
```

在该类的无参构造方法中，通过调用父类的带参构造方法，并传入 *groupBtnString* 完成了该按钮组的自身定位问题。而这个类中只需要对第 7 个按钮，" Create From Issues（XML）"，从问题（XML）创建用例进行封装就可以完成全部按钮元素单击操作的自动化工作。

有关 TestSpecOperationSeMet 类的重构，读者可以作为练习自行实践。

3 创建测试用例

在前面的代码中，定义了一个 createTC 方法。该方法在完成按钮元素的操作后，将返回后续页面对应的 TestCaseCRUSeMet 类的实例，完成前后两个页面间的无缝跳转。而 TestCaseCRUSeMet 这个类就是对于“Create Test Case”（创建测试用例）这一页面的自动化实现。该类的具体代码如下：

```
public class TestCaseCRUSeMet extends WorkFrameSeMet {
        private static String locator="//form[@id='tc_new']";
        private static String  statusString="//select[@name='tc_status']";
        private static String priorityString="//select[@name='importance']";
        private static String execTypeString="//select[@name='exec_type']";
        private static String executeTimeString="//input[@name='estimated_execution_
        duration']";
        private static String createAnotherString="//input[@name='stay_here']";
        private static String tcNameString="//input[@name='testcase_name']";
        private static String createTCString="//input[@id='do_create_button']";
        public TestCaseCRUSeMet(){
            super("xpath="+locator);
        }
        public WebElement getNameElement(){
            return getItem(tcNameString);
        }
        public void clickCreateORUpdate(){
            getItem(createTCString).click();
        }
        public TestCaseCRUDSeMet setName(String name){
            this.getNameElement().sendKeys(name);
            return this;
        }
```

```
    public Select getSelectStatus(){
        return getSelect(statusString);
    }
    public Select getSelectPriority(){
        return getSelect(priorityString);
    }
    public Select getSelectExecType(){
        return getSelect(execTypeString);
    }

    public WebElement getItemExecuteTime(){
        return  getItem(executeTimeString);
    }

    public WebElement getItemCreateAnother(){
        return  getItem(createAnotherString);
    }

    public enum Priority{
        HIGH("3"),
        MEDIUM("2"),
        LOW("1");
        public String option;
        private Priority(String option){
            this.option=option;
        }
    }
    public enum ExecType{
        MANUAL("1"),
        AUTOMATED("2");
        public String option;
        private ExecType(String option){
            this.option=option;
        }
    }
    public enum Status{
        DRAFT("1"),
        READD_FOR_REVIEW("2"),
        REVIEW_IN_PROGRESS("3"),
        REWORK("4"),
        OBSOLETE("5"),
        FUTURE("6"),
        FINAL("7");
        public String option;
        private Status(String option){
            this.option=option;
        }
    }
}
```

作为一个自给自足的类，其不光对于用例状态、执行方式以及优先级这 3 个下拉框所对应的页面元素通过调用父类的 getItem 方法完成了定位，并且也提供了各自下拉框选项所对应的枚举类。这个类不依赖于外部数据输入，即可完成相关选项的操作。

4. 测试用例对象

通过有关 TestCaseCRUSeMet 类中所提到的相关元素，比照创建测试用例页面，可以看出在测试用例相关的操作中非常适合定义一个测试用例对象类来描述一个测试用例及其相关的属性，方便测试数据的输入与自动化框架的搭建。该类的具体实现如下：

```
public class TestCaseBean {
    private String name;
    private String summary;
    private String preconditions;
    private String status;
    private String priority;
    private String exec_type;
    private String exec_time;
    private List<String> keywords;
    public String getName() {
        return name;
    }
    public String getSummary() {
        return summary;
    }
    public String getPreconditions() {
        return preconditions;
    }
    public String getStatus() {
        return status;
    }
    public String getPriority() {
        return priority;
    }
    public String getExec_type() {
        return exec_type;
    }
    public String getExec_time() {
        return exec_time;
    }
    public List<String> getKeywords() {
        return keywords;
    }
    public TestCaseBean setName(String name) {
        this.name = name;
        return this;
    }
    public TestCaseBean setSummary(String summary) {
```

```
        this.summary = summary;
        return this;
    }
    public TestCaseBean setPreconditions(String preconditions) {
        this.preconditions = preconditions;
        return this;
    }
    public TestCaseBean setStatus(String status) {
        this.status = status;
        return this;
    }
    public TestCaseBean setPriority(String priority) {
        this.priority = priority;
        return this;
    }
    public TestCaseBean setExec_type(String exec_type) {
        this.exec_type = exec_type;
        return this;
    }
    public TestCaseBean setExec_time(String exec_time) {
        this.exec_time = exec_time;
        return this;
    }
    public TestCaseBean setKeywords(List<String> keywords) {
        this.keywords = keywords;
        return this;
    }
}
```

一个测试用例对象，包含了用例名称、状态、优先级、执行方式、执行时间、关键字以及描述和前置条件等属性。在之前的 TestCaseCRUSeMet 类中，除最后两个之外，其余均已有相应的方法对这类输入数据进行响应和操作。

7.4 完整的用例

综合本章中介绍的有关测试规约的各种业务对象及相关的操作，设计一个创建测试用例集，并在该用例集下创建测试用例的测试用例。该用例的具体步骤如下。

第一步，使用管理员登录，并且在不改变默认的测试项目上下文的情况下，单击“Test Specification”（测试规约）跳转到测试用例集页面。

第二步，单击齿轮图标使得测试用例集按钮组可见，并单击“Create”（创建）按钮进入测试用例集创建页面。

第三步，创建用例集，使用一个随机的名称，并且使用全部项目关键字。

第四步，在页面左侧的用例树上单击新创建的用例集名称，并单击右侧齿轮图标，使得测试用例按钮组可见，并单击“Create”（创建）按钮进入测试用例创建页面。

第五步，创建测试用例，使用一个随机的名称，分别设置状态、优先级以及执行方式，并提交。

该自动化用例可以按照如下的方式简单实现：

```
public class CreateTestSuiteThenTestCase extends TLTestCase{
    @Test
    public void testCreateTestCase(){
        start();
        LoginSeMet login = new LoginSeMet();
        String loginName="admin";
        login.login(loginName, loginName);
        String projectName=MenuBarSeMet.getCurrentProject();
        log.info("\n The current project is::"+projectName);
        log.info("\n Specification->TestSuite");
        TestSpecOperationSeMet testSuite=MenuBarSeMet.navi2TestSpecification();
        CheckPoint cp1= newCheckPoint("cp1_GroupBtnVisible");
        cp1.validate(testSuite.isGroupBtnHide(), "GroupBtn should not be visibile by
        default");
        testSuite.showGroupBtn();
        String testSuiteString=uniquify("ts");
        log.info("\n create TestSuite");
        TestSuiteCRUDSeMet createTS=   testSuite.clickCreateTestSuite();
        createTS.setName(testSuiteString);
        log.info("\n select all keywords in TestSuite");
        MultiSelectSeMet keywords=createTS.getKeywords();
        keywords.transferAllRight();
        log.info("\n checking is left select is empty");
        CheckPoint cp2= newCheckPoint("cp2_isLeftSelectEmpty");
        cp2.validate(keywords.isLeftSelectEmpty(),"Left select is not empty");
        createTS.clickCreateORUpdate();
        log.info("\n move to tree on the left");
        TreeItemSeMet rootItem= new TreeItemSeMet(projectName);
        log.info("\n project::"+rootItem.getItemInTree().getText());
        TreeItemSeMet treeItem= new TreeItemSeMet(testSuiteString, rootItem);
        log.info("\n test suite::"+treeItem.getItemInTree().getText());
        treeItem.getItemInTree().click();
        waitfor(1000);
        TestCaseOperationSeMet testcaseOps= new TestCaseOperationSeMet();
        testcaseOps.showGroupBtn();
        TestCaseCRUSeMet tcCreate=testcaseOps.createTC();
        String tcNameString=uniquify("TC");
        log.info("\n create test case with name::"+tcNameString);
        TestCaseBean bean = new TestCaseBean();
    bean.setName(tcNameString).setExec_type(ExecType.AUTOMATED.option).setPriority
    (Priority.HIGH.option);
```

```
            bean.setStatus(TestCaseCRUSeMet.Status.OBSOLETE.option);
        tcCreate.setName(bean.getName()).getSelectPriority().selectByValue(bean.getPriority());
            tcCreate.getSelectExecType().selectByValue(bean.getExec_type());
            tcCreate.getSelectStatus().selectByValue(bean.getStatus());
            tcCreate.clickCreateORUpdate();
            log.info("\n all set");
        }
    }
```

当然这也只是一个示意的用例。特别是有关创建测试用例部分，还使用了一些类似 selectByValue 等来自 Webdriver 的方法。说明该部分的自动化程度，特别是对于业务、页面元素以及自动化实现的隔离度方面还有待提高。

7.5 小结

本章中围绕着测试用例集，展示了如何进行创建关键字、测试用例集、测试用例。在自动化实现的过程中，介绍了静态导航类的使用，文件导入、按钮组的封装以及测试用例对象，并在最后提供了使用上述自动化封装成果的测试用例。

第 8 章　测 试 计 划

制定和实施测试计划是软件测试项目管理中的一项核心活动。团队的各项工作任务，也往往是依据实现制定的测试计划而展开的。在本章中，将借助 TestLink 中的测试计划这一业务对象，串联起版本管理、测试用例集、平台、执行结果记录等不同的业务对象和活动，完成一个较为复杂的业务测试场景。

8.1　从主页面到测试计划管理

8.1.1　页面定位

在之前的章节中已经分别介绍了图 5.5 主页的上部导航页面以及左侧有关测试项目与测试规约等业务对象。在本小节中，将简要介绍其右侧的测试计划部分。与左侧部分相类似的，右侧部分也根据业务操作的不同，划分成了若干个小的区块，如测试计划管理（Test Plan）、测试执行（Test Execution）以及测试用例集（Test Plan contents）等。而所有这些，都是基于某一测试项目（Test Project）这一上下文（context）。

在一个新建的测试项目中，上述这些业务管理尚未建立，因此用户在浏览至主页面时，看到的可能是类似图 8.1 所示的右侧区块。

图 8.1　主页面的测试计划

根据查看 HTML 源码的查看结果，结合在处理左侧区块时的实践，可以使用如下的类来对该区块进行自动化封装。

```
public class DesktopRightBlockSeMet extends MenuBaseSeMet{
    private static String menuLocator="//div[@class='vertical_menu' and contains(@style,
    'right')]";
    private static DesktopRightBlockSeMet rightBlockSeMet = new DesktopRightBlockSeMet();
    private  DesktopRightBlockSeMet() {
        super(menuLocator);
    }
```

首先定义了 DesktopRightBlockSeMet 类来封装右侧区块，并且继承了 MenuBaseSeMet 这个父类，从而解决了框架（Frame）中元素查找与定位的问题，并复用了父类中 navi2Item 这个方法，避免了反复编写元素定位以及单击等底层操作的代码。

而在该类的无参构造方法中，通过传递 *menuLocator* 这个页面定位串给父类 MenuBaseSeMet 的构造方法，完成了该区块页面的定位问题。

8.1.2　静态跳转方法

在很多测试场景中，针对类似图 5.5 以及图 8.1 等页面上的导航链接，最常见的操作就是单击，从而实现页面跳转和测试步骤衔接。如果仅仅从提高使用效率、减少冗余代码的角度，可以考虑将类似的方法转化为静态方法，从而可以在测试用例或者测试框架的其余部分直接调用。

接下来，通过图 8.1 中的“Test Plan Management”（测试计划管理）这一链接的处理，简要介绍这类方法的实现和使用。

按照三段式自动化的方式，首先还是解决定位问题。因此可以在 DesktopRightBlockSeMet 这一类中增加如下的变量。

```
private static String testplanString="planView";
```

在父类 MenuBaseSeMet 的 navi2Item 方法中，通过

```
String locator="//a[contains(@href,'"+item+"')]";
```

完成了整个定位串的拼接。因此可以知道上述“planView”是“测试计划管理”这一链接所对应的 href 属性值中所截取的部分具有业务意义的字符串。

其次，为了实现静态跳转方法，还需要在类的内部提供该类自身的一个实例。因此，在前述该类的骨架代码中，还有如下一个变量及其赋值。

```
private static DesktopRightBlockSeMet rightBlockSeMet = new DesktopRightBlockSeMet();
```

在后续的跳转方法的实现中，只要直接使用 *rightBlockSeMet* 即可。

最后，就是提供一个跳转的方法，如本例中的 navi2TestPlanMgr 方法。

```
public static TestPlanMgrSeMet navi2TestPlanMgr(){
    rightBlockSeMet.navi2Item(testplanString);
    return new TestPlanMgrSeMet();
}
```

该方法中的第一行代码通过 *rightBlockSeMet* 调用了父类中的 navi2Item 方法，完成了元素的定位以及单击的操作，产生了页面跳转的效果。而在第二行代码中，实例化了 TestPlanMgrSeMet 类，并将其作为返回值返回，从而在自动化测试框架层面完成了调用

前后的衔接问题。

8.2 测试计划管理

与之前介绍的测试计划、关键字等类似，测试计划的创建首先也是在“测试计划管理”页面中提供了入口，在创建完成后又回到该页面。而如果是测试计划所依赖的测试项目中暂时还没有测试计划，则在进入“Test Plan Management”（测试项目管理）页面后，显示如图 8.2 所示的内容。而如果已经有测试计划制定完毕，则相应地存在测试计划列表。

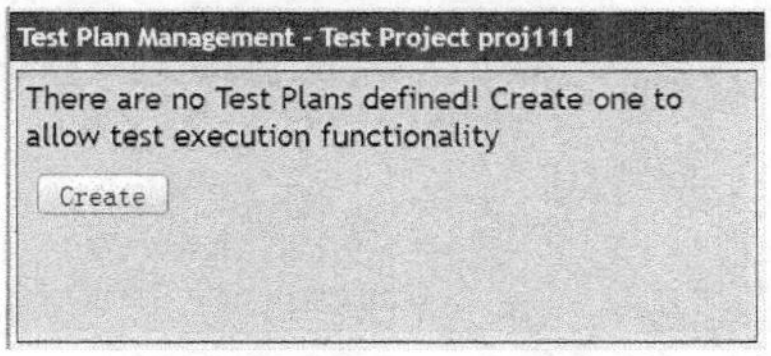

图 8.2 测试计划首入页面

根据 HTML 源码分析，可以发现“测试项目管理”页面包含在 name 属性值为“mainframe”的框架（Frame）中，并且整个页面用<div class="workBack">进行了包裹。因此，该页面的定位只要通过继承 PageSeMet 即可完成。而包含了创建按钮和测试计划列表的页面，可以考虑按照如下的方式实现自动化。

```
public class TestPlanMgrSeMet extends PageSeMet {
    private static String createBtnString="//input[@name='create_testplan']";
    public WebElement getCreateBtn(){
        return getItem(createBtnString);
    }
    public void clickCreateTestPlan(){
            getCreateBtn().click();
    }
    public TestPlanTableSeMet getTestPlanTable(){
        return new TestPlanTableSeMet();
    }
}
```

除了创建按钮，也在该类中提供了获得测试计划列表实例的方法。当然在首次进入的页面中并不存在测试项目列表，这个方法不调用即可。因此，如果没有特别的测试需求，不必因为页面的不同而建立两个不同的类。

8.3 创建测试计划

在测试计划管理页面中，单击了“Create”（创建）按钮之后，创建测试计划的页面就会打开。在提供了相应的测试计划的信息之后，再单击“创建”按钮即可完成某一测试计划的创建过程。根据这一操作过程，以及页面上的元素，可以简要实现一个TestPlanCRUSeMet类。

```
public class TestPlanCRUSeMet extends PageSeMet {
    private static String testplanNameString="//input[@name='testplan_name']";
    private static String isActiveString="//input[@name='active']";
    private static String isPublicString="//input[@name='is_public']";
    private static String createBtnString="//input[@name='do_create']";
    private static String cancelBtnString="//input[@name='go_back']"
    public WebElement getCreateBtn(){
        return getItem(createBtnString);
    }
    public WebElement getCancelBtn(){
        return getItem(cancelBtnString);
    }
    public WebElement getTestPlanNameElement(){
        return getItem(testplanNameString);
    }
    public WebElement getCheckboxActive(){
        return getItem(isActiveString);
    }
    public WebElement getCheckboxPublic(){
        return getItem(isPublicString);
    }
    public boolean isActiveChecked(){
        return getCheckboxActive().isSelected();
    }
    public boolean isChecked(){
        return getCheckboxPublic().isSelected();
    }
    public void createTestPlan(TestPlanBean testplan){
        getTestPlanNameElement().sendKeys(testplan.getName());
        setCheckbox(getCheckboxActive(),testplan.getIsActive());
        setCheckbox(getCheckboxPublic(),testplan.getIsPublic());
        getCreateBtn().click();
    }
}
```

同TestPlanMgrSeMet类一样，TestPlanCRUSeMet类也可以直接继承自PageSeMet，从而完成页面定位与框架（Frame）内元素处理的问题。而在三段式的页面元素封装之后，在该类中，提供了一个简单的createTestPlan（TestPlanBean testplan）方法，以供外部调用者使用。

在此基础之上，可以在TestPlanMgrSeMet类中直接增加一个创建测试计划的方法。

```
public void createTestPlan(TestPlanBean testplan){
    clickCreateTestPlan();
    TestPlanCRUSeMet tpCRU= new TestPlanCRUSeMet();
    tpCRU.createTestPlan(testplan);
}
```

该方法中使用了本小节的自动化成果，通过调用 TestPlanCRUSeMet 类中的 createTestPlan 方法，完成了从页面进入到测试计划创建、提交的一系列步骤。可以提供给测试框架中更高层的类或者测试用例使用，并且外部的调用者不需要关心 TestPlanCRUSeMet 中的具体实现，体现了各个类之间职责的有效隔离。

8.4 测试计划对象

在前一小节中，作为 createTestPlan 方法的入参，我们使用到了 TestPlanBean 这个类及其实例。而这个类可以视为“测试计划”这一业务对象在测试框架中的实现。通过前述创建测试用例方法的代码，可以了解到在进行新建测试计划时，需要提供的信息包括名称、描述、是否活动、是否公共。因此，一个简单的 TestPlanBean 类可以实现如下。

```
public class TestPlanBean {
//  private Integer id;
    private String name;
    private String description;
    private Boolean isActive = Boolean.FALSE; //默认为不活动
    private Boolean isPublic = Boolean.FALSE; //默认为不公共
    public String getName() {
        return name;
    }
    public String getDescription() {
        return description;
    }
    public Boolean getIsActive() {
        return isActive;
    }
    public Boolean getIsPublic() {
        return isPublic;
    }
    public TestPlanBean setName(String name) {
        this.name = name;
        return this;
    }
    public TestPlanBean setDescription(String description) {
        this.description = description;
        return this;
    }
    public TestPlanBean setIsActive(Boolean isActive) {
        this.isActive = isActive;
        return this;
    }
    public TestPlanBean setIsPublic(Boolean isPublic) {
        this.isPublic = isPublic;
```

```
            return this;
        }
    }
```

在 TestLink 中新建完成一个测试计划后，会赋予该测试计划一个 id 号。当然在 UI 自动化测试阶段，可以暂时不考虑这一问题。因此，将 id 这一变量进行了注释。此外，测试计划作为测试活动的核心，涉及其他许多的对象。各类对象间的各种关系也不在上述类中实现和维护。

8.5 版本管理

在测试实践中，被测应用的版本管理是一个重要的课题。许多流程如冒烟测试、分层级构建等都是围绕着版本所展开的。在进行新员工培训时，经常问的两个问题就是：

（1）你觉得 version 和 iteration 的区别是什么？

（2）下述 3 个版本中哪个最大，10.10、10.1、10.01？

正因为版本的命名管理是百花齐放，各有各法，各不相同。TestLink 中的“Build Management”（版本管理）也更多的只是提供了“build”（版本）这一字段，至于如何编号，如何区分各类型发布，则由各使用者自行管理。

8.5.1 从主页面到版本管理

TestLink 将版本管理作为测试计划管理的一部分，认为每个版本将与一个活动的测试计划相关联。在如图 5.5 所示的右侧区块中，“Build Management”（版本管理）的超链接也的确是在“Test Plan Management”（测试计划管理）这一区块之中。

与 8.1 节中有关从主页面到测试计划管理的处理方式一致。在前期的基础上，只需要在 DesktopRightBlockSeMet 增加一个实现跳转的静态方法即可。

```
public static BuildMgrSeMet navi2BuildMgr(){
    rightBlockSeMet.navi2Item(buildString);
    return new BuildMgrSeMet();
}
```

用于元素查找的定位串 buildString 的定义如下。

```
private static String buildString="buildView";
```

其中，“buildView”是 href 属性中抽取的部分有业务意义的子串，而 BuildMgrSeMet 则是后续要介绍的测试计划管理页面类。

8.5.2 从版本管理类到版本管理对象

根据本章中有关测试计划部分的介绍，可以看出 TestLink 首先提供了“测试计划管理”的页面，从主页面进入该页面后，即可单击相关链接进入“Create Test Plan”（创建测试计划）的页面，并返回上级的“Test Plan Management”（测试计划管理）页面。自动化框架的搭建也是按照这样一个过程，通过 TestPlanMgrSeMet、TestPlanCRUSeMet、TestPlanBean 等类的实现为在测试用例中完成上述操作提供支持。

通过观察版本管理的有关操作，可以发现这个过程与测试计划管理是基本一致的，都涉及版本管理页面的进入、下级版本创建页面的进入、操作与页面返回。并且按照面向对象的思想，版本这一业务对象也非常有必要抽象成为一个 Java 对象，成为框架中有关业务模型的一部分。

1. 版本管理类

测试计划管理类中有关页面定位的分析同样适用于版本管理类。因此，该类的简要实现如下。

```
public class BuildMgrSeMet extends PageSeMet {
    private static String createBtnString="//input[@name='create_build']";
    public void clickCreate(){
            getItem(createBtnString).click();
    }
    public BuildTableSeMet getBuildTable(){
        return new BuildTableSeMet();
    }
    public void createBuild(BuildBean build){
        clickCreate();
        BuildCRUSeMet buildMgrSeMet=new BuildCRUSeMet();
        buildMgrSeMet.createBuild(build);
    }
    public void deleteBuild(BuildBean build){
        getBuildTable().deleteByTitle(build.getName(), true);
    }
}
```

除了页面元素以及业务元素之外，该类中还提供了 createBuild 和 deleteBuild 两个方法，通过入参 BuildBean build 来分别完成版本创建以及删除的操作。而这些操作，其实是通过调用更为下层的类来具体实现的。例如，BuildCRUSeMet 类中的 createBuild 方法才是真正完成页面元素操纵、实现版本创建的方法。

2. 版本创建类

接下来再来看一下 BuildCRUSeMet 的实现。读者也可以结合先前的介绍，自行练习完成。

```
public class BuildCRUSeMet extends PageSeMet {
    private static String nameString="//input[@name='build_name']";
    private static String isActiveString="//input[@name='is_active']";
    private static String isOpenString="//input[@name='is_open']";
    private static String dateInputString="//input[@name='release_date']";
    private static String createBtnString="//input[@name='do_create']";
    private static String cancelBtnString="//input[@name='go_back']";
    public WebElement getCreateBtn(){
        return getItem(createBtnString);
    }
    public WebElement getCancelBtn(){
        return getItem(cancelBtnString);
    }
    public WebElement getNameElement(){
        return getItem(nameString);
    }
    public WebElement getCheckboxActive(){
        return getItem(isActiveString);
    }
    public WebElement getCheckboxOpen(){
        return getItem(isOpenString);
    }
    public boolean isActiveChecked(){
        return getCheckboxActive().isSelected();
    }
    public boolean isChecked(){
        return getCheckboxOpen().isSelected();
    }
    public WebElement getDateElement(){
        return getItem(dateInputString);
    }
    public void createBuild(BuildBean build){
        getNameElement().sendKeys(build.getName());
        setCheckbox(getCheckboxActive(),build.getIsActive());
        setCheckbox(getCheckboxOpen(),build.getIsOpen());
        getDateElement().sendKeys(build.getReleaseDate());
        getCreateBtn().click();
    }
}
```

通过比较创建测试计划的类 TestPlanCRUSeMet，可以发现这两个类的构成和处理方法是极其相似的。这一方面是因为这两者对应的页面相似，操作行为相似所导致的。另外一方面也可以看出在测试框架建设的过程中也存在着类似挑战性不高、重复性较多的代码编码工作。许多人经常自嘲为“码农+测农”，这也是其中一个原因。当然往积极的方面来说，正因为在测试框架的建设中做了比较充分的分析，也使得在处理类似页面时可以方便地进行处理方法上的复用，甚至是代码上的复用。

3. 版本对象

在前面使用到了 BuildBean 这个未经介绍的对象类，这就是将要介绍的版本对象。通过 createBuild 这个方法中的代码，也可以大致了解该类的作用就是作为“版本”这一业务对象在测试框架中的具体实现。

```
public class BuildBean {
    private Integer id;
    private String name;
    private String description;
    private String releaseDate;
    private Boolean isActive = Boolean.TRUE;
    private Boolean isOpen = Boolean.TRUE;
    public String getName() {
        return name;
    }
    public String getDescription() {
        return description;
    }
    public Boolean getIsActive() {
        return isActive;
    }
    public Boolean getIsOpen() {
        return isOpen;
    }
    public String getReleaseDate() {
        return releaseDate;
    }
    public BuildBean setName(String name) {
        this.name = name;
        return this;
    }
    public BuildBean setDescription(String description) {
        this.description = description;
        return this;
    }
    public BuildBean setIsActive(Boolean isActive) {
        this.isActive = isActive;
        return this;
    }
    public BuildBean setIsOpen(Boolean isOpen) {
        this.isOpen = isOpen;
        return this;
    }
    public BuildBean setReleaseDate(String releaseDate) {
        this.releaseDate = releaseDate;
        return this;
    }
```

在这个类中，通过定义 name、description、releaseDate、isActive 以及 isOpen 等类的属性，并提供对应的读取、赋值相关的方法，就完成了对于版本这个业务对象的初步封装。后续如果该对象的属性有任何的增改变化，只要在该类中完成修改即可，在其余使用了 BuildBean 实例作为参数的地方，如果不涉及对应的变化，则无须做任何修改。这也是引入对象类的一个好处。

至此，有关版本管理自动化实现的相关类就介绍完毕了。通过统一的主页区块导航类以及其静态方法，可以较为方便地提供页面导航和后续页面类的实例化工作。并且在业务管理类中，针对只涉及自身业务的下级操作，可以通过在管理类中提供相应的方法来完成整个事物操作，包括发起、子页面进入、对象操作以及提交等。

8.6 添加测试用例至测试计划

之前所介绍的自动化测试实践，基本上都是以某单一的业务对象为自动化测试的实现对象，可以说是主题明确，开门见山。即使有些场景涉及不同页面间的跳转，也只是辅助性的导航定位而已。

而在本节中准备介绍的添加测试用例至测试计划，则涉及两个业务对象间的交互。在过往的测试实践中，经常可以在两个或者更多的业务对象间进行交互的情况下发现被测应用的缺陷。在分析测试需求、进行测试用例设计的时候，涉及业务交互的场景需要进行特别的关注。当然，这也是自动化测试，特别是有关业务流程、或者用户场景类测试用例自动化的一个重要需求来源。也因为涉及交互，业务相对更为复杂，为自动化测试带来了更多的挑战。

按照之前所介绍的自动化推进方式，首先进行的是针对业务操作以及所涉及的页面进行分析。与测试计划类似，“Add / Remove Test Cases”（增加/删除测试用例）的超链接位于主页面的右侧，属于“Test Plan contents”（测试计划内容）这一子区域。而在单击该链接后，则会被导航至“Add/Remove Test Cases to/from Test Plan”（添加/删除测试用例至测试计划）页面。这其中就包括了第 7 章中介绍的位于页面左侧的测试用例树，以及如图 8.3 所示的添加/删除操作页面。

按照上述分析，比照目前为止所介绍的自动化测试框架，可以发现对于前述提到的超链接，已经在测试计划以及版本管理中介绍过处理办法。而对于测试用例树，则在第 7 章中已经介绍了具体的自动化实现。这里需要添加的，就是对于双击所选中的测试用例集，使得页面右侧跳转为所需要的添加/删除操作页面。工作量最大的，就是对于图 8.3 所示的页面的自动化封装。接下来将逐一对上述工作做简要介绍。

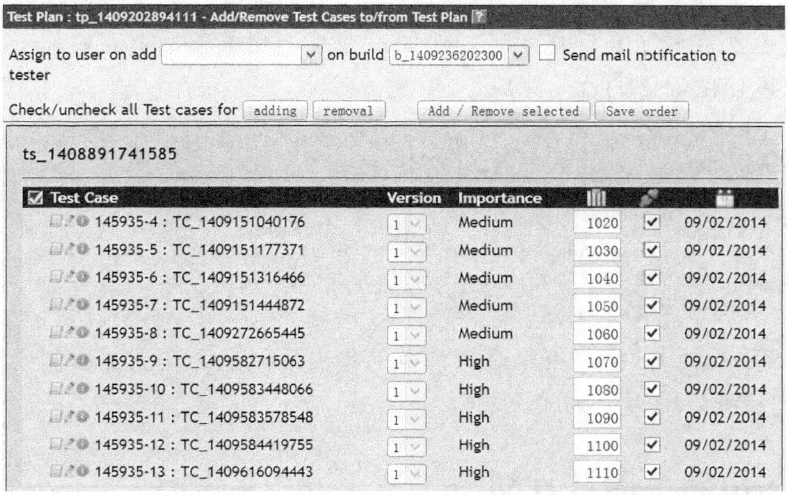

图 8.3 在测试计划中增加/删除测试用例

8.6.1 发起添加测试用例

在主页面中，“Add / Remove Test Cases”（增加/删除测试用例）这个超链接的 href 属性值当中包含有“planAddTC”这个子字符串，可以作为定位的依据。因此，在 DesktopRightBlockSeMet 类中再增加一个实现跳转的静态方法即可。

```
private static String addTCString="planAddTC";
public static void navi2AddTC(){
    rightBlockSeMet.navi2Item(addTCString);
}
```

在使用中，只要调用 DesktopRightBlockSeMet.navi2AddTC()方法，即可完成页面的跳转，进入测试计划下的“添加/删除测试用例”页面。如前所述，该页面分两个不同的框架（Frame），左侧是有关用例集的过滤以及树形展示，而右侧则用于相关的添加、删除等业务操作。两者互相交互，但又分属不同的类进行封装，因此上述 navi2AddTC()方法被定义为 void 类型的静态方法，只完成页面跳转的操作，并不提供后续类的实例化服务，请读者注意其中的区别。

8.6.2 测试用例树操作

在进入“添加/删除测试用例”页面后，如果想要完成相应的用例添加、删除操作，则需要在页面左侧的测试用例树中完成用例集的展开定位以及单击，使得具体的添加、删除操作的子页面在右侧的操作区域展示出来，供后续操作。这些操作在有关用例集的有关操作时就已经完成了自动化封装。例如，在某一测试项目中需要单击其下属一个一级测试集，可以使用如下的代码完成。

```
String testSuiteString="ts_1408891741585";
String projectName="aa_1408755145935";
TreeItemSeMet rootItem= new TreeItemSeMet(projectName);
log.info("\n project::"+rootItem.getItemInTree().getText());
TreeItemSeMet treeItem= new TreeItemSeMet(testSuiteString, rootItem);
log.info("\n test suite::"+treeItem.getItemInTree().getText());
treeItem.getItemInTree().click();
```

在最后一行完成测试集，也就是树节点的单击后，就会在页面右侧展示如图 8.3 所示的"添加/删除测试用例至测试计划"。

8.6.3 添加用例至测试计划

按照页面自动化框架的实现步骤，首先需要解决的是页面的定位以及对应的页面类的构造问题。根据 HTML 源代码的分析结果，整个页面存在于一个二级框架（Frame）之中，如果用框架的 name 属性来表示顶级到二级框架的进入路径，则可以表示为 "mainframe" ->"workframe"。在这个二级框架之下，整个页面被一个表单（form）标签所包裹，而该表单的 id 属性值为"addTcForm"。因此，可以使用如下一个类来完成页面的定义。

```
public class AddRemoveTCSeMet extends WorkFrameSeMet {
    private static String formString="//form[@id='addTcForm']";
    public AddRemoveTCSeMet(){
        super("xpath="+formString);
        prepare();
    }
```

通过继承 WorkFrameSeMet 类，即可直接通过该类中所定义的 framepath 来完成框架的处理工作，并通过无参构造方法，即可在该类实例化的同时完成对于这个页面定位的基础性工作。在此基础之上，可以进行后续的自动化工作。

按照三段式自动化封装法，针对页面中需要处理的各种页面元素，如添加至用户以及添加至版本的下拉框、各个按钮、单选框以及下部的测试用例表等，可以进行如下的处理。

```
    private static String testerString="//select[@id='testerID']";
    private static String buildString="//select[@name='build_id']";
    private static String sendMailString="//input[@id='send_mail']";
    private static String addingBtnString="//button[contains(@onclick,'achecked_tc')]";
```

```
        private  static  String  removalBtnString="//button[ccntains(@onclick,'remove_
checked_tc')]";
        private static String doAddBtnString="//input[@name='doAddRemove']";
        private static String doReorderBtnString="//input[@name='doReorder']";;
        public Select getSelectTester(){
            return getSelect(testerString);
        }
        public Select getSelectBuild(){
            return getSelect(buildString);
        }
        public WebElement getCheckboxSendMail(){
            return getItem(sendMailString);
        }
        public WebElement getBtnAdding(){
            return getItem(addingBtnString);
        }
        public WebElement getBtnRemvoal(){
            return getItem(removalBtnString);
        }
        public WebElement getBtnAddRemove(){
            return getItem(doAddBtnString);
        }
        public WebElement getBtnReorder(){
            return getItem(doReorderBtnString);
        }
        public TestCaseTableSeMet getTableTestCase(){
            return new TestCaseTableSeMet();
        }
        public AddRemoveTCSeMet assignToUser(String userName){
            getSelectTester().selectByVisibleText(userName);
            return this;
        }
        public AddRemoveTCSeMet assignToBuild(String buildName){
            getSelectBuild().selectByVisibleText(buildName);
            return this;
        }
    }
```

在这个类的最后，提供了两个简单的完成用例指派的方法。此外，通过 getTableTestCase 这个方法会返回 TestCaseTableSeMet 类的实例。这个类作为页面下部的用例表的自动化类，提供了一些针对该表的业务操作，具体实现如下。

```
    public class TestCaseTableSeMet extends TableSeMet{
        private static String tableString="//div[@id='workback']//table[1]";
        private static String toogleAllString="//img[contains(@src,'toggle_all')]";
        private List<String> framepath=Arrays.asList("mainframe", "workframe");
        private static String selectedTCString="//tr[contains(@style,'yellow')]";
    public TestCaseTableSeMet(){
            super("xpath="+tableString);
```

```
            frm=new FrameHelper(getRemoteWebDriver(), framepath);
        }
        private List<WebElement> getSelectedRows(){
            return getItems(selectedTCString);
        }
    @Override
        public int getRowCount()
        {    return super.getRowCount()-1;
        }
        public void toogleAll(){
            getItem(toogleAllString).click();
        }
        public int getNumTCAdded(){
            return getSelectedRows().size();
        }

    }
```

这个类的定位、构造方法与前述 AddRemoveTCSeMet 类似，这里就不再赘述了。只是在定义 tableString 这个表格定位串时，在 HTML 源码中，该表格对应的 table 标签并没有提供有可用性的属性值。还好在该页面中，有且只有这一个表格，因此就简单地使用了“//table[1]”这样的表达式来作为定位串了。

另外请读者注意的是，该表格类的 getRowCount 覆盖了父类的方法。原因是在这个测试用例表格中的表头一行，并没有使用 th 标签，而是使用了普通的 td 标签。因此在计算该表中有多少行测试用例的记录时，需要减去表头所在的这一行。

8.7 添加平台至测试计划

8.7.1 发起添加平台

与前述介绍的版本管理等业务操作类似，从主页面中跳转到“Add / Remove Platforms”（添加/删除平台）的操作，其自动化实现就是在 DesktopRightBlockSeMet 类中增加如下的一个变量以及一个静态跳转方法。

```
private static String platformString="platform";
public static AddRemovePlatformSeMet navi2Platform(){
    rightBlockSeMet.navi2Item(platformString);
    return new AddRemovePlatformSeMet();
}
```

在调用了 DesktopRightBlockSeMet.navi2Platform()方法后，除了完成页面跳转之外，还将返回一个 AddRemovePlatformSeMet 类的实例。

8.7.2 完成平台添加

在完成页面跳转工作后，接下来就会跳转到“Add/Remove Platforms to Test Plan”（添加平台至测试计划）页面。该页面的核心组成部分是如图 8.4 所示的一个左右选择框以及下部的保存按钮。

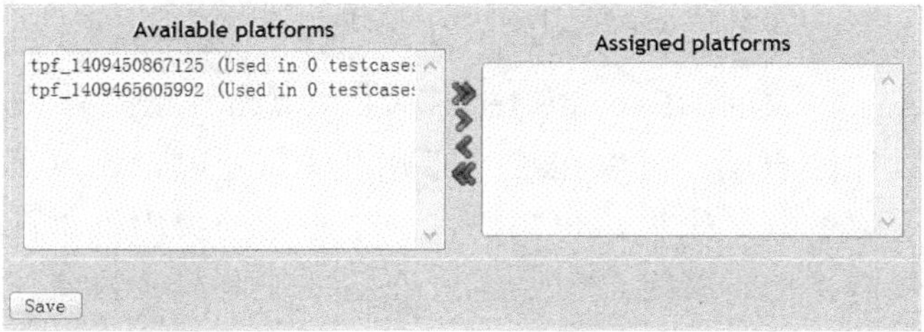

图 8.4 添加平台

通过与第 5 章中在介绍选择框时的例图 5.11 进行比对，可以发现两者除了标题以及内容的不同之外，整体结构与组成元素是完全一致的，通过 HTML 源码比对也是如此。因此，可以直接使用 MultiSelectSeMet 这个控件类来完成对于平台添加操作的封装。完整的“添加/删除平台”页面的自动化类 AddRemovePlatformSeMet 的实现如下。

```
public class AddRemovePlatformSeMet extends PageSeMet {
    private static String doSaveBtnString="//input[@name='doAssignPlatforms']";;
    public MultiSelectSeMet getMultiSelectPlatfroms(){
        return new MultiSelectSeMet();
    }
    public WebElement getBtnSave(){
        return getItem(doSaveBtnString);
    }
    public void AddSinglePlatform(String platform){
        getMultiSelectPlatfroms().transferRight(platform);
        getBtnSave();
    }
}
```

这个类的最后提供了简单的 AddSinglePlatform 方法，根据给定的平台名称，在左右选择框中完成从左侧选择框转移到右侧选择框的操作，并进行提交，完成整个添加工作。

至此添加平台至测试计划的工作全部完成。通过 DesktopRightBlockSeMet 类所提供的 navi2Platform 方法，实现了页面跳转，而通过复用 MultiSelectSeMet 类对“添加、删除平台”页面中的左右选择框进行了封装，实现了添加的功能。

8.8 测试执行

8.8.1 测试执行的入口

测试执行（Test Execution）用来记录测试用例的执行结果。按照图 5.5 主页面所示，该模块的入口有两个，分别是上部导航栏中的“Test Execution”（测试执行）按钮以及右侧“Test Execution”区块的“Execute Tests”（执行测试）链接。这当然是一种应用程序可靠性及易用性设计的表现。可以在某一部分出现问题时，通过其他的通路完成相同的操作。对于自动化测试框架来说，也需要在两个不同的类中提供两个方法来完成此项工作。由于相关类似链接的封装之前已经有过介绍，在此就不再赘述了。感兴趣的读者可以自行尝试。

8.8.2 测试用例集的设定

在进入 TestLink 的“测试执行”页面后，在该页面的左侧从上到下来说，分别包含了测试执行的设定（settings）、用例集的筛选（filter）以及用例集（树状展示）等 3 部分。设定部分将是本小节的重点。而用例集的筛选部分是由一些常见的控件所聚合而成的，如输入框、下拉框、单选框及按钮等。按照之前多次介绍的三段式自动化方式，即可完成自动化封装。位于页面下部的用例集，则采用了树形控件来完成操作。因此也可以复用第 5 章中介绍的树控件的自动化封装工作成果。更多有关测试用例树的应用实例，读者可以参考本章先前的内容或者第 7 章的内容。

测试执行的设定部分则使用了本书第 5 章中所介绍的 JQuery 框架生成的下拉选择框，即通过使用下拉选择框来来筛选测试集所在的测试计划、被测平台以及要执行的版本等上下文信息。在本小节中将使用前述的工作成果，结合其余自动化要求，对该部分完成自动化。

通过观察该部分的 HTML 源代码，可以通过定义 3 个 SelectBox 实例的方式完成对于该部分业务功能的封装，相关代码如下。

```
package com.semet.testlink.specification.settings;
import org.openqa.selenium.WebElement;
import com.semet.html.frame.TreeFrameSeMet;
import com.semet.html.jquery.selectbox.SelectBoxSeMet;
public class SettingsSeMet extends TreeFrameSeMet{
    private static String settingsString="//div[@id='settings_panel']";
```

```
    private String collapsedString="x-panel-collapsed";
    private String toggleString="x-tool-toggle";
    private String setting_platform="setting_platform";
    private String setting_testplan="setting_testplan";
    private String setting_build="setting_build";
    public SettingsSeMet(){
        super("xpath="+settingsString);
        openPanel();
    }
    public SelectBoxSeMet getSelectBoxBuildToExecute(){
        return getSelectBoxBySelect(setting_build);
    }
    public SelectBoxSeMet getSelectBoxPlatform(){
        return getSelectBoxBySelect(setting_platform);
    }
    public SelectBoxSeMet getSelectBoxTestplan(){
        return getSelectBoxBySelect(setting_testplan);
    }
    private SelectBoxSeMet getSelectBoxBySelect(String select){
        String locator="//div[preceding-sibling::select[@name='"+select+"']]";
        return new SelectBoxSeMet("xpath="+locator,"frm=mainframe->treeframe");
    }
    public boolean IsCollapsed(){
        return getItem("").getAttribute("class").contains(collapsedString);
    }
    public SettingsSeMet openPanel(){
        if(IsCollapsed()){
            getToggleElement().click();
        }
        return this;
    }
    public SettingsSeMet closePanel(){
        if(!IsCollapsed()){
            getToggleElement().click();
        }
        return this;
    }
    private WebElement getToggleElement(){
    return   getItem(toggleString);
    }
}
```

首先介绍下该类的构造方法。该方法中除了通过给定的 xpath 定位串完成定位之外，还调用了 openPanel()的方法确保每次进入之后默认该部分面板是展开的，这也是保障程序鲁棒性的一个小技巧。

除了打开和关闭面板之外，这个类中的另外一大部分就是有关平台、计划以及版本的相关下拉选择框。可以看出，在 getSelectBoxBySelect 这一私有方法的方法体中，在进行下拉选择框定位时，使用了 xpath 中轴的方式，通过 preceding-sibling:select，也就是通过目标标签 div，查找该标签同级兄弟元素中的 select 元素来完成定位。当然，参与辅助定位的 select 元素需要指定该元素的 name 属性值。这是一种在常规定位信息不是很充裕的情况下的变通办法。在该方法的第一个版本中使用位于左侧的“测试计划”、“平台”等文本信息进行定位，但考虑到本地化的原因，最终重构为使用位于该 div 上部的不可见的 select 元素进行联合定位。更为详细的本地化问题的讨论，将在本书后续有关本地化测试解决方案的一章中展开。当然，作为练习，感兴趣的读者可以尝试使用右侧的文本信息或者其他有效的方式完成下拉选择框元素的定位。

读者也可能注意到了该方法返回的 SelectBoxSeMet 实例中，比本书中先前介绍的其余构造方法调用多了一个"frm=mainframe->treeframe"参数来共同完成页面定位。这在第 5 章有关框架（frame）部分的介绍中已经提及。因为 SelectBoxSeMet 继承自 PageSeMet。而在 PageSeMet 中，默认的情况下页面是处于一个 name 属性为“mainframe”的框架中。而 SettingsSeMet 继承自 TreeFrameSeMet，也就是说上述的下拉列表均处于一个二级框架（frame）之中，在进行页面元素定位时，其通达路径为" mainframe->treeframe"。因此，需要重新对 frm 变量进行赋值，指出正确的框架（frame）切换和访问路径。

8.8.3 执行结果录入

执行结果录入页面的核心内容如图 8.5 所示。在该部分页面的右侧，有一个标记执行结果的单选框。TestLink 将测试结果分为 4 种，分别是“Not Run”（尚未执行）、“Passed”（通过）、“Failed”（失败）以及 Blocked（阻塞）。按照 TestLink 的介绍，测试用例的执行结果一旦从“Not Run”修改为其余 3 种状态下的任一种状态，则不能再次回到“Not Run”状态。不过后 3 种状态之间可以任意转换，即根据不同版本在不同测试计划中对该用例的测试结果进行修改。例如，某一用例在某一版本上运行失败，在后续版本中执行通过。

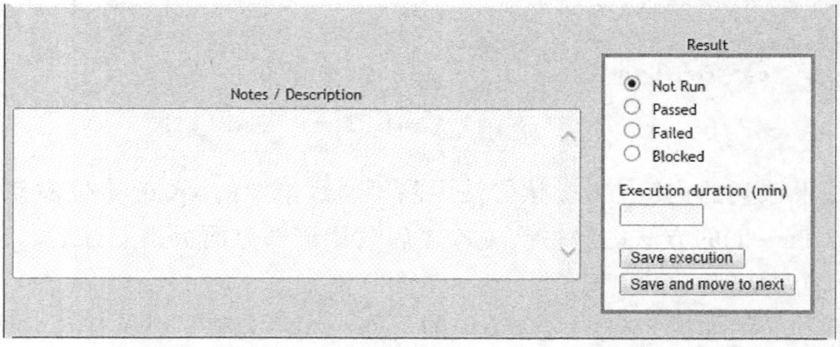

图 8.5 执行结果录入

为达到录入测试结果的目的，需要引入一个 TestResultSeMet 类来对上述页面及其操作进行封装。该类的实现如下。

```
public class TestResultSeMet extends WorkFrameSeMet {
    private static String notesString="//textarea[contains(@id,'notes')]";
    private static String resultString="//input[@type='radio']";
    private static String execTimeString="//input[@name='execution_duration']";
    private static String saveString="//input[contains(@name,'save_results')]";
    private static String move2NextString="//input[contains(@name,'save_and_next')]";
    public enum Result{
        NOT_RUN("n"),
        PASSED("p"),
        FAILED("f"),
        BLOCKED("b");
        public String option;
        private Result(String option){
            this.option=option;
        }
    }

    public void setExecResult(Result result){
        setRadioByValue(getRadioOptions(),result.option);
    }

    private List<WebElement> getRadioOptions(){
        return getItems(resultString);
    }

    public WebElement getElementExecTime(){
        return getItem(execTimeString);
    }
    public WebElement getBtnSave(){
        return getItem(saveString);
    }
    public WebElement getBtnMove2Next(){
        return getItem(move2NextString);
    }
    public WebElement geTextAreaNotes(){
        return getItem(notesString);
    }
}
```

除了完成有关页面定位以及元素定位及获取工作的代码之外，另外定义了一个枚举类 Result 来对页面中有关测试结果进行封装，使得框架不再依赖外部输入的执行结果定义数据。

而在 setExecResult（Result result）方法中，调用了 PageSeMet 中有关单选框操作的方法 setRadioByValue，结合 Result 类作为入参，共同完成了测试结果的选择工作。该方法的实现如下。

```
protected void setRadioByValue(List<WebElement> options,String value){
    for(WebElement option:options){
        String optionValue=option.getAttribute("value");
        if (optionValue.hashCode()==value.hashCode()){
            log.info("\n found radio box with value='"+value+"'");
            option.click();
            break;
        }
    }
}
```

该方法将根据各单选框的“value”属性值与拟选择的选项的值进行比对，如具相同，则完成该单选项的选择。

8.9 小结

在本章中，首先针对测试计划，介绍了页面跳转进入、测试计划管理与创建等内容。此外，围绕着测试计划这一主题，介绍了与之关联的 TestLink 的相关业务对象的交互操作，如版本管理、增加用例、增加平台以及记录执行结果等。在 HTML 控件方面，则涉及树、左右选择框、下拉选择框等具体的使用。另外，还介绍了静态跳转方法、业务对象类、多参数辅助页面定位以及内部枚举类等自动化实践。

第 2 部分

UI 自动化框架横向拓展

第 9 章　Web 兼容性测试

9.1　浏览器简史

随着越来越多的典型应用采用到 B/S 架构进入互联网数据时代，所以浏览器的重要性越来越突出，它关系到软件产品最终的展现形式，直接与用户打交道。同一个 Web 页面在不同的浏览器上很可能有不同的效果，而用户也有各不相同的浏览器使用习惯，既有使用主流浏览器的也有使用非主流的（比如 Firfox，就有很多网页出现兼容性的问题……）所以，为了保证软件产品能够面向大多数的用户，浏览器的兼容性测试在 Web 测试中占据了十分重要的作用。

现在市面上的浏览器种类可谓玲琅满目，有大家所熟知的 Internet Explorer、Firefox、Safari、Chrome、Opera，还有国内应用比较多的傲游、360 安全浏览器、搜狗浏览器等，如果针对这些种类，结合各种版本及典型应用操作系统都进行一次全手工兼容性测试，那工作量是非常巨大的。

从技术角度看，浏览器可根据它的应用内核进行等价划分，浏览器的内核就是渲染引擎，而评价一个浏览器的好环，也主要是在对浏览器的渲染引擎做评价。可以看到，虽然每家浏览器厂商生产的浏览器功能都大同小异，都可以浏览网页，但是处理速度不一样，并且对标准的支持也不尽相同，其根本原因就是因为渲染引擎技术的不同。

从浏览器兼容性测试本身出发，采用人工进行全测试是非常低效率和低 Bug 捕获率的。因为兼容性测试需要测试人员熟悉 W3C 标准（W3C）、熟悉 CSS 标准（W3C）、熟悉 JavaScript 标准（ECMA-262），做完这些静态标准兼容性测试后还需要进行 SandBox 动态兼容性测试。因为 Web 是弱类型解释性容器，在页面前端制作完成的时候是没有编译环节的，这样会造成开发人员根本不对前端所有涉及代码进行检测，全凭经验主义和个人技术的高低来决定代码质量。

从浏览器兼容性测试范围出发，所有的兼容性测试必须符合检测矩阵的严格检测才能确定是否可以符合大部分主流浏览器的正常显示及功能操作，一般范围组合为浏览器版本、操作系统版本（区分语言和操作系统位数）、屏幕分辨率。而全部采用人工来做兼容性测试会造成工期过长，而且效率低下，Bug 抓捕率极低。可以这样说兼容性测试和性能、安全测试一样都是需要人工和支持工具结合工作的，缺一不可。

作为使用互联网第一入口点，浏览器在商业和应用的重要性上仅次于操作系统，谁拥有一款市场占有率超过 15%的浏览器应用谁就拥有了未来，所以浏览器市场一直备受各国际互联网公司、商业应用公司特别投入和关注。

浏览器的主要功能就是向服务器发出请求指令（Requests），在浏览器窗口中展示你想获取的网络资源。这里所说的网络资源一般是指符合 HTML 相关标准的文件，也可以是 PDF、JPG、AVI、MP3 或其他。资源的位置由一串 URI 字符指定，例如个人站点 www.fastpoint.cn，在浏览器地址栏中输入后通过 DNS 服务器解析为对应的 IPv4 地址指向真正的服务器资源。

浏览器可以解释并显示 HTML 文件是在 HTML 和 CSS 相关规范中指定的，这些规范由网络标准化组织 W3C（万维网联盟）进行维护。多年以来，各浏览器都没有完全遵从这些规范，同时还在开发自己独有的扩展程序（例如早期微软的 IE 系列），这样就给前端开发人员带来了严重的兼容性问题。大部分浏览器用户界面都差不多，如图 9.1 至图 9.4 所示，通用操作元素包括以下 4 项。

- URI 地址输入栏。
- 前进和后退按钮。
- 书签设置选项。
- 用于刷新和停止加载当前文档的按钮。

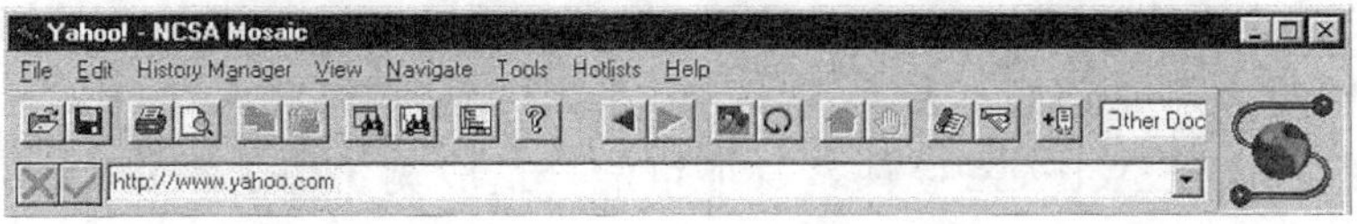

图 9.1　1993 年，NCSA Mosaic 浏览器

图 9.2　当前版本（2015 年）Chrome 浏览器基本 UI 元素

图 9.3　当前版本（2015 年）Internet Explorer 浏览器基本 UI 元素

图 9.4　当前版本（2015 年）Firefox 浏览器基本 UI 元素

浏览器经过这么多年，在用户界面上并没有太多的变更，大家做的都是大同小异。

主要原因是用户习惯已经养成，没必要做改动，另外 W3C 也没有规范约束浏览器用户界面标准，所以内核才是浏览器的核心，如图 9.5 所示，浏览器主要架构如下。

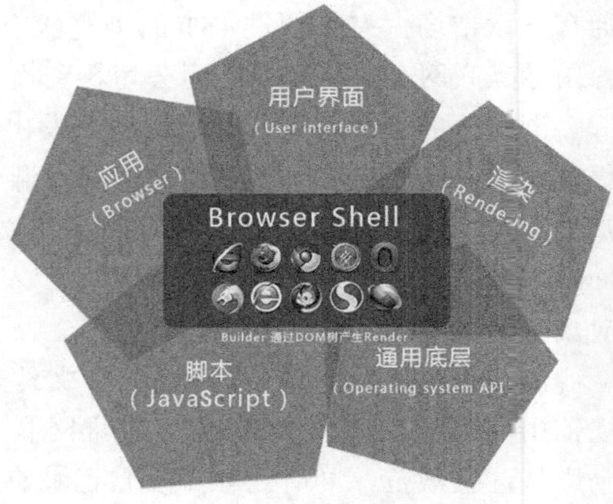

图 9.5 浏览器基础架构元素

- 用户界面（User interface）：包括地址栏、前进/后退按钮、书签菜单等。除了浏览器主窗口显示的请求页面外，其他显示的各个部分都属于用户界面。
- 应用（Browser）：在用户界面（User interface）和渲染器（Rendering）之间传送指令，甚至包含大量的第三方 plus 接入。
- 渲染器（Rendering）：负责显示请求的内容。如果请求的内容是 HTML，就负责解析 HTML 和 CSS 内容，并将解析后的内容显示在屏幕上。当前渲染直接使用 GPU 能力，而非通过原来的 GDI32 模式做中转。但是直接使用 GPU 能力有个很麻烦的事情，即渲染器与显卡驱动之间的兼容问题。
- 网络（Network）：用于网络调用，比如 HTTP 请求等。其接口与平台无关，并为所有平台提供底层实现。
- 通用底层（Operating system API）：用于在浏览器中绘制基本的窗口，例如经常使用的打开文件窗口等。注意：如果是在 IE 系列浏览器中,对于 ActiveX 控件的支持也属于该范畴，但是嵌入 ActiveX 控件本身很可能会造成浏览器的不稳定。
- 脚本（Javascript）：用于解析和执行 JavaScript 代码，如果是在 IE 系列浏览器中就增加对 Vbscript 的支持。
- 存储（Persistence）：数据持久化，因为浏览器本地安全策略的限制，所以只能在用户机器上保存少量数据以支撑上层应用的交互，例如 Session 和 Cookie。但随着互联网的实际发展，HTML 5 标准定义了新的本地数据存储规范，可在用户许可的情况下访问本地硬盘建立一个轻量级的数据系统。

浏览器内核很多，如果加上所有的几乎没有什么人在用的非商业的免费内核，那么可能有 30 款以上甚至更多。下面的表 9.1、表 9.2 和表 9.3 列出了主流浏览器相关信息。

表 9.1 主流浏览器信息

名称	所有人	发布日期	当前版本	许可证	内核引擎
Chrome	Google	2008 年 9 月 3 日	PC-40.0.2214.115（2015 年 2 月 19 日） Android-40.0.2214.109（2015 年 2 月 4 日） iOS-40.0.2214.61（2015 年 1 月 20 日）	免费开源 BSD License	<ver28 为 webkit >ver28 为 Blink

续表

名称	所有人	发布日期	当前版本	许可证	内核引擎
Internet Explorer	Microsoft	1995 年 8 月	11.0.9600.17207（2014 年 7 月 9 日）	免费	Trident（Win） Tasman（Mac）
Mozilla Firefox	Mozilla 基金会	2002 年 9 月 23 日	35.0.1（2015 年 1 月 27 日）	免费开源 MPL、MPL/GPL/LGPL 三方授权	Gecko
Opera	Opera Software	1996 年 9 月	Blink-27.0.1689.69（2015 年 2 月 10 日） Presto-12.17（2014 年 4 月 23 日）	免费	Presto（停止） Blink（当前）
Safari	Apple	2003 年 6 月 23 日	7.0.1（2013 年 12 月 16 日）	免费 LGPL 授权	Webkit

表 9.2　　各浏览器对操作系统的支持度

名　称	Windows	Mac OS X	Linux	UNIX
Chrome	支持	支持	支持	不支持
Internet Explorer	支持	不支持	不支持	不支持
Mozilla　Firefox	支持	支持	支持	支持
Opera	支持	支持	支持	支持
Safari	不支持	支持	不支持	不支持

表 9.3　　各浏览器对 W3C 标准的支持度

名　称	CSS2	CSS3	JS	XSLT	XHTML	RSS	HTML5
Chrome	支持	支持	支持	支持	支持	支持	部分支持
Internet Explorer	部分支持	支持	支持	支持	支持	支持	部分支持
Mozilla　Firefox	支持	支持	支持	支持	支持	支持	支持
Opera	支持	支持	支持	不支持	支持	支持	部分支持
Safari	支持	支持	支持	部分支持	支持	支持	部分支持

9.2 内核之母

在浏览器内核发展的历史上，Mosaic 内核绝对是当前所有主流浏览器内核之母（Apple 的 webkit 和 Google 的 blink 使用的内核起源不在这个行列），它是第一款被普遍使用而且能够显示图片的网页浏览器（早期的终端都是字符界面的，工作枯燥无味，现在复古的字符画就是当年程序员们的业余杰作），由美国伊利诺伊大学香槟分校的NCSA组织在1993年发布。Mosaic的出现是互联网起始的重大标志之一，虽然之前也有一些其他的图形终端浏览器，但都没Mosaic那么出名（使用范围广），造化作弄人啊。

Mosaic首期版本只支持UNIX的xwindow，后续版本才提供Windows平台、Mac平台的支持，Mosaic核心开发牛人和硅谷小伙伴们一起成立了网景Netscape Communications Corporation，聘用了许多Mosaic项目工程师，但是网景并没有直接使用Mosaic代码（从某些角度来说，在没有取得版权、商标、专利许可授权、技术授权许可而直接使用源码是绝对的偷盗行为，法律后果严重。但是你有了核心人员重新按照原理另起炉灶那就不一样了）。当时Spyglass公司通过NCSA组织授权商标许可生产自家的网页浏览器Spyglass Mosaic，Spyglass也没有直接使用Mosaic代码，按照当时的Mosaic实现自己搞了一套，做的也是风生水起（当年的浏览器内核技术不是很复杂，支持有限标签转换，支持位图BMP、GIF和JPG格式，支持简单JavaScript脚本调用，所以实现简单）。随后，微软于1995年用200万美元（其实整个交易总涉及金额为1000万美元）买下Spyglass公司的Spyglass Mosaic浏览器的全部专利授权并加以修改，更名为Internet Explorer。

9.3 内核之意

9.3.1 Trident

Trident，Internet Explorer浏览器使用的内核，1997年的Internet Explorer 4中被采用，是微软在Mosaic内核代码的基础之上修改而来的，并沿用到目前的Internet Explorer 10。Trident实际上是一款开放的内核，其接口内核设计的相当成熟，因此才有许多采用Internet Explorer内核而非Internet Explorer的浏览器涌现（如 360浏览器、Maxthon等）。此外，为了方便也有很多人直接简称其为Internet Explorer内核。

由于Internet Explorer本身的“垄断性”，从Windows 95一直到Windows XP初期，微软采用操作系统和浏览器捆绑策略使得Trident内核长期一家独大，而且微软很长时间都没有更新Trident内核，导致了几个严重后果，首先是Trident内核与W3C标准脱节，各干各的，其次是Trident内核的大量 Bug导致安全性问题严重（例如BHO问题，当年大量流氓软件就是借用此技术在用户浏览器进行标题、菜单和访问的挟持），而修复的滞后性让一些开发者和学者们一致认为Internet Explorer浏览器不安全，造成很多用户转向了其他浏览器，比如 Firefox 和 Opera。

从 Internet Explorer 9 开始微软积极靠拢 W3C 全面支持其相关规范标准，推出一系列的兼容性测试虚拟机和测试平台 Modern.IE (https://www.modern.ie/)，推动前端开发人员更好地捕获兼容性 Bug。Modern.IE 提供 Internet Explorer 11 on Windows10、Internet Explorer 11 on Windows7、Internet Explorer 11 on Windows8.1、Internet Explorer 10 on Windows8、Internet Explorer 10 on Windows7、Internet Explorer 9 on Windows7、Internet Explorer 8 on Windows7、Internet Explorer 8 on WindowsXP、Internet Explorer 7 on Windows Vista、Internet Explorer 6 on Windows XP 合计 10 组虚拟机用以支撑基于 Internet Explorer 浏览器的兼容性测试。另外，这些虚拟机可以被 Hyper-V On Windows Server 2012 & Windows 8 Pro w/Hyper-V、VirtualBox、VMware Player、Virtual PC 四种主流虚拟机软件所使用，请仔细选择。如果你觉得 Modern.IE 提供的兼容性测试环境组合过小，微软也提供了 BrowserStack 为你做更多的选择，BrowserStack 的访问网址为 http://www.browserstack.com，属于老牌兼容性测试平台，基于云构技术可以为用户提供更多的测试虚拟机。

9.3.2 Gecko

网景 Netscape 6 版本前采用 Mosaic，网景 Netscape 6 版本后全部更换为 Gecko 内核（FireFox 内核）。事实上，Gecko 内核跟 Internet Explorer 项目团队有莫大的关系，互联网蛮荒时期微软对浏览器标准是非常看重的，强势的微软完全脱离 W3C 标准化组织，自己做标准（如果有兴趣大家可以用 Internet Explorer 6，看得出垄断绝对扼杀任何创新）。网景和微软的互联网浏览器战争后，网景慢慢变得弱势，其 Netscape 产品系列逐渐边缘化，后期网景被美国在线并购，一代枭雄终矣。

市场独大的微软傲视群雄后有段时间疏于 Internet Explorer，这导致了微软内部一些极客们的不满，所以他们找到 Netscape 的员工一起创办了 Mozilla，将 Mosaic 内核重新包装编译后推出 Gecko 内核。Gecko 内核完全开源，任何人和组织都可以随意浏览它的源码树进行增加、修改和二次开发。不过事实上，Gecko 内核的浏览器仍然还是 Firefox（火狐）用户最多，所以有时也会被称为 Firefox 内核。Gecko 属于跨平台内核，可以在 Windows、BSD、Linux 和 Mac OS X 中使用。

当前最新的 FireFox 版本为 35，这个版本的浏览器变得越来越臃肿，似乎 FireFox 产品在走 IE 当前的老路，有一些特别致命的兼容性问题，例如：对 Flash 插件支持的不够，很容易挂死整个浏览器；渲染引擎对某些显卡驱动支持有问题，造成花屏或者当前页面停止渲染等。

9.3.3 Presto

Presto（Opera 前内核，目前已废弃），Opera 12.16 及更早版本曾经采用的内核，现已停止开发。Presto 使用 Elektra 排版引擎，其特点就是渲染速度非常快，但是牺牲了网页的兼容性。

Presto 属于商业引擎，并没有开源，只供 Opera 浏览器使用。据说 Presto 内核执行同等 Javascript 代码所需的时间只有 Trident 内核、Gecko 内核执行时间的 1/3。Presto 包括加入动态功能，例如网页或其部分可随着 DOM 及 Script 语法的事件而重新排版渲染。

Opera 现已改用 Google Chrome 的 Blink 内核和 V8 引擎，因为在移动互联网时代，速度快还不够，需要更高的兼容性和稳定性。

9.3.4 WebKit

WebKit（Safari 内核）是 Apple 的开源浏览器引擎，也是苹果 Mac OS X 系统引擎框架的名称，其前身是 KDE Group（K Desktop Environment）的 KHTML（一个历史悠久的排版 Web 引擎，1998 年开发，最初应用于 UNIX），Apple 在比较了 Netscape 的 Gecko 引擎和 KHTML 引擎后选择了它。WebKit 包含 WebCore 排版引擎（渲染引擎）和 JSCore 引擎（Javascript 引擎），对应 KDE Group 的 KHTML 和 KJS，WebKit 拥有比较清晰的架构和极快的渲染速度，而且更为小巧，其系统组成可参见图 9.6。

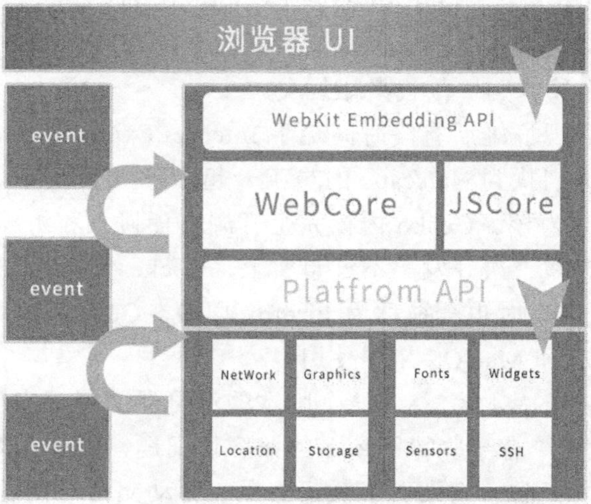

图 9.6 WebKit 浏览器

WebKit 内核非常优秀，但是在 Windows 平台上并不出名，因为微软把 Internet Explorer 浏览器捆绑在操作系统里销售，大量的 Web 前端都是基于 Internet Explorer 开发的，例如大部分网银支持 Internet Explorer 却不支持 Safari ，进一步限制了 WebKit 的推广。不过在 Mac OS X 平台上，Apple 同样将 Safari 捆绑在操作系统里，这样轮到 Internet Explorer 在 Mac OS X 平台上表现平平。

WebKit 属于非常适合移动互联网的浏览器，Safari 5 版本后已经不再提供 Windows 可执行版本全面回归 Mac OS X 和 iOS 平台。而且 WebKit 是最贴近 HTML 5 规范的，一些其他浏览器都没实现的 CSS 样式特性首先都在 WebKit 中被支持了。

9.3.5 Chromium &Blink

Chromium（2008 年 12 月 11 日发布初始版本，Chrome 内核）是 chrome 浏览器项目总称，使用 BSD 许可证的开源项目，所有 Google 的浏览器新技术都会被首先应用于该项目，等到大规模测试稳定后才会被引入 Chrome 浏览器（该浏览器不开源）分支中。实际上 Google 一边资助 Firefox 的发展，一边打造符合自己远景战略的浏览器，主要突出简单、高速、稳定、安全等理念，这些理念更加靠拢移动互联网应用模式。Chromium 在架构上使用了 Apple 的 WebKit 内核引擎，Safari 浏览器的部分源码结合了 Firefox 的最新研发成果。Google 并没有采用 Apple 和 Mozilla 的 JavaScript 引擎，而是自己重写了一个崭新的高速 V8 引擎，该引擎的出现大大提升了浏览器解析、编译 JavaScript 的执行效率，而且 V8 引擎可以被独立编译嵌入到其他项目中。

Chromium 项目的更新速度极快，每隔数小时即有新的开发版本发布，属于免安装工程版本，下载对应 zip 包后直接解压就可以使用。Chromium 项目和 Chrome 浏览器都使用 Apple 的 WebKit 内核，一直到 Chrome 28 版本后 Google 终于推出自己的全新浏览器渲染内核 Blink（HTML/CSS 渲染引擎），该内核基于 WebKit 的一个分支构建，Opera 同年也关闭了自己的 Presto 内核后续研发，全面靠拢 Google Chrome 和 Chromium 项目新方向。

新的 Blink 和 V8 全部是为了更好地支撑后续移动互联网的发展，符合高性能、低能耗、简单、安全等窄设备要求，而且在 W3C 最终推出 HTML 5 标准后，这种发展的趋势更加明显。可以预见的是，未来所有的应用全部使用 HTML+JS 构建，用户不用进行本地化下载和安装，即插即用模式更加便捷。

9.4 渲染与解析

渲染器主要负责对各种标签、元素、对象的绘制，如果有浏览器扩展程序的配合还可以显示其他类型的内容，例如使用 Adobe 提供的 PDF 插件就能显示 PDF 文档，使用 MP3 解码器就能在网页中播放音乐。渲染器非常强大，也是浏览器性能具体体现。渲染器开始会从网络层获取请求文档的内容，内容被流的方式组成包排队进行解析（包大小和包个数通常由各浏览器自己约定），通常用户看到网页上的内容在展现上也是有先后顺序逐步加载的。

如图 9.7 所示，渲染器开始解析 HTML 文档内容，并将 HTML 文档内标签逐个转化成 DOM 树上的 DOM 节点，同时也会解析<Style>标签外部引入的 CSS 样式表文件并将这些带有布局、视觉指令的信息将用于创建 Rende 渲染树。Rende 渲染树包含多个视觉属性（如 Color、Size、Pading 等）矩阵。这些矩形的层叠顺序就是它们即将在屏幕上显示的先后顺序。

图 9.7 渲染器基本处理流程

Rende 渲染树构建完毕之后，进入布局处理阶段也就是为每个 DOM 节点分配一个浏览器内的准确坐标值。接下来是绘制处理，渲染器会遍历 Rende 渲染树，由 GPU 将每个节点最终绘制出来。为达到更好的用户体验（因为互联网通信的特点，所以针对树内实际元素的这些处理都是异步的，例如用户去某些音乐网站首先展现的就是播放器，而内容物则是在播放器全部载入完毕后再链接引入加载的），渲染器对文本内容处理的优先级最高，而且它不必等到整个 HTML 文档全部解析完毕之后才开始构建 Rende 渲染树和对应的布局构建。就像队列一样先进先出，不断地接收和处理来自网络的剩余内容，渲染器会将这些内容解析并绘制出来，直到全部处理完毕。

这一点渲染器和 JS 引擎正好相反，JS 引擎必须被浏览器全部载入后才会正常工作。图 9.8 为 Apple WebKit 渲染器的处理流程。

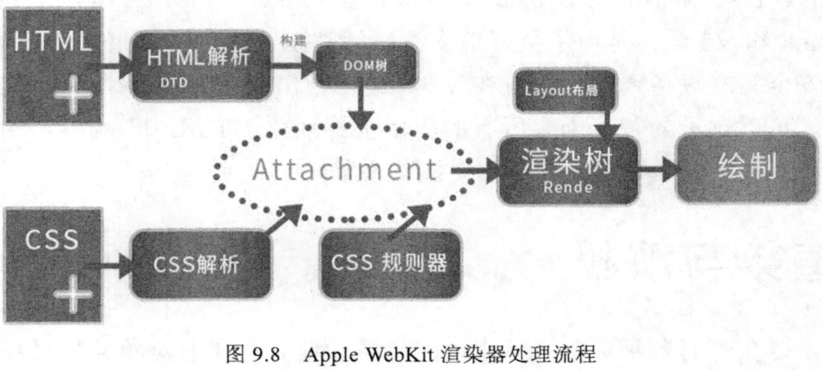

图 9.8 Apple WebKit 渲染器处理流程

HTML 的词汇和语法在 W3C 组织创建的规范中进行了定义，常用版本为 HTML 4.01，最新版本 HTML 5（发布日期为 2014 年 10 月 28 日），相关链接为 http://www.w3.org/TR/2014/REC-html5-20141028/。HTML 和 XHTML（XHTML 是 3 种 HTML 4 文件根据 XML 1.0 标准重组而成的）从形式上来说差不多，但是在语义检查上 HTML 表现的更为"宽容"，它允许省略某些隐式添加的标记，有时还能省略一些起始或者结束标记等属于"软性"语法。另外，HTML 是一种基于标准通用标记语言（SGML）的应用，是一种非常灵活的置标语言，而 XHTML 则基于可扩展标记语言（XML）。XML 是 SGML 的一个子集。至现时为止，XHTML 共有以下几个版本。

（1）XHTML 1.0 Strict（严格版）是参照"HTML 4.01 Strict"改编的，但不包括被弃用的元素。其文件类型描述为：

```
<!DOCTYPE html PUBLIC "-//W3C//DTD XHTML 1.0 Strict//EN" "http://www.w3.org/TR/xhtml1/DTD/xhtml1-strict.dtd">
```

（2）XHTML 1.0 Transitional（过渡版）是参照"HTML 4.01 Transitional"改编的，包括已于 Strict 版本被弃用的呈现性元素（例如<center>，<font>等）。其文件类型描述为：

```
<!DOCTYPE html PUBLIC "-//W3C//DTD XHTML 1.0 Transitional//EN" "http://www.w3.org/TR/xhtml1/DTD/xhtml1-transitional.dtd">
```

（3）XHTML 1.0 Frameset（框架版）是参照"HTML 4.01 Frameset"改编的，并允许于网页中定义框架元素。其文件类型描述为：

```
<!DOCTYPE html PUBLIC "-//W3C//DTD XHTML 1.0 Frameset//EN" "http://www.w3.org/TR/xhtml1/DTD/xhtml1-frameset.dtd">
```

（4）XHTML 1.1。其文件类型描述为：

```
<!DOCTYPE html PUBLIC "-//W3C//DTD XHTML 1.1//EN" "http://www.w3.org/TR/xhtml11/DTD/xhtml11.dtd">
```

（5）XHTML Basic。其文件类型描述为：

```
< DOCTYPE html PUBLIC "-//W3C//DTD XHTML Basic 1.1//EN" "http://www.w3.org/TR/xhtml-basic/xhtml-basic11.dtd">
```

所有 HTML 的定义采用了 DTD（Document Type Definition）格式，包括所有允许使用的元素及其属性和层次结构的定义。DTD 存在一些变体，严格模式完全遵守 HTML 规范，而其他模式可支持以前的浏览器所使用的标记。3 种 HTML DTD 表现如下。

（1）HTML Strict DTD：如果需要干净的标记，免于表现层的混乱，请使用此类型。

```
<!DOCTYPE HTML PUBLIC "-//W3C//DTD HTML 4.01//EN" "http://www.w3.org/TR/html4/strict.dtd">
```

（2）HTML Transitional DTD：Transitional DTD 可包含 W3C 所期望移入样式表的呈现

属性和元素。如果开发者基于不支持 CSS 样式表的浏览器做前端开发，请使用此类型。

```
<!DOCTYPE HTML PUBLIC "-//W3C//DTD HTML 4.01 Transitional//EN" "http://www.w3.org/TR/html4/loose.dtd">
```

（3）HTML Frameset DTD：Frameset DTD 应当被用于带有框架的文档，即 frameset 元素取代了 body 元素，其他等同于 Transitional DTD。<!DOCTYPE HTML PUBLIC "-//W3C//DTD HTML 4.01 Frameset//EN" "http://www.w3.org/TR/html4/frameset.dtd">

使用 DTD 的目的是确保向下兼容一些早期版本的内容，最新的严格模式 HTML DTD 可以在这里找到：www.w3.org/TR/html4/strict.dtd。

DOM 树是由 DOM 元素和属性节点构成的树状结构，DOM 是文档对象模型（Document Object Model）的缩写，是 HTML 文档的对象表示，同时也是外部内容（例如 JavaScript）与 HTML 元素之间的接口。DOM 树的根节点是“Document”对象，如果你要操作 DOM 树上某一属性节点就必须使用它，与标记之间几乎是一一对应的关系。例如，图 9.9 所示的 HTML 标记，经过 DOM 规则解析成如图 9.10 所示的 DOM 树。

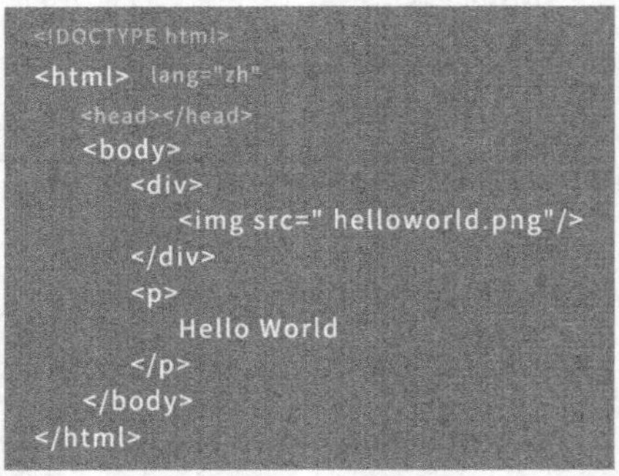

图 9.9 待解析的 HTML

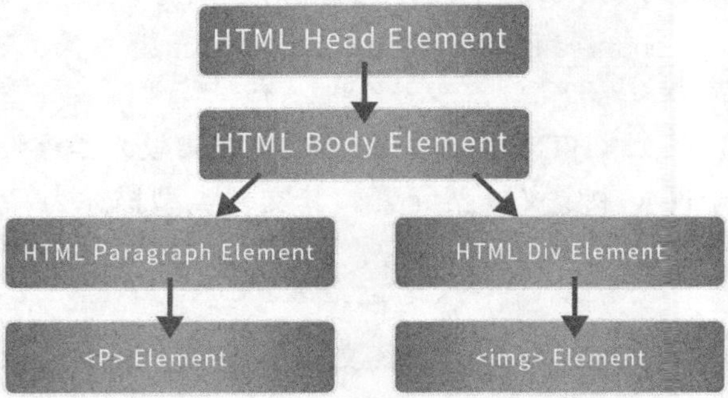

图 9.10 解析后的 DOM 树

和 HTML 一样，DOM 也是由 W3C 组织指定的。请参见 www.w3.org/DOM/DOMTR。这是关于文档操作的通用规范。其中一个特定模块描述针对 HTML 的元素。HTML 的定义可以在这里找到：www.w3.org/TR/2003/REC-DOM-Level-2-HTML-20030109/idl-definitions.html。

在创建解析器的同时，也会创建 Document 对象。在树构建阶段，以 Document 为根节点的 DOM 树也会不断进行修改，向其中添加各种元素（例如使用了 AJAX 技术动态异步增加、删除和修改 DOM 树内元素节点行为，或者使用 CSS 样式功能根据用户事件改编元素属性行为）。标记生成器发送的每个节点都会由树构建器进行处理。规范中定义了每个标记所对应的 DOM 元素，这些元素会在接收到相应的标记时创建。这些元素不仅会添加到 DOM 树中，还会添加到开放元素的堆栈中，此堆栈用于纠正嵌套错误和处理未关闭的标记。上述示例输入的树构建过程如图 9.11 所示。

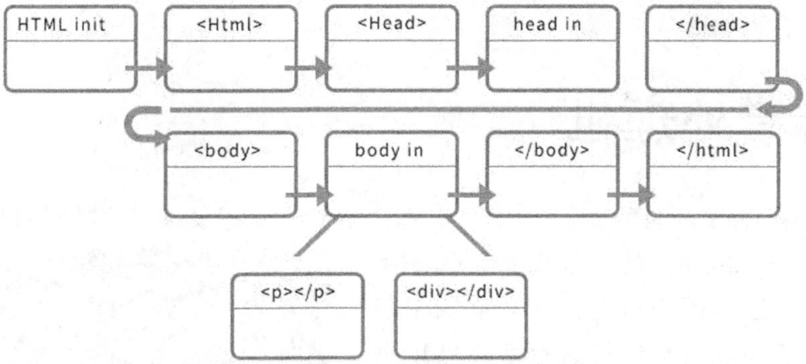

图 9.11 元素标签解析处理过程

DOM 树构建阶段的输入是一个来自标记化阶段的标签序列。第一个模式是“HTML 初始化”，这个阶段需要对整个 HTML 构建进行预定义处理，在源码中隐性包含了“<!DOCTYPE html>”，这意味着开发人员即使没有添加此定义，浏览器还是会默认添加一个以 HTML 5 规范做整个 HTML DOM 的解析。接收 HTML 标记后转为“HTML 块起始定义”模式，并在这个模式下重新处理此标记。这样会创建一个 HTML Element 元素，并将其附加到 Document 根对象上。

然后状态将改为“Head 块起始定义”。此时接收<body>元素标签，注意图中描述了隐性的<head>元素标签，这意味着即使源码中没有<head>元素标签，解析也会隐式创建一个 Head Element 元素标签，并将其添加到树中。随后进入了“Head 块内循模式”，然后跳出“Head 块内循模式”，这其实在 HTML 语义处理上属于一个封闭的 Block（大家看到这里应该明白，为什么 XHTML 对于标签元素的封闭检查这么严格，本质上一个封闭的 Block 是稳固系统构建的基础，而开发人员似乎并不明白这些，当他们添加元素标签的时候总寄希望于万能的浏览器帮他们处理那些乱七八糟的闭环问题，兼容性 Bug 出来也是一种必然）。系统对<body>元素标签进行重新处理，创建并插入 Body Element，同时模式转变为“body 块内循模式”。

现在，逐一解析“Hello world”字符串生成的一系列字符标记，在接收第一个字符时就会创建并插入<p>节点，而其他字符也将附加到该节点内。接收 </body>结束标签会触发跳出“body 块内循模式”模式。现在将接收 </html>结束标签，然后跳出“HTML 块结束定义”模式，整个解析过程就此结束。

整个阶段结束后，浏览器会将文档标注为交互状态，并开始载入<script>标签，解析那些处于“deferred”模式的脚本，也就是那些应在文档解析完成后才执行的脚本。然后，文档状态将设置为 over，一个 load 事件将随之触发。这也是为什么说在整个 HTML 文档结构中，有些聪明的开发总喜欢在</html>之前定义 script 标签做脚本载入设定，完全出于顺序和效率的考虑。

9.5 容错处理机

当你在浏览 Web 页面的时候，从来都不会看到“语法无效”这样的错误提示（注：倒是经常看到 JavaScript 的错误提示，例如某某对象无效等）。这是因为浏览器会自动纠正任何无效内容，已完成后会继续进行解析展现页面的工作。以图 9.12 所示的 HTML 代码为例，本部分代码违反了很多 HTML 语法规则，首先“mydiv”不是标准标签定义，其次“p”和“div”元素之间的嵌套有误（块语句嵌套有自己严格的规则），但是可以惊奇地发现浏览器仍然会正确地显示这些内容，一点都不影响用户正常的浏览和阅读。

```
<!DOCTYPE html>
<html> lang="zh"
    <head></head>
    <body>
        <mydiv>
            hi!
        </mydiv>
        <div>
            <img src=" helloworld.png"/>
            <p>
        </div>
            Hello World
            </p>
    </body>
</html>
```

图 9.12　待解析的 HTML

浏览器的一个重要用户体验指标就是对错误的处理机制是否强悍，但这种机制属于各家自己的行为并不是 W3C 规约的。这种机制从浏览器的进化中演变而来，从严格意义上来说任何网站都存在着大量显式和隐含的 HTML 语法错误，每一种浏览器都会尝试自动地修复这些无效结构。

9.6 布局与绘制

HTML 基于流式布局模型，流式布局在一次载入后就能历遍所有显示元素的几何及位置信息。流中后排元素通常不会影响前排位置元素的几何及位置特征，因此布局可以按从左至右、从上至下的顺序历遍文档流。例外的情况就是，比如 HTML 的<table>标签需要元素内做多次历遍过程，因此<table>标签也是 HTML 中在布局上最难控制的，某些替代的方案使用<div>标签。所有元素的坐标系是相对于根框架而建立的，使用的是上坐标和左坐标（x，y）。

布局是一个递归的过程，如图 9.13 所示。它从 root 呈现器（对应于 HTML 文档的<html> 元素）开始，然后递归遍历部分或所有的框架层次结构，为每一个需要计算的呈现器计算几何信息。root 呈现器的位置基于浏览器窗口的可见区域左上定点位置是（0,0），其尺寸为有效窗体（view screen）。所有的呈现器都有一个“layout”或者“reflow”

方法，每一个呈现器都会调用其需要进行布局的子代的 layout 方法。为避免对所有细小更改都进行整体布局，浏览器采用了一种策略（dirty 标记），如果某个呈现器发生了改变或者将自身及子呈现器标注为“dirty”，浏览器渲染引擎根据需要进行重置布局。（注意有两种标记：“dirty”和“children dirty”。“children dirty”表示尽管呈现器自身没有变化，但它至少有一个子代需要布局。）

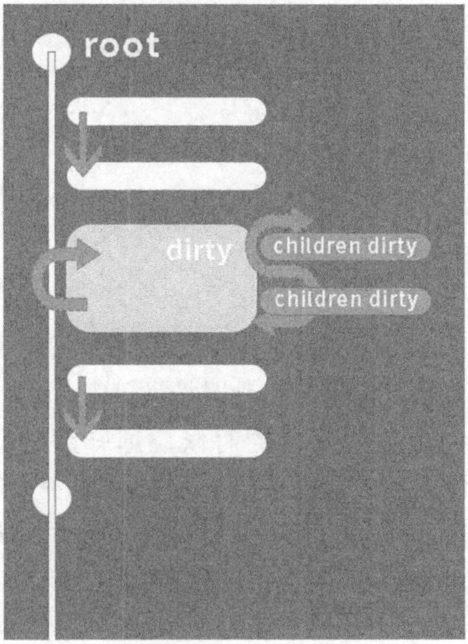

图 9.13 增量布局

布局在更改呈现范围上区分为全局布局和增量布局。全局布局指触发了整个呈现树范围的布局，触发原因包括以下两项。

- 影响所有呈现器的全局样式表变更，例如字体更改或者字号、间距变更等。
- 屏幕大小调整，指定 screen 根据设备实际可视尺寸变更。

布局可以采用增量方式，也就是只对 dirty 呈现器及其子代进行布局。当呈现器标记为 dirty 时会触发增量布局（异步模式，非一对一指定应答模式）。例如，当来自 jquery 操作元素外观、事件时把额外的内容添加到 DOM 树上，新的对应呈现器也被附加到了呈现树中。

如果布局是由“大小调整”或呈现器的位置（而非大小）改变而触发的，那么可以从缓存中获取呈现器的大小，而无需重新计算。在某些情况下，只有一个子树进行了修改，因此无需从根节点开始布局。这适用于在本地进行更改而不影响周围元素的情况，例如在文本字段中插入文本（否则每次键盘输入都将触发从根节点开始的布局）。

值得一提的是，元素最终展现的宽度是根据对应元素容器的宽度，样式表中的“width”属性以及容器间边距、边框综合计算得出的。例如，div 元素的宽度：<div style="width:85%" />（注意：指定 div 容器的宽度按照实际尺寸的 85%等比缩放后计算得出一个绝对值），如果是浏览器，那么容器宽度取容器 clientWidth 实际值，计算公式如下：

```
clientWidth() - paddingLeft() - paddingRight()
```

clientWidth 和 clientHeight 表示一个对象的内部（除去边框和浏览器滚动条）。

和布局一样，绘制也分为全局绘制和增量绘制两种。增量绘制中部分呈现器即使发生了更改，也不会影响整个树的绘制。更改后的呈现器将其在屏幕上对应的矩形区域设为无效（即停止浏览器画板进行刷新），随后无效的矩形区域将被标记为“dirty 区域”，生成“paint”重绘事件。一旦新的绘制动作完成后，呈现器标记失效，最终浏览器视觉部分完成了新内容的显现。

CSS2规范定义了绘制流程的顺序，绘制的顺序为元素进入绘制堆栈中呈现样式上下文的顺序，这些任务会从后往前绘制，一个典型块呈现器（例如div）的堆栈绘制顺序如下。

（1）背景颜色。

（2）背景图片。

（3）边框。

（4）子代。

（5）轮廓。

以Firefox绘制一个块元素为例，在动作启动后Firefox会遍历整个呈现树，为绘制的矩形建立一个事件队列（可以理解为，建立了一个元素及其子元素呈现属性的对应事件监听器），呈现器按照正确的顺序进行绘制，先是绘制元素背景然后是绘制边框等。等到块元素变化的时候，通知事件队列对对应呈现属性绘制即可，这样不用进行全部重绘（绘制所有背景，然后绘制所有图片，再绘制所有边框等），增加系统开销和令人烦恼的全页面等待。另外，Firefox对此过程进行了优化，对隐藏元素及其子元素不进行绘制，对遮挡元素不进行绘制。Firefox目前的所有版本，渲染引擎只对浏览器可视屏幕进行绘制，当用户拖动向下、向上滚动条的时候才会绘制增量的部分。

呈现引擎采用了单线程设计，几乎所有操作（除了网络操作，网络操作是异步过程处理）都是在单线程中进行的。Firefox和Safari中呈现引擎线程合并于浏览器的主线程处理，而在Chrome浏览器中，浏览器为每个显示标签设置一个呈现引擎主线程处理。

如图9.14所示，CSS框模型描述的是针对文档树中的元素而生成，并根据可视化格式模型进行布局的矩形框。每个框都有一个内容区域（例如文本、图片等），还有可选的周围补白、边框和边距区域。

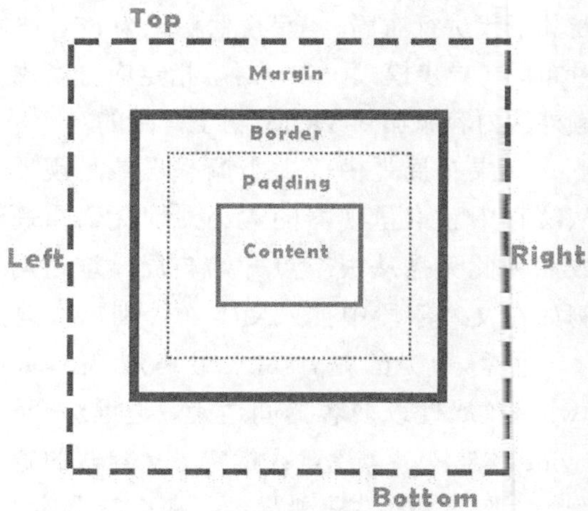

图9.14 CSS2 框模型

所有元素都有一个“display”属性，决定了它们所对应生成的框类型。元素分为块元素、内联元素和None元素（block - generates a block box。Inline - generates one or more inline boxes。None - no box is generated）。元素默认指定为内联元素，但是CSS样式表设置了其他默认值，例如div元素的display属性默认值是块元素。所有元素根据浏览器可视位置进行定位，可分为相对定位、浮动定位和绝对定位。

（1）相对定位：根据对象在文档中的位置进行定位，也就是说对象在呈现树中的位置和它在 DOM 树中的位置相似，并根据其框类型和尺寸进行布局。

（2）浮动定位：对象先按照普通流进行布局，然后尽可能地向左或向右移动。

（3）绝对定位：对象在呈现树中的位置和它在 DOM 树中的位置不同。

定位是由“position”属性和“float”属性设置的，如果值是 static 和 relative，就是普通文档流，表示显示元素在文档中按照顺序排列定位，下元素根据上元素的底边位置紧密排队显示，static 定位无需定义位置，而是使用默认定位。指定位置 4 属性 top、bottom、left、right 即可。如果值是 absolute 和 fixed，就是绝对定位，表示元素脱离正常文档流，随心所欲并且释放原文档流中所占用的位置空间。

CSS 中框的布局方式是由以下因素决定的。

- 框类型。
- 框尺寸。
- 定位方案。
- 外部信息，例如图片大小和屏幕大小。

block 框：形成一个 block，在浏览器窗口中拥有自己的矩形区域，如图 9.15 所示。

inline 框：没有自己的 block，但是位于容器 block 内，参见图 9.16。

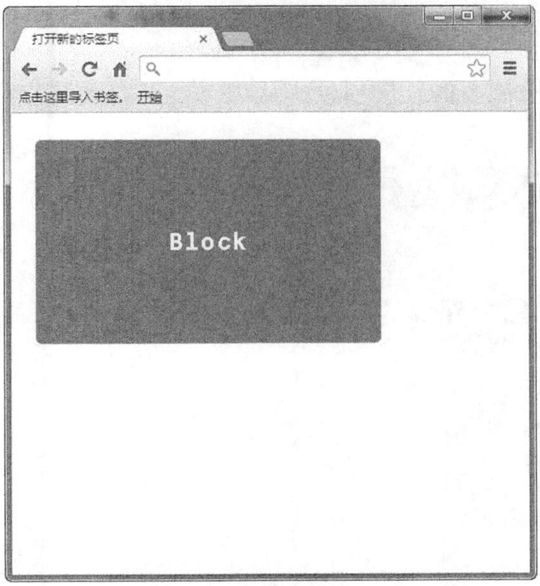

图 9.15 block 框

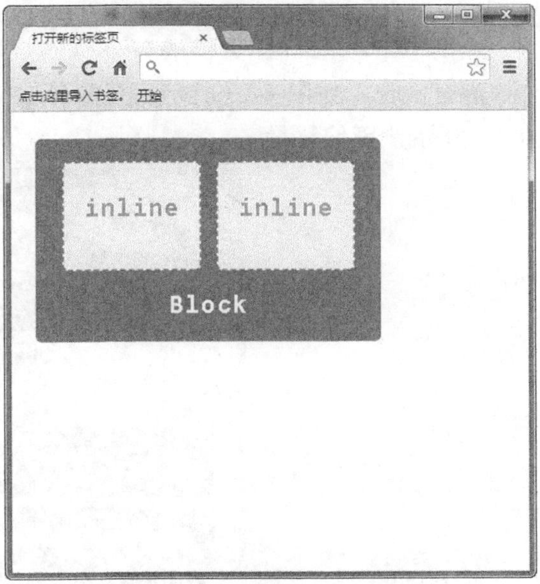

图 9.16 inline 框

block 采用的是一个接一个的垂直格式，而 inline 采用的是水平格式，参见图 9.17。

inline 框放置在行中或“行框”中。这些行至少和最高的框一样高，还可以更高，当框根据“底线”对齐时，这意味着元素的底部需要根据其他框中非底部的位置对齐。

如果容器的宽度不够，inline 元素就会分为多行放置。

相对定位，如图 9.18 所示，先按照文档流定位，然后根据所需位置偏移量进行移动，但不释放文档流中的位置属性。

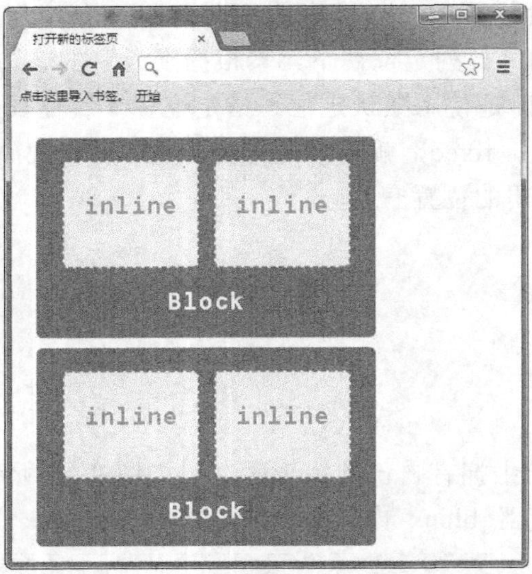

图 9.17 block 和 inline 格式

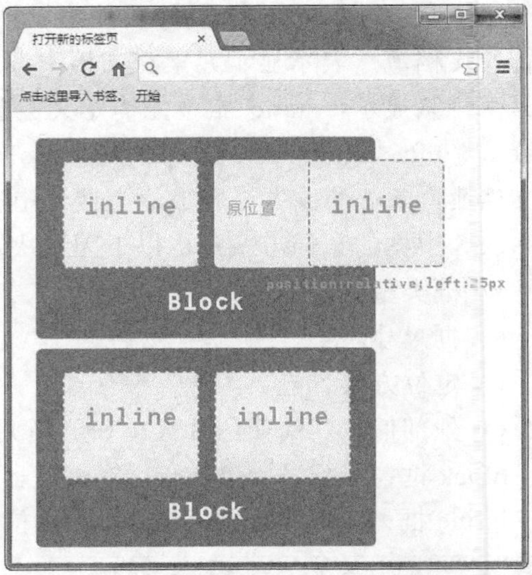

图 9.18 相对定位

绝对定位，如图 9.19 所示，直接释放文档流中的位置属性，从浏览器可视区域位置（0,0）开始计算偏移量。

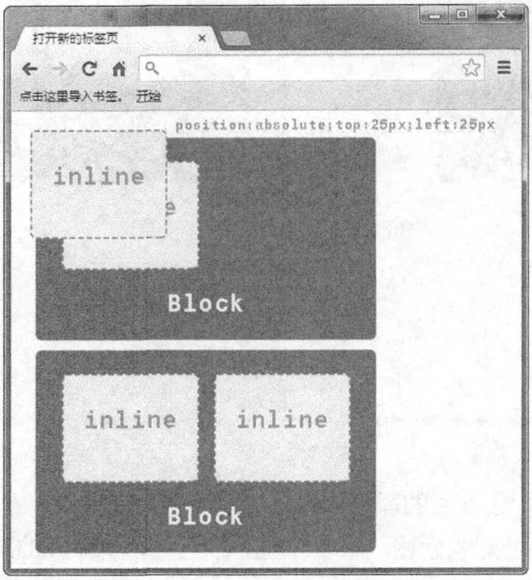

图 9.19 绝对定位

9.7 兼容性问题案例

Web 的兼容性问题很复杂，2014 年曾经在浙江某商业银行（以下简称 zBank）处理过一些前端兼容性的问题，本节将逐一进行介绍。

9.7.1 网银中使用的 jQuery 版本问题

在预读浏览器版本时做判断，若为 IE 6 则将 jQuery 版本降下来。经过网上比对和仔细的分析，jQuery 的版本问题并不会直接影响 IE 6 的稳定性问题，只是过高的版本会造成某些 element 的失效，更深层次意义上的 IE 崩溃取决于 IE 6 的历史 bug fix 和网银 5.0 div 或者数据拼装的问题。另外，在目前的网银 5.0 中包含了大量为了兼容 IE 6 的 hack 代码，这些都是未在公开领域真正经过稳定性验证的。经过排查分析，各大网站使用 jQuery 的版本如下。

- zBank 网银 5.0：jQuery JavaScript Library v1.10.1（参照）。
- 某四大行 1 银行：jQuery JavaScript Library v1.3.2。
- 某四大行 2 银行：自研发 JS 平台。
- 某四大行 3 银行：自研发 JS 平台，自带中英文切换。
- 某四大行 4 银行：jQuery JavaScript Library v1.2.6。
- 上海某商行 1 银行：自研发 JS 平台，版本更新稳定时间 2005 年，自带中英文切换。
- 北京某商行 1 银行：自研发 JS 平台，版本更新稳定时间 2003 年。

所以 zBank 使用太高的 jQuery 版本，而且相关的版本解决方案目前太少，风险较大。在 HTML 头中增加显式 JS 脚本，根据浏览器类型，浏览器版本进行 jQuery 的版本切换，建议 IE 6、7、8 版本都使用 jQuery JavaScript Library v1.4.2 稳定版本。

另外，上述的几家银行网银中，某四大行银行只允许用户在 IE 内核或者兼容 IE 内核的浏览器上使用，有明显的阻断操作提示。携带中英文字符包切换模块，现在越来越多的网银增加了自适应语言包。

9.7.2 IE 10 在响应式时间中 CSS 样式布局混乱

Bootstrap 的响应式布局为开关模式，根据上次开会的部分代码展示和前端开发人员描述会出现 Screen Size 尺寸变化后 div 偏移问题，根据 Bootstrap 的 API 描述如下。

（1）大屏幕显示 1200px 以上　　70px（栏宽）　　30px（间隔）

（2）默认 980px 以上　　　60px（栏宽）　　　20px（间隔）

（3）垂直平板 768px 及以上　　42px（栏宽）　　　20px（间隔）

（4）智能手机到平板电脑　　767px 及以下　　流动栏 不固定宽度

（5）手机 480px 及以下　　流动栏　　　　　　　　不固定宽度

但是上次开会没有描述究竟在哪个尺寸下出现了偏移，根据以往的开发经验，怀疑是 element 间隔出现的问题，因为在 Size 发生变化后，max 值在特定的区间内会被锁定，按照开发文档约定，原来并排的元素会根据空间位置的实际量进行新的排列，例如原来 3 列会变成 2 列，在 height 上做顺延，但是各元素栏宽、间隔不变，消除文档流产生偏移现象。

根据实际情况，使用 Firebug 人工跟一下实际产生的 HTML 源码，动态调整匹配 CSS 文件属性，如果是写法上的问题进行修改就可以。

9.7.3 CSS 重构以及 JS 文件分割优化

前端开发工程师在前端构建应用的时候，JavaScript 文件不宜过多，重构 JavaScript 需要根据项目多次迭代才能有效地消减，通过重构将过多的 JavaScript 文件进行合并、压缩、编译以增加浏览器的载入性能，目前的带宽对于下载 100 多千字节的文件开销不是很大，但是对于那些带宽不是很稳定的就会出现浏览器刷帧现象。目前，zBank 的 JavaScript 代码结构还是比较清晰的，而且代码的可读性非常好，只是有部分 JavaScript 文件因为将页面验证逻辑、业务功能控制、数据整理转发等整合在一起，会让后续维护非常困难，也就是说这样的文件以后只会越来越大。

针对 CSS 的问题，这个问题非常复杂，建议重构重复项，提炼公用 CSS 代码使用，而前端开发人员也有全局的 CSS 写法，可能是多名开发人员合作的结果。通常前端开发在快速书写代码中会首先使用自己的 CSS 属性进行设定，然后回过头再尽量 over 原有的全局属性，这是开发人员的普遍做法。好的公司会让架构层在开发前就出一份非常规范的框架使用案例，大家完成一定量的培训后才进行实际项目研发。

CSS 的问题跟 JS 的问题还不一样，而且危害性更大一些，因为多个 HTML 元素可以复用多个 CSS 属性，而你随意更改某个 CSS 属性后的结果对于任何开发是不可见的，即使是同一名开发所做的随着时间的延长也会变得模糊。

规范前端协作和开发的流程，可以在后续的迭代周期由 QA 发起整理，评审后发布。使用人工进行少量重构动作，进行代码评审会议，大家讨论哪些东西需要消减和提炼，必须得到开发人员的配合。

重构后的版本必须纳入一个人工可控的场景，即新的文件提交后不得随意进入测试机，必须经过专人检查后（通常是 QA）由专人负责提交到测试机，这个通常的解决方法是在 svn 进行版本 check，分为开发线、测试线和正式的上线版本，只是各个版本的切换必须得到 QA 的审批。

CSS 的重构需要大量的时间，需要评估影响范围，否则会造成不必要的混乱。使用 YSLOW 进行页面各元素的载入性能分析，解决页面拼装中出现的问题。

9.7.4 IE 6 浏览器上页面加载的性能问题（可导致 IE 6 崩溃）

IE 6 的崩溃问题和 JS 脚本对页面元素的拼装有直接的联系。主进程崩溃后，即使 VSTS 抓到了 Error，报告内容给出的也都是内存堆栈代码，这些十六进制代码无法准确判断原因。

通常 IE 6 崩溃的原因如下。

（1）设置 scrollbar-base-color，CSS 里给 table 做了定位，再通过 JS 改变其定位，IE 6 就崩溃了。

（2）document.write 写法异常。例如，回写数值类型在 CSS 中使用通配符*，在 HTML 的 table 标签中直接放置内容（而不是<tr>标签之类），CSS 中出现@+任意字符+/* 立即崩溃。

（3）onload="window()"写法异常。

（4）另外，根据 IE 6 Bug 的问题汇总得知，因 jQuery 的使用不当确实会造成 IE 6 全局崩溃。例如，在 callback 函数中未指定函数名，而是使用随机方式产生函数名称等。

由于 IE6 的崩溃会 Kill 掉浏览器主进程，因此这个问题必须通过代码隔离、逐渐调试的方式进行，即进行问题页面的代码检查后，使用隔离法缩小问题范围，直到找出问题的原因。对于一些常见的问题，当时的对应方案如下。

（1）关于 CSS 的问题探讨（在 http://www.zBank.com.cn/的 index.css 中摘取了一些样式定义写法）

```
.homeBannerBox .homeBannerNav .companyBank
a.comlink2{height:27px;background-position:-44px
-157px;margin-top:0px;}
.homeBannerBox .homeBannerNav .companyBank
a.comlink3{height:27px;background-position:-44px
-193px;margin-top:5px;}.homeBannerBox .homeBannerNav .companyBank
a.comlink4{height:27px;background-position:-44px
-229px;margin-top:5px;}.homeBannerBox .homeBannerNav .companyBank
a.comlink5{height:30px;background-position:-44px
-261px;margin-top:5px;}
```

表现如图 9.20 所示。

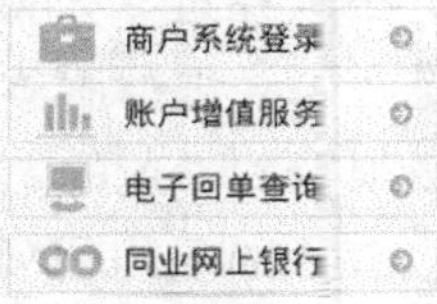

图 9.20 网银导航

相同的视觉元素，一般会进行 CSS 重构，但是在第 4 行的 height 定义了 30px，和其他的 27px 不同，根据前端元素显示这很明显是当时设计人员的“疏忽”，可能可以这样重新定义和启用 CSS 样式：

```
.comlink-height{height:27px}
.comlink-margin-top{5px;}
.comlink2{background-position:-44px -157px;}
.comlink3{background-position:-44px -193px;}
.comlink4{background-position:-44px -229px;}
.comlink5{background-position:-44px -261px;}
```

启用上述 CSS 定义（上述的 CSS 命名结尾使用了数字，这点在后续开发维护中会造成一点麻烦，最好的是：英语业务名词优先于汉字拼音业务缩写，实在没办法了才用数字，下下策）。

```
<a class="comlink2 comlink-height" target="_blank" href="https://corporbank.zBank.com.cn/busbank/"></a>
<a class="comlink3 comlink-height comlink-margin-top" target="_blank" href="https://mybank.zBank.com.cn/ corporbank/logon_basic.jsp"></a>
<a class="comlink4 comlink-height comlink-margin-top" target="_blank" href="https://mybank.zBank.com.cn/doorbank/electroReturnBill.do"></a>
<a class="comlink5 comlink-height comlink-margin-top" href="https://corporbank.zBank.com.cn/corporbank/index_sameTrade.jsp">同业网上银行</a>
```

使用 CSS 多定义有利于后期 CSS 文件增量开发维护，但是当时的设计人员有个微小的疏忽，即将 padding 的 3px 合计到第 4 行元素“height”中，这样至少违反了一个 CSS 样式使用约束，相同显示元素的块定义是整体的，按照上述修改的 CSS 会造成下面的<div class="subnavlist">在布局上移动 3px，那么这 3px 还是让下面的<div class="subnavlist">解决。

（2）关于 CSS 的问题探讨（在 element.style 中关于 id[#]、class[.]、name 三种使用界定）。

从团队的开发出发，对这 3 种选择器标记点是做了严格规定的，大家可以探讨以下几点。

① id[#]。这是专供 jQuery 或者 Javascript 或者 YUI 等这些原生或者框架使用的 element this 选择器，地位重要唯一，绝对不允许在 CSS 中使用，例如：

```
HTML: <a id="connect" target="_blank" href="https://mybank.zBank.com.cn/corporbank/logon_basic.jsp"></a>
CSS: #connect{ height:25px;width:40px;color:#FFFFFF } /*  严重的错误  */
```

② class[.]。这是专供的 element css 选择器，鼓励重构和复用，例如：

```
HTML:
<li  class="project-css-bu-li  project-bg-color-blue  project-border-color-gray" target="_blank" href="/A"></li>
<li  class="project-css-bu-li  project-bg-color-blue  project-border-color-gray" target="_blank" href="/B"></li>
<li  class="project-css-bu-li  project-bg-color-blue  project-border-color-gray" target="_blank" href="/C"></li>
<li  class="project-css-bu-li  project-bg-color-blue  project-border-color-gray" target="_blank" href="/D"></li>

CSS:
.project-css-bu-li{ height:25px;width:40px; }
.project-bg-color-blue{ background-color: #EDC16A !important; }
.project-border-color-gray{ background-color: #F7F7DE !important; }
```

③name。这是专供 element 框架和兼容性使用的选择器，在团队中只要是 form>input>submit 块提交的地方，element 必须定义 name，例如：

```
<form target="_top" action="http://search" name="search" id="jssearch" class="searchform_s">
        <input id="q" name="q" aria-label="请输入搜索文字" accesskey="s" autofocus="true" autocomplete="off"
</form>
```

在 xhtml 中输入时最好 id===name（因为 zBank 行使用 xhtml 宽松语义，所以不等也不要紧了）。jQuery 等框架也会不断地在升级过程中持续优化选择器函数的性能。为了兼容 IE 6 等浏览器，可能会出现的 element id 无法获取、element name 混乱等兼容性问题，这样的 default 也是必需的。另外：

```
<input type="hidden" name="commend" value="all">
<input type="hidden" name="ssid" value="s5-e" autocomplete="off">
<input type="hidden" name="search_type" value="item" autocomplete="off">
```

hidden 开关必须定义 name，id 可以写上同名，也可以忽略，从这么长的使用过程中似乎没发现过什么问题，但是这样写不太符合 xhtml。

（3）关于 CSS 文件在 HTML 载入初始化样式清空的问题。

对于这个，没有必要自己重写整个初始的 CSS 样式清空文件，很多其他大的公司（例如 yahoo、google、baidu 等）都有这样的 CSS 文件供大家使用，但是他们的东西私货太多，不敢用。在 zBank 的 global.css 中包含了这些，感觉这个文件中 CSS 过于粘连，不太利于后续维护开发迭代，建议使用 github 上的公版 normalize.css，很多知名的 CSS 框架和大公司都在使用，开源、豪华、上档次。

```
Github download: https://github.com/necolas/normalize.css
```

在后续的新项目中做 global.css 的分拆。（global 的词义跟 CSS 初始化词义风格不搭）。

（4）关于!DOCTYPE、内嵌<script>和 jquery 引入的问题。

既然使用了 PUBLIC "-//W3C//DTD XHTML 1.0 Transitional//EN" http://www.w3.org/TR/xhtml1/DTD/xhtml1-transitional.dtd，那么在所有的页面内嵌 Javascript 最好这么写：

```
<script type="text/javascript">
//<![CDATA[
        自己的变量、函数……
//]]>
</script>
```

对于页面内使用的“&”、“>”、“<”、空格等符号最好使用 xhtml 中的标准定义语义。对前端来说，只要是启用了 xhtml 就必须遵循这个守则，其实不启用也要这么做。

- 任何小于号（<），不是标签的一部分，都必须被编码为&lt。
- 任何大于号（>），不是标签的一部分，都必须被编码为&gt。
- 任何与号（&），不是实体的一部分的，都必须被编码为&amp。
- 任何双引号（"），不是实体的一部分的，都必须被编码为&quot。
- 任何空格，都必须被编码为 。

对于在个人网银首页的 jQuery 引入：

```
<script charset="utf-8" type="text/javascript" src="scripts/lib/jquery-1.2.6.js">
</script>
```

最好引入 jQuery-1.2.6 的 min 版本，虽然说 95KB 和 300KB 对于当前光纤普遍入户也构不成太大的 load 性能差异，但是从研发团队来说最终上线的正式版本最好都用经过压缩的版本。推荐 taobao 比较好的方式：

```
<script
src="//g.tbcdn.cn/??kissy/k/1.3.1/seed-min.js,tb/global/2.2.9/global-min.js,tb/tb-fp
/1.4.3/core-min.js?t=20131018" charset="utf-8" data-config="{combine:true}"></script>
```

虽然它的 JS 全部是从各分布 JS 服务器上来的，经过自己的重构，但是这样的方式比 zBank 行现在个人网银好得多。现在个人网银包含了 23 个 Javascript 文件引入，zBank 行的这 23 个引入有 google 的、yahoo 的、jquery 的、防提交图片验证的、第三方的等，太多了，眼花缭乱的。）其中：

```
<script src="scripts/lib/window.js" type="text/javascript"></script>
<script src="scripts/window.js" type="text/javascript"></script>
```

这两个 Windows 的 Javascript 文件从命名上都一样，如果是后续的开发接手，势必会造成维护困惑。另外，这两个文件的内部版本号分别是“1.3”和“1.0.3”，虽然不知道提供的公司还打不打算升级，但是最好还是继承 zBank 行前面的 JS 引入好习惯写法。另外这个<script src="scripts/window.js" type="text/javascript"></script>老代码都需要重构。

（5）关于 JavaScript 的全局变量问题和重构。

上面说了<script src="scripts/window.js" type="text/javascript"></script>的问题。首先这个 JavaScript 文件的内容在注释这块写得很不错，结构清晰、方便维护、一目了然。但是这个文件一次性生成了 13 个全局变量和 4 个全局函数，帮 BOM 的 Window 对象扩展了一堆的东西，这样的写法明显不符合当前 JavaScript 的流行思想，容易产生全局变量污染。另外，引用老外写的 windows.js，使用 Windows 定义他的 namespace，要是开发小写了 W，直接操纵 BOM 的 windows 对象了，2006 年的代码都需要重构了，最好引用 github 上的那些参与者众多的 project，否则根本没办法引用。

```
    <input type="button" style="width:86px;" value="  确定  " onclick="NewOverInput();"
name="button12">
    <input  type="button"  style="width:86px;"  ondblclick="setpassvalue();"  onclick=
"setpassvalue();" value=" 退格" name="button10">
```

首先不能直接在 HTML 中使用 style 来定义样式，因为不好维护和二次开发。其次最好不要用 HTML 中 element 的任何 onclick 属性，而应该定义好 element 的[name]、[id]，用 Javascript 或者 jQuery 在 JavaScript 文件中使用，因为你在 HTML 直接嵌入 JavaScript function()，维护迭代困难，另外内包语句多了很难看。ondbclick 和 onclick 的事件触发都使用了同一个 function，写法不好。

（6）压缩。

所有的 CSS 和 JavaScript 都需要压缩后再上线，废代码去除掉。例如，个人网银登录页面中的废代码。

```
    <script language="JavaScript">
    &lt;!--
          ......
    --&gt;
    </script>
```

（7）风格啊，全局。

最后在 http://www.zBank.com.cn/中摘取一段 HTML 的内嵌 JavaScript：

```
    <SCRIPT language="JavaScript">
    lastScrollY = 0;
    function heartBeat()
    {
    var diffY;
    if (document.documentElement && document.documentElement.scrollTop)
    diffY = document.documentElement.scrollTop;
    else if (document.body)
    diffY = document.body.scrollTop
```

```
    else
    {/*Netscape stuff*/}
    //alert(diffY);
    percent=.1*(diffY-lastScrollY);
    if(percent>0)
    percent=Math.ceil(percent);
    else
    percent=Math.floor(percent);
    document.getElementById("leftDiv").style.top = parseInt(document.getElementById
    ("leftDiv").style.top)+percent+"px";
    document.getElementById("rightDiv").style.top = parseInt(document.getElementById
    ("rightDiv").style.top)+percent+"px";
    lastScrollY=lastScrollY+percent;
    }
    //关闭按钮
    function close_all()
    {
    var left1 = document.getElementById( 'left1' );
    var right1 = document.getElementById( 'right1' );
    left1.style.visibility='hidden';
    right1.style.visibility='hidden';
    left1.style.display = 'none';
    right1.style.display = 'none';
    }
    function closeBanner(){}
    if(window.screen.width>1200){
    //显示样式
    document.writeln("<style type=\"text\/css\">");
    document.writeln("#leftDiv,#rightDiv{width:110px;position:absolute;}");
    document.writeln(".itemFloat{width:110px;line-height:20px;}");
    document.writeln("<\/style>");
    //以下为主要内容
    //------左侧各块开始
    document.writeln("<div id=\"leftDiv\" style=\"top:40px;left:5px;text-align:right;
    z-index:99;\">");
    //---L1
    document.writeln("<div id=\"left1\" class=\"itemFloat\">");
    document.writeln("<a href=http://campus.zBank.cn/preach.html target='_blank'><img
src=/images/wzwh/wztbwh/sydl/2013/10/17/D5C9D0D118646F2B25BF2C2ED20E661B.jpg
width=110 height=300 /></a>");
    document.writeln("<a href=\"javascript:close_all();\" onClick=\"closeBanner();\"
    title=\"关闭上面的广告\">关闭×<\/a>");
    document.writeln("<\/div>");
    document.writeln("<\/div>");
    //------左侧各块结束
    //------右侧各块开始
    document.writeln("<div id=\"rightDiv\" style=\"top:40px;right:5px;text-align:left;
    z-index:99;\">");
    //---R1
```

```
    document.writeln("<div id=\"right1\" class=\"itemFloat\">");
    document.writeln("<a href=http://campus.zBank.cn/preach.html target='_blank'><img
src=/images/wzwh/wztbwh/sydl/2013/10/17/FD3D0085DBCCC2096AF7DFAFD0818433.jpg
width=110 height=300 /></a>");
    document.writeln("<a href=\"javascript:close_all();\" title=\"关闭上面的广告\">关闭
×<\/a>");
    document.writeln("<\/div>");
    document.writeln("<\/div>");
    //下面这段删除后，对联将不跟随屏幕而移动
    window.setInterval("heartBeat()",1);
    //-->
    //------右侧各块结束
      }
    </SCRIPT>
```

9.7.5 兼容性 Bug 错误具体分析

如图 9.21 所示，从兼容性平台回传的检测结果看，两种浏览器的 CSS 渲染相似度为 99.35%，但是通过后续生成的 gif 动态切换看，出现了两点问题。

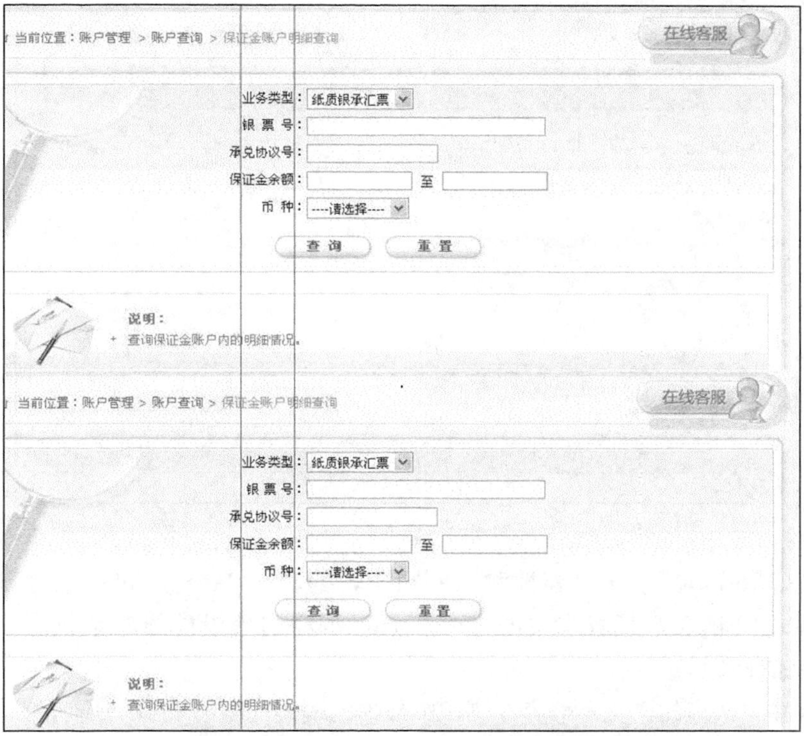

图 9.21 错误案例之保证金账户明细查询

- 当字体中包含空格的时候，每一种浏览器对未指定符号空格的最终展现有各自的展现机制。
- Input按钮上的字体，即使在CSS中明确做了定义，但是不同浏览器会在各自的font-size属性上发生一点自适应微调。

如图9.22所示，从兼容性平台回传的检测结果看，两种浏览器的CSS渲染相似度为25.93%，出现的问题是在第二个浏览器中做了数据模拟阻断，结果整个盒出现布局溢出，属于比较严重的兼容性错误。

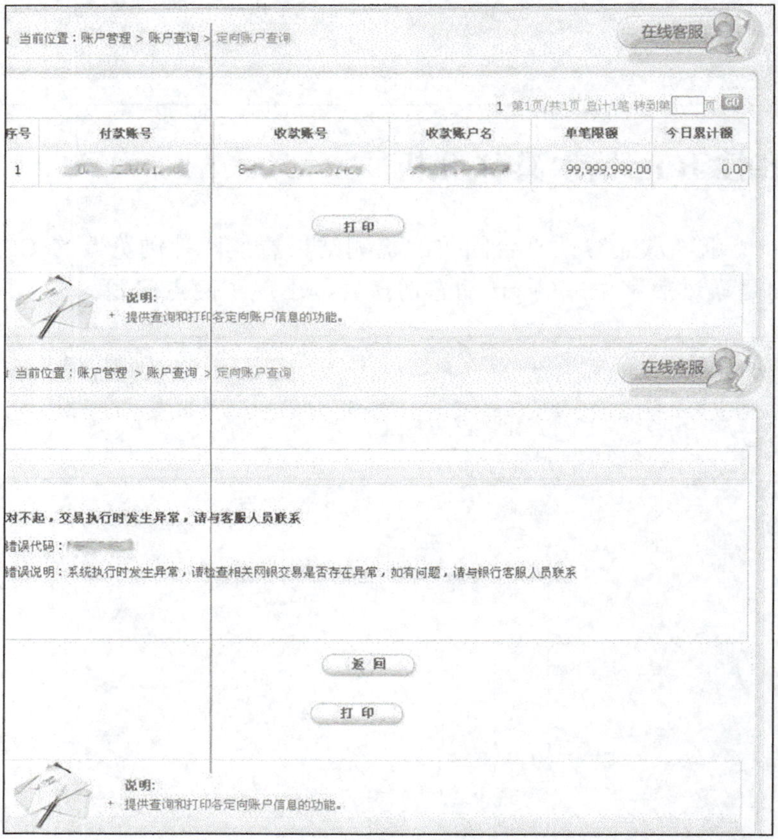

图9.22 定向账户查询

如图9.23所示，在本次兼容性测试回报中，捕获了JavaScript在各个浏览器中的兼容问题，很明显Firefox某版本中的JavaScript解释引擎没能很好地执行div浮动层的hidden属性赋值问题。

在图9.24中，久违的浏览器兼容性测试中最怕的编码问题出现了，所有的户名都被解析为“？”占位符，所以前端在定义编码字符集的时候一定要考虑清楚UTF8和GB2312的本质问题。

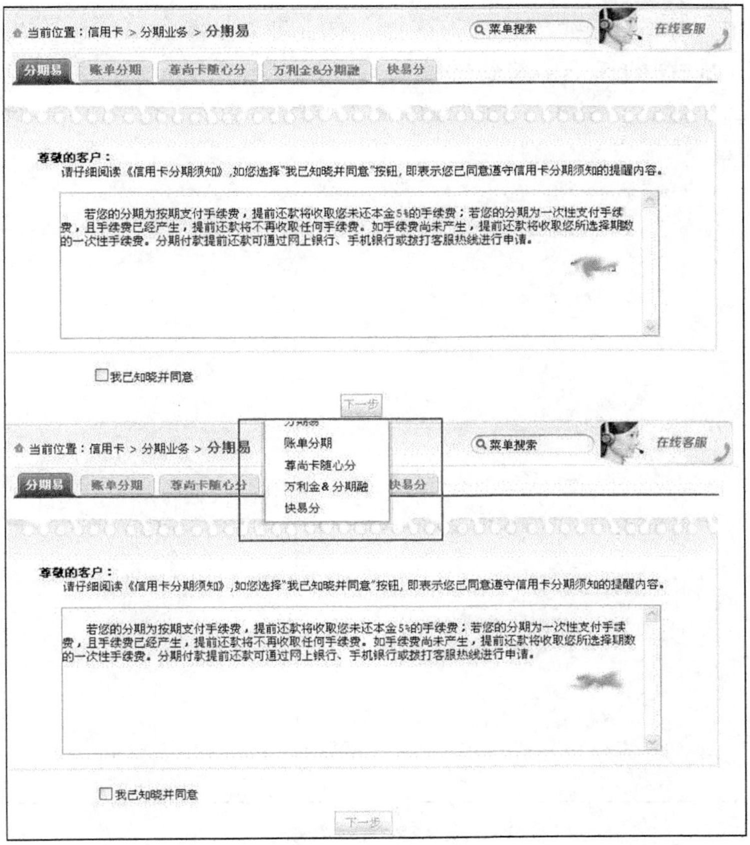

图 9.23 分期易

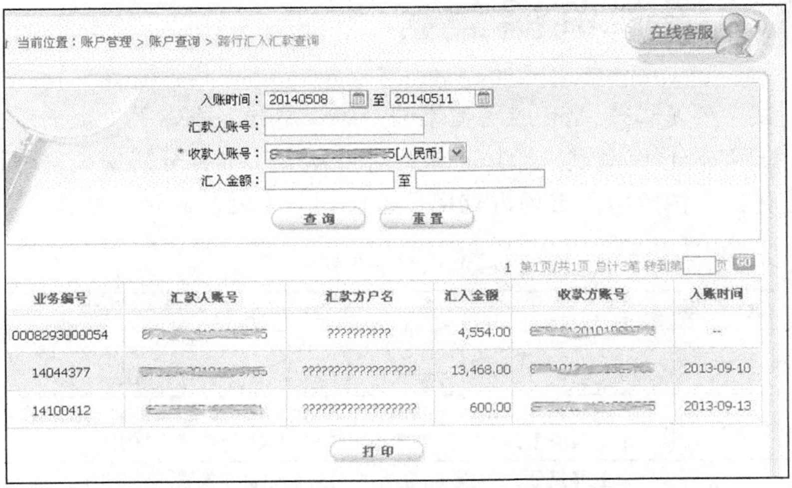

图 9.24 跨行汇入汇款查询

在图 9.25 中，对于汉字“ ”等这些符号，不同的浏览器会根据原语义进行容错转换，所以请务必使用 W3C 的标准字符集映射来定义，否则会使布局产生一些不可控的延展。

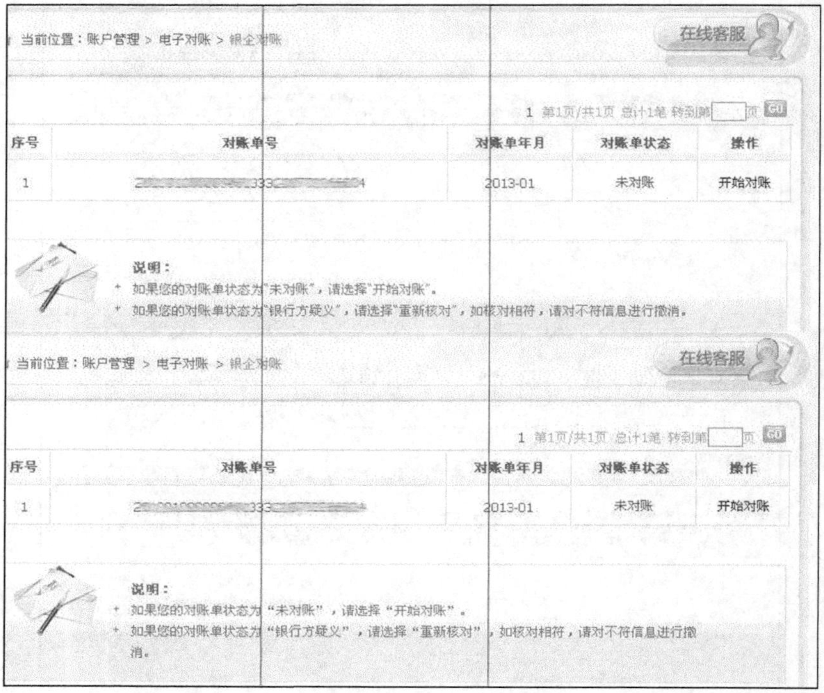

图 9.25 银企对账

9.8 移动端浏览器兼容性

兼容性测试主要是检测 App 应用在不同品牌、型号、版本手机上的运行情况，主要包含 App 应用设备兼容性测试、操作系统兼容性测试、屏幕分辨率兼容性测试。App 应用设备兼容性测试，按照中国市场占有率设备可划分为表 9.4 所示的形式。

表 9.4 App 应用设备列表

品牌	机型	描述	备注
Apple	iPhone 6	主屏尺寸：4.7 英寸/分辨率：1334×750 像素/电池容量：1810mAh/电池类型：不可拆卸式电池/CPU：双核/内存：1GB	
	iPhone 5S	主屏尺寸：4 英寸/分辨率：1136×640 像素/电池容量：1560mAh/电池类型：不可拆卸式电池/CPU：双核/内存：1GB	
	iPhone 6 Plus	主屏尺寸：5.5 英寸/分辨率：1920×1080 像素/电池容量：2915mAh/电池类型：不可拆卸式电池/CPU：双核/内存：1GB	

续表

品　牌	机　型	描　述	备　注
Apple	iPhone 5C	主屏尺寸：4 英寸/分辨率：1136×640 像素/电池容量：1510mAh/电池类型：不可拆卸式电池/CPU：双核/内存：1GB	
	iPhone 4S	主屏尺寸：3.5 英寸/分辨率：960×640 像素/电池容量：1420mAh/电池类型：不可拆卸式电池/CPU：双核/内存：512MB	
小米	M4	主屏尺寸：5 英寸/分辨率：1920×1080 像素/电池容量：3080mAh/电池类型：不可拆卸式电池/CPU：四核/内存：3GB	
	Note	主屏尺寸：5.7 英寸/分辨率：1920×1080 像素/电池容量：3000mAh/电池类型：不可拆卸式电池/CPU：四核/内存：3GB	
	红米 2	主屏尺寸：4.7 英寸/分辨率：1280×720 像素/电池容量：2200mAh/电池类型：可拆卸式电池/CPU：四核/内存：1GB	低端
	红米 Note	主屏尺寸：5.5 英寸/分辨率：1280×720 像素/电池容量：3100mAh/电池类型：可拆卸式电池/CPU：真八核/内存：2GB	低端
华为	荣耀 6 Plus	主屏尺寸：5.5 英寸/分辨率：1920×1080 像素/电池容量：3600mAh/电池类型：不可拆卸式电池/CPU：真八核/内存：3GB	
	荣耀 6	主屏尺寸：5 英寸/分辨率：1920×1080 像素/电池容量：3100mAh/电池类型：不可拆卸式电池/CPU：真八核/内存：3GB	
	Mate 7	主屏尺寸：6 英寸/分辨率：1920×1080 像素/电池容量：4100mAh/电池类型：不可拆卸式电池/CPU：智能八核/内存：2GB	
	荣耀畅玩 4X	主屏尺寸：5.5 英寸/分辨率：1280×720 像素/电池容量：3000mAh/电池类型：不可拆卸式电池/CPU：四核/内存：2GB	
	Ascend P7	主屏尺寸：5 英寸/主屏分辨率：1920×1080 像素/电池容量：2500mAh/电池类型：不可拆卸式电池/CPU：四核/内存：2GB	
三星	GALAXY Note 4	主屏尺寸：5.7 英寸/分辨率：2560×1440 像素/电池容量：3000mAh/电池类型：可拆卸式电池/CPU：四核/内存：3GB	
	GALAXY A7	主屏尺寸：5.5 英寸/分辨率：1920×1080 像素/电池容量：2600mAh/电池类型：不可拆卸式电池/CPU：真八核/内存：2GB	
	GALAXY Note Edge	主屏尺寸：5.6 英寸/分辨率：2560×1440 像素/电池容量：3000mAh/电池类型：可拆卸式电池/CPU：四核/内存：3GB	
	GALAXY A5	主屏尺寸：5 英寸/分辨率：1280×720 像素/电池容量：2300mAh/电池类型：不可拆卸式电池/CPU：四核/内存：2GB	
	GALAXY S6	主屏尺寸：5.1 英寸/分辨率：2560×1440 像素/电池容量：2250mAh/电池类型：暂无数据/内存：4GB	
	GALAXY S5	主屏尺寸：5.1 英寸/分辨率：1920×1080 像素/电池容量：2800mAh/电池类型：可拆卸式电池/CPU：四核/内存：2GB	
	GALAXY Note 3	主屏尺寸：5.7 英寸/分辨率：1920×1080 像素/电池容量：3200mAh/电池类型：暂无数据/CPU：四核/内存：3GB	
	GALAXY S4	主屏尺寸：5 英寸/分辨率：1920×1080 像素/电池容量：2600mAh/电池类型：可拆卸式电池/CPU：双四核/内存：2GB	
	W2015	主屏尺寸：3.9 英寸/分辨率：1280×768 像素/电池容量：暂无数据/CPU：四核/内存：2GB	低端
	W2014	主屏尺寸：3.7 英寸/分辨率：800×480 像素/电池容量：1900mAh/电池类型：暂无数据/CPU：四核/内存：2GB	低端

续表

品牌	机型	描述	备注
魅族	魅蓝 Note	主屏尺寸：5.5 英寸/分辨率：1920×1080 像素/电池容量：3140mAh/电池类型：不可拆卸式电池/CPU：真八核/内存：2GB	
	MX4 Pro	主屏尺寸：5.5 英寸/分辨率：2560×1536 像素/电池容量：3350mAh/电池类型：不可拆卸式电池/CPU：真八核/内存：3GB	
	魅蓝	主屏尺寸：5 英寸/分辨率：1280×768 像素/电池容量：2500mAh/电池类型：不可拆卸式电池/CPU：四核/内存：1GB	
	MX4	主屏尺寸：5.36 英寸/分辨率：1920×1152 像素/电池容量：3100mAh/电池类型：不可拆卸式电池/CPU：智能八核/内存：2GB	
联想	乐檬 K3	主屏尺寸：5 英寸/分辨率：1280×720 像素/电池容量：2300mAh/电池类型：可拆卸式电池/CPU：四核/内存：1GB	
vivo	X5Max	主屏尺寸：5.5 英寸/分辨率：1920×1080 像素/电池容量：2000mAh/电池类型：不可拆卸式电池/CPU：八核/内存：2GB	
	X5L	主屏尺寸：5 英寸/分辨率：1280×720 像素/电池容量：2250mAh/电池类型：不可拆卸式电池/CPU：八核/内存：2GB	
酷派	大神 X7	主屏尺寸：5.2 英寸/分辨率：1920×1080 像素/电池容量：2700mAh/电池类型：不可拆卸式电池/CPU：真八核/内存：2GB	
	大神 F2	主屏尺寸：5.5 英寸/分辨率：1280×720 像素/电池容量：2500mAh/电池类型：可拆卸式电池/CPU：真八核/内存：2GB	
HTC	One M8	主屏尺寸：5 英寸/分辨率：1920×1080 像素/电池容量：2600mAh/电池类型：不可拆卸式电池/CPU：四核/内存：2GB	
OPPO	N3	主屏尺寸：5.5 英寸/分辨率：1920×1080 像素/电池容量：3000mAh/电池类型：不可拆卸式电池/CPU：四核/内存：2GB	
华硕	飞马手机	主屏尺寸：5 英寸/分辨率：1280×720 像素/电池容量：2500mAh/电池类型：可拆卸式电池/CPU：四核/内存：2GB	低端
	ZenFone 5	主屏尺寸：5 英寸/分辨率：1280×720 像素/电池容量：2110mAh/电池类型：不可拆卸式电池/CPU：双核/内存：1GB	低端
nubia	Z7 Max	主屏尺寸：5.5 英寸/分辨率：1920×1080 像素/电池容量：3100mAh/电池类型：不可拆卸式电池/CPU：四核/内存：2GB	
TCL	么么哒 3N	主屏尺寸：5.5 英寸/分辨率：1920×1080 像素/电池容量：3500mAh/电池类型：不可拆卸式电池/CPU：真八核/内存：2GB	
摩托罗拉	Moto X	主屏尺寸：5.2 英寸/分辨率：1920×1080 像素/电池容量：2300mAh/电池类型：不可拆卸式电池/CPU：四核/内存：2GB	
诺基亚	Lumia 930	主屏尺寸：5 英寸/分辨率：1920×1080 像素/电池容量：2420mAh/电池类型：不可拆卸式电池/CPU：四核/内存：2GB	
	Lumia 1520	主屏尺寸：6 英寸/分辨率：1920×1080 像素/电池容量：3400mAh/CPU：四核/内存：2GB	

按照以上机型组成 APP 应用设备兼容性测试矩阵，在操作系统兼容性测试上根据主用品牌划分如表 9.5 所示。

表 9.5 APP 操作系统兼容性测试列表

品　牌	机　型	描　述	备　注
Apple	iPhone 6	iOS 8.0	
	iPhone 5S	iOS 7.0	
	iPhone 6 Plus	iOS 8.0	
	iPhone 5C	iOS 7.0	
	iPhone 4S	iOS 7.0	
小米	M4	MIUI V5（基于 Android OS 4.4）	定制 ROM
	Note	MIUI V6（基于 Android OS 4.4）	
	红米 2	MIUI V5（基于 Android OS 4.4）	
	红米 Note	MIUI V5（支持 Android 4.2）	
华为	荣耀 6 Plus	EMUI 3.0（兼容 Android 4.4）	定制 ROM
	荣耀 6	EMUI 3.0（兼容 Android 4.4）	
	Mate 7	EMUI 3.0（兼容 Android 4.4）	
	荣耀畅玩 4X	EMUI 3.0（兼容 Android 4.4）	
	Ascend P7	EMUI 3.0（兼容 Android 4.4）	
三星	GALAXY Note 4	Android OS 4.4	
	GALAXY A7	Android OS 4.4	
	GALAXY Note Edge	Android OS 4.4	
	GALAXY A5	Android OS 4.4	
	GALAXY S6	Android OS 5.0	
	GALAXY S5	Android OS 4.4	
	GALAXY Note 3	Android OS 4.3	
	GALAXY S4	Android OS 4.2	
	W2015	Android OS 4.4	
	W2014	Android OS 4.3	
魅族	魅蓝 Note	Flyme 4.1（基于 Android OS 4.4）	定制 ROM
	MX4 Pro	Flyme 4.1（基于 Android OS 4.4）	
	魅蓝	Flyme 4.2（基于 Android OS 4.4）	
	MX4	Flyme 4.0（基于 Android OS 4.4）	
联想	乐檬 K3	Android OS 4.4	
vivo	X5Max	Funtouch OS 2.0（基于 Android OS 4.4）	定制 ROM
	X5L	Funtouch OS 2.0（基于 Android OS 4.4）	
酷派	大神 X7	Android OS 4.4	
	大神 F2	Android OS 4.4	
HTC	One M8	Android OS 4.4	
OPPO	N3	Color OS 2.0	定制 ROM

续表

品　　牌	机　　型	描　　述	备　　注
华硕	飞马手机	Android OS 4.4	
	ZenFone 5	Android OS 4.3	
nubia	Z7 Max	Android OS 4.4	
TCL	么么哒 3N	lewa OS 5.1（基于 Android OS 4.4）	定制 ROM
摩托罗拉	Moto X	Android OS 5.0	
诺基亚	Lumia 930	Windows phone 8.1	
	Lumia 1520	Windows phone 8 GDR3	

所以在兼容性测试中，操作系统主要选型如表 9.6 所示。

表 9.6　　　　移动操作系统列表

序　　号	操作系统针对性	备　　注
1	Android OS 5.0 原生	
2	Android OS 4.4 原生	
3	Android OS 4.3 原生	
4	Android OS 4.2 原生	
5	iOS 8.0	
6	iOS 7.0	
7	MIUI V5（支持 Android4.2）	定制 ROM
8	MIUI V5（基于 Android OS 4.4）	定制 ROM
9	MIUI V6（基于 Android OS 4.4）	定制 ROM
10	EMUI 3.0（兼容 Android 4.4）	定制 ROM
11	Flyme 4.0（基于 Android OS 4.4）	定制 ROM
12	Flyme 4.1（基于 Android OS 4.4）	定制 ROM
13	Flyme 4.2（基于 Android OS 4.4）	定制 ROM
14	Funtouch OS 2.0（基于 Android OS 4.4）	定制 ROM
15	lewa OS 5.1（基于 Android OS 4.4）	定制 ROM
16	Windows phone 8 GDR3	
17	Windows phone 8.1	

另外，选型外围开关模式测试 App 兼容性如表 9.7 所示。

表 9.7　　　　外围模式测试列表

序　　号	操 作 系 统	外 围 模 式	备　　注
1	Android OS 原生系统	<2.4G：Bluetooth、NFC、Wifi >2.4G：移动、联通、电信	接入中断

续表

序　号	操作系统	外围模式	备　注
2	iOS	<2.4G：Bluetooth、NFC、Wifi >2.4G：移动、联通、电信	接入中断
3	MIUI	<2.4G：Bluetooth、NFC、Wifi >2.4G：移动、联通、电信	接入中断
4	EMUI	<2.4G：Bluetooth、NFC、Wifi >2.4G：移动、联通、电信	接入中断
5	Flyme	<2.4G：Bluetooth、NFC、Wifi >2.4G：移动、联通、电信	接入中断
6	Funtouch OS	<2.4G：Bluetooth、NFC、Wifi >2.4G：移动、联通、电信	接入中断
7	lewa OS	<2.4G：Bluetooth、NFC、Wifi >2.4G：移动、联通、电信	接入中断
8	Windows phone	<2.4G：Bluetooth、NFC、Wifi >2.4G：移动、联通、电信	接入中断

屏幕分辨率兼容性测试主要场景如表 9.8 所示。

表 9.8　屏幕分辨率兼容性测试场景

序　号	主流分辨率	备　注
1	主屏尺寸：3.7 英寸/分辨率：800×480 像素	
	主屏尺寸：3.9 英寸/分辨率：1280×768 像素	
2	主屏尺寸：4 英寸/分辨率：1136×640 像素	
	主屏尺寸：4.7 英寸/分辨率：1334×750 像素	★1
	主屏尺寸：4.7 英寸/分辨率：1280×720 像素	★2
3	主屏尺寸：5 英寸/分辨率：1920×1080 像素	★3
	主屏尺寸：5 英寸/分辨率：1280×720 像素	★4
	主屏尺寸：5 英寸/分辨率：1280×768 像素	★5
	主屏尺寸：5.1 英寸/分辨率：2560×1440 像素	★6
	主屏尺寸：5.1 英寸/分辨率：1920×1080 像素	★7
	主屏尺寸：5.2 英寸/分辨率：1920×1080 像素	
	主屏尺寸：5.36 英寸/分辨率：1920×1152 像素	
	主屏尺寸：5.5 英寸/分辨率：1280×720 像素	★8
	主屏尺寸：5.5 英寸/分辨率：1920×1080 像素	★9
	主屏尺寸：5.5 英寸/分辨率：2560×1536 像素	★10
	主屏尺寸：5.6 英寸/分辨率：2560×1440 像素	
	主屏尺寸：5.7 英寸/分辨率：1920×1080 像素	★11
	主屏尺寸：5.7 英寸/分辨率：2560×1440 像素	★12
4	主屏尺寸：6 英寸/分辨率：1920×1080 像素	

经过以上机型排比，APP 兼容性测试指标如下。

（1）原生系统一次安装、卸载成功率（100%）。

（2）原生系统主屏尺寸适应度（功能 UI 100%）。

（3）原生系统主屏尺寸响应度（功能 UI 100%）。

（4）原生系统 APP UI 切换成功率（后台退出恢复 100%）。

（5）原生系统近场通信切换 UI 刷新（100%）。

（6）定制 ROM 系统一次安装、卸载成功率（100%）。

（7）定制 ROM 系统主屏尺寸适应度（功能 UI 100%）。

（8）定制 ROM 系统主屏尺寸响应度（功能 UI 100%）。

（9）定制 ROM 系统 APP UI 切换成功率（后台退出恢复 100%）。

（10）定制 ROM 系统近场通信切换 UI 刷新（100%）。

网络环境测试，在实际使用的网络环境中进行全面的测试。对此针对手机银行客户端测试时覆盖的网络有 WIFI、4G、3G、2G、信号强、信号弱。

用户行为模拟，模拟用户实际操作场景和行为，比如用户在使用软件时突然接听电话、突然按 Home 键。

自动化测试，在手工操作无法快速、完整覆盖测试的进行情况下，使用自动化工具重复在不同设备上模拟用户实际操作使用，达到自动测试的目的。

云测试，基于云端部署大量智能移动设备，实时上架最新终端，主要完成自动安装/卸载、启动/运行、UI 适配等，以及自动生成规范化的测试报告。

第 10 章　轻量级本地化测试解决方案

本章将介绍自动化测试框架中支持本地化测试的一种方法。通过 HSQLDB 作为内存数据库，运行时加载本地化字典，并通过 Java annotation 实现了需要本地化的字符串变量的动态加载。

10.1　什么是本地化、国际化和全球化

在本章中，本地化（L10N）、国际化（I18N）和全球化（G11N）将被频繁使用。因此首先就这 3 个概念进行简单的介绍。

国际化（Internationalization）是指一种应用程序设计过程，使应用程序不需要进行重大修改就可适用于各种语言和地区。因为在首字母“i”和最后一个字母“n”之间共有 18 个字母，国际化这一术语常被缩写为 I18N。

本地化（Localization）则指针对某个特定地区或语言调整软件，添加特定于本地语言环境的组件和经过翻译的文本的过程。本地化这一术语常被缩写为 L10N，这是因为在字母“l”和“n”之间共有 10 个字母。本地化的首要任务是翻译用户界面元素和文档。本地化所涉及的不仅是互换语言，还会涉及更改相关元素（比如数字、日期、货币等）的显示。其他类型的数据（比如声音和图像）若对文化敏感，可能也都需要进行本地化。

全球化（Globalization）是使产品或软件进入全球市场而进行的有关的商务活动，包括正确的国际化设计、本地化集成以及在全球市场进行的市场推广、销售和支持的全部过程。类似地，全球化可以缩写成 G11N。通常可以理解为 G11N = I18N + L10N，并且一般来说应用程序的国际化越好，越容易针对特定的语言和字符编码模式对其进行本地化。

10.2　本地化测试自动化的挑战

软件的本地化测试是一项复杂而且繁琐的测试工程，本章中所关注的，就只是用户界面和语言的本地化，以及应用在本地化后的基本功能问题。并且从目前大多数的软件开发企业的实践来看，这种类型的测试也往往被安排在开发周期的中后期。即使是敏捷开发的团队，也仅仅被要求在迭代中主要考虑国际化（Internationalization，I18N）的支

持，对于本地化的测试和验证则作为系统验证测试（SVT）的一部分由专门的本地化测试团队执行。面对相对被压缩的测试时间与测试工作量和质量之间的矛盾，很多团队把目光转向了自动化测试，特别是 UI 自动化测试，并对自动化测试框架提出了支持 I18N/L10N 的功能[1]。简单来说，就是需要一个框架来支持敏捷团队在故事迭代中开发出来的界面自动化用例，可以通过提供本地化资源的方式，无需改动用例代码或者非常有限的配置上的改动，直接在本地化测试时加以复用。

10.3 解决的思路

《孙子兵法· 谋攻篇》中讲到“故上兵伐谋，其次伐交，其次伐兵，其下攻城。”意思是说上等的用兵之道是凭借谋略取得胜利，其次就是用外交战胜敌人，再次是用武力击败敌军，最下之策是攻打敌人的城池。攻城是不得已而为之，是没有办法的办法。

在花费大量笔墨介绍如何使用工具和编写代码等攻城手段解决本地化测试自动化的上述挑战之前，首先介绍一种从策略上解决、不用额外产生开支的方法，即采用本地化中性（L10N-neutral）策略来构建你的自动化框架，从而解决测试用例一次编写、多语言环境运行的问题。

而在某些情况下，特别是一些主流的前端 Javascript 框架和控件库所构建的应用中，如使用了 Extjs、jQuery UI 等，很多时候不可避免需要使用到本地化信息来进行元素定位等操作。因此，在后续也将介绍一种基于轻量级数据库的自动化框架构建方案。

10.4 伐谋：一码走天下

10.4.1 TestLink 的样例分析

首先来看一下 TestLink 中创建用户的界面。如图 10.1 所示，在新增用户时，需要填写一些用户的详细信息，如账号、姓名、密码、电子邮件等，并就角色、语言、验证方式等系统指定的有效枚举值内进行选择，此外，还需要确定该用户是否为活动的。

当将该用户的语言转到中文时，其所见到的就转变成了图 10.2 所示的内容。顺便请读者寻找一下该页面中有多少个国际化缺陷。

如果给自动化框架设定的 L10N 目标是一码走天下，那么在测试用例中无需显式地判断当前用户的语言，运行相同内容的用例，可以分别在两种不同语言的页面上完成相同的操作过程。

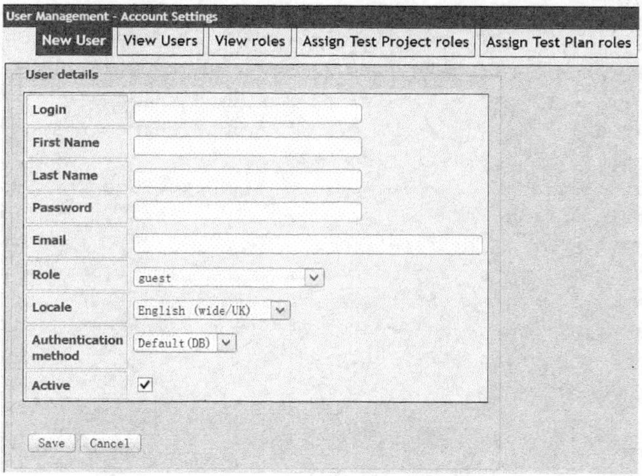

图 10.1 创建用户（英文）

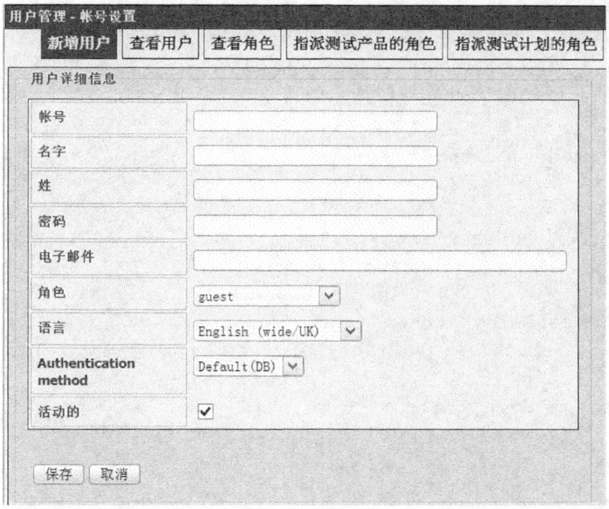

图 10.2 创建用户（中文）

当然这只是对于用例编写人员来说的。而对于自动化测试框架的构建者来说，如何在不增加代码和程序的复杂度的情况下，就对前述目标实现支持，是一个既提高了自动化框架的适用范围和投资收益，又有效地降低或者控制开发、维护成本的诱人结果。

10.4.2 使用本地化中性资源进行自动化

这样一石多鸟的好事需要如何实现呢？还是先来看下上例中的用户详细页面是怎样通过 UserDetailsSeMet 类进行自动化封装的。

```
public class UserDetailsSeMet extends PageSeMet{
    private static String loginString="//input[@name='login']";
    private static String firstNameString="//input[@name='firstName']";
    private static String lastNameString="//input[@name='lastName']";
    private static String passwordString="//input[@name='password']";
    private static String emailString="//input[@name='emailAddress']";
    private static String roleSelectString="//select[@name='rights_id']";
    private static String localeSelectString="//select[@name='locale']";
    private static String authenticationSelectString="//select[@name='authentication']";
    private static String activeCheckboxString="//input[@name='user_is_active']";
    private static String saveBtnString="//input[@name='do_update']";
    private static String cancelBtnString="//input[@name='cancel']";
    public WebElement getInputFieldLogin(){
        return getItem(loginString);
    }
    public WebElement getInputFieldFirstName(){
        return getItem(firstNameString);
    }
    public WebElement getInputFieldLastName(){
        return getItem(lastNameString);
    }
    public WebElement getInputFieldPassword(){
        return getItem(passwordString);
    }
    public WebElement getInputFieldEmail(){
        return getItem(emailString);
    }
    public Select getSelectRole(){
        return getSelect(roleSelectString);
    }
    public Select getSelectAuthentication(){
        return getSelect(authenticationSelectString);
    }
    public Select getSelectLocale(){
        return getSelect(localeSelectString);
    }
    public WebElement getChecboxActive(){
        return getItem(activeCheckboxString);
    }
    public WebElement getBtnSave(){
        return getItem(saveBtnString);
    }
    public WebElement getBtnCancel(){
        return getItem(cancelBtnString);
    }
    public enum OOTBRoleOptions{
        reservedSystemRole1("1"),
        reservedSystemRole2("2"),
        noRight("3"),
        testDesigner("4"),
        guest("5"),
```

```
        seniorTester("6"),
        tester("7"),
        admin("8"),
        leader("9");
        public String option;
        private OOTBRoleOptions(String option) {
            this.option=option;
        }
    }
    public enum OOTBLocaleOptions{
        en_GB("en_GB"),
        en_US("en_US"),
        zh_CN("zh_CN");
        public String option;
        private OOTBLocaleOptions(String option) {
            this.option=option;
        }
    }
    public enum OOTBAuthenticationOptions{
        Default(""),
        DB("DB"),
        LDAP("LDAP");
        public String option;
        private OOTBAuthenticationOptions(String option) {
            this.option=option;
        }
    }
    public void createUser(UserDetailBean userDetail){
        getInputFieldLogin().sendKeys(userDetail.getLogin());
        getInputFieldFirstName().sendKeys(userDetail.getFirstName());
        getInputFieldLastName().sendKeys(userDetail.getLastName());
        getInputFieldPassword().sendKeys(userDetail.getPassword());
        getInputFieldEmail().sendKeys(userDetail.getEmail());
    getSelectAuthentication().selectByValue(userDetail.getAuthentication().option);
        getSelectLocale().selectByValue(userDetail.getLocale().option);
        getSelectRole().selectByValue(userDetail.getRole().option);

        if(getChecboxActive().isSelected()!=userDetail.getActive()){
            getChecboxActive().click();
        }
        getBtnSave().click();
    }
}
```

从该类的实现中可以看出，在输入框、下拉框和按钮元素的定位中，并没有使用任何的简体中文信息。而在 createUser（UserDetailBean userDetail）方法中，使用了 Webdriver 所提供的 selectByValue()方法，通过下拉框中各个选项的 value 属性值来完成选项的操纵。对于角色、语言等各个选项，则使用了 OOTBRoleOptions、OOTBLocaleOptions 等枚举类定义了界面上所展示的各个值。

通过上述方式搭建的测试框架，可以让我们写出如下的测试用例来完成新建用户的工作。

```
public class TestCreateUserByAdmin extends TLTestCase{
    @Test
    public void testTabMenu(){
        start();
        LoginSeMet login = new LoginSeMet();
        String loginName="admin";
        login.login(loginName, loginName);
        log.info("\nNavi to User/Role now");
        MenuBarSeMet.navi2Users();
        TabMenuSeMet tm= new TabMenuSeMet();
        log.info("the current selected tab is ::"+tm.getActiveTabName());
        ViewUsersSeMet users= new ViewUsersSeMet();
        users.clickBtnCreate();
        String userName=uniquify("test");
        UserDetailBean detailBean= new UserDetailBean();
    detailBean.setLogin(userName).setFirstName("名").setLastName("姓").setPassword
("1111111");
        detailBean.setEmail("xxx@email.com");
        detailBean.setRole(OOTBRoleOptions.admin);
    detailBean.setActive(true).setAuthentication(OOTBAuthenticationOptions.Default)
.setLocale(OOTBLocaleOptions.zh_CN);
        log.info("\ncreate user with login::"+userName);
        UserDetailsSeMet userDetails= new UserDetailsSeMet();
        userDetails.createUser(detailBean);
    }
}
```

在 UserDetailBean 的实例中，新增的用户使用了一个随机用户名，并且使用了简体中文（OOTBLocaleOptions.*zh_CN*）作为该用户的界面语言。无论“admin”用户使用了何种界面语言，上述用例都可以按照步骤执行完成。在测试用例中对于来自被测应用的界面元素定位、操作等，均已经在框架中完成了封装，只需要调用即可。因此测试用例本身也无需再根据不同的语言进行修改。

当然，如果还需要将 UserDetailBean 中的用户姓名等也根据语言动态使用本地化资源，这就属于测试用例数据管理的范畴了。读者可以参考本书数据管理的章节寻找解决办法。

10.5 伐兵：使用本地化资源

10.5.1 TestLink 本地化资源文件分析

在 TestLink 安装目录中，有一个名叫 locale 的目录，下面存放着个以语言名称命名的子目录，如：zh_CN，en_GB。而在这些目录之下，存在着一个名叫 strings.txt 的文件。这就是 TestLink 中的本地化资源文件。如图 10.1 创建用户（英文）所介绍的有关在 TestLink 中新建用户的英文语句，可以在 en_GB/strings.txt 下找到对应的字符串键值对。

```
// ----- gui/templates/usersview.tpl -----
$TLS_th_email = "Email";
$TLS_th_first_name = "First Name";
$TLS_th_last_name = "Last  Name";
$TLS_th_locale = "Locale";
$TLS_th_login = "Login";
$TLS_th_role = "Role";
$TLS_th_api = "API Key";
```

相应地，也可以在 locale/zh_CN 目录下的 strings.txt 文件中找到图 10.2 中所使用的中文词语。

```
// ----- gui/templates/usersview.tpl -----
$TLS_th_email = "电子邮件";
$TLS_th_first_name = "名字";
$TLS_th_last_name = "姓";
$TLS_th_locale = "语言";
$TLS_th_login = "帐号";
$TLS_th_role = "角色";
$TLS_th_api = "API 密钥";
```

通过比对，可以发现两者使用了相同的变量名称，并根据语言的不同，提供了不同的本地化字符串。TestLink 就是通过用户设定的语言（locale）的不同，通过在这些不同语言所在的 strings.txt 目录中根据给定的变量名（键），查找出相应的本地化语言所对应的的语句（键值），从而完成了本地化的过程。

了解了这一机制，如果需要在自动化框架中提供类似的功能。接下来首先要做的就是将本地化资源文件转化为可提供对外查询的本地化字典。

10.5.2 本地化支持的简要流程

虽然使用本地化中性资源搭建本地化测试自动化框架是所推荐的优选策略，不过在有些情况下，还是不可避免需要使用到本地化资源进行定位或者提供其他信息。因此框架还是需要提供这样的功能。

与软件开发中对于 I18N/L10N 的支持一样，测试框架开发人员也可以通过提供基于指定 locale 的本地化字符串资源的方式来完成这一工作。大体的运行流程是这样的。

（1）获取指定被测应用的界面语言（locale）。

（2）查询本地化字典。这个字典经常是以一个数据库或者 Web 网站的形式[2]存在，后台则可能是以数据库表或者属性文件的形式存在和维护于后台系统。而对外提供服务的接口，可以是以 JDBC 或者提交某个 HTTP 请求的方式存在。测试用例运行时，测试用例执行器根据指定的 locale 和用例代码中标注的本地化资源的 ID，去本地化字典中查询对应的本地化字符串。

（3）动态生成定位字符串（locator）。根据查询返回的字符串，形成界面元素的 locator，并调用框架中的定位方法，如 Webdriver 中的 findby 方法进行元素的定位和识别。

（4）至此，已经和平常的自动化测试用例不无一致了。

10.5.3 本地化案例

假设某软件工程团队部署了 TestLink 之后，只需要进行中文版的自动化测试，并且因为某些原因，图 10.2 所示的新建用户页面中，只能采用本地化资源来参与页面的自动化实现。因此，需要对于前面介绍的 UserDetailsSeMet 类进行一下改造。

```
private static String TLS_th_login="帐号";
private String TLS_th_first_name="名字";
private String TLS_th_last_name="姓";
private WebElement getInputItemByTextOnTheLeft(String text){
    String locator = "//th[text()='"+text+"']/following::input[1]";// 选取符合文本文
    //字的 th 签之后的第一个 input 标签节点，也就是右侧的输入框
    return getItem(locator);
}
public WebElement getInputFieldLogin(){
    return getInputItemByTextOnTheLeft(TLS_th_login);
}
public WebElement getInputFieldFirstName(){
    return getInputItemByTextOnTheLeft(TLS_th_first_name);
}
public WebElement getInputFieldLastName(){
    return getInputItemByTextOnTheLeft(TLS_th_last_name);
}
```

通过比对 UserDetailsSeMet 修改前后的代码，可以看到新增定义了 3 个本地化字符串变量。此外，还增加了一个 getInputItemByTextOnTheLeft（String text）方法来完成通过给定的左侧文本来定位右侧输入框的方法。通过该方法，重构了相关的获取账号、姓、名字等 3 个输入框的方法。

通过这种方法，可以不用修改测试用例，在框架层面就实现了对于使用本地化资源进行自动化测试的需求。

当然目前的方法只适合于单一语言，如果需要支持多种语言，那么还需要按照前面介绍的简要流程继续在框架中增加对后续步骤的支持。

10.6 基于 HSQL 的数据字典

10.6.1 为什么使用 HSQL

作为解决方案的一部分和最终数据落地的载体，我们需要一个数据库作为支撑。而作为一个自动化测试框架的后台数据库，主要的使用场景是数据查询，而从数据量的角度来看：根据过往的经验，一个 1～10KB 用例的测试用例集，其所需的本地化资源条目也只在用例数 1～10 倍的量级。此外，简单、适用、许可证费用等也是考量的因素。因此在实践中可以考虑摒弃传统的重量级商用数据库，转而考虑选择轻量级的开源数据库。这时候，站在 Jira、Conflucence、Team City 等开发团队常用的 ALM 软件背后的 HSQLDB 就自然而然地跳了出来，成为这个解决方案的绝佳选择。

HSQLDB[3]的全称是 HyperSQL Database Engine，是一个轻量级开放源代码的 Java 数据库，具有标准的 SQL 语法和 Java 接口。在其官网 http://hsqldb.org/可以获得最新的程序源代码及 jar 包文件。本章写成时其最新的发布版本是 HyperSQL 2.3.2。它具有体积小、占用空间小、使用简单、支持内存运行方式等特点，非常适合作为测试框架中内嵌的数据库。

10.6.2 HSQLDB 数据导入及维护

首先需要完成的是本地化字典的生成，也就是将数据导入 HSQLDB。

HSQLDB 默认安装的情况下至少有如下 3 个目录。

- Bin：服务器管理的 bat 文件。
- Data：默认的数据库文件存放目录。
- Lib：HSQLDB 的 jar 包。

在同一目录下新建一个名字为 runG11NServer.bat 的批处理文件，内容如下。

```
cd ..\data
@java -cp ../lib/hsqldb.jar org.hsqldb.Server -database G11N
```

通过运行这个 bat 文件，就启动了一个名字叫 G11N 的数据库。

G11N 数据库成功启动以后，切换到 data 目录下，可以看到创建了如下的 2 个文件

```
G11N.script
G11N.properties。
```

HSQLDB 将所有表和索引数据存放在*.script 的文件中，该文件同时也充当着事务日志的角色。初始化引擎之后，该文件被读取，然后其中所有的 SQL 语句都被运行，从而完成整个数据库的重建。

接下来我们往 G11N 数据库里面倒入数据字典。

运行 bin\runManager.bat 连接 G11N 数据库，选择类型为 HSQL Database Engine Server，单击 OK 按钮就会进到管理图形界面，如图 10.3 所示。

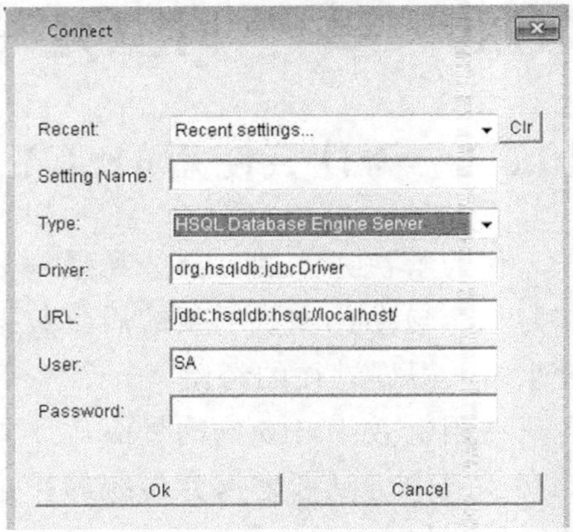

图 10.3　启动 HSQL 数据库

然后在 SQL 运行框中进行如下两个命令，建立 G11N _EN_US 和 G11N_ITEM_ZH_CN 两张表，分别用来存放英文和简体中文下对应的字符串。

```
CREATE MEMORY TABLEPUBLIC.G11N_EN_US(G11N_ID INTEGER GENERATED BY DEFAULT AS IDENTITY(START WITH 1) NOT NULL PRIMARY KEY,RES_ID VARCHAR(100),STRING VARCHAR(2000))
CREATE MEMORY TABLE PUBLIC.G11N_ZH_CN(G11N_ID INTEGER GENERATED BY DEFAULT AS IDENTITY(START WITH 1) NOT NULL PRIMARY KEY,RES_ID VARCHAR(100),STRING VARCHAR(2000))
```

其中，本地化字符 ID 号 RES_ID 及键值 STRING 均使用了 VARCHAR 类型。在实践中读者可以依据各自的实际，使用符合需求的类型定义。

上述语句执行成功以后，在里面分别插入以下记录。

```
INSERT INTO G11N_EN_US VALUES(101, 'TLS_th_email','Email')
INSERT INTO G11N_EN_US VALUES(102,'TLS_th_first_name','First Name')
INSERT INTO G11N_EN_US VALUES(103, ' TLS_th_last_name','Last  Name')
INSERT INTO G11N_EN_US VALUES(104,'TLS_th_login',' Login')
INSERT INTO G11N_ZH_CN VALUES(1001, 'TLS_th_email','电子邮件')
INSERT INTO G11N_ZH_CN VALUES(1002,'TLS_th_first_name','名字')
INSERT INTO G11N_ZH_CN VALUES(1003, ' TLS_th_last_name','姓')
INSERT INTO G11N_ZH_CN VALUES(1004,'TLS_th_login','帐号')
```

查询结果如下：

```
select * from  G11N_EN_US

G11N_ID RES_ID            STRING
------- ----------------- ----------
101     TLS_th_email      Email
102     TLS_th_first_name First Name
103      TLS_th_last_name Last  Name
104     TLS_th_login       Login
4 row(s) in 0 ms

select * from  G11N_ZH_CN
```

```
G11N_ID RES_ID          STRING
------- ---------------- ------
1001    TLS_th_email      电子邮件
1002    TLS_th_first_name 名字
1003     TLS_th_last_name 姓
1004    TLS_th_login      帐号
4 row(s) in 0 ms
```

运行 SHUTDOWN 关闭数据库。

在关闭数据库以后，我们打开 data/G11N.script 文件，通过前后比较，发现其中至少添加了如下内容。

```
    CREATE MEMORY TABLE PUBLIC.G11N_EN_US(G11N_ID INTEGER GENERATED BY DEFAULT AS
IDENTITY(START WITH 1) NOT NULL PRIMARY KEY,RES_ID VARCHAR(100),STRING VARCHAR(2000))
    CREATE MEMORY TABLE PUBLIC.G11N_ZH_CN(G11N_ID INTEGER GENERATED BY DEFAULT AS
IDENTITY(START WITH 1) NOT NULL PRIMARY KEY,RES_ID VARCHAR(100),STRING VARCHAR(2000))
    INSERT INTO G11N_EN_US VALUES(101,'TLS_th_email','Email')
    INSERT INTO G11N_EN_US VALUES(102,'TLS_th_first_name','First Name')
    INSERT INTO G11N_EN_US VALUES(103,' TLS_th_last_name','Last  Name')
    INSERT INTO G11N_EN_US VALUES(104,'TLS_th_login',' Login')
    INSERT INTO G11N_ZH_CN VALUES(1001,'TLS_th_email','\u7535\u5b50\u90ae\u4ef6')
    INSERT INTO G11N_ZH_CN VALUES(1002,'TLS_th_first_name','\u540d\u5b57')
    INSERT INTO G11N_ZH_CN VALUES(1003,' TLS_th_last_name','\u59d3')
    INSERT INTO G11N_ZH_CN VALUES(1004,'TLS_th_login','\u5e10\u53f7')
```

其中'\u7535'等字串是 UTF-8 码的编码方式。

这样，通过 G11N.script 就成功建立一个包含示例表和数据的 G11N 的数据库，将该数据库文件打包进测试框架，并在测试执行的准备阶段启动 HSQLDB 数据库，即可实现 G11N 数据字典的功用。

当然这只是一个示例的数据导入过程。字典中的示例条目是我们编写 SQL 语句手工插入的。如果在实际的项目中应用这一方法提供本地化字典，则需要考虑字典条目的批量生成、导入和维护以及和本地化开发过程同步的问题。譬如可以扫描不同 locale 子目录下 strings.txt 文件自动生成 SQL 语句进行导入，完成字典的生成。而在后续的维护中，需要根据每个 TestLink 发布的版本，对字典进行一个比对更新（请关注图 10.2 中暴露出来的英文字符串“Authentication method”，这是典型的 I18N 缺陷）。

10.6.3 将 HSQL 集成进自动化测试框架

为了将 HSQL 数据库集成进测试框架，需要提供方法来控制数据库的启停，以及提供在数据库中查询本地化数据的功能[4]。下面，我们就来看一下如何在 Java 中实现上述目的。

1. 部署 G11N.script

首先在项目目录中新建一个名叫 db 的目录，并将 G11N.script 复制到该目录下。然后在 Eclipse 的 Java Build Path 中加入 hsqldb.jar。

2. 实现 HsqldbHelper 类

新建一个类 HsqldbHelper。它所实现的几个主要的方法如下。

（1）启动 HSQL。

```
public static boolean startHSQL()
```

（2）停止 HSQL。

```
public static boolean stopHSQL()
```

（3）建立 JDBC 连接。

```
public Connection getConnection()
```

（4）获取本地化字符串。

```
public static String getString(String stringID)
package com.i18nHelper;
import java.sql.Connection;
import java.sql.DriverManager;
import java.sql.ResultSet;
import java.sql.SQLException;
import java.sql.Statement;
import org.hsqldb.server.Server;
public class HsqldbHelper {

private static final String HOST=Configurator.getHSQL_HOST();
private static final int PORT = Configurator.getHSQL_PORT();//9002;
private static final String DB_NAME =Configurator.getHSQL_DBNAME();// "G11N";
private static final String DB_PATH = Configurator.getHSQL_DBPATH();//"./db/".
private static final String USER_NAME = Configurator.getHSQL_USERNAME(); //"sa";
private static final String PASSWORD = Configurator.getHSQL_PASSWORD();//"";
private static int MODE = Configurator.getHSQL_MODE();
private static final int SERVER_MODE = 0;    //server mode
private static final int STAND_ALONE_MODE = 1;    //In-Process

public static boolean startHSQL() {
if (MODE == SERVER_MODE) {
   Server server = newServer();//
server.setDatabaseName(0, DB_NAME);
server.setDatabasePath(0, DB_PATH + DB_NAME);
server.setPort(PORT);
server.setSilent(true);
server.start();
   } elseif (MODE == STAND_ALONE_MODE) {
//standalone 模式，打开链接就同时启动数据库，所以这里可以什么都不做
}try {
Thread.sleep(800);        // 等待 Server 启动
   } catch (InterruptedException e) {
```

```
    e.printStackTrace();
    return false ;
    }
log.info("hsqldb started...");
return true;
  }

/**    * 关闭数据库服务    */
public static boolean stopHSQL() {
try {
    Statement statement = getConnection().createStatement();
statement.executeUpdate("SHUTDOWN;");
log.info("HSQL shutdown. Bye...");
return true;
    } catch (SQLException ex) {
    log.info(ex.toString());
return false;
    }
  }

public static Connection getConnection() {
          Connection conn = null;
          String connString;
try {
Class.forName("org.hsqldb.jdbcDriver");
if (MODE == SERVER_MODE) {
     connString="jdbc:hsqldb:hsql://"+ HOST+":" + PORT + "/" + DB_NAME;
     log.info("\n\n connString is :: "+connString);
conn = DriverManager.getConnection(connString, USER_NAME, PASSWORD);
                } elseif (MODE == STAND_ALONE_MODE) {
     connString="jdbc:hsqldb:file:" + DB_PATH + DB_NAME;
     log.info("\n\n connString is :: "+connString);
conn = DriverManager.getConnection(connString, USER_NAME, PASSWORD);
             }
          } catch (ClassNotFoundException ex) {
     log.info(ex.toString());
          } catch (SQLException ex) {
     log.info(ex.toString());
          }
     log.info("\n\n"+conn.toString());
return conn;
     }

public static String getString(String stringID)
  {
          Locale locale= Locale.setLocale(Configurator.getLoacle());
return getString(locale, stringID);
  }
public static String getString(Locale locale , String stringID) {
      String G11N_ITEM="G11N_";
```

```
        String code = locale.getCode();
        String G11Table=G11N_ITEM+code;
        String l10nString="";
            Connection conn =null;
            Statement statement =null;
    ResultSetrs=null;
    try {
        conn=HsqldbHelper.getConnection();
    statement = conn.createStatement();
                String sql="select String from " +G11Table+" WHERE RES_ID="+stringID;
        log.info("\n\n sql to evaluate: " +sql);
    rs=  statement.executeQuery(sql);
    while(rs.next()) {
        log.info("\n\n l10n String is: "+rs.getString(1));
         l10nString= rs.getString(1);
                }

            } catch (SQLException ex) {
        log.info("\n\n " +ex.getMessage());
            } finally{
        try {
            if (rs!=null) {
                rs.close();
             }
         } catch(Exception ex){
            log.info(ex.getMessage());
         }
        try {
            if (statement!=null) {
                statement.close();
             }
         } catch(Exception ex){
            log.info(ex.getMessage());
         }
        try {
            if (conn!=null) {
                conn.close();
             }
         } catch(Exception ex){
            log.info(ex.getMessage());
         }
           }
        return l10nString;
    }
        }
```

3. 修改配置类 Configurator

在 HsqldbHelper 类的实现过程中，配合使用了工具类 Configurator 来提供所有的测试框架需要的基础配置数据。该类本身在本书有关数据管理的章节中已经有介绍。这里只关注相关的内容。

```
package com.i18nHelper;
public class Configurator {

//**************************************************************************
//* HSQL specific properties
//**************************************************************************
private static final String HSQL_DBNAME = "G11N";
private static final String HSQL_USERNAME = "sa";
private static final String HSQL_PASSWORD = "";
private static final HSQL_MODE =  0;  //server mode;
private static final String HSQL_HOST ="localhost";
private static final HSQL_PORT = 9002;
private static final String HSQL_DBPATH = "./db/";
//**********************************************************************
public static String getHSQL_DBNAME() {
    return HSQL_DBNAME;
}
public static String getHSQL_USERNAME() {
    return HSQL_USERNAME;
}
public static String getHSQL_PASSWORD() {
return HSQL_PASSWORD;
}
public static int getHSQL_MODE() {
return HSQL_MODE;
}
public static String getHSQL_HOST() {
    return HSQL_HOST;
}
public static int getHSQL_PORT() {
    return HSQL_PORT;
}
public static String getHSQL_DBPATH() {
        return HSQL_DBPATH;
}

//**************************************************************************
//* locale
//**************************************************************************
private static final String locale = "zh_CN";
//private static final String locale = "en_US";
public static String getLocale() {
    return locale;
}
    }
```

当然这里只是简单地在配置类 Configurator 中给相关的 L10N 基础数据进行了赋值。如果有必要，可以参照 Configurator 中其余参数的处理方式在属性文件中进行赋值并传入。

4. 实现 Locale 类

除了配置类以外，还需要一个 Locale 来定义支持的语言。

```
package com.solvent.l10nHelper;
import org.apache.log4j.Logger;
import com.solvent.SolventLogger;
public enum Locale { //locale 枚举类
    CHINESE_SIMPLIFIED("zh_CN"),
    ENGLISH("en_US"); //如果有更多语言支持需求，可另行添加
    private String code;
    private Locale(String code) {
         this.code = code;
    }
    private static Logger log =SolventLogger.getLogger(Locale.class);
    public static Locale getLocale(String code) {
    Locale locale = null;
       if (code == null) {
       log.info("\nLanguage is not set, using default:" + ENGLISH.code);
          locale = ENGLISH;
       } else {
          for (Locale loc : Locale.values()) {
             if (loc.code.equals(code)) {
                locale = loc;
                break;
             }
          }
          if (locale == null) {
             log.info("\nInvalid Locale code: " + code + ", using default:  " +
ENGLISH.code);
             locale = ENGLISH;
          }
       }
       return locale;
    }
    public String getCode() {
       return code;
    }
}
```

10.7 结合 Java Annotation 的解决方案

10.7.1 思路

整体的思路非常简单，将测试代码中需要本地化的资源都定义为变量，并且用 Java

Annotation 加以注释。根据运行时指定的 locale 进行就可以动态地查询和替换，最终实现一套代码走天下。

10.7.2 定义 Annotation

定义 Java Annotation 来标记需要翻译的本地化字符串，譬如使用 @I18N，具体的代码如下。

```
package com.solvent.i18nHelper;
    import java.lang.annotation.ElementType;
    import java.lang.annotation.Retention;
    import java.lang.annotation.RetentionPolicy;
    import java.lang.annotation.Target;
    @Retention(RetentionPolicy.RUNTIME)
    @Target(ElementType.FIELD)
    public @interface I18N {
        String value();
    String[] inserts() default {};
    }
```

10.7.3 定义工具类，通过 Java 反射机制动态获取本地化资源

具体的代码实现如下。

```
package com.i18nHelper;
import java.lang.reflect.Field;
import java.lang.reflect.Modifier;
import java.util.Collections;
import java.util.HashMap;
import java.util.Map;

publicclass I18NHelper {
    private static Logger log =SolventLogger.getLogger(I18NUtil.class);
    privatestatic Map<String, String>cachedI18NKeys = Collections.synchronizedMap
    (new HashMap<String, String>());
    privatestatic String getValue(String key) {
           String value=null;
if (cachedI18NKeys.containsKey(key)) {
    value = cachedI18NKeys.get(key);
           } else {
    try {
    value = getValueFromServer(key);
    }catch (Exception e) {
        e.printStackTrace();
    throw new RuntimeException(e);
```

```
                }
    log.debug("::::: key is ["+ key+ "]  and value is [" +value +"]" );
    cachedI18NKeys.put(key, value);
            }
    return value;
        }

    privatestatic String getValueFromServer(String key){
            String value = null;
    try {
    value =HsqldbHelper.getString(key);
            } catch (UnsupportedOperationException e) {
        log.info(e.getMessage());
            }
    return value;
        }

public static void processI18NKeys(Object object) {
boolean objectIsType = object instanceof Class;
    Class<?> type = objectIsType ? (Class<?>) object :object.getClass();
do {
for (Field field : type.getDeclaredFields()) {
I18N i18nKey = field.getAnnotation(I18N.class);
boolean fieldIsAnnotated = i18nKey != null;
boolean fieldIsString = field.getType() == String.class;
boolean fieldIsNonFinal = !Modifier.isFinal(field.getModifiers());

if (fieldIsAnnotated&&fieldIsString&&fieldIsNonFinal) {
                String key = i18nKey.value();
                String value = getValue(key);
try {
field.setAccessible(true);
field.set(object, value);
                } catch (IllegalAccessException e) {
    log.info("Failed to process @I18N annotation!"+e.getMessage());
        }
    }
    }
    type = type.getSuperclass();

    } while (type != null);
    }
    }
```

通过定义 Map<String, String>cachedI18NKeys 来存储运行期间所有被查询过的字符串，这样避免了重复查询的开销。processI18NKeys 是真正处理@I18N 注释的方法。它首先获取@I18N 注释变量所给予的 id，然后通过 ID 值去 cachedI18NKeys 查找，然后没有找到相应的键值，则通过 getValueFromServer 方法在 HSQLDB 根据给定的 locale 查询并返回结果，作为该变量的值。

10.8 部署

10.8.1 SolventTestCase

在 SolventTestCase 类的 setup()中需要一行启动 HSQLDB 的代码，使得每个测试用例执行时 HSQLDB 已经开启并准备使用。

```
public abstract class SolventTestCase {
    @BeforeClass
    public static void setup(){
        HsqldbHelper.startHSQL();
    }
```

10.8.2 Solvent

在 Solvent 类中的构造方法中，需要加入对 processI18NKeys 的调用，使得每个继承了该类的自动化框架中的类在完成构造时，通过对 Solvent()的隐式调用完成对于本地化字符串的处理。

```
public abstract class Solvent {
    public Solvent() {
        I18NUtil.processI18NKeys(this);
    }
```

10.8.3 框架类

在 10.5.3 小节中所介绍的本地化案例，做一下重构即可对接上后续介绍的解决方案，完成整个自动化测试框架对于支持本地化测试的工作。因此 UserDetailsSeMet 类需要在 10.5.3 小节的基础上进行如下修改。

```
@I18N("TLS_th_login")
private static  String TLS_th_login;//="帐号";
@I18N("TLS_th_first_name")
private static String TLS_th_first_name;//="名字";
@I18N("TLS_th_last_name")
private static String TLS_th_last_name;//="姓";
```

10.8.4 测试用例

无需对先前的测试用例做任何的修改，整个本地化支持的构建过程就完成了。若AUT 的界面语言变更，则只需更改配置，如修改配置类 Configurator 中的 locale 变量，或者使用配置文件进行处理，不需要修改用例本身，即可重新运行整个用例。

10.9 总结与展望

至此，一个简单的轻量级自动化测试框架的本地化（L10N）支持解决方案就基本成型了。通过一个示例的介绍，读者可以看出通过结合 Java Annotation、HSQLDB，基本可以实现一码走天下的目标。后续再结合属性文件、本地化字典的自动生成等工作，就是一个完整的本地化自动测试方案了，最终从技术上实现自动化用例在不同测试阶段的有效传递，对本地化测试实现一个有力的支持。

最后，自动化测试框架本身也是软件，为了能处理本地化数据，譬如日期、排序、比较等，建议在开发时期就使用支持 I18N 的 API。如果有可能，建议在对象识别的时候使用本地化中性（L10N-neutral）的对象定位信息，如 ID、Name、type 等来标识，尽量避免用 label、value 等会随着 Locale 的变动而改变的对象属性。这也是本地化最优策略。

你在等一趟火车，那趟车将带你去远方

——《盗梦空间》

3

第 3 部分 Hybrid Automation——实现 UI/API 测试一体化

在这一部分，首先将介绍如何通过第三方提供的 Java API，直接通过 XML-RPC 协议，而不通过 Web UI 的方式去操纵 TestLink。然后将通过介绍如何将 Solvent 层与 APIMet 的结合搭建 API 测试框架，实现多层次的自动化测试。随后的一章将介绍如何实现两者的混合使用，即 Hybrid Automation。

希望通过这一部分的工作，不仅仅将接口测试的基本方法介绍给读者，而是能将读者的目光从 Webdriver 所代表的 Web UI 自动化测试带入到接口测试的世界。

第 11 章　欢迎来到接口测试的世界

11.1　集成测试与接口测试

本书第 1 章的最后一小节介绍了自动化测试的反模式并提出了橄榄形的自动化测试模型。在综合了对于测试人员编码能力、测试用例有效性、测试框架的鲁棒性与维护成本等一系列因素之后，自动化测试的投资人往往会倾向于选择集成测试这种兼顾黑白、代码与业务皆可覆盖的测试方式，从而达到综合投资收益的最大化。而对于很多自动化测试人员来说，能够从最上层的 UI 自动化测试下潜一层到接口测试层，会感觉突然这个世界就开阔了许多、运转速度也提升了。正如《盗梦空间》里的时间计算方法，现实中的 5 分钟，梦里就是一个多小时，做梦时大脑比正常运算速度快 20 倍。

11.1.1　集成测试

集成测试是在单元测试的基础上，将所有模块按照设计要求组装成为子系统或系统，进行集成测试。实践表明，一些模块虽然能够单独工作，但并不能保证连接起来也能正常工作。程序在某些局部反映不出来的问题，在全局上很可能暴露出来，影响整体功能的运转。一般来说，集成测试着重于被测系统的外部接口的行为，主要包括以下两项。

（1）功能性测试。使用黑盒测试技术针对被测模块的接口规格说明进行测试。

（2）非功能性测试。对模块的性能或可靠性进行测试。

集成测试更多是从系统组成的角度进行的测试类型划分。

11.1.2　接口测试与测试接口

从测试内容的角度划分，在很多情况下，集成测试也可以理解成为接口（API）测试。接口测试的主要被测对象就是接口，是测试系统组件间接口的一种测试。接口测试主要用于检测外部系统与所测系统之间以及内部各系统之间的交互点。测试的重点是检查数据交互、传递、控制管理过程以及系统间的相互依赖关系等。

接口测试主要测试哪些方面呢？

首先和最重要的，始终还是业务逻辑的测试。也就是从黑盒的角度出发，在特定的上下文，给出特定的输入，并且通过接口来驱动系统完成数据处理和状态转换，并验证是否与预期结果相符合。这种类型的测试，综合来看，比单元测试难度要低，而相比 UI 自动化稳定性、可靠性更高。更为可贵的是，这种测试可以在 UI 还不稳定，甚至还未实现的时候，不太适合做 UI 自动化的时候，可以让测试人员提早进入开始自动化测试。并且，可以更加关注于测试业务逻辑本身，少了不少各种组件封装、页面定位等无关后台业务逻辑等问题的羁绊。

另外，就是测试接口本身，也就是通常说的接口适应性测试，从测试接口的健壮性、鲁棒性的角度出发设计测试用例。

在实践中，一般会从三个维度进行上述两个方面的测试用例设计。

（1）输入域：从输入域来进行验证接口的功能正常。每个接口字段的正常、合法、异常、非法值的分析与识别，也包括上述字段的组合与输入。从保障接口功能正常，具备既定的容错能力的角度进行测试和验证。在后续章节中将介绍一种数据驱动的自动化接口测试用例生成与测试执行方法。

（2）输出域：从输出域的角度来覆盖尽可能全的单业务功能。通常来说，就是按照接口的规格说明书中所提到的所有返回值或者返回代码，包括正常与错误代码进行测试用例设计。使得每个返回值至少有一个测试用例进行了覆盖。

（3）业务功能：业务功能的测试始终是测试工作本身的核心。通过有序调用一个或者一组接口来进行业务逻辑验证，可以让测试人员回归功能测试的本源，关注于数据处理、状态切换等等软件系统的后台逻辑。这部分将是后续有关 UI/API 一体化框架所关注的内容。

11.2 XML-RPC 简介

XML-RPC 的全称是 XML Remote Procedure Call，即 XML 远程方法调用。它是一套允许运行在不同操作系统、不同环境的程序实现基于 Internet 过程调用的规范和一系列的实现。如图 11.1 所示，这种远程过程调用使用 HTTP 作为传输协议，XML 作为传送信息的编码格式。一个 XML-RPC 消息就是一个请求体为 XML 的 http-post 请求，被调用的方法在服务器端执行并将执行结果以 XML 格式编码后返回。XML-RPC 的定义尽可能地保持了简单，但同时能够传送、处理、返回复杂的数据结构。

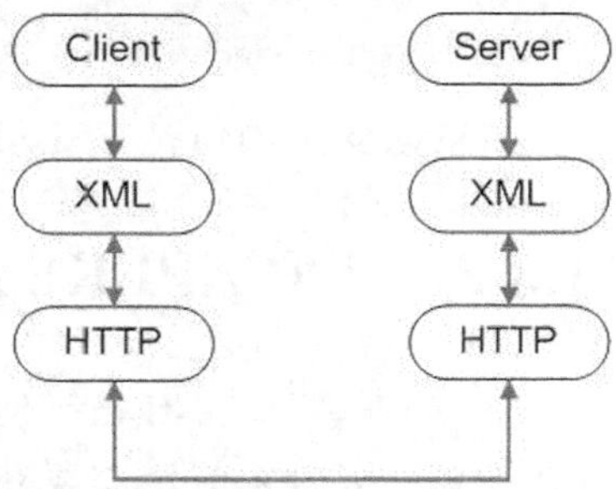

图 11.1　XML-RPC 组成

本书并不介绍如何进行 XML-RPC 服务端或者客户端的实现，这已经超出入门的范畴。而更关注于如何借助既有的 API 客户端，完成自动化测试。其余常见的协议和接口，如 HTTP、RPC、SOAP、REST、RMI 等各类都可以依据相应的方式封装一个客户端 API 作为接口请求的执行器。因此，本章后续所介绍的内容也大致适合使用了这些协议进行远程服务调用的测试场景。

11.3 使用原生的 TestLink XML-RPC 接口

11.3.1 启用 XML-RPC 接口

根据 TestLink 根目录下自带的 changelog 可以得知，自从版本 1.8 起，TestLink 就开始提供 XML-RPC 接口。通过调用这套接口，可以完成很多本来需要在界面上完成的操作。更为重要的是，这套接口为系统间的集成提供了很好的便利性，为消除信息孤岛，建立起上下游可追溯的测试全过程的信息流通管道提供了可能性。可能也有读者所在的公司或者单位已经有测试架构师通过将 TestLink 与缺陷管理系统或者持续集成服务器等进行了集成，完成了用例获取->执行->结果回填->缺陷报告等一系列的自动化，进而建立起了双向可视的信息跟踪渠道。当然本书关注的是如何借助 API 接口完成自动化测试，因此接下来将介绍如何使用这套原生的 XML-RPC 接口。

首先，需要启动 TestLink 的 XML-RPC 接口。在默认情况下，XML-RPC API 处于关闭状态，需要修改配置文件来启用 XML-RPC API。在 TestLink 根目录下的 config.inc.php 文件中，定位到如下的配置。

```
/* [API] */
/** XML-RPC API availability - do less than promised ;)
    FALSE => user are not able to generate and set his/her API key.
    XML-RPC server do not check this config in order to answer or not a call.
 */
$tlCfg->api->enabled = TRUE;
```

如果该变量的值是 FALSE，则需要修改为 TRUE 并重启才能完成后续的操作。

11.3.2 获取 API KEY

在 API 端，TestLink 使用 API KEY 而不是用户密码来进行鉴权。因此在使用 XML-RPC 接口之前，需要获取一个访问 TestLink 的密钥，即 API KEY。如图 11.2 所示，在用户登录到 TestLink 系统之后，访问“个人帐号”页面的底部的“API 接口”

部分，就可以找到属于该用户的秘钥。当然，也可以通过单击“Generate a new key”（生成新的密钥）按钮，生成新的密钥值。

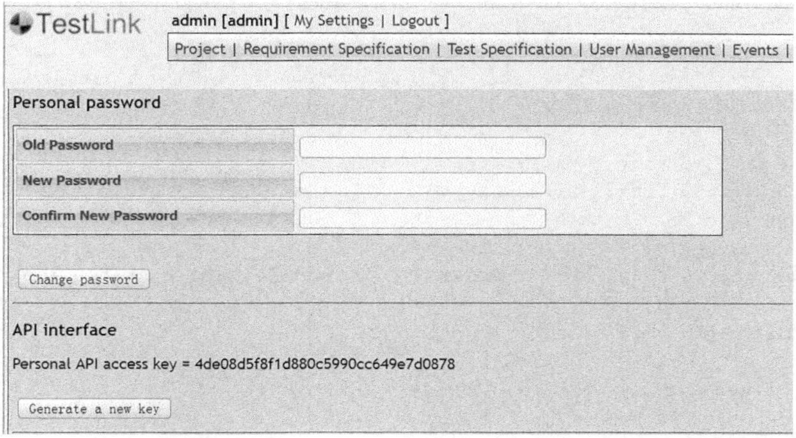

图 11.2 API 密钥

11.3.3 sayHello 样例

在 TestLink 源代码的 lib\api\sample_clients 目录中，提供了几个 XML-RPC 客户端的样例，包括 Java 以及 Python、Ruby 等其他语言的版本。类似的内容，在 TestLink 安装部署完成后的 lib\api\xmlrpc\v1\sample_clients 目录下也可以找到。在本小节中，将首先介绍 sayHello 的案例。

首先将 clientSayHello.java 这个文件放置到 Playground 项目的 com.api、xmlrpc 包，并且把相关的 jar 包导入该项目，如 xmlrpc-client-3.1.jar。这些 jar 包可以在\lib\api\xmlrpc\v1\sample_clients\java\lib 目录下找到。这个类的具体实现如下。

```
package com.api.xmlrpc;
/**
 * TestLink Open Source Project - http://testlink.sourceforge.net/
 * This script is distributed under the GNU General Public License 2 or later.
 *
 * filesource clientSayHello.java
 *
 * @Author    francisco.mancardi@gmail.com
 *
 * @internal revisions
 */
import java.net.MalformedURLException;
import java.net.URL;
import java.util.ArrayList;
```

```
import java.util.Hashtable;
import java.util.Map;

import org.apache.xmlrpc.XmlRpcException;
import org.apache.xmlrpc.client.XmlRpcClient;
import org.apache.xmlrpc.client.XmlRpcClientConfigImpl;

public class clientSayHello
{
    // Substitute your Dev Key Here
    public static final String DEV_KEY = "612b7f0d62f21fab8f0cbff2986fa81f73f490f3
    f868edbcd80b5d3f7cedc403";
    // Substitute your Server URL Here
    public static final String SERVER_URL = "http://localhost/testlink/lib/api/
    xmlrpc/v1/xmlrpc.php";
    public static void main(String[] args)
    {
        clientSayHello.doIt("Please give me an answer!!!");
    }
    public static void doIt(String msg)
    {
        try
        {
            XmlRpcClient rpcClient;
            XmlRpcClientConfigImpl config;
            config = new XmlRpcClientConfigImpl();
            config.setServerURL(new URL(SERVER_URL));
            rpcClient = new XmlRpcClient();
            rpcClient.setConfig(config);
            ArrayList<Object> params = new ArrayList<Object>();
            Object result = rpcClient.execute("tl.sayHello", params);
            System.out.println("Result was:");
            // Map item = (Map)result;
            System.out.println(result);

        }
        catch (MalformedURLException e)
        {
            e.printStackTrace();
        }
        catch (XmlRpcException e)
        {
            e.printStackTrace();
        }
    }
}
```

其中，对于 DEV_KEY 以及 SERVER_URL 需要根据每个读者的 TestLink 设置进行修改。

```
    // Substitute your Dev Key Here
```

```
        public static final String DEV_KEY = "612b7f0d62f21fab8f0cbff2986fa81f73f490f3
f868edbcd80b5d3f7cedc403";
        // Substitute your Server URL Here
        public static final String SERVER_URL = "http://localhost/testlink/lib/api/xmlrpc/
v1/xmlrpc.php";
```

该程序的执行结果如下。

```
Result was:
Hello!
```

11.3.4 TestLink XML-RPC 简析

从上一小节的客户端代码可以看出，通过使用 Apache 提供的这套 XML-RPC 实现，可以避免直接使用 XML 和 HTTP 协议的代码，而是通过 XmlRpcClient 配套使用 XmlRpcClientConfigImpl 来完成参数传递输入以及远程方法调用、回调结果获取的整个过程。

那么在 TestLink 的服务器端，又是如何响应这一请求的呢？在 TestLink 部署根目录下的 lib\api\xmlrpc\v1 子目录下有 xmlrpc.class.php 文件。这个 PHP 中实现了 Testlink XMLRPCServer 类，其构造方法的部分代码如下。

```
  /**
   * Constructor sets up the IXR_Server and db connection
   */
  public function __construct($callbacks = array())
  {
    $this->dbObj = new database(DB_TYPE);
    $this->dbObj->db->SetFetchMode(ADODB_FETCH_ASSOC);
    $this->_connectToDB();
    *********
    $this->initMethodYellowPages();
    ***********
}
```

在构造方法中除了完成了数据库连接，还有对 initMethodYellowPages()这个方法的调用。这个方法的部分代码如下。

```
  /**
   *
   */
  function initMethodYellowPages()
  {
    $this->methods = array( 'tl.reportTCResult' => 'this:reportTCResult',
                            'tl.setTestCaseExecutionResult' => 'this:reportTCResult',
*********************************
                            'tl.sayHello' => 'this:sayHello',
                            'tl.repeat' => 'this:repeat'
```

```
                    );
}
```

可以看出，这就是一个 XML-RPC 中的 Handler 调度器，定义了一个个 handler。例如，上一小节中的“tl.sayHello”就是对于 sayHello 这个 handler 的调用，也就是对于如下这个方法的调用。

```
/**
 * Lets you see if the server is up and running
 *
 * @param struct not used
 * @return string "Hello!"
 * @access public
 */
public function sayHello($args)
{
  return 'Hello!';
}
```

所以，在前一小节的案例中，客户端返回了“Hello!”。至此，简单的 TestLink-RPC 运行分析就结束了。简单来说，每个 XML-RPC 客户端对于远端方法的调用，都是对于在 xmlprc.class.php 中注册的 tl.*方法的调用。

这只是在 TestLink 服务层的代码，熟悉 PHP 的读者如果希望更深入了解底层的 HTTP/XML 相关的工作，可以参看 XML-RPC 的 PHP 语言的实现 IXR_Server。具体代码位于\third_party\xml-rpc \class-IXR.php。

另外，TestLink REST API 的开发工作从 2013 年 4 月开始[1]，并且 TestLink 1.9.7 发布了第一个版本。感兴趣的读者可以参考其论坛上提供的信息进行试用。

11.4 使用 TestLink Java API

从 sayHello 的案例中可以看出，通过原生的 TestLink XML-RPC 接口，已经不用去写客户端程序并提供 XML 数据文件。不过从简单、易用等角度出发，还是有些可以改善的地方的，例如，测试用例还是在和底层的 XmlRpcClient、XmlRpcClientConfigImpl 等类打交道，并且从这行代码中可以发现：

```
Object result = rpcClient.execute("tl.sayHello", params);
```

对于远程方法的调用，是通过 execute 接口输入的远程方法名称来实现的。也就是说，依赖于写用例的人对于待执行方法能够了然于胸，否则就要把前一小节中的 initMethodYellowPages 方法打印出来，随时查阅了，或者招聘的时候增加一条要求“熟练拼写某某的 XML-RPC 方法名”。类似的问题，也体现在入参上。例如，在 TestLink

提供的另外一个示例。

clientAddTestCaseToTestPlan.java 中，对于入参是这样处理的：

```
        ArrayList<Object> params = new ArrayList<Object>();
Hashtable<String, Object> methodData = new Hashtable<String, Object>();
        methodData.put("devKey", DEV_KEY);
        methodData.put("testprojectid", testProjectID);
        methodData.put("testplanid", testPlanID);
        methodData.put("testcaseexternalid", testCaseExternalID);
        methodData.put("version", version);
        params.add(methodData);
        Object result = rpcClient.execute("tl.addTestCaseToTestPlan", params);
```

这段代码阅读和理解起来是非常容易的，远程方法所需的入参以 Hashtable 的方式存放，并且通过一个 ArrayList 提供给执行器。也就是说，如果一个远程方法需要多个参数集来作为入参，则只需往 params 添加相应的 Hashtable 实例即可。问题在于如何获取"devKey"、"testplanid"等一系列参数的名称。还是得需要一个详尽的说明文档来完成这些事情。

当然，从另外一个角度来讲，正是因为以上这些方法名称、参数名称等都已经不是代码库中的一个个类或者方法，而只是 String、类型的变量，因此在这个基础上，结合本书第 2 章中有关数据处理的方法，如通过 Excel 等存储上述信息，就可以实现一直流行到现在的许多所谓的“基于 Excel 的测试用例”的自动化测试框架。这些框架大多提供明晰的指令集，很多甚至都提供下拉框供选择，单击鼠标即可完成用例的生成。这也说明了直接使用原生的接口进行测试是有一定的进入门槛的。

因此，一个来自巴西的开源项目组开发了 testlink-java-api 项目[2]，用来和服务器端的 TestLink PHP XML-RPC API 进行交互。这是一个独立于 Testlink 之外单独维护的项目，但其版本号和 TestLink 保持一致。也就是说在 TestLink 发布新版本之后，比如对应版本 TestLink 1.9.4，TestLink Java API 会发布相同版本号的版本。并且该项目组约定不保持向下兼容性，因此也推荐采用与 TestLink 版本号相同的 TestLink Java API 版本与之交互。

由于实现了 TestLink XML-RPC 的各种接口，并且提供了友好的对外 API 和非常清晰的数据模型，因此这套 API 非常简单易用。例如，在其官网上提供的一个创建测试项目的案例，稍加修改就可以成为一个典型的测试案例。当然，需要将相关的 jar 包导入到项目中，具体请参看其官方网站的下载页面。

```
package com.api.project;
import java.net.MalformedURLException;
import java.net.URL;
import org.junit.Before;
import org.junit.Test;
import br.eti.kinoshita.testlinkjavaapi.TestLinkAPI;
import br.eti.kinoshita.testlinkjavaapi.model.TestProject;
import br.eti.kinoshita.testlinkjavaapi.util.TestLinkAPIException;
```

```
public class TestCreateProject {
    private static final String url = "http://localhost/testlink/lib/api/xmlrpc/
    v1/xmlrpc.php";
    private static final String devKey = "4de08d5f8f1d880c5990cc649e7d0878";
    private TestLinkAPI api = null;
    private URL testlinkURL = null;

    @Before
    public void SetupApi(){

    try     {
            testlinkURL = new URL(url);
    } catch ( MalformedURLException mue )   {
            mue.printStackTrace( System.err );
            System.exit(-1);
    }
    try     {
            api = new TestLinkAPI(testlinkURL, devKey);
    } catch( TestLinkAPIException te) {
            te.printStackTrace( System.err );
            System.exit(-1);
    }
    System.out.println(api.ping());
    }
     public boolean IsProjectExist(String projName){
    boolean isExist=false;
    try{
        if (null!=api.getTestProjectByName(projName)){
             System.out.println("Project exists::"+projName);
             isExist=true;
        }
        } catch (TestLinkAPIException e) {
           e.printStackTrace( System.err );
           //   System.exit(-1);
          }
    return isExist;
     }

     public boolean IsProjectExistUsingArray(String projName){
    boolean isExist=false;
    try{
        TestProject[] projects=api.getProjects();
        for(int i=0;i<projects.length;i++) {
        String name=projects[i].getName();
        if(name.equalsIgnoreCase(projName)){
        System.out.println("project exists::"+projName);
        isExist=true;
        break;
        }
```

```
        }
        } catch (TestLinkAPIException e) {
            e.printStackTrace( System.err );
            //   System.exit(-1);
          }
    return isExist;
    }
    @Test
    public void TestCreateProject(){
    String projName="proj_"+System.currentTimeMillis();
    String prefix=projName.substring(15, 18);
    TestProject project =new TestProject();
    if(!IsProjectExist(projName)){
    try {
       project = api.createTestProject(
            projName, //testProjectName
            prefix, //testProjectPrefix
            projName, //notes
               true, //enableRequirements
               true, //enableTestPriority
               true, //enableAutomation
               false, //enableInventory
               true, //isActive
               true); //isPublic
    } catch (TestLinkAPIException e) {
      e.printStackTrace( System.err );
    //   System.exit(-1);
    }
    if(IsProjectExistUsingArray(projName)){
    System.out.println("project created::"+projName);
    }
    }
    }
}
```

在这个测试案例中，通过使用 TestLink Java API 中的 createTestProject 完成了测试项目创建，以及获取单个测试项目 getTestProjectByName 或者测试项目列表 getProjects 等。这些方法的使用与通常的 Java 类与方法的调用完全相同，各个入参和返回的含义也非常清晰，因此可以说在使用的难度上大大降低了，通过 Javadoc 即可在较短时间内基本理解和掌握整套 API 的使用。

11.5 测试用例自动化生成初探

11.5.1 重温等价类划分

在 11.4 节中 TestLink JavaAPI 类的 createTestProject 方法有一个 String 类型的入参

prefix。在后台 mysql 数据库中其对应的字段被定义为 vchar(16)，因此按照等价类划分的结果，可以设计如表 11.1 所示的一些数据。

表 11.1 prefix 等价类示例

参数名	参数类型	正向用例	反向用例
Prefix	String	"a","IamPrefix" "1234567890123456"	null,"", "12345678901234567"

就 prefix 单个入参而言，表 11.1 中给出了正向和反向一共 6 种用例。在实际的测试中，考虑到一个接口方法的入参往往有几个、十几个甚至几十个。如何在有限的时间，完成规定的覆盖率，并保障测试的有效性，就需要考虑如何从庞杂的用例集中选择用例，采用何种用例覆盖策略，这是本节所要探讨的问题。在可靠性理论中，有如下两种假设。

- 单缺陷假设，指“失效极少是由两个或两个以上的缺陷同时发生引起的”。在测试分析中，单缺陷假设即选取测试用例时仅仅使得一个变量取异常值，其他变量均取正常值。
- 多缺陷假设，则是指“失效是由两个或两个以上缺陷同时作用引起的”，要求在选取测试用例时同时让多个变量取异常值。

基于这两种假设，在 Jorgensen 编写的《软件测试》这一经典著作中，详细介绍了等价类测试的问题[3]，并就如下 4 种等价类测试方法进行了全面探讨。

（1）弱一般等价类测试

弱一般等价类测试基于单缺陷假设，通过一个测试用例中的每个等价类（区间）的一个变量实现。因此，对表 11.1 所示的 prefix 案例而言，这种类型的测试就是从该表所示的正向用例中随意挑选一个。

（2）强一般等价类测试

强一般等价类测试基于多缺陷假设，因此需要等价类笛卡儿积的每个元素对应的测试用例。

如果实施强一般等价类测试，就需要执行表 11.1 所示的 prefix 的每一个正向用例。

（3）弱健壮等价类测试

这是一个看似自相矛盾的定义，如何才能既弱又健壮呢？所谓弱，是其基于单缺陷假设。而健壮，是因为这种测试考虑了无效值。

① 对于有效输入，使用每个有效类的任意一个值。这部分用例等同于弱一般等价类测试。

② 对于无效输入，测试用例将拥有一个无效值，并保持其余的值都是等效的。考虑“单缺陷”造成的测试用例失败。

因此，对于 prefix 这个案例而言，采取这种策略的用例个数就是正向 1 个、反向 3

个，共 4 个。

（4）强健壮等价类测试

这是 4 种分类中覆盖强度最高的。健壮是指要考虑无效值，强是指多缺陷假设，这种类型的测试就是针对有效输入采用强一般等价类，对于无效输入，考虑“单缺陷”。因此，对于 prefix 这个案例而言，采取这种策略的用例个数就是正向 3 个、反向 3 个，共 6 个。

11.5.2 组合策略与工具

在一般测试项目的测试策略中，建议至少使用弱健壮等价类测试，既涉及无效输入的反向用例，又包括有效输入的正向用例，并且整个测试用例的数量也在一个较为可控的范围。这是一种考虑了质量与成本之后的优化选择。

如果是实施接口的适应性测试或者其余有着更高软件质量要求的测试项目，建议采用最高覆盖力度的强健壮等价类测试。而实现这种测试的最大挑战，来自于其产生的庞大测试用例集。还是以 createTestProject 为例，如果考虑其余的参数，如 isPublic 等 6 种 Boolean 类型的参数，再加上表 11.1 中有关 prefix 的等价类划分，那么强健壮等价类测试用例包括 195 个。

正向用例：$3\times2^6=192$

反向用例：3（假设其余 Boolean 类型参数没有无效等价类）

共计：195

在缺少用例自动化生成的情况下，实施这种强度的测试几乎是一种不可能的任务。即使采用了 PICT 等组合测试工具[4]进行辅助设计，也只能根据模型产生数据文件，而不是可执行的用例自身。

通过编程实现组合过程以及用例的自动生成和执行，其中的关键是实现组合算法。在 GitHub 上的项目 DataComb[5]提供了测试用例组合的算法库，并且支持 3 种不同的组合算法，即 All-Combinations、Each-choice 和 Pairwise。其中，All-Combinations 就是简单的全组合，Each-choice 则保证每个变量的候选值将在组合结果中至少出现一次。对于 Pairwise（组合测试）感兴趣的读者可以访问刚才提到的参考文献[4]了解更多的信息。

接下来将演示如何通过使用 DataComb，将数据集转换成实现了强健壮等价类的用例并直接执行。

11.5.3 数据集与组合算法

无论是直接在程序中内嵌数据，还是从外部读入数据，前面提到的 6 个 Boolean 类型的变量取值如下。

```
List<String>  nableRequirements=Arrays.asList(new String[] "true","false"});
List<String> enableTestPriority=Arrays.asList(new String[] "true","false"}).
List<String> enableAutomation=Arrays.asList(new String[] { "true","false"}).
List<String> enableInventory=Arrays.asList(new String[] { "true","false"});
List<String>        isActive=Arrays.asList(new String[] { "true","false"});
List<String>        isPublic=Arrays.asList(new String[] { "true","false"});
```

以上将作为有效等价类参与组合。另外，prefix 的以下 3 个非法值将作为无效等价类参与组合。

```
List<String> prefix=Arrays.asList(new String[] "12345678901234567",null,""));
```

显然，强健壮等价类的组合结果，等价于有效等价类间的全组合 All-Combinations 以及针对各个变量各自的无效等价类的 Each-choice 组合的合并结果。为了方便组合，针对 DataComb 进行增强，提供统一的组合入口方法，具体实现如下。

```
package com.util.datacomb;
import java.util.HashMap;
import java.util.HashSet;
import java.util.Iterator;
import java.util.List;
import java.util.Map;
import java.util.Set;
import main.AllCombinations;
import main.EachChoice;
import main.Pairwise;
public class DataComb {
    public enum CombType { //组合类型
        AllComb("0"),EachChoice("1"),Pairwise("2");
        private String type;
        private CombType(String type){
            this.type=type;
        }
        public String toString(){
            return type;
        }
    }
  public static Set<List<String>>  genResultSet(List<List<String>> parameterInputValues,
  CombType type){
        Set<List<String>> expectedResults = new HashSet<List<String>>();
        switch (type){
        case AllComb:
        AllCombinations allComb = new AllCombinations(parameterInputValues);
        expectedResults=allComb.getCombinations();
        break;
        case EachChoice:
        EachChoice eachChoice = new EachChoice(parameterInputValues);
```

```
            expectedResults=eachChoice.getCombinations();
            break;
            case Pairwise:
            Pairwise pairwise = new Pairwise(parameterInputValues);
            expectedResults=pairwise.getCombinations();
            break;
            default :
            }
            return expectedResults;
        }
        public static Set<Map<String, String>> genResultSet(List<List<String>> parameter
InputValues,CombType type,List<String> para){
            Set<List<String>> expectedResults=genResultSet(parameterInputValues, type);
            Set<Map<String, String>> mapset= new HashSet<Map<String,String>>();
            Iterator result = expectedResults.iterator();
                while(result.hasNext()){
                Map<String, String> map=   genMap((List<String>) result.next(),para);
                mapset.add(map);
                }
            return mapset;
        }
        public static Map<String, String> genMap(List<String> dataBuffer,List<String>
para){
            Map<String, String> bufferMap= new HashMap<>();
             if (dataBuffer.size()==para.size()){
             for(int i=0;i<para.size();i++)
                 bufferMap.put(para.get(i), dataBuffer.get(i));
               }
            return bufferMap;
        }
    }
```

该类中通过使用枚举类 CombType，可以让外部调用者选择所需要的组合类型。而重载的第一个组合方法 genResultSet 则通过调用 DataComb 的 AllCombinations 等方法，将各个变量以及各个候选项以变量列表 List<List<String>>的方式传入，并实现了按照需要进行组合。而第二个 genResultSet 方法，则结合了 genMap 方法，以 Set<Map<String, String>>的方式返回组合结果，将每个组合结果存储于一个 Map 中，并且聚合成一个 Set，方便了后续的使用。

11.5.4 生成全组合用例

本小节中，将演示如何将前述 6 个 Boolean 类型的参数进行全组合，并且在组合结果中填充使用伪随机数生成的测试项目名称（name）和前缀（prefix），并最终驱动 TestLinkAPI 接口完成用例的执行，具体的实现如下。

```
package com.api.project;
import java.util.ArrayList;
import java.util.Arrays;
import java.util.HashMap;
import java.util.HashSet;
import java.util.Iterator;
import java.util.List;
import java.util.Map;
import java.util.Set;
import junit.framework.Assert;
import org.junit.Ignore;
import org.junit.Test;
import br.eti.kinoshita.testlinkjavaapi.TestLinkAPI;
import br.eti.kinoshita.testlinkjavaapi.model.TestProject;
import br.eti.kinoshita.testlinkjavaapi.util.TestLinkAPIException;
import com.apimet.APIDrivers;
import com.solvent.SolventTestCase;
import com.util.datacomb.DataComb;
import com.util.datacomb.DataComb.CombType;

public class CombCreateProject extends SolventTestCase {
    private  TestLinkAPI api ;
     private static List<String>       enableRequirements=Arrays.asList(new String[]
{ "true","false"});
     private static List<String>       enableTestPriority=Arrays.asList(new String[]
{ "true","false"});
     private static List<String>        enableAutomation=Arrays.asList(new String[]
{ "true","false"});
     private static List<String>        enableInventory=Arrays.asList(new String[]
{ "true","false"});
     private  static  List<String>              isActive=Arrays.asList(new  String[]
{ "true","false"});
     private  static  List<String>              isPublic=Arrays.asList(new  String[]
{ "true","false"});
     private     static      List<String>      paras=Arrays.asList(new      String[]
{"enableRequirements","enableTestPriority","enableAutomation","enableInventory","isAct
ive","isPublic"});//Map 中所使用的 key,即各个参与组合的入参列表
     private     static      List<String>     paras_IEC=Arrays.asList(new     String[]
{"prefix","enableRequirements","enableTestPriority","enableAutomation","enableInventor
y","isActive","isPublic"});
     @Override
     protected void start() {
         api =APIDrivers.getDriver();//获取 TestLinkAPI 实例
     }
     private static    Map<String,Object> map2Projectmap(Map<String, String> map){
     //将组合结果数据从 String 类型转换成 api 方法可以使用的类型
         Map<String,Object> map2 = new HashMap<String,Object>();
         for(int i=0;i<paras.size();i++){ //各 Boolean 类型值的转换
         String key=paras.get(i);
```

```
        Boolean value=Boolean.parseBoolean(map.get(paras.get(i)));
        log.debug("\n key("+key+")='"+value+"'");
        map2.put(key,value);
        }
        String projName=uniquify("comb");
//测试项目默认不参与组合，但不能重复，因此使用伪随机数填充
        String prefix =map.get("prefix");
        if(prefix==null){
            prefix=projName.substring(12, 18); //项目前缀不参与组合
        } else if(map.get("name")!=null){
            projName =(String) map.get("name"); //项目名称也参与组合
        }
        map2.put("prefix", prefix);
        map2.put("name", projName);
        map2.put("notes", "IamNotes");//notes 不参与组合
       return map2;
    }
    public static List<List<String>>  genParaListNormal(){
    List<List<String>> parameterInputValues = new ArrayList<List<String>>();
        parameterInputValues.add(enableRequirements);
        parameterInputValues.add(enableTestPriority);
        parameterInputValues.add(enableAutomation);
        parameterInputValues.add(enableInventory);
        parameterInputValues.add(isActive);
        parameterInputValues.add(isPublic);
        return parameterInputValues; //参与组合的各个入参数据列表
    }
    public static List<List<String>>  genParaListPrefixIEC(){
    List<List<String>> parameterInputValues = new ArrayList<List<String>>();
        parameterInputValues.add(prefix);
        parameterInputValues.add(enableRequirements);
        parameterInputValues.add(enableTestPriority);
        parameterInputValues.add(enableAutomation);
        parameterInputValues.add(enableInventory);
        parameterInputValues.add(isActive);
        parameterInputValues.add(isPublic);
        return parameterInputValues;
    }
public static Set<Map<String,? extends Object>> getProjectCombSet  (List<List
<String>> ParaCombList, CombType combType,List<String> para)
{
        Set<Map<String, String>> resultSet=     DataComb.genResultSet(ParaCombList,
        combType,para);//获取组合结果集
        Set<Map<String, ? extends Object>> set=
        new HashSet<Map<String,? extends Object>>();
        Iterator<Map<String, String>> result = resultSet.iterator();
        while(result.hasNext()){//依次访问整个组合结果集
            Map<String,Object> map2=map2Projectmap(result.next());
//将 Sting 类型的组合结果进行转换
            set.add(map2);
```

```
            waitfor(1);//等 1 毫秒，可以让 map 转换中产生的伪随机数不同
              }
            return set;
              }
    public static Set<Map<String,? extends Object>> getAllCombList(){
    //全组合，共计 2^6=64 种
        return getProjectCombSet(genParaListNormal(),CombType.AllComb,paras);
              }
    private TestProject CreateProject(TestLinkAPI api,Map<String, ? extends Object> map)
    throws TestLinkAPIException{  //根据 map 提供的数据，完成测试项目创建
            Boolean enableRequirements=(Boolean) map.get("enableRequirements");
            Boolean enableTestPriority=(Boolean) map.get("enableTestPriority");
            Boolean enableAutomation=(Boolean) map.get("enableAutomation");
            Boolean enableInventory=(Boolean) map.get("enableInventory");
            Boolean isActive=(Boolean) map.get("isActive");
            Boolean isPublic=(Boolean) map.get("isPublic");
            String name=(String) map.get("name");
            String prefix=(String) map.get("prefix");
            String notes=(String) map.get("notes");
            TestProject project=new TestProject();
            project =api.createTestProject(name, prefix, notes, enableRequirements,
                    enableTestPriority, enableAutomation, enableInventory,
                    isActive, isPublic);
            return project;
      }
            @Test
        public void TestCreateProjectAllComb(){
            Set<Map<String, ? extends Object>> resultSet=getAllCombList();
             Iterator<Map<String, ? extends Object>> result = resultSet.iterator();
                int i=1;
                while(result.hasNext()){
                    Map<String,? extends Object> projectMap=result.next();
                    log.info("\n TC["+i+"]::inputs::"+projectMap.toString());
                    TestProject project=new TestProject();
                    try {
                        project =CreateProject(api,projectMap);
                    }catch(TestLinkAPIException e){
                        e.printStackTrace();
                        Assert.fail("ops...failed."+ projectMap.toString());
                    }
                    log.info("\n TC["+i+"]::result::"+project.toString());
                    i++;
                  }
      }
      }
```

在本小节中，针对 createProject 方法的入参，建立了具有 6 个参数的全组合模型，生成了组合结果集，并且完成了转换。最终使用结果集自动生成了用例并成功执行。因为各参与全组合的入参间取值时不存在彼此互斥的情况，因此上述 64 种结果均可正常完

成，即生成 64 个测试项目。其中最后一个组合的运行日志如下。

```
    <2014-12-08 21:31:48,781> INFO  com.api.project.CombCreateProject [main] () -
     TC[64]::inputs::{isActive=false, enableRequirements=true, enableInventory=false,
name=comb_1423402300698,    prefix=300698,    isPublic=false,    enableAutomation=false,
notes=300698, enableTestPriority=false}
    <2014-12-08 21:31:48,906> INFO  com.api.project.CombCreateProject [main] () -
     TC[64]::result::TestProject   [id=1012,   name=comb_1423402300698,   prefix=300698,
notes=300698, enableRequirements=true, enableTestPriority=false, enableAutomation=false,
enableInventory=false, isActive=false, isPublic=false]
```

在实际测试过程中，只要再增加结果比对部分即可实现结果正确性的判断。

11.5.5 生成健壮性用例

在完成了各个参数的有效等价类间的全组合之后，接下来完成的是针对一个无效等价类生成健壮性用例。与上一小节中的全组合案例的不同之处在于，prefix 将参与组合，并且组合的方式从 ***AllComb***("0")变成了 ***EachChoice***("1")。由此，组合的预期结果也从之前的 64 种变成了 3 种，也就是每个 prefix 的无效等价类中的数据参与一次组合，并形成一条用例。

在上述 CombCreateProject 类中，再增加如下代码即可完成健壮性用例生成部分功能。

```
    private  static  List<String>  paras_IEC=Arrays.asList(new  String[]  {"prefix",
"enableRequirements","enableTestPriority","enableAutomation","enableInventory","isActi
ve","isPublic"});
    private  static  List<String>                 prefix_IEC=Arrays.asList(new  String[]
{"12345678901234567","","\n"});//待参与组合的无效等价类
    public static List<List<String>>  genParaListPrefixIEC(){
        List<List<String>> parameterInputValues = new ArrayList<List<String>>();
        parameterInputValues.add(prefix_IEC);
        parameterInputValues.add(enableRequirements);
        parameterInputValues.add(enableTestPriority);
        parameterInputValues.add(enableAutomation);
        parameterInputValues.add(enableInventory);
        parameterInputValues.add(isActive);
        parameterInputValues.add(isPublic);
        return parameterInputValues; //生成参与组合的参数列表

        }
        public static Set<Map<String,? extends Object>> getEachChoicePrefixIEC(){
            return
getProjectCombSet(genParaListPrefixIEC(),CombType.EachChoice,paras_IEC);
            }  //完成健壮性部分组合结果集的生成

        @Test
```

```
public void TestCreateProjectPrefixEachChoice(){
    Set<Map<String, ? extends Object>> resultSet=getEachChoicePrefixIEC();
    Iterator<Map<String, ? extends Object>> result = resultSet.iterator();
        int i=1;
        while(result.hasNext()){
            Map<String,? extends Object> projectMap=result.next();
            log.info("\n TC["+i+"]::inputs::"+projectMap.toString());

            TestProject response=new TestProject();
            try {
                response =CreateProject(api,projectMap);
            }catch(TestLinkAPIException e){
                //e.printStackTrace();
            }
            log.info("\n TC["+i+"]::result::"+response.toString());
            i++;
            Assert.assertNull("Prefix dismatch::", response.getPrefix());
                    //预期结果为测试项目创建失败，prefix 为 null
        }
}
```

以下是最后一个组合的输入参数和 API 执行结果。可以看出，超长的 prefix 字符串引起了异常，导致测试项目没有被创建成功，在返回的结果中 prefix=null。

```
    <2014-12-08 21:53:58,846> INFO  com.api.project.CombCreateProject [main] () -
     TC[3]::inputs::{isActive=true, enableRequirements=true, enableInventory=true, name=
comb_1423572838624,  prefix=12345678901234567,  isPublic=true,  enableAutomation=true,
notes=IamNotes, enableTestPriority=true}
    <2014-12-08 21:53:58,971> INFO  com.api.project.CombCreateProject [main] () -
     TC[3]::result::TestProject [id=null, name=null, prefix=null, notes=null, enableRequirements=
false, enableTestPriority=false, enableAutomation=false, enableInventory=false, isActive=true,
isPublic=true]
```

至此，针对 prefix 这个入参的强健壮测试的测试数据模型以及后续的用例自动化生成及执行已经顺利完成了。后续只要维护好等价类划分的结果集，也就是数据模型，就可以重新生成用例和完成执行。当然这个测试将数据模型、组合生成算法以及用例糅合在了一个类中，并不是一个很好的实践，只是给读者们一种参考。感兴趣的读者可以按照这种思路继续开展工作，例如将模型存放于外部数据源等方式，来进行后续优化与改造。

11.6 小结

在本章中，介绍了 XML-RPC 的概念，并演示了如何使用 TestLink XML-RPC API，从接口层而不是界面完成指定的操作。在此基础上引入了 TestLink Java API，并就接口测试用例自动化生成的初步探索结果进行了介绍。上述这些工作，是后续在测试框架中加入对接口层测试支持的基础。后续将介绍如何实现 UI/API 的混合使用以及统一的多层次自动化框架。

第 12 章 Hybrid Automation 混合自动

估计测试人员基本都有这样的经历，在测试过程中完成了界面上的操作之后，需要通过 PL/SQL 等工具到数据库后台进行查询等步骤完成测试结果的正确性验证。所以，测试人员在进行手工测试时，天然地是一种跨层的模式，横跨了 UI 层和后台数据库。在这一部分，将介绍如何在 UI 自动化测试框架中添加通过接口进行的结果验证或者是部分步骤的执行。

12.1 修改 SeMet 层的基础类

12.1.1 在 Webdrivers 类中存储 TestLinkAPI 实例

在之前的 SeMet 框架中，WebDrivers 类的作用是统一提供有效的 Webdriver 的实例，供其余 SeMet 业务类中使用。类似地，如果需要添加对于 TestLinkAPI 的调用接口，那么修改 Webdrivers 这个类就比较顺理成章了。修改部分代码如下：

```
public class WebDrivers {
    private static  TestLinkAPI api = null;
    public static void setAPI(TestLinkAPI TLapi){
    log.debug("\n set API driver ");
    api=TLapi;
    }
    public static TestLinkAPI getAPI(){
     return api;
    }
    }
```

与 Webdriver 实例仅仅在这个类中进行 set/get 一样，这里只是增加了针对 TestLinkAPI *api* 的 set/get 方法。其中将通过 set 方法在别处完成初始化和连接的 TestLinkAPI TLapi 变量传入并存储于这个类中。

12.1.2 在 TLTestCase 中完成 TestLinkAPI 初始化

先前对于 Webdirver 的初始化工作的入口，在 TestLink 的测试用例基类 TLTestCase

中。也就是在测试用例初始化时，完成相关的执行工具的初始化。仿照这个思路，只要在 TLTestCase 中稍稍添加如下的代码即可完成对于 TestLinkAPI 的初始化。

```
public class TLTestCase extends SolventTestCase{
      private  TestLinkAPI api = null;
      private   URL testlinkURL = null;
   public void start() {
        if(rwd==null){
         rwd=(RemoteWebDriver) WebDrivers.getDriver();}
         start(rwd);
         waitfor(3000);
         setupAPI();
   }
   public void setupAPI(){
           String url=Configurator.getApiURL();
           String devKey=Configurator.getDEVKEY();
           setupAPI(url,devKey);
   }
   public void setupAPI(String url,String devKey){
   try     {
           testlinkURL = new URL(url);
   } catch ( MalformedURLException mue )   {
           mue.printStackTrace( System.err );
           System.exit(-1);
   }
   try     {
           api = new TestLinkAPI(testlinkURL, devKey);
   } catch( TestLinkAPIException te) {
           te.printStackTrace( System.err );
           System.exit(-1);
   }
   WebDrivers.setAPI(api);
   }
}
```

为了配合增加对于 TestLinkAPI 的支持，在用例的 start()方法中添加了对于 setupAPI()方法的调用。而后者通过 Configurator 类提供的统一配置参数获取方法来获得 url、devKey 等完成 XML-RPC 连接所必需的入参，并调用 setupAPI（String url,String devKey）方法来完成 API 实例的获取和保存。

读者需要注意的是，这种实现方式有一个假设，就是在测试过程中 devKey 将保持不变，从框架参数文件中获取。也就是使用例如 Admin 这个用户的 devKey 来完成所有 XML-RPC API 端的操作。

当然，如果需要频繁更换用户，可以通过用例中显式调用 setupAPI（String url,String devKey）来重置 devKey，从而实现通过根据测试用例的用户 devKey 参数来实现 API 连接用户的变更。不过这种方式需要进行用例的修改，不是一种很好的实践。建议考虑在登录方法中实现，如通过重构 LoginSeMet 来提供通过 API 登入 TestLink，从而避免测试用例的修改。

12.2 在测试用例中直接使用接口

先来看一下一个典型的 UI 测试用例。这个用例将以管理员身份登录，然后按照给定数据创建了一个测试项目，并且随即对于该项目创建是否成功进行了验证。

```
public class CreateProject extends TLTestCase{
    @Test
    public void testCreateProjectWithDefaultSetting(){
        log.info("\n login as admin");
        LoginSeMet login = new LoginSeMet();
        String loginName="admin";
        login.login(loginName, loginName);
        TestProjectSeMet menuBar= new TestProjectSeMet();
        log.info("\nNavi to project now");
        TestProjectMgrSeMet tpm=menuBar.navi2TestProjMgr();
        log.info("\n Select " Test Project Management" link on main page and press
        "Create" button.");
        CreateProjectSeMet createProject=tpm.Create();
        log.info("\n setting up project info");
        String projName= uniquify("aa");
        String projPrefix=projName.substring(10, 16);
        TestProjectBean projectBean= new TestProjectBean();
        projectBean.setName(projName).setPrefix(projPrefix);
        log.info("\ncreate project now");
        createProject.createProject(projectBean);
        log.info("\n now checking if the newly created project exists");
        ProjTableSeMet projTable=  tpm.getProjectTable();
        CheckPoint cp1= newCheckPoint(projPrefix);
        cp1.validate(projTable.findFirstRowWithExactContent(projName)>0, projName
        +" is not found");
    }
}
```

如何利用前述的工作替换这个测试用例中验证部分的步骤呢？当然，也可以不替换，而是增加利用 TestLinkJavaAPI 的验证部分。利用之前介绍 TestLinkJavaAPI 中的案例，CreateProject 这个测试用例类可以做如下修改。

```
public class CreateProject extends TLTestCase{
    @Test
    public void testCreateProjectWithDefaultSetting(){
        log.info("\n login as admin");
        LoginSeMet login = new LoginSeMet();
        String loginName="admin";
```

```
        login.login(loginName, loginName);
        TestProjectSeMet menuBar= new TestProjectSeMet();
        log.info("\nNavi to project now");
        TestProjectMgrSeMet tpm=menuBar.navi2TestProjMgr();
        log.info("\n Select " Test Project Management" link on main page and press
        "Create" button.");
        CreateProjectSeMet createProject=tpm.Create();
        log.info("\n setting up project info");
        String projName= uniquify("aa");
        String projPrefix=projName.substring(10, 16);
        TestProjectBean projectBean= new TestProjectBean();
        projectBean.setName(projName).setPrefix(projPrefix);
        log.info("\ncreate project now");
        createProject.createProject(projectBean);
        log.info("\n now checking if the newly created project exists");
        ProjTableSeMet projTable=  tpm.getProjectTable();
        CheckPoint cp1= newCheckPoint(projPrefix);
//    cp1.validate(projTable.findFirstRowWithExactContent(projName)>0, projName
    //+" is not found");
//    long deltaUI=System.currentTimeMillis()-start;
    cp1.validate(DoseProjectExistUsingArray(projName), projName +" is not found");
//    long deltaAPI=System.currentTimeMillis()-start-deltaUI;
//    System.out.println("Time used on UI  Checking(ms)::"+deltaUI);
//    System.out.println("Time used on API Checking(ms)::"+deltaAPI);
    }
public  boolean DoseProjectExistUsingArray(String projName){
        boolean isExist=false;
        try{
            TestProject[] projects=WebDrivers.getAPI().getProjects();
            for(int i=0;i<projects.length;i++) {
            String name=projects[i].getName();
            if(name.equalsIgnoreCase(projName)){
            System.out.println("project exists::"+projName);
            isExist=true;
            break;
            }    }
            } catch  (TestLinkAPIException e)  {
                e.printStackTrace( System.err );
                //   System.exit(-1);
            }
        return isExist;
        }
}
```

来看一下这个用例的情况，通过以下这行代码完成了通过 TestLinkJavaAPI 来进行验证项目是否存在的结果验证。

```
cp1.validate(DoseProjectExistUsingArray(projName), projName +" is not found");
```

通过这种混合使用的方式，完全可以替代部分的 UI 步骤进行结果验证，达到了预期的目标。

另外，如果把这个用例中有关在 UI 端验证以及计时的代码取消注释再执行，那么可以对 UI/API 的运行速度进行一个比较。随机的一次执行结果如下：

```
    <2014-11-22 14:29:20,393> INFO  com.solvent.SolventTestCase [main] () - CheckPoint:
145648 succeeded.
    Time used on UI  Checking(ms)::5678
    Time used on API Checking(ms)::141
```

从这个结果中，可以简单地得出两个现象。

（1）API 端的速度要比 UI 端快至少一个数量级，且在百毫秒的量级。

（2）目前 UI 端检查项目是否存在的算法有待优化。目前的算法是进行了全表扫描的。

12.3 将接口转移到业务 SeMet 类中

除了在测试用例中直接调用 WebDrivers.*getAPI*()来使用 TestLinkJavaAPI 所提供的各种服务，还可以考虑将相关的操作统一置于相关的 SeMet 类中。毕竟在测试类中存在类似 DoseProjectExistUsingArray 这样的方法属于典型的再造轮子。因此，考虑寻找一个合适的框架类来存放这些代码。

从各方法被调用的位置往前看，显然 ProjTableSeMet 这个项目列表类并不是太合适，毕竟其只是一个 table 类的子类。而再往前就是 CreateProjectSeMet 这个创建测试项目页面类了。显然这也不是一个很好的选择，毕竟验证测试项目创建的动作是在 UI 上完成了项目创建过程（从 CreateProjectSeMet 所封装的页面退出之后）。

如果再把目光往上看，TestProjectMgrSeMet 就映入眼帘了。这个类顾名思义就是对于测试项目列表所在的整个页面的封装。在之前介绍 TestLink 自动化实践时，曾经介绍过业务类的概念。这个类就非常适合成为一个业务类。可以在第 6 章中介绍该类时所提供的代码的基础上稍加修改，提供后续测试项目创建等操作的入口方法，并且将通过 TestLinkJavaAPI 来判断项目是否存在的方法寄存于该类之中。经过修改之后该类的实现如下：

```
    package com.semet.testlink.projectMgr;
    import org.openqa.selenium.WebElement;
    import br.eti.kinoshita.testlinkjavaapi.model.TestProject;
    import br.eti.kinoshita.testlinkjavaapi.util.TestLinkAPIException;
    import com.itestlink.model.TestProjectBean;
    import com.semet.html.PageSeMet;
    import com.semet.hybrid.HWebDrivers;
    import com.semet.testlink.projectMgr.createProject.CreateProjectSeMet
    public class TestProjectMgrSeMet extends PageSeMet {
        private static String searchString= "//input[@id='name']";
        private static String searchBtnString="//input[@id='search']";
```

```
private static String resetString= "//input[@name='resetFilter']";
private static String createString= "//input[@name='create']";
public WebElement getSearchInputField(){
    return getItem(searchString);
}
public WebElement getSearchBtn(){
    return getItem(searchBtnString);
}
public WebElement getResetBtn(){
    return getItem(resetString);
}
public WebElement getCreateBtn(){
    return getItem(groupBtnString+createString);
}
public TestProjectMgrSeMet doSearch(String inputString) {
    setItem(getSearchInputField(),(inputString));
    getSearchBtn().click();
    return this;
}
public TestProjectMgrSeMet resetFilter() {
    getResetBtn().click();
    return this;
}
public CreateProjectSeMet Create() {
    getCreateBtn().click();
    return navigateTo(new CreateProjectSeMet());
}
public ProjTableSeMet getProjectTable() {
    return new ProjTableSeMet();
}
public void createProject(TestProjectBean projectBean) {
CreateProjectSeMet createProject=Create();
createProject.createProject(projectBean);
}
 public boolean DoesProjectExist(String projName){
    boolean isExist=false;
    try{
        TestProject[] projects=WebDrivers.getAPI().getProjects();
        for(int i=0;i<projects.length;i++) {
        String name=projects[i].getName();
        if(name.equalsIgnoreCase(projName)){
        System.out.println("project exists::"+projName);
        isExist=true;
        break;
        }
        }
        } catch (TestLinkAPIException e) {
          e.printStackTrace( System.err );
          //   System.exit(-1);
          }
```

```
        return isExist;
        }
}
```

12.4　用例无缝切换

在完成了 TestProjectSeMet 的修改之后，相应地，测试用例部分也可以修改为：

```
@Test
public void testCreateProject(){
    log.info("\n login as admin");
    LoginSeMet login = new LoginSeMet();
    String loginName="admin";
    login.login(loginName, loginName);
    TestProjectSeMet menuBar= new TestProjectSeMet();
    log.info("\nNavi to project now");
    TestProjectMgrSeMet tpm=menuBar.navi2TestProjMgr();
    log.info("\n setting up project info");
    String projName= uniquify("aa");
    String projPrefix=projName.substring(10, 16);
    TestProjectBean projectBean= new TestProjectBean();
    projectBean.setName(projName).setPrefix(projPrefix);
    log.info("\ncreate project now");
    tpm.createProject(projectBean);;
    log.info("\n now checking if the newly created project exists");
    CheckPoint cp1= newCheckPoint(projPrefix);
    cp1.validate(tpm.DoesProjectExist(projName), projName +" is not found");
}
```

相比较前一节的用例，明显可以看出用例的代码量以及繁琐程度更小了，并且更加贴合手工用例的描述和实际测试执行的过程。

另外，如果一开始就在 TestProjectMgrSeMet 类中提供了类似 DoesProjectExist 的方法，只是以 UI 检查的方式通过 ProjTableSeMet 来实现，那么引入 TestLinkJavaAPI 的方式完成相同的工作，只要重构该方法即可。而这些改动对于用例来讲就是透明的，无需做任何的重构工作，只是会发现整个用例集的执行时间在显著地下降。

因此，对于那些关注于业务流程本身、而不是关注界面元素检查的测试用例，非常适合于使用这种方式。

第 13 章 iTestLink 业务与技术解耦

前面两章介绍了单独使用接口以及 Webdriver/API 混合使用的场景。可以看出，通过 Solvent/SeMet 这样的组合，可以较为方便地改造为适合上述两种场景的支持。本章将对框架架构进行一次重构，引入 iTestLink，实现 Webdriver/API 与测试用例的解耦。

13.1 问题与挑战

测试用例是团队测试资产库中最为优质的资产。随着产品不断演进，技术不断更新，只要其所覆盖的那部分业务与功能依旧有效存在，测试用例就始终是有效的，无论 UI 如何变化，运行方式从客户端变成了浏览器，又或是变成了移动 APP。经历了 5 年以上还依旧有效的测试用例，其内部属性中没有变化的可能就只剩下一个用例 ID 号了。其实，这个 ID 号很多时候是代表了一个业务功能点或者测试点，而不是那些繁琐的测试执行步骤。

那么问题来了，自动化测试作为一项测试团队的重大投资，如何来最大限度地保存好这些测试资产，达到最大限度的复用?那些花费数年，自动化了超过 1 千条、1 万条甚至更多测试用例的团队，是否可以承担得起每过若干年就推倒重来所带来的冲击？自动化如何避免这种沙滩上建堡垒，最后随着潮起潮落重复建设的命运？

英文有句话，叫做“nothing is immortal”。没有什么解决方案可以持久有效，银弹只存在于理想中。面对严酷的现实，我们能做的，就是尽可能优化自动化测试框架的架构，能够按照“保留尽可能保留的，丢弃可以丢弃的”这一方针，在行业业务全面创新、团队资源日益受限、软件新技术浪潮高涨这“风暴潮三聚首”的情况下，依旧能够乘风破浪，使命必达，为软件产品的质量保驾护航。这些都是自动化团队需要思考和回答的问题。

13.2 Webdriver 带来的启示

在有关本地化测试一章中，介绍了有关“一码走天下”的美好愿景。通过一次代码编写，支持在不同语言的 UI 上实现用例的零修改运行。那如何实现一次编写用例，实现在不同类型的浏览器上运行呢？原来，从 Java 语言的角度来看，org.openqa.selenium.WebDriver 这个类是个接口类。这就意味着当需要使用不同的浏览器时，只要使用类似

```
WebDriver  driver= new FirefoxDriver();
```

或者

```
WebDriver    driver = new InternetExplorerDriver();
```

的语句，就可以实现对于不同浏览器的驱动。这部分内容在介绍兼容性测试的一章以及本书最后部分有关 Webdriver 基础概念介绍的部分给出了更为浅显和清楚的解答。另外一个无处不在的类 org.openqa.selenium.WebElement 也是一个接口。也就是通过实现 WebDriver 接口中申明的以下两个方法就可以实现对于页面中元素的定位。

```
List<WebElement> findElements(By by);
WebElement findElement(By by);
```

这两套接口配合使用，只要是支持 Webdriver 这套体系的浏览器，就需要实现这些接口，也就是不管是否有其余更多的功能支持，至少能提供这套共通的方法集。

这意味着只要是基于 WebDriver/WebElement 进行编程实现的自动化测试用例，通过浏览器工厂类或者其他方式替换浏览器驱动类之后，一般情况下不用修改任何代码，就可以实现对于浏览器的无缝切换。这就是面向接口编程所带来的好处。

本章后续部分所要探讨的，是借鉴类似的方式，实现测试用例的一次编写，在不同执行工具与方式上能够通畅运行，即实现用例与执行技术的解耦，为读者在自身组织寻找合适的自动化框架的道路上进行一次探索演示。

13.3 实现 iTestLink

13.3.1 定义 TestLink 业务接口

通过抽象出一套 TestLink 的业务接口 iTestLink 来代表这个应用的基本业务功能，这是整个项目成功的基础。有人曾经尝试从 UI 自动化出发，希望能拨开层层面纱，裁剪出合适的 AUT 的业务接口，而因为 UI 自动化的关注点过于纷繁复杂，干扰众多，只得绕道而行。

TestLink XML-RPC 则为 iTestLink 的实现指明了方向。TestLinkJavaAPI 作为一个第三方的接口框架，则提供了非常有益的参考。该接口中所定义的每一个方法，都代表了一个典型的业务操作，体现了软件的一个功能单元。而各项操作中所使用到的各种数据，也正是该应用中的各种业务对象。无论是从功能的颗粒度还是从业务的针对性来讲，都

非常适合作为蓝本应用于 iTestLink。因此，一个最为简单的 iTestLink 类可以按照如下方式实现。

```
package com.itestlink;
import com.itestlink.model.TestProjectBean;
public interface ITestLink {
        public TestProjectBean createTestProject(TestProjectBean bean) ;
        public TestProjectBean getTestProjectByName(String projectName) ;
        public TestProjectBean[] getProjects() ;
    }
```

这个接口中只定义了 3 个有关测试项目的方法，并且反复使用到了测试项目这个业务对象类 TestProjectBean。以创建测试项目 createTestProject 这个方法为例，通过这种方式，就隔绝了创建测试项目的各种方法与步骤的不同，参数定义与数量的不同等各种问题，实现了测试用例对于业务本身的关注。

接下来要做的，就是定义 TestProjectBean 以及其他业务对象类，并且将 UI/API 自动化测试针对该接口定义各自的实现。

13.3.2 定义业务对象类

在本书第 2 部分有关 TestLink UI 自动化测试实践的部分，曾陆陆续续介绍过不少业务对象类，如 BuildBean、KeywordBean、MilestoneBean、PlatformBean、TestPlanBean 等。当时的处理办法是，随着业务封装到哪里，就在哪个包下面存放这些类。如果要定义业务接口所使用的业务对象类，那么将这个类聚拢起来，放置在 com.itestlink.model 下面，就是一个自然的选择。其实也正代表了 TestLink 这个应用背后的数据模型。

限于篇幅，这些 bean 类的实现就不再赘述了。感兴趣的读者可以翻看之前的定义。只是所在的类包名称变更而已。具体定义并无变化。

可能有读者会提出不同意见。既然 TestLinkJavaAPI 也提供了一套对象类供自身使用，重新定义一套数据模型，且绝大部分内容重复，是否有必要呢？

必须承认，这的确是一种额外的成本。如果有机会从无到有，架构支持 UI/API 测试的自动化框架，那么在一开始就定义好一套良好的数据模型就是首先要解决的问题。

在实际的项目中，如果直接使用这种外来的第三方接口所提供的服务，并且使用其对象类，则往往因为后期的接口入参变动，导致可维护性方面的问题。毕竟，还需要考虑 UI 层使用的兼容性，因此定义属于自身的业务接口类也是非常有必要的。

这也对架构师提了一个醒，在定义自动化测试框架时一定要考虑其兼容性与可扩展性，切勿将自身与某种技术或者实现方案完全捆绑，将自身暴露在最终必须推倒重来的风险之下。

13.3.3　增加 TLSession 类获取执行方式

在完成了 iTestLink 接口的定义之后，在运行时如何确定采取哪种模式来执行呢？回忆一下在构建 SeMet 这一章时所介绍的 Webdrivers 这个类中，可以根据给定的浏览器字符串变量来确定实例化哪个类型的浏览器所对应的 driver 实例并返回。类似地，通过 TLSession 类来实现根据给定的 mode 字符串变量来构造并返回实现了 iTestLink 接口的类的实例。

```
package com.itestlink;
import com.apimet.TestLinkJavaAPIAdaptor;
import com.itestlink.constants.TestLinkDriver;
import com.semet.TestLinkSeMetAdaptor;

public class TLSession {
    private static ITestLink testLink;
    public static void setTLSession(String mode,String login, String authentication){
         switch (TestLinkDriver.gerDriverMode(mode)) {
         case API:
              testLink= new TestLinkJavaAPIAdaptor();
              break;
         case WEBDRIVER:
              testLink = new TestLinkSeMetAdaptor( login, authentication);
              break;
         case DB:
              testLink=null; //TODO
              break;
         }
    }
    public static void setTLSession(String mode){
         switch (TestLinkDriver.getDriverMode(mode)) {
         case API:
              testLink= new TestLinkJavaAPIAdaptor();
              break;
         case WEBDRIVER:
              testLink = new TestLinkSeMetAdaptor();
              break;
         case DB:
            testLink=null; //TODO
            break;
         }

    public static ITestLink getTLSession(){
        return testLink;
    }

}
```

这个类中的 setTLSession 方法根据传入的 String mode 进行匹配，如果是 API，就通过

```
testLink= new TestLinkJavaAPIAdaptor();
```

来返回 TestLinkJavaAPIAdaptor 的实例，用来执行接口层的测试。这个类实现了 iTestLink 接口，并且通过 TestLinkJavaAPI 来实现 XML-RPC 接口的用例执行。在后续介绍 APIMet 端的改造时将更为详细的介绍。

相应地，如果是 ***WEBDRIVER*** 模式，则表示将执行 UI 层的用例，因此调用 Webdriver 端对于接口 iTestlink 的实现类 TestLinkSeMetAdaptor 的构造方法。

如果有需求支持数据库的自动化测试，那么可以相应地完成 iTestLink 接口的数据库端实现。

13.3.4 枚举类 TestLinkDriver 的实现

上一小节中调用了 TestLinkDriver.*gerDriverMode*（mode）来判断给定的 mode 是否属于某一种指定的 TestLinkDriver 类型，这个类的实现如下：

```
package com.itestlink.constants;
public enum TestLinkDriver {
      API("api"), WEBDRIVER("webdriver"), DB("db");
        private String driver;
        TestLinkDriver(String driver) {
        this.driver = driver;
        }
        public static TestLinkDriver getDriverMode(String mode) {
        switch (mode) {
        case "api":
        case "API":
            return API;
        case "webdriver":
        case "WEBDRIVER":
            return WEBDRIVER;
        case "db":
        case "DB":
            return DB;
        }
        return null;
        }
}
```

与之前在 TestLink UI 自动化测试实践中所介绍的页面枚举类型的封装类似，这个类也通过构造方法实现对于 driver 的赋值，并且提供了 getDriverMode 方法来返回其维护的浏览器模式。通过这种方式，就可以在其余类调用时，针对其所定义的 API、WEBDRIVER 等枚举类实例来进行判断，而不是通过 string 常量的方式。这样，即使后

续将“api”“webdriver”等字符串进行了变更，也不需要另行修改别处的代码。

13.3.5 新建 TLTestCase

仿照之前在构建 UI 自动化层 SeMet 时所介绍的 TLTestCase 的思路，需要为后续基于 iTestLink 的测试用例提供一个基类。这个类将作为入口，调用 TLSession.*setTLSession* 和其他后续的方法完成驱动器的相关初始化工作。该类的简单实现如下：

```
package com.itestlink;
import com.solvent.Configurator;
import com.solvent.SolventTestCase;

public class TLTestCase extends SolventTestCase {
    public ITestLink start(String login, String authentication){
        String mode=Configurator.getMODE();
        TLSession.setTLSession(mode,login,authentication);
        return TLSession.getTLSession();
    }

    @Override
    protected void start() {
        String mode=Configurator.getMODE();
        TLSession.setTLSession(mode);
    }
}
```

无参的 start 方法来源于 SolventTestCase，可以完成基础的 API 连接或者浏览器启动等操作，而带参的 start 方法可以完成认证、登录等操作。另外，用例执行模式，可以从基础参数配置类 Configurator 中获取到。*getMODE()*的具体实现与其余 String 类型的参数相同，就不再介绍了。

13.4 iTestLink 的测试用例

随着 iTestLink 业务接口及其方法，以及相关的业务对象类定义完成之后，就可以开始测试用例的编写工作。例如，在没有完成 TestLink XML-PRC 或者 Webdriver 端的自动化测试框架构建之前，可以先行编写如下的用例。

```
package com.itestlink.testplan;
import org.junit.Test;
import com.itestlink.ITestLink;
import com.itestlink.TLTestCase;
import com.itestlink.model.TestPlanBean;
```

```
import com.itestlink.model.TestProjectBean;
import com.solvent.timerHelper.Timer;

public class CreateTestProjectAndPlan extends TLTestCase{
    @Test
    public void TestCreateTestProjectAndPlan(){
            String loginName="admin";
            String password=loginName;
            log.info("Login as "+loginName+"\n");
            ITestLink tl= start(loginName,password);
            String projName=uniquify("iTL");
            String projPrefix=projName.substring(10, 16);
            TestProjectBean bean= new TestProjectBean();
            bean.setName(projName).setPrefix(projPrefix);
            log.info("Create project::"+bean.getName()+"\n");
            Timer timer=newTimer("tl.createTestProject");
            timer.start();
            bean=tl.createTestProject(bean);
            timer.stop();
            //TODO: add checkpoint bean.getID>0;
            String planName=uniquify("ipl");
            TestPlanBean plan =new TestPlanBean();
plan.setName(planName).setProjectName(projName).setIsActive(true).setIsPublic(true);
            log.info("Create testplan '"+plan.getName()+"' within project '"+projName+"'");
            Timer timer2=newTimer("tl.createTestPlan");
            timer2.start();
            plan= tl.createTestPlan(plan);
            timer2.stop();
            CheckPoint cp1=newCheckPoint("planID");
            cp1.validate(plan.getId()>0, "testplan is not created correctly");
    }
}
```

这个用例在调用 start 方法启动之后，首先调用 iTestLink 的接口方法 createTestProject 创建了一个测试项目。而后，在这个项目之下创建了一个测试计划。计划创建调用了另外一个接口方法 createTestPlan。

整个测试过程除去上述业务接口方法调用之外，就是对于测试数据的准备以及日志的输出，可以说已经非常接近手工测试用例的编写风格。此外，为了后续示例所需，加入了两个 Timer 来检查关键步骤的运行时间。在实际的测试用例中可以去掉该部分代码，或者将其转移到框架中。

当然，如果直接运行这个用例，是会直接失败退出的。因为这只是骨架，写用例的时候，框架中有关 UI 或者 API 端的驱动代码还没有实现。

这种工作模式，与所谓的 TDD、ATDD 等这些注重测试先行、测试驱动的软件工程实践的理念是契合的。在敏捷测试的过程中，通过定义接口方法与业务对象类，在迭代故事的开发早期就可以做到自动化测试用例级的介入，而不仅仅只是纸面上的测试分析，真正做到可验证、可交付，为测试人员在紧张的迭代冲刺中赢得宝贵的时间。

13.5 改造 APIMet 支持 iTestLink

当开发团队在根据设计实现业务逻辑的同时，根据系统间接口的定义，接口层的测试就可以展开了。因此，在本节中将介绍如何为 iTestLink 及其用例配套上 TestLinkJavaAPI。

13.5.1 引入 TestLinkJavaAPIAdaptor

完成了 iTestLink 接口以及相关业务对象类的定义之后，接下来要做的事情，是将来自第三方的 TestLinkJavaAPI 接口所提供的服务通过转接器转换成为与 iTestLink 匹配的服务。这种方式适用于被复用的类来自于外部组织、本团队或者公司无法进行自行修改的情况。如果说是在一个产品的研发部门，那么更建议在设计时考虑这些问题，尽可能消除接口不统一的问题，以免层层适配，重复工作。

言归正传，TestLinkJavaAPIAdaptor 的工作就只一件，它将实现 iTestLink 接口，并使用 TestLinkJavaAPI 来完成相对应的操作。限于篇幅，将只结合先前介绍的 3 个有关测试项目相关的接口方法的实现。

```
package com.apimet;
import br.eti.kinoshita.testlinkjavaapi.model.TestProject ;
import org.apache.log4j.Logger;
import br.eti.kinoshita.testlinkjavaapi.TestLinkAPI;
import br.eti.kinoshita.testlinkjavaapi.util.TestLinkAPIException;
import com.apimet.adaptor.model.TestProjectAdaptor;
import com.itestlink.ITestLink;
import com.itestlink.model.TestProjectBean;
import com.semet.WebDrivers;
import com.solvent.SolventLogger;
public class TestLinkJavaAPIAdaptor implements ITestLink {
    private static final Logger log = SolventLogger.getLogger(TestLinkJavaAPIAdaptor.class);
      TestLinkAPI api = null;
    public TestLinkJavaAPIAdaptor(){
      api=WebDrivers.getAPI();
    }
     @Override
     public TestProjectBean createTestProject(TestProjectBean bean) {
         String testProjectName=bean.getName();
         String testProjectPrefix=bean.getPrefix();
         String notes=bean.getNotes();
         Boolean enableRequirements=bean.getEnableRequirements();
         Boolean enableTestPriority=bean.getEnableTestPriority();
```

```
            Boolean enableAutomation=bean.getEnableAutomation();
            Boolean enableInventory=bean.getEnableInventory();
            Boolean isActive=bean.getIsActive();
            Boolean isPublic=bean.getIsPublic();
            TestProject project= null;
                try {
                    project= api.createTestProject(testProjectName, testProjectPrefix,
notes, enableRequirements, enableTestPriority, enableAutomation, enableInventory, isActive,
isPublic);
                } catch (TestLinkAPIException e) {
                    e.printStackTrace();
                return null;
                }
                return TestProjectAdaptor.getBean(project);
            }
        @Override
        public TestProjectBean getTestProjectByName(String projectName) {
            TestProject project= null;
            try{
            project=api.getTestProjectByName(projectName);
            } catch (TestLinkAPIException e) {
                e.printStackTrace();
                return null;
            }
            return TestProjectAdaptor.getBean(project);
        }
        @Override
        public TestProjectBean[] getProjects() {
            TestProject[] projects= null;
            try{
            projects=api.getProjects();
            } catch (TestLinkAPIException e) {
                e.printStackTrace();
                return null;
            }
            return TestProjectAdaptor.getBeans(projects);
        @Override
        public TestPlanBean createTestPlan(TestPlanBean testplan) {
            TestPlan plan= new TestPlan();
            try{
        plan=api.createTestPlan(testplan.getName(),testplan.getProjectName(),
                    testplan.getNotes(),
        testplan.getIsActive(),testplan.getIsPublic());
            } catch (TestLinkAPIException e) {
                e.printStackTrace();
                return null;
            }
            return TestPlanAdaptor.getBean(plan);
        }

        }
```

上述 3 个方法的实现方式是类似的，如最为简单的无参 getProjects()方法，通过调用 testlinkjavaapi 所提供的 TestLinkAPI.getProjects()方法来返回所有的测试项目。又因为两套接口的不同，将获得的结果通过 TestProjectAdaptor.*getBeans*(projects)进行了转换，成为与 iTestLink 所匹配的测试项目对象类。

而在略微复杂点的 TestProjectBean createTestProject(TestProjectBean bean)方法中，则需要多做一步入参的转换。因为 TestLinkAPI 所提供的 createTestProject 方法只接受简单的入参，因此需要将各个参数从 TestProjectBean bean 中读取出来，完成赋值之后再传递给后者进行真正的执行。创建测试计划的接口方法 createTestPlan 的处理过程也是类似的。

13.5.2 接口间 TestProject 对象转换

除了对于接口方法需要进行转换，从上一小节的案例中来看，还需要对于两套接口所使用的数据进行转换，完成数据的传递。案例中所使用的 TestProjectAdaptor 类的实现如下：

```
package com.apimet.adaptor.model;
import org.apache.log4j.Logger;
import com.itestlink.model.TestProjectBean;
import com.solvent.SolventLogger;
import br.eti.kinoshita.testlinkjavaapi.model.TestProject;
public class TestProjectAdaptor extends BaseAdaptor {
        private static final Logger log = SolventLogger.getLogger(TestProjectAdaptor.class);
    public static TestProjectBean getBean(TestProject project){
        TestProjectBean bean = new TestProjectBean();
        bean.setId(project.getId());
        bean.setName(project.getName());
        bean.setPrefix(project.getPrefix());
        bean.setNotes(project.getNotes());
        bean.setIsActive(project.isActive());
        bean.setIsPublic(project.isPublic());
        bean.setEnableAutomation(project.isEnableAutomation());
        bean.setEnableInventory(project.isEnableInventory());
        bean.setEnableRequirements(project.isEnableRequirements());
        bean.setEnableTestPriority(project.isEnableTestPriority());
        return bean;
    }
    public static TestProjectBean[] getBeans(TestProject [] projects){
        int length=projects.length;
        log.debug("\n the project array length is '"+length+"'");
        if (length <=0){
            return null;
        }
        TestProjectBean [] beans = new TestProjectBean[length];
```

```
        for(int j = 0;j<length;j++){
        beans[j] = getBean(projects[j]);
          }
        return beans;
    }
    public static TestProject setBean(TestProjectBean bean){
        TestProject project = new TestProject();
        project.setId(bean.getId());
        project.setName(bean.getName());
        project.setPrefix(bean.getPrefix());
        project.setNotes(bean.getNotes());
        project.setActive(bean.getIsActive());
        project.setPublic(bean.getIsActive());
        project.setEnableAutomation(bean.getEnableAutomation());
        project.setEnableInventory(bean.getEnableInventory());
        project.setEnableRequirements(bean.getEnableRequirements());
        project.setEnableTestPriority(bean.getEnableTestPriority());
        return project;
    }
}
```

这个工具类的代码逻辑非常简单，就是针对同一业务对象在两套接口之间的不同定义，进行两个对象间的转换，支持从 TestProjectBean 转变成 TestProject，也支持反向的从 TestProject 到 TestProjectBean 的转换。

这个设计也是非常必要的一环。一方面，如果两者的接口类型定义不一致，譬如假设 TestProjectBean 这个类中的 Id 字段因为某些原因定义为 String，而 TestProject 则定义为 Integer 类型，那么在这个类中进行一个转换即可。另外，也可以通过这个转换类有效隔离外围的变化，保持内部业务对象的稳定性。还是以 Id 为例，无论 TestProject 类中定义成 Integer 还是 Long 型，由于这个转换类的存在，TestProjectBean 中的 Id 定义均可以保持不变。

13.5.3 接口层测试用例执行

在本节完成 APIMet 层的改造之后，如果将 13.4 节中所示意的 iTestLink 测试用例执行一次的话，可以得到类似如下的运行结果。

```
    <2014-11-27 21:58:52,180> INFO  com.apimet.APIDrivers [main] () -
     accessing...http://localhost/testlink/lib/api/xmlrpc/v1/xmlrpc.php
    <2014-11-27  21:58:52,508> INFO   com.solvent.datasets.InputFileFinder  [main]  ()  -
Searching for default input file: com/itestlink/testplan/CreateTestProjectAndPlan.xml
    <2014-11-27 21:58:52,508> INFO  com.solvent.SolventTestCase [main] () - No test input
file found
    <2014-11-27 21:58:52,508> INFO  com.itestlink.testplan.CreateTestProjectAndPlan [main] ()
- Login as admin
```

```
    <2014-11-27  21:58:52,508>  INFO    com.itestlink.testplan.CreateTestProjectAndPlan
[main] () - driver mode is::api
    <2014-11-27  21:58:52,508>  INFO    com.itestlink.testplan.CreateTestProjectAndPlan
[main] () - Create project::iTL_1422539932508
    <2014-11-27  21:58:52,665>  INFO    com.itestlink.testplan.CreateTestProjectAndPlan
[main] () - Create testplan 'ipl_1422539932665' within project 'iTL_1422539932508'
    <2014-11-27 21:58:52,790> INFO  com.solvent.SolventTestCase [main] () - CheckPoint:
planID created.
    <2014-11-27 21:58:52,790> INFO  com.solvent.SolventTestCase [main] () - CheckPoint:
planID succeeded.
    <2014-11-27 21:58:52,790> INFO  com.solvent.SolventTestCase [main] () -
    "ID","TIME"
    "tl.createTestProject","143"
    "tl.createTestPlan","135"
```

首先测试用例是运行成功的，检查点“planID”通过了检查。然后再来解读一下上述日志所显示的用例执行过程。执行 log 的第一行来自于 com.apimet，说明框架成功调用了 TestLinkJavaAPI 来进行用例的执行。而后两行则来自于 com.solvent，框架正在处理测试用例的输入数据文件。随后的日志则显示回到了测试用例类本身，按照测试用例的步骤新建了测试项目，并且在该新建测试项目下面新建了测试计划。

最后，注意下测试用例的执行时间，按照日志的显示，用例的核心部分开始于 21:58:52，180，并结束于 21:58:52，790，也就是使用了约 0.6 秒的时间。通过 Timer 计时器所记录的时间显示，该用例的核心步骤、创建测试项目以及创建测试计划分别只用了 143 毫秒和 135 毫秒。感兴趣的读者可以在后面一节有关 UI 自动化改造的最后一部分查看相同用例通过 UI 执行的结果。

13.6 改造 SeMet 支持 iTestLink

本节的目标是将本书第 3 部分有关 TestLink UI 自动化实践中所介绍的 SeMet 层中的框架类加以改造，以实现对于 iTestLink 的支持。当然，与上一节中有关 APIMet 改造一样，将结合一个测试用例介绍整体的思路以及涉及部分的改造。更多的 SeMet 改造工作可以由感兴趣的读者作为练习自行选择完成。

在 TestLinkJavaAPI 接口与 iTestLink 接口对接的过程中，两者之间的桥梁是 TestLinkJavaAPIAdaptor 类。那么对于 UI 端的自动化测试来说，TestLinkSeMetAdaptor 这个桥梁的建设就是重中之重了。如何建好这座桥梁呢，首先就得需要各个桥墩了，也就是针对各个业务对象进行操作所需要具备的各个服务类。因此，将按照类似桥梁建设的过程，先介绍作为桥墩的各个服务类的建设，完成之后最后统一到 TestLinkSeMetAdaptor 部署到位。

13.6.1 实现 Service 类

考虑到被测对象的业务操作可能非常纷繁复杂，如果直接在 TestLinkSeMetAdaptor 中进行实现，该类将成为一个超级庞大的类，估计可以堪比 Henrik Kniberg 在《精益开发实践：用看板管理大型项目》一书中所介绍的那个“七米长的类”[1]。因此，需要将支持 iTestLink 的各个接口的工作拆解开来，分头实现，再进行组装。

俗话说靠山吃山，靠水吃水。既然接口层测试已经基于 TestLinkJavaAPI 进行了实现。那么参考下这套 API 是如何设计的，估计能给出有意义的方案。在其官网上提供了这套 API 的结构，部分摘录如图 13.1 所示。

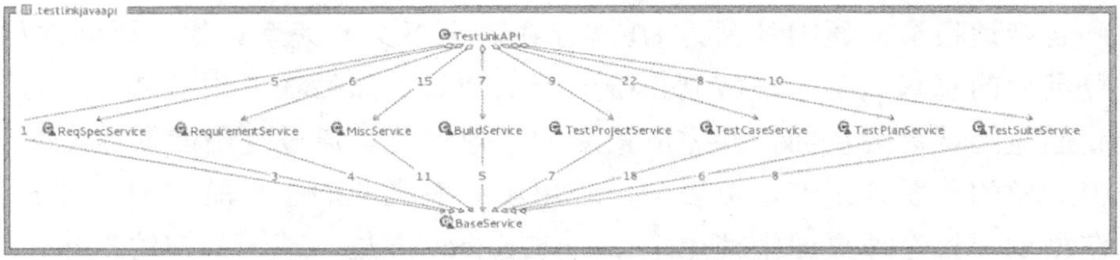

图 13.1 TestLinkJavaAPI 结构图[2]（部分）

虽然最后都统一由 TestLinkAPI 来提供对外的服务，但是在其背后有若干个以业务对象为单位的服务类，如 TestProjectService、BuildService 等。这些类是具体实现了 TestLinkAPI 中所需要提供的接口服务。另一方面，位于更底层的 BaseServcie 显然是提供一些 XML-RPC 端的指令执行、返回检查等基础性的服务。

参考这个结构，就可以设计出 UI 端的服务类了。以测试计划有关的服务为例，在 com.semet.testlinkService 这个包下面提供“测试计划服务”这个类 TestPlanService。作为示例，将实现“创建测试计划”这个方法。该类的简要实现如下：

```
package com.semet.testlinkService;
import com.semet.testlink.desktop.testPlan.DesktopRightBlockSeMet;
import com.itestlink.model.TestPlanBean;
import com.semet.testlink.testplanMgr.TestPlanMgrSeMet;
import com.semet.testlink.titleBar.MenuBarSeMet;
public class TestPlanService extends BaseService {
    public TestPlanBean createTestPlan(TestPlanBean testplan){
    TestPlanMgrSeMet tpMgrSeMet=naviToPlanMgr(testplan.getProjectName());
    tpMgrSeMet.createTestPlan(testplan);
    TestPlanBean plan = testplan;
    int id=tpMgrSeMet.getTestPlanTable().getTestPlanID(testplan.getName());
    plan.setId(id);
    log.info("test plan created with id::"+plan.getId());
        return plan;
```

```
    }
    private TestPlanMgrSeMet naviToPlanMgr(String projectName){
log.info("\n Navi to  fram 'titleBar' now and select project::"+projectName);
        MenuBarSeMet.setProjectByName(projectName);
        log.info("\n desktop->TestPlan");
        MenuBarSeMet.navi2Desktop();
        return navigateTo(DesktopRightBlockSeMet.navi2TestPlanMgr());
    }
}
```

首先来看一下 TestPlanService 类自身。该类继承了 BaseService 这个基类，并且也没有任何的变量，只是在内部实现了例如 createTestPlan 这样的方法。

再来看一下 createTestPlan 这个方法是如何实现的。通过打印出的注释，也可以大致了解到在 UI 上操作的过程。对比下 TestLinkJavaAPI 中直接对于远程接口的调用，UI 端的测试则要麻烦很多，原因是因为 UI 端存在着上下文的关系。如果要创建测试计划，就需要从登录后的总入口首先跳转到正确的测试项目。然后在该项目之下，再一步步将页面跳转到创建测试计划页面，并完成最终的创建过程。通过复用前期在 TestLink 自动化的过程中所做的一系列工作，可以看出使用了导航类的静态导航方法、页面类之间的跳转以及在测试项目管理页面中调用了 createProject 方法。基于前期的工作，在此处就不再需要关心底层的页面元素操作等更为细节的东西。

对于测试计划服务类 TestPlanService 以及其所提供的 createTestPlan 方法来说，其建设过程是非常类似的。感兴趣的读者可以自行练习。

如果在 iTestLink 中定义了更多的与测试项目或者测试计划相关的方法，就可以相应地先在这些服务类中实现。

13.6.2 改造相关 SeMet

为了支持 TestPlanService，需要对于 SeMet 层的相关类进行一个修改。首先来看一下针对 TestPlanMgrSeMet 的修改，如图 13.2 所示。

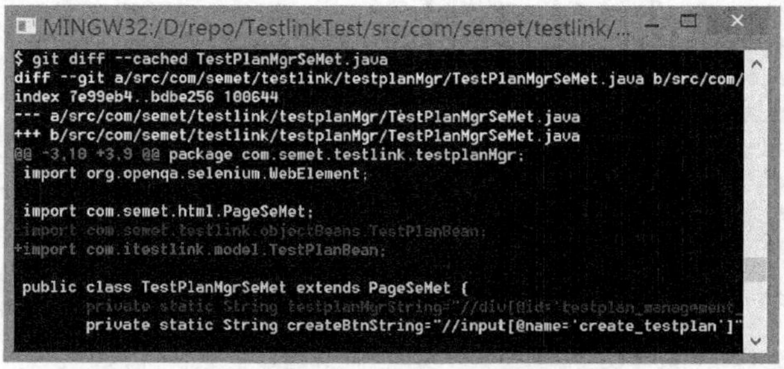

图 13.2　修改 TestPlanMgrSeMet

从 git diff 命令的输出来看，针对 TestPlanMgrSeMet 的修改主要是替换了所使用的业务对象类 TestPlanBean。也就是说下面这个创建测试计划的方法的入参，只是对于入参的类型进行了替换。

```
public void createTestPlan(TestPlanBean testplan){
    clickCreateTestPlan();
    TestPlanCRUSeMet tpCRU= new TestPlanCRUSeMet();
    tpCRU.createTestPlan(testplan);
}
```

在针对接口层框架 APIMet 的改造时，引入了 TestProjectAdaptor 这个转换器类，来对 TestLinkJavaAPI 的数据对象以及 iTestLink 数据对象间进行了转换。接口层以及 UI 层框架采用不同的设计，是出于不同的原因。对于测试框架的设计者来说，TestLinkJavaAPI 或者更为底层的 TestLink XML-RPC 这套接口来自于第三方，或者外部组织。在很多的硬件产品的说明书中，基本上都有这样的一句话，"subject to change without notice"，也就是"如有变动，恕不另行通知"。面对这种既有接口，或者没有代码所有权的接口来说，更为稳妥的方式，是建立一层缓冲层。虽然无法避免接口数据对象的变化，但是可以降低其变化所带来的冲击。

对于 UI 层框架 SeMet 来说，这是完全掌握在自动化测试团队手中的。因此，完全可以通过重构代码而不是建立转换器类去解决问题。当然，这也体现了另外一个问题，如果在搭建最初的框架时，就将数据对象等这些类进行统一的处理，而不是散落在各个 SeMet 类之中，就可以避免现在的这种重构，在 iTestLink 中直接使用即可。

基于相同的原因，也需要将真正在 UI 端进行创建测试计划的方法、来自 TestPlanCRUSeMet 类中的 createTestPlan（TestPlanBean testplan）方法进行相同的修改。

```
package com.semet.testlink.testplanMgr;
import org.openqa.selenium.WebElement;
import com.semet.html.PageSeMet;
import com.itestlink.model.TestPlanBean;
public class TestPlanCRUSeMet extends PageSeMet {
    public void createTestPlan(TestPlanBean testplan){
        getTestPlanNameElement().sendKeys(testplan.getName());
        setCheckbox(getCheckboxActive(),testplan.getIsActive());
        setCheckbox(getCheckboxPublic(),testplan.getIsPublic());
        getCreateBtn().click();
    }
}
```

在这个类中的 createTestPlan 方法将被 TestPlanMgrSeMet 所使用。因此该类中使用到的数据对象 TestPlanBean 类也需要修改为 com.itestlink.model.TestPlanBean，而不是先前在 com.semet.testlink.testplanMgr 这个包下的同名 TestPlanBean。

至此，因为引入 TestPlanService 类，并且在该类中提供 TestPlanBean createTestPlan（TestPlanBean testplan）方法所需要的对于 SeMet 层中各个相关类的改造就完成了。接下来，就可以去完成后续的部署环节了。

13.6.3 实现 TestLinkSeMetAdaptor

TestLinkSeMetAdaptor 在 UI 端自动化框架中的角色类似于 TestLinkJavaAPIAdaptor。其简要实现如下。

```
package com.semet;
import org.apache.log4j.Logger;
import org.openqa.selenium.remote.RemoteWebDriver;

import com.itestlink.ITestLink;
import com.itestlink.model.TestPlanBean;
import com.itestlink.model.TestProjectBean;
import com.semet.testlink.login.LoginSeMet;
import com.semet.testlinkService.TestPlanService;
import com.semet.testlinkService.TestProjectService;
import com.solvent.Configurator;
import com.solvent.Solvent;
import com.solvent.SolventLogger;

public class TestLinkSeMetAdaptor extends Solvent implements ITestLink {
     private  TestProjectService tprojectService ;
     private  TestPlanService   tplanService;
   private static final Logger log = SolventLogger.getLogger(TestLinkSeMetAdaptor.class);
   public TestLinkSeMetAdaptor(){
        String appURL=Configurator.getAppURL();
       RemoteWebDriver  rwd=(RemoteWebDriver) WebDrivers.getDriver();
       log.info("\n\nURL::" +appURL);
       rwd.get(appURL);
       SeMetWebDriverSession.set(rwd);
       tprojectService =new TestProjectService();
       tplanService=new TestPlanService();
   }
    @Override
  public TestLinkSeMetAdaptor(String login, String password){
       this();
       waitfor(2000);
       log.info("\ncalled Login");
       Login(login,password);
   }
   public void Login(String login,String password){
        LoginSeMet loginSeMet=new LoginSeMet();
       loginSeMet.login(login, password);
```

```
            waitfor(2000);
    }
      @Override
      public TestProjectBean createTestProject(TestProjectBean projectBean) {
          return tprojectService.createTestProject(projectBean);
      }

      @Override
      public TestPlanBean createTestPlan(TestPlanBean testplan) {
          return tplanService.createTestPlan(testplan);
      }
}
```

首先来看一下这个类的无参构造方法 TestLinkSeMetAdaptor()。在这个方法中完成了 Webdriver 的初始化工作，并且通过从 Configurator 获取到的 appURL 启动了浏览器，并将获取到的实例保存到了 SeMetWebDriverSession 之中。完成这些有关 Webdriver 的工作之后，就是对于各个服务类的初始化。当然，作为示例，这一部分只有测试项目类 TestProjectService 以及测试计划类 TestPlanService。

```
public TestLinkSeMetAdaptor(){
        String appURL=Configurator.getAppURL();
       RemoteWebDriver  rwd=(RemoteWebDriver) WebDrivers.getDriver();
       log.info("\n\nURL::" +appURL);
       rwd.get(appURL);
       SeMetWebDriverSession.set(rwd);
       tprojectService =new TestProjectService();
       tplanService=new TestPlanService();
}
```

此外，在 TestLinkSeMetAdaptor 中还提供了带用户名以及密码的构造方法，以完成 TestLink 的登录操作。

至此，就可以在 TestLinkSeMetAdaptor 类中实现 iTestLink 接口中所定义的该方法。如以下示例中，使用 TestPlanService 类中的 createTestPlan 方法和数据对象类 TestPlanBean 就实现了 iTestLink 接口中的 createTestPlan 方法。

```
@Override
    public TestPlanBean createTestPlan(TestPlanBean testplan) {
        return tplanService.createTestPlan(testplan);
    }
```

13.6.4 UI 层测试用例执行

终于，本章 13.4 节中的基于 iTestLink 的测试用例可以通过 Webdriver 执行了，并且整个用例与框架层并不需要任何的改变，唯一要做的就是简单地在配置文件中将运行模式从 API 变成 Webdriver 而已。

以下是部分 UI 端用例执行的日志。

```
<2014-11-27 21:45:47,022> INFO  com.semet.TestLinkSeMetAdaptor [main] () -
called Login
<2014-11-27  21:45:56,679>  INFO   com.itestlink.testplan.CreateTestProjectAndPlan
[main] () - Create project::iTL_1422539156679
<2014-11-27 21:45:56,679> INFO  com.semet.testlink.login.LoginSeMet [main] ()
 Starting from Desktop
......
<2014-11-27  21:46:14,108>  INFO   com.itestlink.testplan.CreateTestProjectAndPlan
[main] () - Create testplan 'ipl_1422539174108' within project 'iTL_1422539156679'
......
<2014-11-27  21:46:40,148>  INFO   com.solvent.SolventTestCase  [main]  ()  -
CheckPoint:planID created.
<2014-11-27 21:46:40,148> INFO  com.solvent.SolventTestCase [main] () - CheckPoint:
planID succeeded.
<2014-11-27 21:46:40,148> INFO  com.solvent.SolventTestCase [main] () -
"ID","TIME"
"tl.createTestProject","17427"
"tl.createTestPlan","26037"
```

这里隐去了绝大部分来自于 SeMet 端的日志，而保留了来自测试用例自身、iTestLink 以及 SolventTestCase 的日志输出。通过与前一节中 APIMet 执行结果的比对，两者最大的差别，应该就是执行效率上的问题。

13.7 小结

对于 UI 自动化工程师，特别是测试框架的架构者来说，考虑框架的多层次支持，无论是实现测试用例与执行方式的解耦，还是面向业务而不是技术实现编写自动化用例，最终的目的都是最大限度地保留、复用甚至是压榨测试资产。那些手中掌握着超过 1 万条测试用例的组织，是时候考虑解放自身的敏捷性了。

第 14 章　代码的管理和审查

14.1　简介

大部分的软件开发企业一般都制定有一套符合自身实际的开发流程，而这个流程的主要作用就是指导团队成员的日常工作，督促团队人员遵守这套制定好的规范，从而达到更好的团队合作效果。俗话说没有规矩，不成方圆。这个道理也同样适用于软件行业。下面会重点介绍一套近年来比较常见的开发流程，从工具使用到日常工作场景，以及如何在软件开发流程中进行代码的版本管理和代码审查。当然我们会更加贴近自动化测试人员的角度。

14.2　代码管理工具

14.2.1　GIT 介绍

Git 是一个分布式版本控制和软件配置管理软件，起初是为了帮助管理 Linux 内核开发而开发的一个开放源码的版本控制软件。

尽管最初 Git 的开发是为了辅助 Linux 内核开发的过程，但是现在已经发现很多其他自由软件项目中也使用了 Git。与 CVS、Subversion 一类的集中式版本控制工具不同，它采用了分布式版本库的做法，不需要服务器端软件就可以运作版本控制，使得源代码的发布和交流极其方便。Git 的速度很快，这对于诸如 Linux 内核这样的大项目来说自然很重要。Git 最为出色的是它的合并追踪（merge tracing）能力。因此 Git 更像一个文件系统，直接在本机上取得数据，不必连接到主机端获取数据。

Git 在和常用的 CVS 的区别方面也是比较明显的，比如 Git 可以更快更容易地在本地建立多个分支，而这一切的工作都是可以离线工作的，不像 CVS 那样需要连接到服务器，而开发人员可以方便地在离线状态下完成工作，稍后再将做出的内容提交到服务器上，同样其他的区别也例如 Git 提交都是原子的，且是整个项目范围的，而不像 CVS 中一样是对每个文件的，又比如 Git 中的每个工作树都包含一个具有完整项目历史的仓库。

14.2.2　安装过程

至于如何在 Linux 上安装 GIT，其实过程很简单，可以先打开一个终端，查看下系统中是否已经安装有 GIT，此处用 SUSE 操作系统作为示例，如果系统中已经安装过 GIT 了，那么输入 GIT 并回车后系统会提示可用的参数，具体如下：

```
usage: git [--version] [--help] [-C <path>] [-c name=value]
              [--exec-path[=<path>]] [--html-path] [--man-path] [--info-path]
              [-p|--paginate|--no-pager] [--no-replace-objects] [--bare]
              [--git-dir=<path>] [--work-tree=<path>] [--namespace=<name>]
<command> [<args>]
'git help -a' and 'git help -g' lists available subcommands and some
concept guides. See 'git help <command>' or 'git help <concept>'
to read about a specific subcommand or concept.
```

如果出现上面的返回，恭喜你，已经安装好了 GIT。

如果没有安装好，其实也很简单，在终端中输入以下命令去安装 GIT：

```
$ zypper install git
```

如果想在 Windows 上安装，可以直接去 GIT 的官方网站（http://git-scm.com/download/win）下载 Windows 下的安装程序并完成安装，就像普通应用程序安装一样，安装完成后，会有 GIT 的图形界面，也可以使用命令行来创建项目，这些都是可以通过安装在 Windows 上的 GIT Shell 来实现的。

14.2.3　常用命令

Git 常用的命令很多，在终端中输入 Git 后回车会列出最常用的命令，具体如下：

```
add        Add file contents to the index
bisect     Find by binary search the change that introduced a bug
branch     List, create, or delete branches
checkout   Checkout a branch or paths to the working tree
clone      Clone a repository into a new directory
commit     Record changes to the repository
diff       Show changes between commits, commit and working tree, etc
fetch      Download objects and refs from another repository
grep       Print lines matching a pattern
init       Create an empty Git repository or reinitialize an existing one
log        Show commit logs
merge      Join two or more development histories together
mv         Move or rename a file, a directory, or a symlink
pull       Fetch from and integrate with another repository or a local branch
push       Update remote refs along with associated objects
```

```
rebase     Forward-port local commits to the updated upstream head
reset      Reset current HEAD to the specified state
rm         Remove files from the working tree and from the index
show       Show various types of objects
status     Show the working tree status
tag        Create, list, delete or verify a tag object signed with GPG
```

上述命令在 Git 的官方网站（http://git-scm.com/docs）上有非常详细的介绍，具体读者可以参考上面的解释，在这里我们主要介绍一下在日常工作中常用的命令。

- 从现有仓库克隆

```
git clone [url]
```

一般来说，在日常工作中，这是基于 Git 开发的基础，因为只有将项目历史的所有数据都克隆到本地后，即使服务器发生故障，任何一个客户端也不会受到影响，甚至可以重建服务器上的仓库。

- 建立开发分支

```
git checkout -b <local_branch_name> origin/<remote_branch_name>
```

这条命令会在本地建立一个分支，而且这条分支已经和指定的远端分支保持了同步。

- 获取远端最新的修改

```
git fetch
```

因为不断会有新的修改提交到 Git 仓库中，所以适时地获取远端最新的修改，可以在一定程度上避免在提交代码时发生合并冲突的风险。

- 将远端分支的更新同步到本地分支

```
git rebase origin/<remote_branch_name>
```

这条命令和上一条命令的区别其实就是 git fetch 从远端获取最新的修改，只有通过 rebase 才可以将这些修改真正地应用到本地的分支上。

当然在有些教程中推荐使用 git pull 这条命令，其实 pull 所做的工作就是将 fetch 和 rebase 的工作合并在一起完成，不过本书不建议这样做。

- 列出当前所有的可用分支

```
git branch
```

- 切换当前分支到目标分支

```
git checkout <target_branch_name>
```

- 删除某个本地分支

```
git branch -D <target_branch_name>
```

- 列出当前分支中所有修改过的文件

```
git status
```

- 将在当前目录下所有修改过的文件添加进待提交仓库

```
git add
```

- 提交当前所有的修改文件

```
git commit
```

- 推送最近的一个提交到 Gerrit 系统中进行代码审查

```
git push gerrit HEAD:refs/for/<remote_branch_name>
```

14.3 代码审查工具

14.3.1 Gerrit 是什么

Gerrit 是一种开放源代码的代码审查软件，使用网页界面。利用网页浏览器，同一个团队的软件程序员可以相互审阅彼此修改后的代码，决定是否能够提交、退回或是继续修改。它使用版本控制系统，Git 作为底层。

当今业界最流行的一种免费、开放源码的代码审查软件来自 Google 公司，原先是为了管理 Android 项目而产生。这个软件的名称来自于荷兰设计师赫里特·里特费尔德（Gerrit Rietveld）。其通过网页的形式，使得开发团队的人员可以方便快捷地相互审阅修改后的源代码，来最终决定这个修改是否可以最终提交。

开发团队可以在 Gerrit 页面中看到当前还在进行中的自己的提交，别人需要自己来审查的提交，和已经关闭的所有提交，在详细页面中，可以通过 Diff 等各种方式来帮助代码阅读者了解当前的提交是修改了哪些地方，从而判断是否可以合并这个修改。

不过在日常工作中，通常的肉眼审查不一定能发现所有的问题，所以在此可以在人肉审查的基础上加上机器审查的功能，其实也就是自动化编译和自动化测试，根据编译和测试的结果，Gerrit 系统可以智能地给出相对应的审查结果，从而可以大大减少开发团队的工作量。

14.3.2 如何去安装

Gerrit 官方有很好的帮助手册，可以参考如下的安装指南：

http://gerrit-documentation.googlecode.com/svn/Documentation/2.5.2/install-quick.html

安装 Java

因为 Gerrit 是用 Java 开发的，已经被封装成了一个 war 包，所以需要先检查环境中是否安装过 Java，用户可以在命令行中输入 java –version 的命令来查看是否安装已经安装的具体版本，如图 14.1 所示。

```
cndt50830121:~ # java -version
java version "1.6.0_45"
Java(TM) SE Runtime Environment (build 1.6.0_45-b06)
Java HotSpot(TM) 64-Bit Server VM (build 20.45-b01, mixed mode)
```

图 14.1 查看 Java 版本

如果没有安装过的话，就需要到 Oracle 官网上下载一个版本在 1.6 以上的 JDK 来安装：

http://www.oracle.com/technetwork/java/javase/downloads/index.html

如果下载的 JDK 文件是 jdk-8u25-linux-x64.rpm，在安装时需要在 SUSE 的命令行中以 Root 的用户执行如下指令：

rpm –i jdk-8u25-linux-x64.rpm

安装 Gerrit

安装 Gerrit 需要下载 War 包，可以通过 Gerrit 的官方网站 https://code.google.com/p/gerrit/下载。在此以最新的 gerrit-2.10.war 为例来说明安装过程。

- 新建一个专用用户

可以新建一个专门的用户（gerrit2）来安装 Gerrit（你可以自己选择是否需要新建这个用户，不是必须的一个步骤）。

```
$ sudo adduser gerrit2            (新建 gerrit2 用户)
$ sudo su gerrit2                 (切换到 gerrit2 用户)
$ cd ~/gerrit2                    (切换到用户目录下)
```

- 执行以下命令初始化 Gerrit 安装包并进入安装过程

```
$ java -jar gerrit-2.10.war init -d review_site
```

- 安装过程

在 Gerrit 的交互安装过程中，大部分都是通过直接回车来选择的默认选项，而只有在认证方式上选择了 development_become_any_account 方法作为可以更快地进行学习和测试。

如果安装时对有几个可选项不是很清楚，可以输入？来列出支持的选项。

其他主要的几个选项如下。

- Git 代码库的位置[Git]。
- 导入现有代码库[Y/N]。
- 数据库服务器类型[H2/?]。
- 身份验证方式[OPENID/?]。

- SMTP 服务器主机名[default]。
- SMTP 服务器端口[default]。
- SMTP 加密[NONE/?]。
- 以何种用户身份运行。
- Java 运行时路径。
- 是否复制 Gerrit.war 到默认路径下。
- 监听地址[*]。
- 监听端口[29418] 。
- 下载依赖包 Bouncy Castle。
- 是否位于 HTTP 反向代理之后[Y/N]。
- 使用 SSL[Y/N]。
- 监听地址[*]。
- 监听端口[8080]。

需要注意的几个地方是在上述安装过程中需要下载一个依赖包 Bouncy Castle，还有在选择用户身份验证方式时有多种选项，正如上文中所说，为了更快地为了学习的目地，最简单的 development_become_any_account 是最快捷的方式了。

除了上述几点以外，都可以直接回车以选用默认选项。

```
Create '/home/gerrit2/review-site' [Y/n]?
*** Git Repositories
***
Location of Git repositories [git]:
*** SQL Database
***
Database server type [H2/?]:
*** User Authentication
***
Authentication method [OPENID/?]: ?
Supported options are:
          openid
          openid_sso
          http
          http_ldap
          client_ssl_cert_ldap
          ldap
          ldap_bind
          custom_extension
          development_become_any_account
Authentication method         [OPENID/?]: development_become_any_account
*** Email Delivery
***
```

```
SMTP server hostname         [localhost]:
SMTP server port             [(default)]:
SMTP encryption              [NONE/?]:
SMTP username                :
*** Container Process
***
Run as [gerrit2]:
Java runtime [/usr/lib/jvm/java-6-sun-1.6.0.24/jre]:
Copy gerrit.war to /home/gerrit2/review-site/bin/gerrit.war [Y/n]?
Copying gerrit.war to /home/gerrit2/review-site/bin/gerrit.war
*** SSH Daemon
***
Listen on address [*]:
Listen on port [29418]:
Gerrit Code Review is not shipped with Bouncy Castle Crypto v144
  If available, Gerrit can take advantage of features
  in the library, but will also function without it.
Download and install it now [Y/n]?
Downloading http://www.bouncycastle.org/download/bcprov-jdk16-144.jar ... OK
Checksum bcprov-jdk16-144.jar OK
Generating SSH host key ... rsa... dsa... done
*** HTTP Daemon
***
Behind reverse proxy          [y/N]? y
Proxy uses SSL (https://)      [y/N]?
Subdirectory on proxy server   [/]:
Listen on address             [*]:
Listen on port                [8080]:
Initialized /home/gerrit2/review-site
Executing /home/gerrit2/review-site/bin/gerrit.sh start
Starting Gerrit Code Review: OK
Waiting for server to start ... OK
```

在安装成功并启动成功后，Gerrit 的服务就会打开了，其中有 2 个端口会被打开，29418 是默认的 SSH 端口，而 8080 则是 Gerrit 的 Web 端口，如果用户在同一台机器上也安装了持续集成服务器 Jenkins，就会和 Jenkins 默认的 8080 端口发生冲突，此时可以修改 Jenkins 的默认端口以避免发生端口冲突。

同样 Gerrit 也提供了 Shell 程序来操作服务的启动、停止和重启。

```
#/home/gerrit2/gerrit_site/bin/gerrit.sh start
#/home/gerrit2/gerrit_site/bin/gerrit.sh stop
#/home/gerrit2/gerrit_site/bin/gerrit.sh restart
```

安装成功后我们就可以在浏览器访问（例如 http://localhost:8080）中看到类似如图 14.2 所示的界面了。

因为我们在安装的过程中选择了 development_become_any_account，所以页面顶端右侧有个 become 的链接，通过这个链接就可以进入注册页面，第一个用户就自动成为管理员，它的 Account ID 就是 100000。

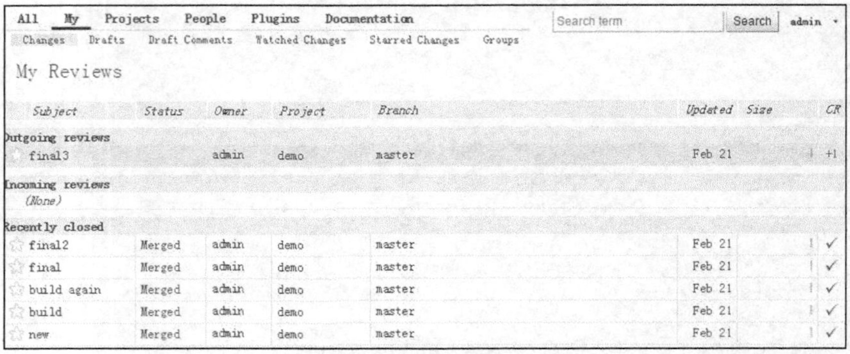

图 14.2 访问界面

14.3.3 基本功能介绍

在上面的主界面中，可以看到有一些主标签，其中常用的是 All 和 My 这两个标签，而平时用的比较多的则是 My 这个标签，而这个标签也只有在登录后才能看到，而在这个主标签下会有多个子标签，例如 Open、Merged、Abandoned，而这些子标签也同样可以在 All 这个主标签下看到。

主界面

对于 All 主标签，在它之下显示了在当前 Gerrit 系统中所有提交的修改，而所有这些修改，又可以根据不同的状态，通过 Open（未合并的）、Merged（合并完成）、Abandoned（取消）这 3 个不同的子标签来过滤。

对于 My 主标签，如图 14.2 所示，Gerrit 系统在这里分成了 3 个主要的部分，分别如图 14.3～图 14.5 所示。

<Outgoing Review>：

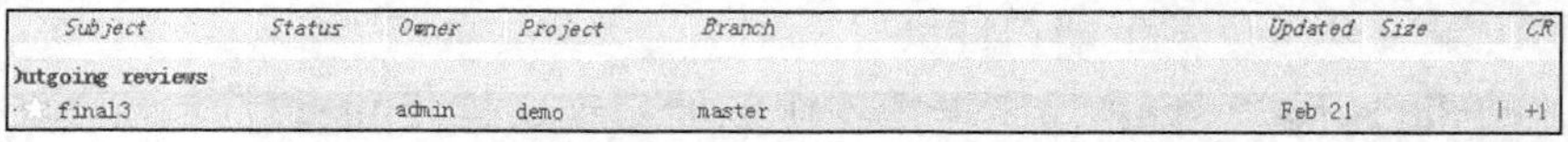

图 14.3 Outgoing Review 部分

当前用户提交的，并且当前状态是还未合并的所有修改。

<Incoming Reviews>：

图 14.4 Incoming Reviews 部分

其他用户提交并要求当前用户帮助进行代码审查的，而且当前状态是还未合并的所有修改。

<Recently Close>：

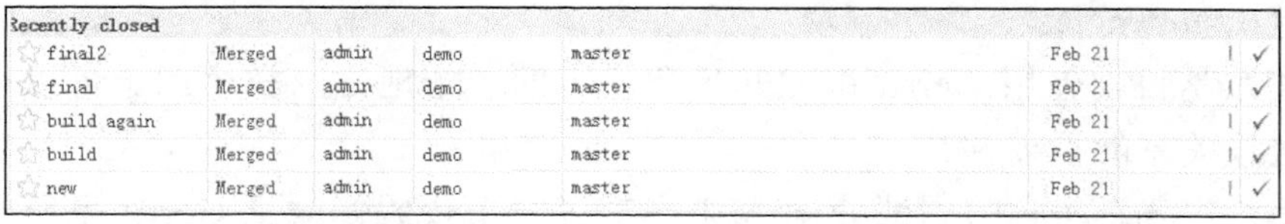

图 14.5 Recently Close 部分

当前用户提交的，并且状态是“合并完成”和“取消”这两种状态的所有修改。

图 14.6 展示了一个正在代码审查中的修改的主要信息页面，大部分的内容都是很通俗易懂的，但是其中还是有以下一些信息是需要注意的。

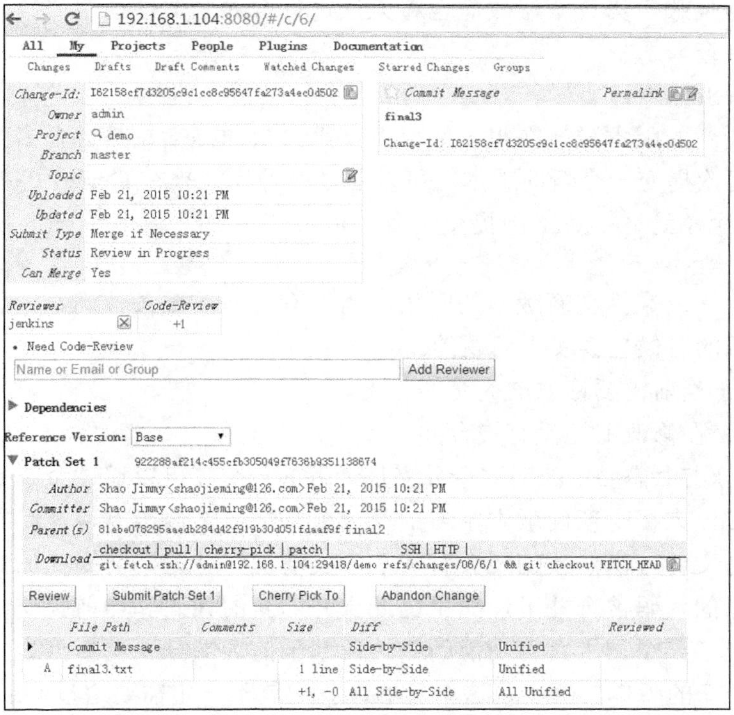

图 14.6 代码审查界面

（1）<Reviewer>

这里显示了哪些用户是被要求对当前这个提交进行审查，如果审查通过，可以在<Code-Review>这一列显示相应的打分结果。

（2）<Add Reviewer>

这里可以通过输入邮件地址的方式来邀请其他用户对当前修改进行审查，但是需要注意的是，这个邮件地址必须是 Gerrit 系统中一个已经存在用户的注册地址，否则这个添加动作是不会成功的。

（3）<Dependencies>

依赖关系是日常使用 Gerrit 中尤其需要注意的一个地方，举个例子可以很好地说明理解这个依赖关系的重要性。

假设用户在当前 Git 的本地分支 A 中提交了一个代码修改到 Gerrit 系统中进行代码审查，在这个修改还没有最终确认合并的时候，用户又在当前分支的基础上提交了第二个修改到 Gerrit 中，这样，对于 Gerrit 系统来说，就有 2 个提交在同时进行审查，同时最重要的是，Gerrit 会认为，用户提交的第二个修改是依赖于第一个修改的，这样就有可能出现一种情况，如果用户提交的第一个修改没有通过代码审查，并且需要取消时，第二个修改因为依赖于第一个修改而也将无法进行合并，即便这个修改一切都是正常并且通过了代码审查。

（4）<Patch Set 1>

显示当前最新的版本号，在很多情况下，第一次的提交总是会有多多少少的问题，这时候就需要再次提交一个新的版本，可以通过两种途径来在 Gerrit 中提交新的版本。

① 第一个途径就是在 GIT 中提交，命令是：

```
git commit -amend
```

在通过这个命令来提交新版本的时候，需要有一些前提条件满足，否则在修改成功后，推送到远端的时候也会发生问题的。

- 必须基于当前需要修改的提交的分支。
- 这个提交在修改前还没有被合并。
- 在当前分支上需要修改的这个分支是最近的一个（可以通过命令 git log 来确认）。

其实通过 Git 来提交新的版本主要的原因就是之前的修改有可能存在一些问题，需要重新修改一些文件，当然我们还会有其他一类情况，就是当前提交的修改所基于的远端分支已经有新的代码被合并了，如果已经合并的新的代码和当前提交的修改有关联，那么我们就出现了一个需求是将当前的修改所基于的远端分支更新到最新，这其实也就是需要提交一个新的版本。要实现这个目的，我们就不一定需要通过 Git 来操作了。

Gerrit 提供了一个快捷的方式来实现，也就是

② 第二个途径，即通过 Gerrit 自带的<Rebase Changes>功能。

在 Gerrit 中一个修改的详细页面上，如果当前的修改所基于的是最新的远端分支，那么页面上是不会出现有<Rebase Changes>这个按钮的，如图 14.6 所示。

但是正如上文中提到的，如果在这之后已经有新的修改被合并进来，那么 Gerrit 中在<Abandon Change>后面就会多一个<Rebase Change>这个按钮，如图 14.7 所示。

图 14.7 Rebase Change 按钮

用户在单击这个按钮后，Gerrit 中会自动新建一个版本，这个版本是基于最新的远端分支的，同时这个新建的版本也会重新开始所有计划的自动编译和测试任务，从而达到了可以检查当前的修改和最新远端分支是否兼容的目的。

（5）<Review>

这个按钮提供的功能是手工对当前的修改提出自己的修改意见，如图 14.8 所示。

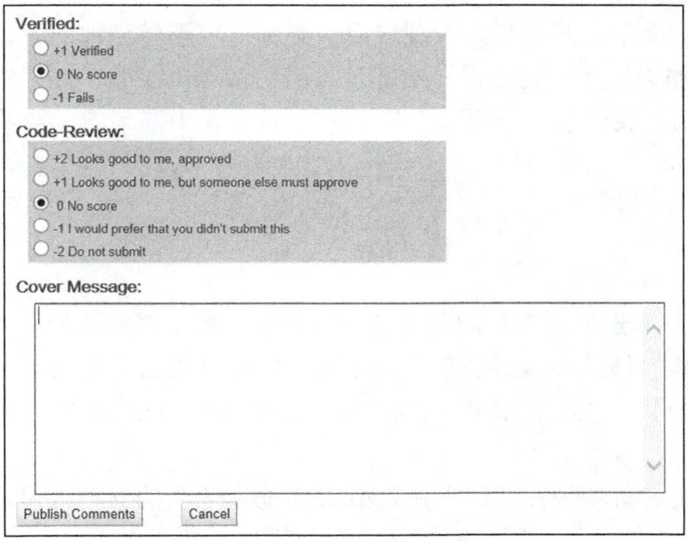

图 14.8 提出修改意见的界面

提交修改的用户本身，或者被邀请参与代码审阅的参与者都可以通过这个界面来对当前的修改提出自己的意见。

（6）<Submit Patch Set 1>

在参与代码审阅的用户做出审查并打分之后，就可以通过单击这个提交按钮来正式地将当前修改合并到远端分支中去。

（7）<Cherry Pick To>

在一个大型项目中，大多数情况会有多个不同功能的分支，如果一个修改在分支 A 中所做的修改，在其他分支中也同样被需要，<Cherry Pick To>这个功能就提供了一个方便快捷的方式，避免了开发人员只能在其他分支中重新修改一遍的麻烦。

（8）<Abandon Change>

顾名思义，作废当前的修改。

（9）<Rebase Change>

将当前的修改所基于的远端分支的代码更新到最新，从而基于这个版本新建一个版本。

14.4 检出代码

14.4.1 命令介绍

作为系统开发的第一步，检出代码是必不可少的，各个不同的代码版本管理程序都有不同的方法，本文中对其他版本管理应用的具体内容不做详细的介绍，还是以上文中提到的 GIT 系统作为蓝本，列出在日常开发过程中常见的步骤，为了避免枯燥无味的逐条命令的详细介绍，我们拿一个测试人员小 A 日常工作中碰到的一些常见场景为例。

14.4.2 工作场景一

背景：

测试人员小 A 收到了系统自动发出的一封邮件，提示在远端的一个开发分支（分支名为 hop）在日常的每日构建后的自动化测试中他所负责的一个测试脚本出现了错误，由于这个测试的错误，导致了 hop 分支被拒绝向主干分支 master 进行合并。

行动：

在收到这封系统自动触发的邮件后，小 A 首先和团队的其他人员进行了沟通，确认了如下几个问题：

（1）最近没有其他同事对这段测试代码进行过修改。

（2）最近这段代码所对应的功能没有进行过重构。

那么问题就来了，是什么原因导致了测试脚本的失败呢?作为测试人员的小 A 和这段代码的开发者，小 A 责无旁贷的需要迅速和准确地找出错误的原因并迅速提交修改，不能由于这个问题影响了其他分支的合并，同时为了供其他同事跟踪这个问题的解决进度，小 A 登录进公司的 Bugzilla 系统创建了一个 bug，这个 Bug 的 ID 为 96924。

第一步：切换到工作目录

小 A 首先在自己的 Linux 工作机器上切换到测试代码所在的目录，我们以/TestDevelop/ABC/git/sys/src/test/testscripts 为例。命令行为：

```
$: cd /TestDevelop/ABC/git/sys/src/test/testscripts
$/TestDevelop/ABC/git/sys/src/test/testscripts:
```

这样，测试脚本的目录就切换过来了。

第二步：判断当前所在的分支

小 A 首先需要知道当前目录中的代码属于哪个本地分支，因为在实际情况中，用户可以在本地建立很多的分支来对应不同的工作任务，从最佳实践来说，推荐一个功能对应一个分支。

命令行为：

```
$/TestDevelop/ABC/git/sys/src/test/testscripts: git branch
>feature33045
Feature33047
Feature34013
Master
```

从上述命令行可以看出，当前分支属于 feature33045，这是小 A 在前一天的工作分支。

第三步：检查当前分支下是否有遗留代码没有提交

做这一步检查是为了解决之前遇到的问题。小 A 需要新建立一个本地分支来确认问题所在，如果当前分支下有遗留代码没有提交，很容易会不小心将之前遗留下来的文件和当前的修改文件一并提交。

如果看到如下的信息，就说明没有遗留文件需要暂存。

```
$/TestDevelop/ABC/git/sys/src/test/testscripts: git status
On branch feature33045
Your branch is up-to-date with 'origin/hop'.
Nothing to commit, working directory clean
```

否则，如果是遇到类似如下的信息，就说明有一个之前的遗留文件还在工作目录中。

```
$/TestDevelop/ABC/git/sys/src/test/testscripts: git status
On branch feature33045
Your branch is up-to-date with 'origin/hop'.
Changes to be committed:
(use "git reset HEAD <file> …" to unstage)
New file ../com/solvent/datasets/SolventDataSet.java
```

显而易见，小 A 在当前分支 feature33045 中还有一个新建的文件没有提交，主要原因是这段修改所对应的功能还没有正式提交到代码库中，如果此时提交这个新版本的测试文件，会直接导致脚本的失败，所以小 A 的需求就变成了在如何不丢失工作进度的同时把这个文件的修改回退回去。幸好，GIT 提供了这个命令，叫做 git stash。

```
$/TestDevelop/ABC/git/sys/src/test/testscripts: git stash save "wip: solvent data set class"
```

这样，小 A 前一天的工作就被临时地推送到 GIT 的一个临时工作仓库中，这个工作仓库就好比一个栈，小 A 可以不断地把需要临时存储的文件 Push 进来，在需要用到的时候再 Pop 出来。

在这个基础上，可以用 git stash list 来列出当前这个临时仓库中有哪些修改。

第四步：获取远端最新的修改并建立工作分支

作为一个全球协作的团队，每时每刻都不断有新的代码提交进来，基于最新的代码提供修改是一个很明智的选择，这会大大降低后续合并冲突的风险。

```
$/TestDevelop/ABC/git/sys/src/test/testscripts: git fetch
```

获取最新的修改列表后，小 A 需要基于之前错误所在分支的最新版本建立一个本地分支以检查错误原因。

```
$/TestDevelop/ABC/git/sys/src/test/testscripts: git checkout -b bug96924 origin/hop
```

上面这个命令就会基于远端hop最新的代码在本地建立了一个名字为bug96924的工作分支。

> **提示**
>
> 用简短的工作内容作为分支名称可以大大提高以后判断分支内容的准确性。

第五步：重现问题并找出错误原因

现在小 A 就已经在本地有了一份包含问题功能的代码，此时根据之前的错误信息，他可以轻松定位到错误所在的具体位置，然后做出修改，经过本地的反复测试，确认问题已经修改了，此时需要做的就是检查在此次修改后一共有多少本地文件是需要修复的。

```
$/TestDevelop/ABC/git/sys/src/test/testscripts: git status
```

根据上述的提示，小 A 一共修改了 3 个文件，但是其实需要注意的是，这 3 个被修改的文件还没有被添加到 GIT 的版本库中来，小 A 可以通过 git add <file_path>来逐个添加，或者如果在修改的文件的数目比较多而且分布在不同的子目录的情况下，切换到 GIT 的版本库的根目录，通过 git add 来一次性添加：

```
$/TestDevelop/ABC/git/sys/src/test/testscripts: cd /TestDevelop/ABC/git/sys/src
$/TestDevelop/ABC/git/sys/src/: git add .
$/TestDevelop/ABC/git/sys/src/: git status
```

此时通过“git status”就可以看到所有需要修改的文件都已经添加到版本库中了。

当然后续的工作就是提交代码到远端了，具体的内容在下一章中有详细的介绍。

14.5 提交代码

14.5.1 命令介绍

正如在第 2 章中提到的，我们在 GIT 中所做出的修改是需要通过 Gerrit 来进行代码审查后才能正式合并的，所以我们在 GIT 提交代码，更加准确地来说是提交到 Gerrit 系统中，语法如下：

```
git push gerrit HEAD:refs/for/<remote_branch_name>
```

图 14.9 可以清楚地解释这个问题，在开发或者测试人员提交修改到 Gerrit 系统后，这些修改是被放在一个临时仓库中的，只有经过第三方的代码审查并批准后，这些修改才会被合并进正式的远端分支中。

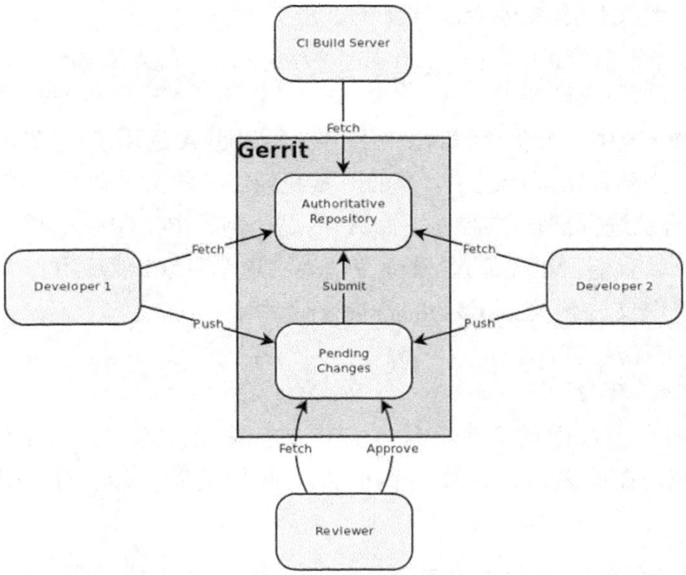

图 14.9 代码评审场景

当然这种第三方的代码审查其实是可以分成人工审查和机器审查两种的，如图 14.9 所示，人工审查就是图片底部的<Reviewer>这个角色，这个角色可以是架构师，或者是在敏捷开发中结对编程的其他开发人员，他们可以根据自己的经验进行代码走读，对有疑问的地方可以在 Gerrit 中添加注释。

而对于机器审查来说，就是图片上方中的<CI Build Server>，当然我们这里肯定是指的 Jenkins 服务器了，在团队成员提交到 Gerrit 的临时仓库中后，Jenkins 会去获取这次修改进行编译，并根据编译的结果在 Gerrit 中给出对应的审查结果，一般来说，编译和测试通过都可以分别增加一分，如果有任何一项失败，则会给出-1 的审查结果。

从 QA 的规范来说，如果有编译失败，那当前修改是不能允许进行合并的。

如果有测试失败，则需要开发人员和测试人员对出错的问题进行分析，如果重试后成功或者确实是测试脚本的问题，而且和当前提交的修改没有关联，那么这个修改才可以被合并。

14.5.2 工作场景

在上一章中，测试人员小 A 已经定位到了主要错误原因并做了修改，那么下一步就是提交代码了嘛？

我们的回答是不！在正式提交前小 A 还需要做一步工作，那就是再次更新本地代码库以确保是基于最新的版本做出的修改。

第一步：将修改文件添加进当前分支的暂存目录中

```
$/TestDevelop/ABC/git/sys/src/test/testscripts: git add suiteBench.py
$/TestDevelop/ABC/git/sys/src/test/testscripts: git add testBench_BaseClass.py
```

在小 A 此次的修改中，所涉及到的文件不多，所以小 A 选用了最稳妥的逐个文件添加的方法（如上所述）。当然在实际情况中，有的时候我们修改的文件数目比较多，这时侯就可以切换到 GIT 的根目录进行批量添加，在小 A 的这个例子中，GIT 的根目录是/TestDevelop/ABC/git/sys/src/，所以我们可以先通过 cd 命令切换到这个目录，然后用 git add 来一次性添加。

第二步：将修改文件提交到 GIT 的待提交仓库中

```
$/TestDevelop/ABC/git/sys/src/test/testscripts: git commit -m "Bug 96924: stop server
after scripts running done"
```

这样小 A 就将之前修改的 2 个文件提交进了待提交仓库中，但是值得注意的是，这还不是最终的提交，在此之前，让我们和小 A 一起做最后一步工作，获取最近更新并合并到当前分支上。

```
$/TestDevelop/ABC/git/sys/src/test/testscripts: git fetch
$/TestDevelop/ABC/git/sys/src/test/testscripts: git rebase origin/hop
```

从上面的 GIT 返回情况看，很不幸，小 A 遇到了最不希望看到的情况，代码冲突，其实简单来说，就是小 A 在本地建立最新的 hop 分支后，在他调试并试图修改 bug 96924 的这段时间内，有其他同事恰好也同步地修改了 testBench_BaseClass.py 这个文件，并且在小 A 提交之前已经提交到了正式代码库，这位同事的修改和小 A 的修改在一定程度上出现了冲突，GIT 自身的自动合并的机制无法准确处理这 2 个修改，所以才会出现了上述的报错。

其实在日常的工程实践中，在此时发现这个问题，并不是件坏事，因为一般来说，代码出现冲突会发生在两种场景下，第一种就是小 A 碰到的这个情况，在本地提交前发现了远端文件的新版本后发生的冲突，这其实是使得小 A 在第一时间发现问题并可以解决问题，从一定程度上节约了时间。

第二种情况则比较复杂，让我们假设以下情况。

- 小 A 在上一步中没有发现远端有更新的版本，他顺利地提交了自己的修改到代码审查系统中。

- 小 A 的修改在远端进行自动编译和测试校验后，一切正常。
- 此时小 A 由于种种原因，他没有及时确认并合并代码到 hop 的正式仓库中。
- 在这个时间段内，恰好另外一个同事也对小 A 此次修改过的一个文件做了修改并提交了代码审查,请注意，此时由于小 A 的修改没有正式提交，他的修改所做的自动编译和测试都是在临时空间中做的，所以 GIT 系统无法知道小 A 的修改和另外一个同事的修改有冲突。
- 在这个新的提交编译和测试通过后，那位同事在第一时间确认了合并。

这样问题就发生了，此时当小 A 试图进行代码合并时，GIT 判断出小 A 的修改和那位同事的修改无法进行自动合并时，小 A 的提交就会被拒绝合并进 hop 主干分支，此时此刻小 A 所做的就是只能获取最新修改（包含那位同事的提交）并更新到本地分支，在 GIT 提示代码冲突后，在本地解决冲突并再次提交第二个版本。

回到上面的问题，为什么我们说第二种情况是我们最不希望看到的呢？

原因很简单，时间被浪费了，在小 A 提交完他的修改后，系统花费了时间去进行编译和测试，在一切正常的情况下被拒绝合并，还需要等待小 A 的第二个版本再次编译和测试一遍，在大型工程项目中，远端的编译资源都是极其珍贵的，再次提交的第二个版本需要重新进入排队系统等待分配资源，这在一定程序上耽误了时间。

提示

尽可能地将潜在的文件冲突在提交前解决会大大减少后续冲突的风险。

那么小 A 现在的问题就是，首先需要解决文件冲突，然后提交第二个版本。

第三步：文件合并冲突

在一般情况下，GIT 可以自动处理对同一个文件的多次修改，在一些特殊情况下，比如说如果改动比较大，或者修改的都是在文件的相同行或者附近行，这时 GIT 可能就无法迸行自动合并了，这就需要我们来进行手工处理冲突。

而实际上我们会在两种情况下遇到合并冲突的问题，一种就是在分支合并的时候，而在这里，就是第二种会发生的地方，即在提交修改的时候。

对于解决方法来说，不管是分支合并还是代码修改，导致的结果都是一样的，所以解决的方法也是一样的，在打开冲突的文件后会看到类似如图 14.10 所示的情况。

```
Hello World
<<<<<<<< HEAD
I love China
========
I also love China
>>>>>>>>update message
```

图 14.10 合并冲突

在图 14.10 中，“Hello World”是文件中的第一行内容，这行内容在此次提交中并没有修改，所有的冲突内容是从“<<<<<<<< HEAD”这行开始，到“=========”结束。

HEAD，顾名思义，是最新的修改，也就是说在这两行提示符之间的内容是当前的提交中包含的内容；而从“========”开始到“>>>>>>>>update message”的内容，是指该文件在远端分支中最新的状态，而在“>>>>>>”后的信息是指该远端分支中最近一次对该行的修改的提交信息。

在了解了遇到冲突后 Git 往冲突文件中添加的标识后，开发人员就可以根据实际的需求保留需要留下的代码并将过时的代码块和 GIT 的标识符号删除，在依次解决完所有发生的冲突文件后就可以用“git add”命令逐一将所有的冲突文件添加到当前提交中。

第四步：提交代码

依次解决完所有的冲突文件并添加后，就可以正式将这次修改提交到代码审查系统，也就是我们说的 Gerrit 系统中了，我们可以参照上文中的命令介绍如下：

```
git push gerrit HEAD:refs/for/hop
```

然后 Git 会提示有一个新的修改产生了，此时我们就可以登录 Gerrit 系统中查看。

提示

关于如何配置将 Git 的修改提交到 Gerrit 系统中进行代码审查，我们会在下一章节中详细介绍。

14.6 合并分支

上面介绍的第一个工作场景其实是从一个普通的测试团队成员角度出发所遇到的实际情况，下面我们要介绍一下从一个分支负责人的角度出发描述他在日常工作中所经常需要做的工作，即合并代码。

14.6.1 命令介绍

分支合并需要用到 GIT 的 merge 命令，需要在命令行中执行以下命令。

```
usage: git merge [options] [<commit>...]
   or: git merge [options] <msg> HEAD <commit>
   or: git merge --abort

    -n                    do not show a diffstat at the end of the merge
    --stat                show a diffstat at the end of the merge
    --summary             (synonym to --stat)
    --log[=<n>]           add (at most <n>) entries from shortlog to merge commit message
    --squash              create a single commit instead of doing a merge
    --commit              perform a commit if the merge succeeds (default)
    -e, --edit            edit message before committing
```

```
    --ff                  allow fast-forward (default)
    --ff-only             abort if fast-forward is not possible
    --rerere-autoupdate   update the index with reused conflict resolution if possible
    -s, --strategy <strategy>
                          merge strategy to use
    -X, --strategy-option <option=value>
                          option for selected merge strategy
    -m, --message <message>
                          merge commit message (for a non-fast-forward merge)
    -v, --verbose         be more verbose
    -q, --quiet           be more quiet
    --abort               abort the current in-progress merge
    --progress            force progress reporting
    -S, --gpg-sign[=<key id>]
                          GPG sign commit
    --overwrite-ignore    update ignored files (default)
```

不过在当前的场景下，只需要用到如上提到的几个参数，其中一个需要注意的地方就是最后的一个参数必须是合并的目标分支，所以我们这里是 BranchD。

执行完这个命令后，GIT 就会开始自动的 Merge 动作，其可能是以下 3 种模式中的某一种。

（1）大部分情况下我们遇到的模式会是 Merge made by recursive，也就是递归合并的意思，回到我们当前这个场景中，当 BranchD 和 BranchA 最近的提交对应的祖先不同时，Git 就无法只通过简单地移动指针的方式来完成合并，还需要以这两个分支的最新提交和他们的共同祖先进行一次合并。

（2）如果在这两个分支中同时都修改了同一个文件的同一部分时，Git 的自动合并就会提示失败，需要用户来手工解决冲突的部分。这时候，通过 Git status 命令可以看到一共有哪些文件发生了冲突，并逐一打开这些文件，根据实际情况选择需要保留的部分，并将 GIT 添加的 HEAD 等字符串删除，重新通过 GIT add 这个文件来表明冲突已经解决了。

在解决完所有的合并冲突后，再次执行 git commit 动作来完成合并操作，详细的介绍请参考下一节的内容。

（3）Fast Forward 模式（快进合并）其实并没有实际的合并操作，当需要合并的 2 个分支的最近提交是线性关系或者说某一个分支在上次更新后就没有提交信息时，GIT 直接移动指针就可以了。

在一般工程实践中，以上 3 种模式都有机会遇到，尤其需要提到的一点就是在遇到分支合并冲突时，对冲突文件的处理是比较重要的一步，否则就会直接导致后续的编译出错。

14.6.2 工作场景

作为一个分支负责人，每天必然也是需要提交一些代码的，同时为了做分支合并，他自己的本地分支同步也是必不可少的一个步骤。

假设小 A 是多个分支的负责人，他在本地机器上已经有 BranchA、BranchB、BranchC 这 3 个不同的分支，而这 3 个分支是作为 Master 的下级分支存在的，如图 14.11 所示。

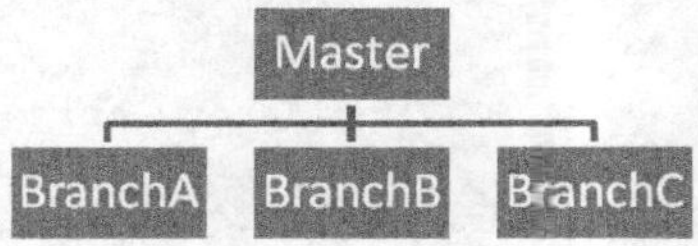

图 14.11

在任何一个大型的软件开发组织中，每一个开发人员都会向其所在的功能分支提交代码，例如图 14.11 中所说的 BranchA、BranchB 或者 BranchC，而作为分支负责人的日常任务，就是需要把各个功能分支的最新代码向上层分支合并，同时还需要把上层分支的最新代码向下合并，当然在日常工作中，上述两项任务是有先后顺序的，一般是先把上层分支的最新代码拉到子分支，然后再把子分支中包含开发人员和测试人员的最新代码向上合并。

第一步：切换工作目录和判断当前所在分支

这一步的内容和工作场景一当中的第一步和第二步是一样的，在此就不再重复了。假设当前我们需要把遇到远端 BranchA 中的最新内容拉到 Master 分支中，所以 Master 就必须是当前的 GIT 所在的工作分支。

```
$/TestDevelop/ABC/git/sys/src/test/testscripts: git branch
*Master
BranchA
BranchB
BranchC
```

第二步：获取远端最新的修改

获取远端最新的修改：

```
$/TestDevelop/ABC/git/sys/src/test/testscripts: git fetch
```

然后更新本地的 Master 到最新的代码：

```
$/TestDevelop/ABC/git/sys/src/test/testscripts:git rebase origin/master
```

这样本地的 Master 就可以更新到最新的代码了。

第三步：分支合并

```
$$/TestDevelop/ABC/git/sys/src/test/testscripts: git merge -no-ff origin/BranchA
```

这里对上述命令中的—no-ff 这个参数做一点解释，在默认的情况下，Git 对于合并的操作，在默认情况下，执行的策略是 fast-farward merge，也就是快进式合并，会将 Master 分支直接指向 BranchA。

在分支合并前，两个分支如图 14.12 所示。

若采用默认的快进式合并，则会发生如图 14.13 所示的情况。

但是在日常工作中，为了保证版本的清晰可见，推荐用-no-ff 参数来进行正常的合并，即在 Master 分支上生成一个新的节点，如图 14.14 所示。

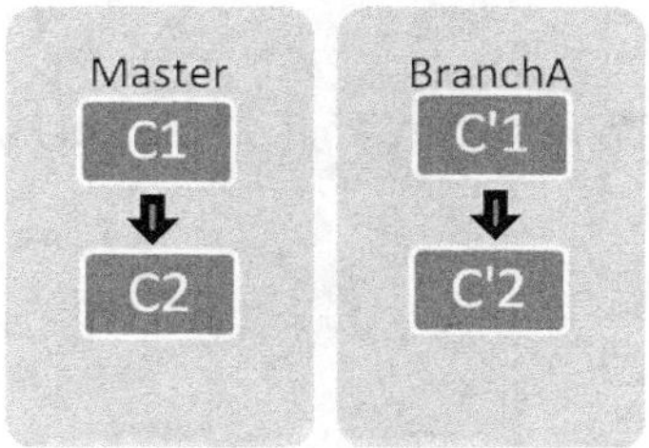

图 14.12 合并前的分支

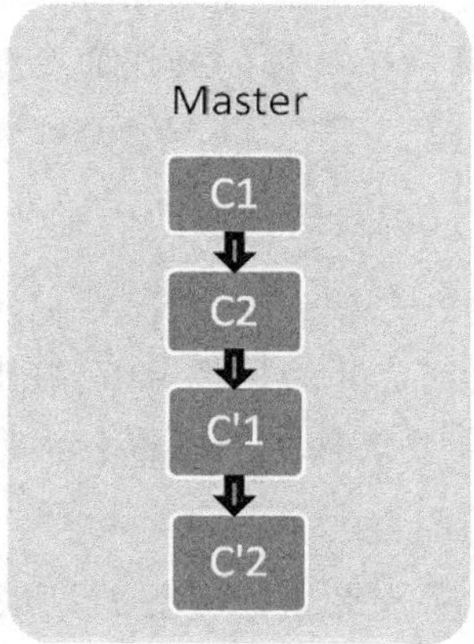

图 14.13 采用快进式合并

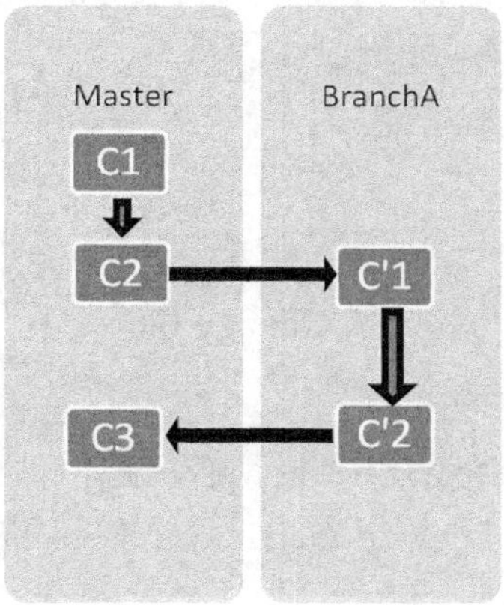

图 14.14 采用-no-ff 参数进行合并

14.6.3 分支合并冲突

正如我们上文中提到的，在分支合并的时候我们也经常遇到冲突的时候，但是和提交代码修改时的有一点小小的区别，我们可以拿之前相同的那个例子来介绍。

假设我们现在计划将 featureA 这个分支合并到 Master 分支，当我们遇到有合并冲突的文件时，同样拿上文提到的那个冲突为例，在打开文件后会看到类似如图 14.15 所示的情况。

```
Hello World
<<<<<<<< HEAD
I love China
========
I also love China
>>>>>>>>update message
```

图 14.15 合并冲突

HEAD，在这里的含义也就是说在这两行提示符之间的内容是 featureA 这个分支中对当前该文件的修改。而从“========”开始到“>>>>>>>>update message”的内容，是指目标分支 Master 中该文件的内容，而在”>>>>>>”后的信息是指 Master 分支中最近一次对该行的修改的提交信息。

下面列出了具体的操作命令顺序和解释：

```
>>git fetch
```

（获取远端最新的修改内容）

```
>>git checkout master
```

（切换到合并的目标分支，在此处我们需要将分支 featureA 合并到 master，所以 master 就是我们需要切换到的目标分支）

```
>>git rebase origin/master
```

（将目标分支 master 更新到最新）

```
>>git merge -no-ff origin/featureA
```

（将远端最新的 featureA 分支的内容合并到 Master 分支）

```
>> …（此处解决在合并中遇到的各种冲突问题）
>>git commit
```

（重新提交这次的合并）

```
>>git commit -amend
```

（检查是否在 Commit 消息中包含了 Change ID）

```
>>git push gerrit HEAD:refs/for/master
```

（将当前的提交推送到 Gerrit 系统中进行自动编译和测试）

提示：我们会在下一节中详细介绍 Gerrit 这个代码审查系统。

提示示

为了尽大可能地避免出现合并冲突的情况，在上述这个案例中，为了将 featureA 这个分支合并到 master 分支，我们可以先将 Master 分支的内容合并到 featureA 分支中，通俗的解释就是“先向下，再向上”，“先向下”的意思就是先将上层分支的内容往下合并，然后再将下层分支的代码“向上推送”，这样的操作在实践中就能够尽量避免冲突的发生。

14.7 最佳实践

在日常的 Git 使用中，可能每个人都会有一些自己觉得很实用的最佳实践，而这些最佳实践其实都是和在不同的开发组织中紧密相关的，生搬硬套现成的最佳实践不现实，当然也是不可行的，不过当然一些非常通用的经验还是可以给第一次使用的人养成良好的习惯。

1. 本地多分支

Git 在本地新建多分支的成本是非常廉价的，所以开发者大可以新建多个功能分支。这样可以清楚明了地明白当前有哪些功能点是正在开发的，而且最重要的也是可以减少各个提交相互之间的依赖关系，这是为了防止后一个提交依赖于前一个。通俗一点解释来说就是在前一个提交失败的情况下，如果后一个提交和前一个提交是在同一个分支上，那么用户想提交后一个分支，作为 Gerrit 代码审查系统来说，会判断出后者依赖于前者，从而拒绝将后者进行正常合并，所以从日常工作上来说，每一个功能建一个分支是最好不过的。

2. 一次提交是相关变更的打包

将同一个功能点或者修改同一个 Bug 的变更打包在同一个变更里，这样不但可以方便地使其他开发人员易于理解，而且也容易在遇到问题的时候更加方便地回滚它们。

3. 经常提交

确保提交规模的小巧在一个越来越依赖于团队协作的组织中越发重要，这样使得其他团队人员能够更加容易地有规律地整合来自其他人的变更，可以避免发生冲突的风险，而大规模的代码变更的提交，由于需要一定的时间来确保功能的正确性，从而不可避免地降低了和他人分享代码的频率，从而使得代码冲突的风险大大提高。

4. 易于理解的提交信息

简洁明了的提交信息同样对于他人了解你的修改目地尤为重要，这样的提交信息一般来说应该包含以下内容：为什么要修改？和之前的区别在哪里？如果是解决一个 Bug，那么 Bug 的 ID 也必须包含其中。

5. 不要提交只做了一半的工作

其实这一点和上述的第二点和第三点是相辅相成的，应该在最后完成时再提交一次代码，但是这也并不意味着一次必须要提交一个大的功能块，如果只是希望在下班之前提交点代码或者需要一个干净的工作分支，那么还是建议使用 Git Stash 功能。

6. 提交之前进行测试

即便在通常来说，如今的 Gerrit 系统中一般都会集成自动化的编译和测试，但是还是建议在提交之前进行一次本地测试，从一方面来说，这是为了节约宝贵的远端编译的硬件资源，但是更重要的是，当你的代码需要和别人分享并且集成时，完善地测试您的代码就显得尤为重要了。

第 15 章 持 续 集 成

15.1 简介

持续集成（Continuous integration）这个名字已经在软件开发的工程实践中延续好多年了，但是究竟什么是持续集成的定义呢？比较简单地来说，持续集成是一种实践，可以让团队在持续的基础上收到反馈并进行改进，不必等到开发周期后期才寻找和修复缺陷。从稍微复杂一点的范围来说，持续集成是一种软件开发实践，在持续集成中，团队成员频繁地集成他们的工作成果，一般每人每天至少集成一次或者多次，而每次集成都可以经过自动构建包括自动测试的检验，以尽快发现集成错误。

随着在企业中开发的复杂程度越来越高，在一个跨越多个地区甚至是国家的团队中，如何更好地让团队成员在一起协同工作并同时能够确保软件质量是越来越多的团队在考虑的问题了。尤其在最近几年，敏捷开发的概念越来越火爆，在这种需求不断变化、团队需要快速发布的背景下，如何更好地保证软件质量是尤其重要的。

通过持续集成，许多团队发现这样的方法可以显著地减少集成所引起的问题 并可以加快团队合作软件开发的速度。

15.2 持续集成工具

15.2.1 Jenkins 介绍

作为极限编程（Extreme Programming）中提出的 12 个实践之一，持续集成这个概念在最近几年中越来越受到业界的持续关注，而提到持续集成，就不能不提到持续集成服务器软件，越来越多的团队开始选用 Jenkins 这款开源软件作为 CI 的第一选择。Jenkins 之前叫做 Hudson，是基于 Java 开发的一个开源项目，提供了让用户可以快速上手的持续集成系统，使开发者能够解脱出来，注重于重要的业务逻辑实现，从而使得持续集成过程可以迅速方便地实现。

具体地来说，Jenkins 主要的场景是如下两种。

第一种就是软件的持续构建和测试。在这种场景下，更多的是和其余常见的 CI 工具如 CruiseControl 或者 DamageControl 相似，简而言之，就是提供了一个易于使用的持续集成系统，使得开发人员可以更加方便地将每次的修改提交到项目当中，使得用户可以容易地将获得编译的结果用于部署，这种自动化的、持续的构建显著提高了工作效率。

第二种就是用于监视外部 Job 的执行结果，比如 cron jobs 或 procmail jobs，即便这些 Jobs 是在远端机器上执行的，例如，对于 cron job，你可以收到 Jenkins 的邮件中包含了这个 Job 的执行结果，开发人员可以通过检查邮件来方便地确认这个 Job 是否执行成功了，当然这个 Job 执行失败时，可以很容易地通过检查邮件的方法来做出相应的判断。

15.2.2 主要功能

（1）易于安装：只需要通过 Java 命令来部署，或者将它部署到一个 servlet 容器中，无需其他的安装步骤，也不需要相应的数据库配置。

（2）易于配置：用户可以通过 Jenkins 非常友好的界面来完成绝大多数的配置任务，以及错误检查，避免了用户通过手动修改 XML 的文件来配置 Jenkins 的尴尬，当然手动修改 XML 来配置 Jenkins 也是同样支持的。

（3）修改集支持：Jenkins 能够从 Subversion/CVS 或者其他支持的版本管理工具中生成修改列表，而且本身也不会对这些版本管理工具产生过大的负载。

（4）可生成固定链接：Jenkins 对于大部分的页面可以生成易于理解的链接，例如“最近的编译”/“最近一次成功的编译”，这样就可以方便地被其他应用程序访问或者引用。

（5）RSS/邮件/IM 工具集成：可以通过 RSS、邮件或者 IM 的方式来获得实时的编译结果的通知。

（6）编译后打 Tag：可以支持在编译后打 Tag。

（7）测试报告：例如 JUnit 的测试报告可以在 Jenkins 中汇总、摘要，并且和历史信息一起合并展示，比如是什么时候开始发生错误编译的。

（8）分布式编译：Jenkins 能够分发编译或者测试的负载到多台机器，这样可以充分地利用团队开发人员中一些空闲的机器。

（9）文件标识：Jenkins 可以标记哪些编译 Job 生成了哪些 jar 包，或者哪些编译 Job 是需要使用哪些版本的 jar 包的，甚至可以支持外部的第三方 jar 包，以及可以跟踪其关联关系。

（10）支持：Jenkins 可以通过第三方插件的方式来获得扩展的功能，用户可以自由开发 Jenkins 的插件使其可以支持所在的团队正在使用的一些工具或者自定义的流程。

15.2.3 如何安装

Jenkins 的安装过程很简单，如果在 Windows 下安装，可以直接去 Jenkins 的官网（http://jenkins-ci.org/）去下载 Windows 版本的安装包，然后按照普通应用程序的安装一步一步就可以安装成功了。

如果在 SUSE 上安装，可以添加一个 repository，然后通过 Yast2 界面或者命令行来安装。

```
sudo zypper addrepo http://pkg.jenkins-ci.org/opensuse/ Jenkins
zypper install Jenkins
```

安装后启动 jenkins。

```
/etc/init.d/service Jenkins start
```

在浏览器中输入以下类似网址 http://localhost:8080 即可。

图 15.1 就是安装成功后的界面。

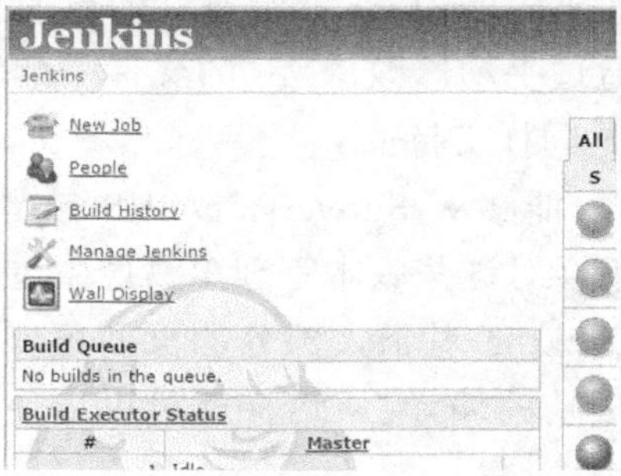

图 15.1 Jenkins 界面

15.2.4 建立新的 Job

在 Jenkins 中新建一个 Job 非常简单，只需要单击如图 15.1 中的 New Job 按钮就可以打开如图 15.2 所示的界面。

可以按照项目的不同需求去选择建立不同类型的 Job。

不过在大多数情况下，都是选择“建立一个自由方式的软件项目”这个选项，因为这个方式建立的 Job 可以有比较大的自主选择权。例如：

- 可选择的版本管理工具集成支持，比如说 CVS 或者 Subversion 工具。
- 可以决定 Jenkins 何时开始编译的触发选项。
- 实际的编译工作可以选用不同种类的编译脚本去驱动编译，例如 ant、maven、Shell 或者 batch 文件等。

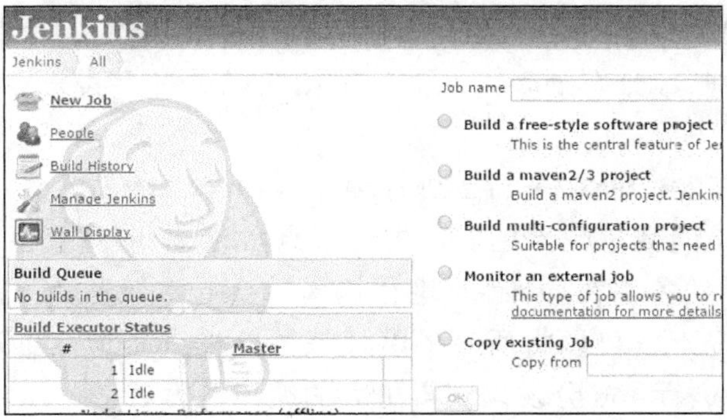

图 15.2 新建 Job

- 可以选择是否搜集编译的一些生成物，例如打包编译结果文件、记录 javadoc 或者测试结果等。
- 可以选择是否在编译结束后通知开发团队或者第三方系统，比如发送邮件、发送即时通信信息，甚至可以更新错误跟踪系统等。

当然在一些特殊的场景下，Jenkins 也可以支持不需要版本管理的项目，只需要简单地在 Job 的版本管理选项中选择“无”。

15.2.5 注意事项

Jenkins 的官网上列出了很多的最佳实践，而通过实际的工作发现，其中一些注意事项是很值得大家去关注的。

（1）确保 Jenkins 的 home 目录拥有足够的空间。

随着时间的推移，Jenkins 会不断生成越来越多的编译结果文件，所以 Jenkins 的 Job 的配置选项中，“丢弃旧的构建”就显得很重要，在编译的发布包不是很大的情况下，设置 30 天或者 60 天就可以达到既保留了最近一段时间的发布包文件，也不至于出现太久之前的发布包会随着时间的推移而将磁盘空间耗尽的情况。

（2）为不同的分支建立不同的 Job

在一个中大型的团队中，会存在不同的子团队负责对应的一些模块，这就使得在一个代码库中会存在不同的分支，对于不同的分支，Jenkins 可以分别设置对应的 Jobs 来实现自动的编译，从而能够尽早尽快地发现编译的错误。

- 维护性的工作也可以使用 Jenkins 来完成。

其实在日常工作中，一些日常的维护性工作也是可以使用 Jenkins，例如定期地同步一些目录、定期地备份文件以及磁盘清理工作等。

- 设置有效的邮件通知。

Jenkins 的邮件通知功能可以使整个项目不同的编译进度更加透明化，所以可以通过建立对应不同角色的邮件分发列表，从而使得团队成员对于其关心的项目状态能够更加实时方便地获取。

- 不要持续地在 Master 服务器上进行编译。

随着建立的 Jobs 的数量越来越多，主干节点 Master 的负载会持续增加。如果默认设置了将所有的编译任务都在 master 进行编译，会导致服务器只能够承担一定数量的 Job。所以在这种情况下，可以将所有的编译任务分发到子节点上进行编译，而主节点 Master 就可以只负责进行 Job 分发以获得更大的编译能力。

15.2.6　系统配置

作为一个持续集成服务器，开发团队需要将 Jenkins 和版本管理软件 GIT 和代码审查系统 Gerrit 进行集成，这样整个工作流才能运行起来，具体可以参考图 14.9。

所以需要在 Jenkins 中添加一些需要的插件来打通这些节点。

1. 安装插件

（1）访问你的 Jenkins 服务器主页，例如 http://localhost:8080。

（2）选择”Manage Jenkins”→“Manage Plugins”，如图 15.3 所示。

（3）在”Available”中选择”Git Plugin”和”Gerrit Trigger”来进行安装，当然如果你所在 Gerrit 服务器访问 internet 需要代理，就需要在“Advanced”中设置对应的代理，如图 15.4 所示。

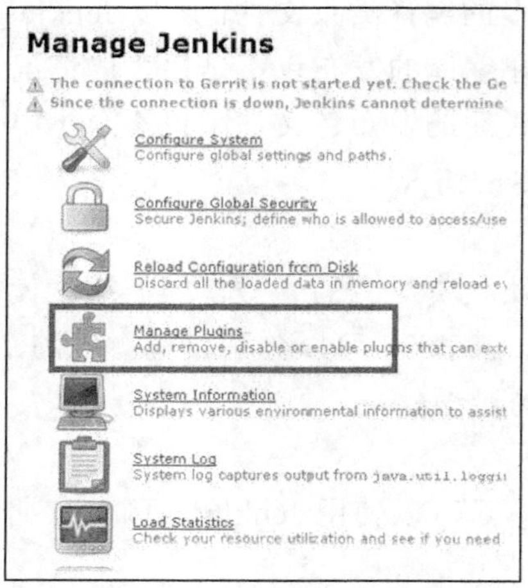

图 15.3　管理 Jenkins 插件

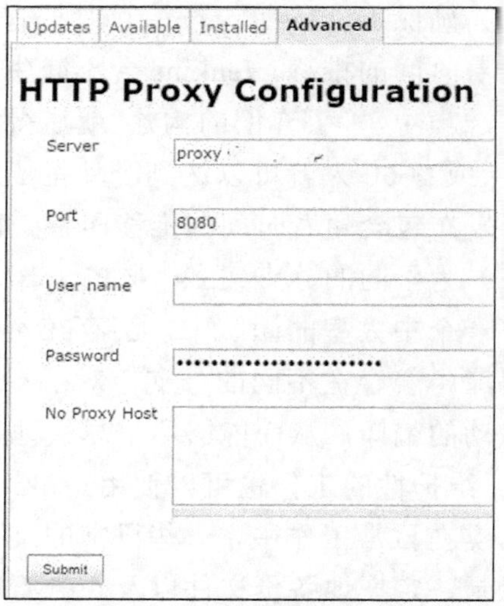

图 15.4　HTTP 代理

（4）安装完成后单击“install without restart”按钮。

2. 设置 SMTP 服务器

Jenkins 可以设置通过邮件的方式来通知每个 Job 执行的结果，为了达到这个目标，邮件 SMTP 服务器是需要设置的，可以在“Manage Jenkins”->“Configure System”中设置，如图 15.5 所示。

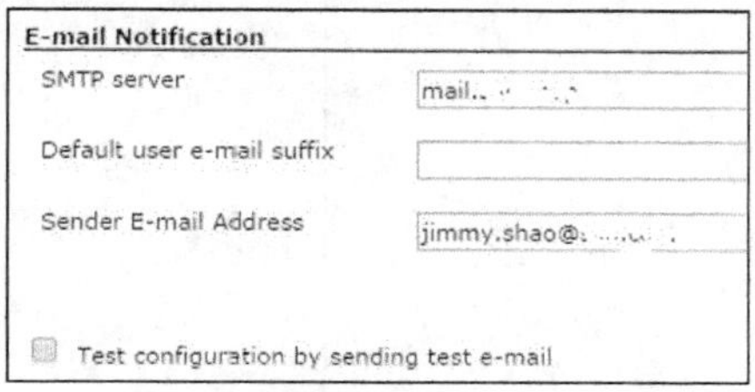

图 15.5 Jenkins 邮件通知

3. 插件设置

为了能够将 Gerrit 和 Jenkins 打通，开发团队需要对上面安装的 Gerrit Trigger 插件进行一系列的配置，在本书中，示例的 Jenkins 的版本号是 1.599，Gerrit 的版本是 2.10。

配置成功后在 Jenkins 的系统管理->Gerrit Trigger 中可以看到类似图 15.6 所示的界面。

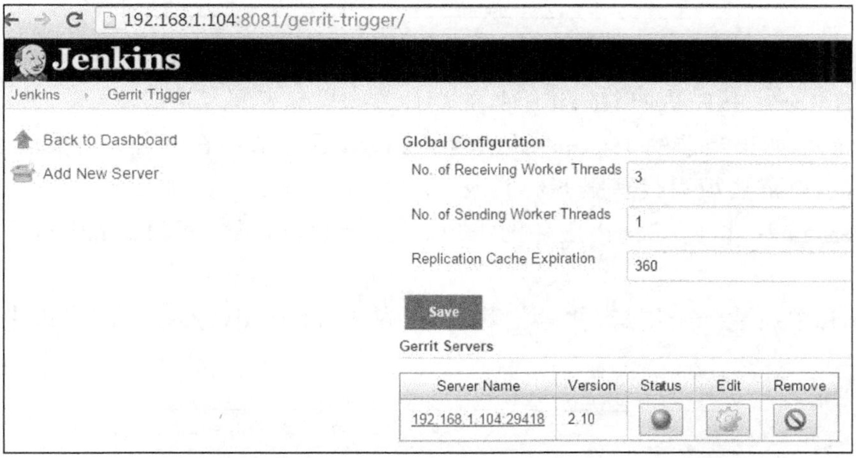

图 15.6 Jenkins 与 Gerrit 集成

只有在图 15.6 上的状态栏是蓝色状态时才说明当前的 Jenkins 服务器和 Gerrit 服务器已经连通成功了。为了简单起见，这两个服务都是安装在同一台 SUSE 服务器上的。下面将介绍如何进行详细的配置。

首先单击左侧的 Add New Server 的链接来添加一台新的 Gerrit 服务器。

在 Gerrit Connection Setting 中有如图 15.7 所示的配置。

- Name：当前这个链接的名称，这里可以按照个人喜好来取名，以方便后续的使用。
- Host name: Gerrit 服务器的机器名或者 IP 地址。
- Frontend URL: 能够访问到 Gerrit 服务的 Web URL。

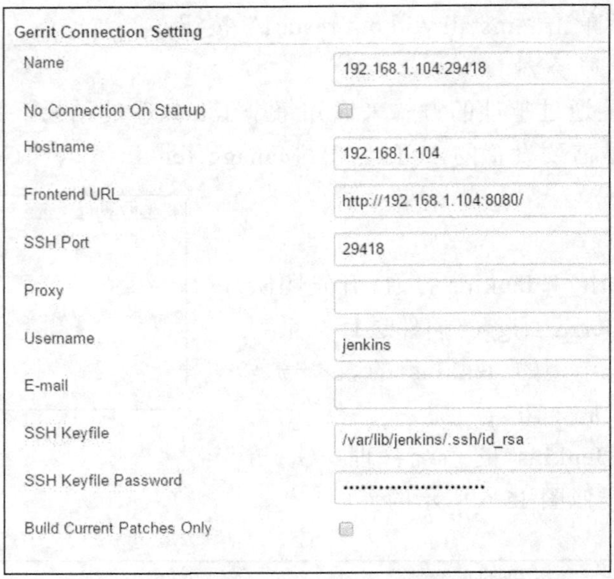

图 15.7 Gerrit 服务器配置

- SSH Port：SSH 访问 Gerrit 服务的端口号，默认都是 29418。
- Proxy：如果当前的 Jenkins 服务器和 Gerrit 服务器不在一起，需要通过代理来连接，那么这里就需要填写代理服务器的地址。
- Username：访问 Gerrit 服务的用户名称，这里可以填写为 Jenkins，并且需要做如下配置。

在 Gerrit 中新建一个用户，并且将其放到" Non-Interactive Users"用户组中，如图 15.8 所示。

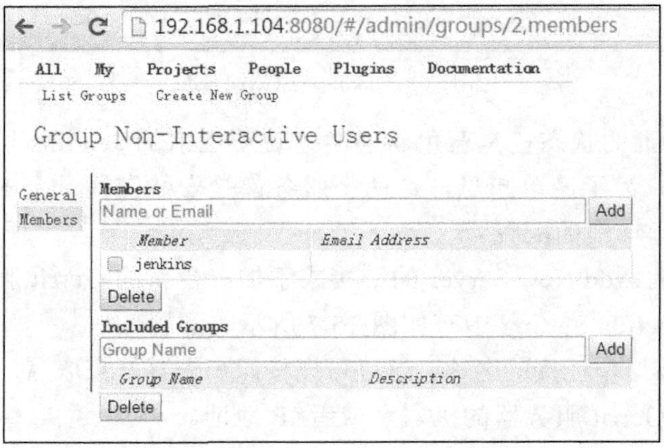

图 15.8 用户管理

将这个用户组放到“Projects”→“Access”→“Global Capabilities”中的“Stream Events”中，如图 15.9 所示。这样当 Gerrit 中有新的提交时，Jenkins 就可以通过这个用户及时获取到新修改。

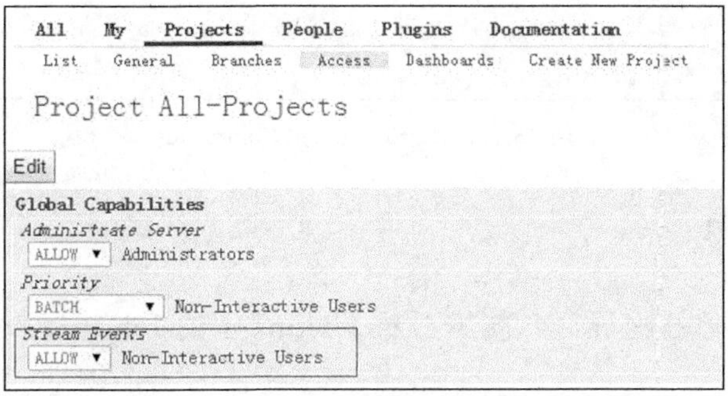

图 15.9 项目全局设置

- SSH Keyfile：访问 Gerrit 服务的用户的私钥文件的路径。
- SSH Keyfile Password：如果上面的私钥文件设置过密码，就需要在这里填写密码。

在上面这些配置全部填写完毕后，可以单击右侧的“Test Connection”按钮来进行测试。如果一切顺利，就会显示 Success。

Tips：一般情况下，可能会遇到两种错误。一种是私钥文件不存在，此时需要检查所填写的私钥文件的路径是否正确。还有一种错误是私钥文件不正确，这时就要检查生成的私钥文件了。正确的方法就是要先切换到 Jenkins 用户下，然后运行 ssh-keygen 来生成密钥文件。如果 Jenkins 是通过 Yast2 直接安装的，那么 Linux 下默认生成的 Jenkins 用户的终端是被关掉的，这会直接导致无法切换成功，此时用户就需要编辑/etc/password 文件来激活，并且设置 Jenkins 用户的密码后就可以切换成功了。

Gerrit Reporting Values 设置

当 Jenkins 中的 Job 执行失败或者成功后，会在 Gerrit 中进行对应设置的打分，如图 15.10 所示。

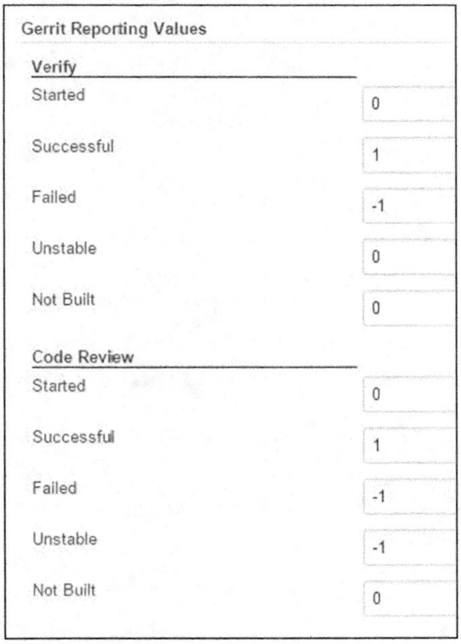

图 15.10 代码评审打分

Gerrit Verified Commands 设置

从 Gerrit 2.6 版本开始，默认已经不再添加 Verified Catalog 了，所以在 Gerrit Verified Commands 中就需要把包含在其中的—verified 参数删除，可以参考图 15.11。

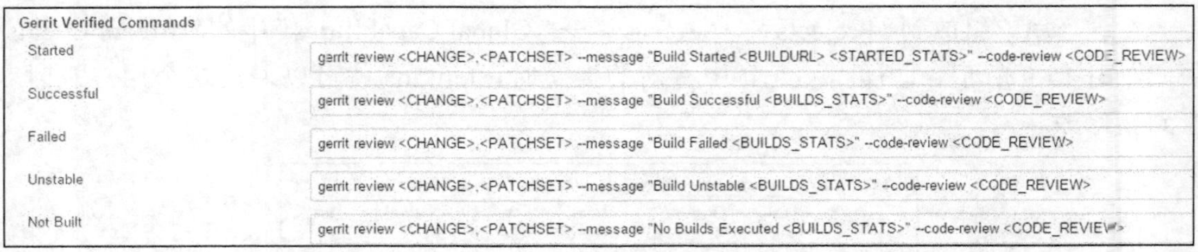

图 15.11 Gerrit Verified Commands

15.2.7 设置 Job

设置成功上述基础的配置后，就需要对 Jenkins 中的 Job 进行设置了。

1. 源码管理

在源码管理的设置中，选择 Git 后就会出现如图 15.12 所示的设置界面，其中有如下几点是需要注意的。

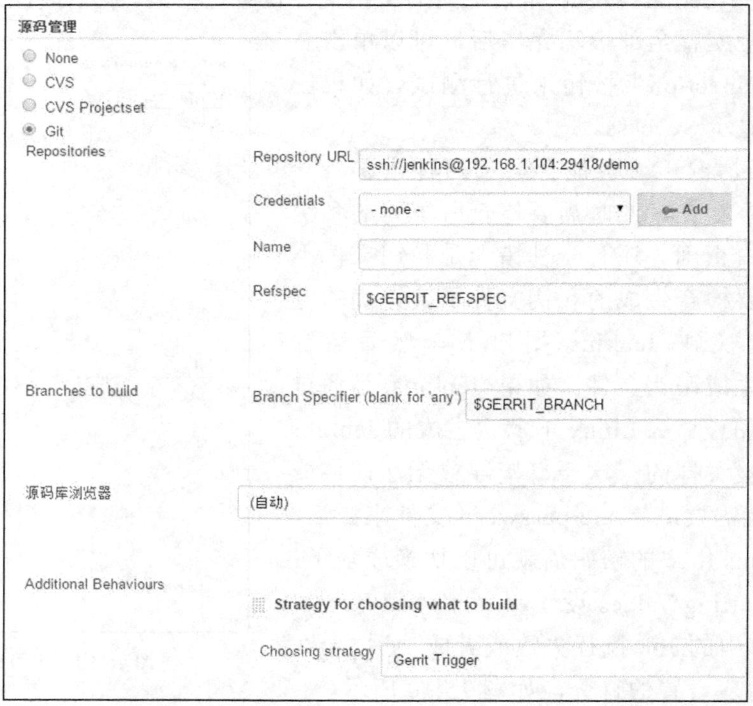

图 15.12 源码管理

Repository URL：这里的 Git 仓库的地址可以从 Gerrit 的 Project 界面中获取。

Refspec：这里需要填写”$GERRIT_REFSPEC” ；

Branch to build：这里需要填写"$GERRIT_BRANCH"

Additional Behaviours：Choosing Strategy 需要选择"Gerrit Trigger"。

2．构建触发器

在构建触发器中，需要设置一些参数，如图 15.13 所示。

Choose A Server：这里需要选择先前添加的那台 Gerrit 服务器。

Dynamic Trigger Configuration：在 Gerrit Project 中需要填写所设置的 Git Repository 的名称，同时在 Type 中填写"**"。

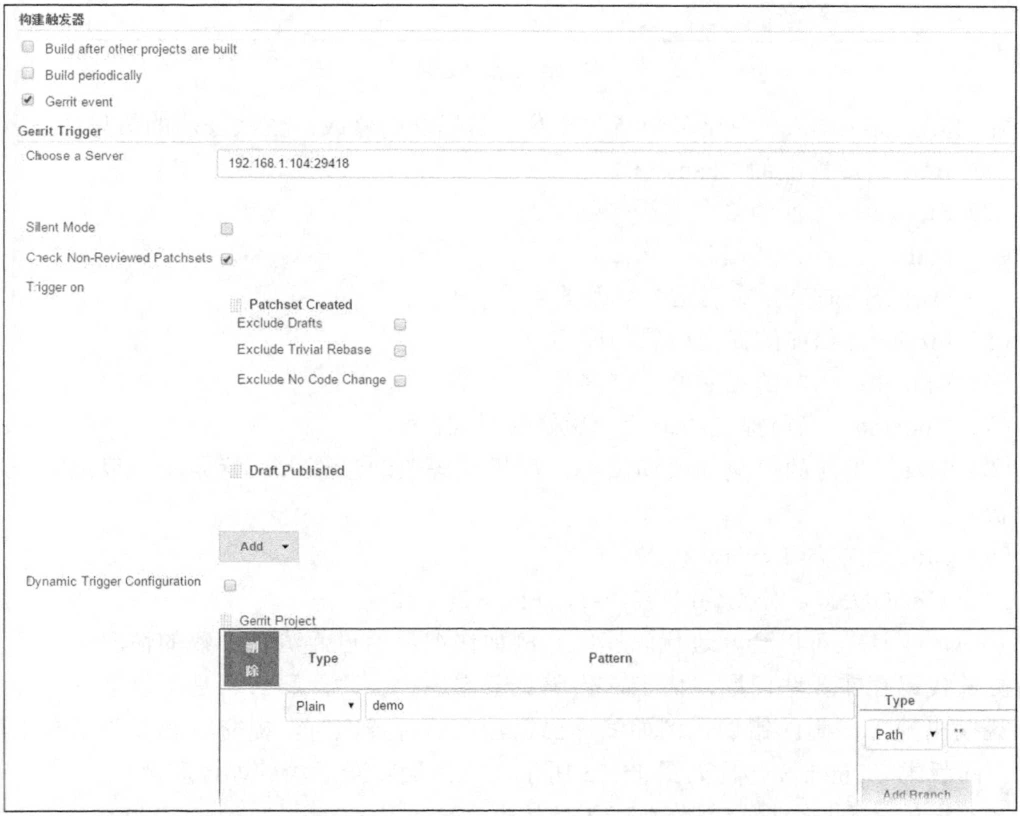

图 15.13　触发构建器

15.2.8　成功连通

上述所有的配置都成功后，就可以通过推送一个提交来检查是否一切都是正常运行的。

当一个提交后，就可以在如图 15.14 所示的 Gerrit 首页的 Outgoing reviews 中看到，并且很快就可以看到以 Jenkins 账号自动提交的代码审查结果。

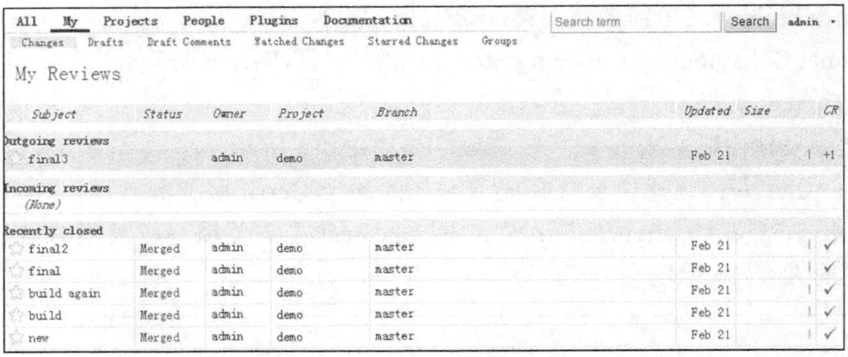

图 15.14 成功连通

在 Outgoing reviews 中显示的当前开发人员提交的修改，依次表示的信息如下。

（1）ID：当前修改的 Change ID。

（2）Subject：当前的修改的提交信息。

（3）Status：当前的状态。

（4）Owner：提交当前的这个修改的人员。

（5）Project：当前的提交所属的库名。

（6）Branch：当前的提交的分支名称。

（7）Updated：当前提交的最近一次修改时间。

（8）Size：当前的提交的改动大小，如果代码改动量不大，就会显示很短的一段绿色柱状。

（9）CR：当前的 Review 状态。

对于 CR 的状态，分别为(?) -2，-1，+1，+2(√)。

其中，-1 还是可以合并进代码库的，例如在编译通过而测试失败的情况下，可能是因为测试代码存在一些问题，而当前代码又急需进行合并，那么还是可以进行合并的。-2 则说明出现了严重的错误，例如编译出错，在这种情况下，提交者就需要以补丁形式提交新的版本（Patch Set），如图 15.15 所示，从而触发新一轮的编译和测试。

在 Gerrit 上的每个提交都分别有 3 种状态，分别是 Open、Merged、Abandoned。

Open 状态的提交，需要经过 Review、Verifiy、Submit 后变成 Merged 状态，这样才能够算正式地合并到远端的代码库中。

Merged 状态的代码就是已经合并进代码库的代码，已经不能够进行 Abandon 操作了，只能进行 Revert。

Abandoned 状态的代码可能因为各种原因被开发人员放弃了，理论上是不能够合并进代码库了，如果有实际的需求，也可以通过 Restore 的按钮进行恢复。

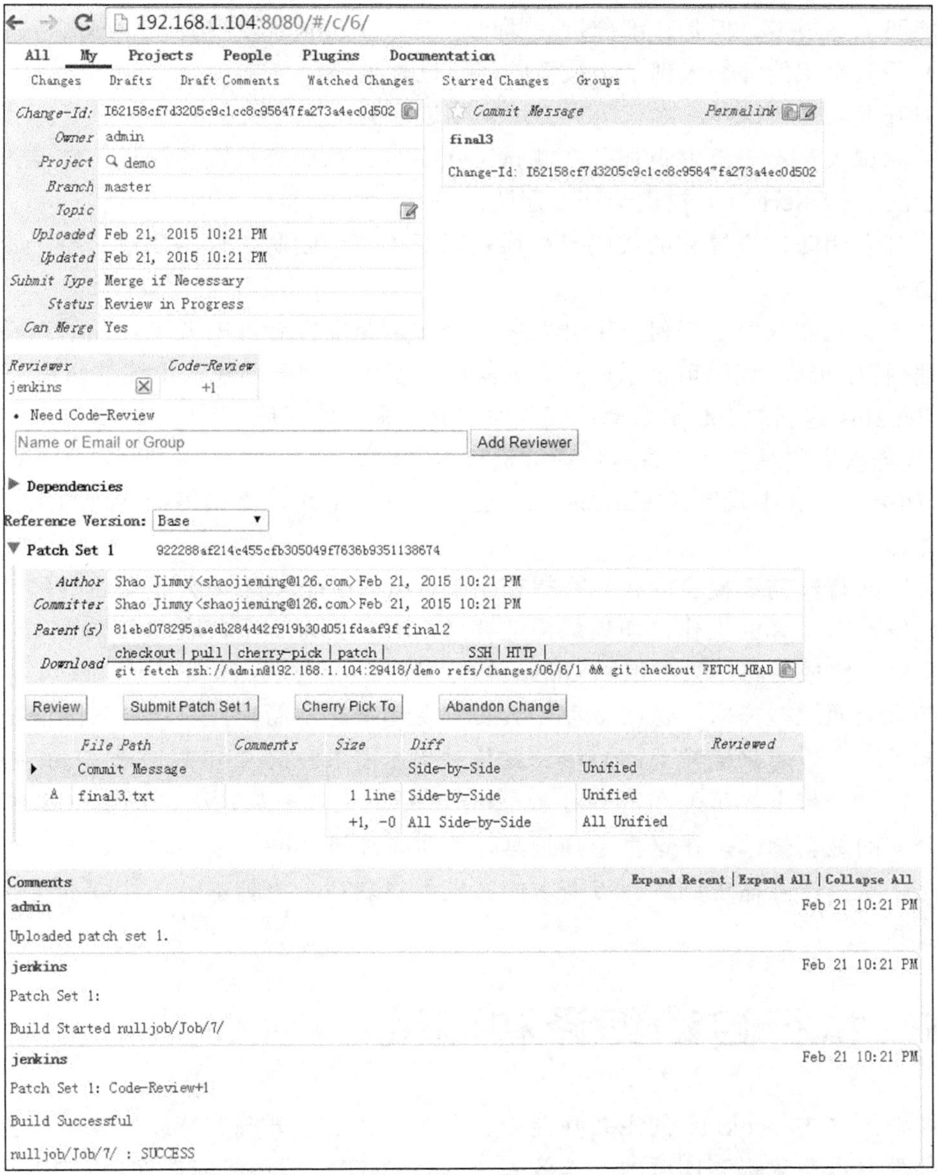

图 15.15 补丁提交

15.2.9 工作场景

在不同的企业中有不同的工作场景，但是对于 Jenkins 来说，提供给用户的最主要的功能简而言之就是自动化地执行指定的工作，例如在一个团队中有如下一系列的需求，看似功能要求点很多，但是仔细分析后都可以在一个 Jenkins 的 Job 中完成。

（1）团队希望能够每天都基于最新的代码进行工作。

（2）开发人员希望能够在代码提交后立刻进行测试并得到反馈。

（3）测试人员希望能够更加关注测试工作本身，从而将日常的测试工作作为一项服务（Quality As A Service）提供给开发团队。

（4）开发团队每次提交的代码提高还是降低了整个团队的代码质量对整个团队成员是透明的。

上述的这些需求对于任何一个开发团队来说都是非常合理的要求，而通过将代码库版本管理+持续集成+代码审查系统三者的集成，就可以完美地解决上述的四项要求。

- Jenkins 建立的 Job 定期地从代码库中获取最新的代码。
- 根据获取的最新代码进行编译并进行自动化测试。
- 如果 Gerrit 中设置的 Barrier Test 能够通过，则允许将代码合并进入主干，否则禁止合并。

开发团队每次需要提交的代码在提交到 Gerrit 中后，Gerrit 会自动监听到这个动作并首先触发一个编译的工作，如果编译能够通过，则会有一个关联的测试 Job 会继续执行，并在执行完成后将结果反馈回 Gerrit 系统。

看起来上面这些需求好像很多项，其实实现起来非常简单，从项目实际情况出发，这里选择了一个看起来比较土的办法，就是对上述需求的前 4 步都通过 Shell 脚本来实现，尤其在第一步上，可能在很多对 Jenkins 介绍的文章中都是通过安装 GIT 插件来获取开发分支的最新修改，在这里选择把具体的实现通过 Shell 来实现，这样主要的一点好处就是将从第一点需求到第四点需求的实现都封装在一个脚本中，使脚本也变成了可以版本控制的文件。

15.3 执行自动编译和测试

正如在上文中 Jenkins 的主要功能中提到的，在这个开源的持续集成平台上，有相当多的插件可以用来提高团队的工作效率，比如和 GIT 进行集成的插件，和 SVN、perforce 集成的插件等。

对于进行自动编译，一般来说是会有两种办法来实现。

一种就是利用版本管理库软件集成的插件来实现，在 Jenkins 新建 Job 的页面中，用户可以设置检查是否有新修改的间隔时间，比如每隔 5 分钟检查一次，一旦 Jenkins 检查到远端的代码库中有了新的修改，就会自动地从远端把这个修改检出到本地的工作目录，根据用户定义的编译命令进行，并在编译结束后返回编译的结果，这样做的好处就是当一个开发人员提交了一个修改后，Jenkins 系统可以迅速地侦测到有一个新的修改，而将这个提交检出到本地进行编译和测试，在结束后将结果反馈到 Gerrit 系统。

还有一种就是直接利用脚本语言来实现自动编译，这样可以做到的就是实现每日构建的需求，Jenkins 系统会在规定的时间内，比如半夜，自动从代码库中检出所有的最新代码，开始进行编译，在编译结束后返回结果，这样做的好处有以下两点。

第一点就是将编译硬件资源的利用率达到最大化，从而避免了在白天的高峰期和普通用户抢占资源。

第二点就是可以给测试团队提供一个每日自动更新的验证环境，在每日构建完成后，可以通过脚本的形式将最新的版本安装到验证机器上，从而在团队早晨到公司后，立刻可以投入到一般性的校验任务，或者可以收到邮件关于是否有编译失败的问题。

同样，针对不同的需求，不同硬件平台的编译任务可以被添加进来，对大多数的软件来说，Windows 可能不单单被要求是能编译通过的唯一平台，不同开发版本的 Linux 也可能是其中之一，比如 SuSe、redhat，甚至 PowerPC 也可能是需求之一。

关于自动测试

可以通过 Jenkins Job 的 Post Action 的配置来指定在编译成功过后需要执行的测试脚本，例如团队开发的单元测试代码，如果测试通过，测试脚本会给当前 Gerrit 系统上的提交做出审查通过的注释，反之则是审查不通过的注释，这可以直截了当地给提交者以信息提示他提交的代码是否正确。

15.4 合并代码

在所有的自动化编译和测试通过后，提交者或者其他团队成员就可以根据自动审查的结果加上个人对当前提交的理解，从而轻松判断出是否可以将当前修改合并进所属的分支。这些动作都可以轻松地在 Gerrit 上操作完成。

1. 代码的 Review

单击图 15.15 中的 Review 按钮，就可以进入如图 15.16 所示的详细审查界面，对当前的提交进行 Review 操作，操作者可以在 Review 中填写更加详细的意见。

2. 代码的 Submit

在当前的提交进行了 Review+2 和 Verifiy+1 后就可以进行提交入库了。如图 15.15 所示，在界面上单击 Submit Patch Set 1，至此，这个提交就正式地进入代码库了。

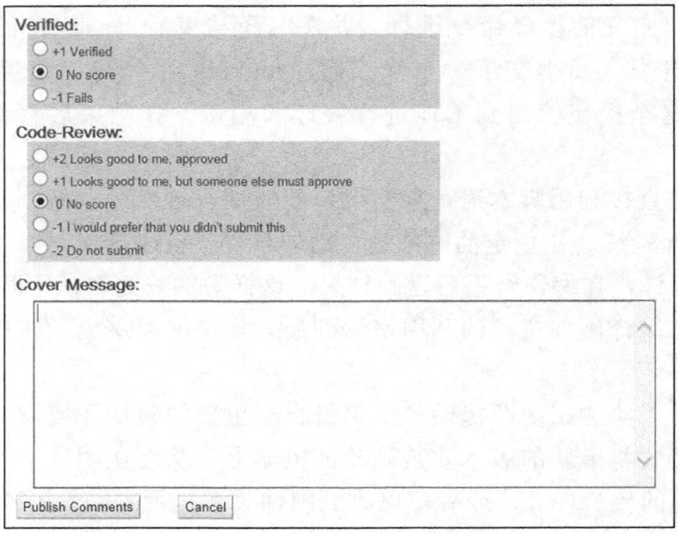

图 15.16 代码的审查

在旧版本的 Gerrit 中，提交 Review 意见时是可以直接单击 Publish and Submit 按钮进行一键合并的，这样在有的时候，一些不熟悉的团队成员在只想提供 Review 意见时容易进行误操作，从而将代码直接进行了合并，而在最新版本的 Gerrit 中，这个按钮已经被取消了，最终的提交变成了必须回到主界面中，即单击图 15.15 中的 Submit Patch Set 1 才能够进行最终的代码合并。

15.5 常见问题

一般情况下，在修改提交到 Gerrit 系统后，系统会触发自动编译和测试，同时参与代码审查的同事也在检查，确认无误后，可以在 Gerrit 系统上 Review+2 分进行合并。

一般情况下，如果当前修改的状态变成 Merged 状态，就说明这个修改已经正常合并到远端分支中了，但是在特定情况下，Gerrit 会提示合并失败。

这种情况的发生原因其实很容易理解，主要就是因为 GIT 准备进行合并的时候，发现某一个或者几个文件被修改的地方和最新的远端仓库发生了冲突，从而拒绝将这个修改合并进来，而这说明了在系统中下面 3 种情况同时发生了。

（1）当前提交的修改在被不断修改、编译和测试的过程中，有其他提交的修改也同步修改了这个文件。

（2）这个提交已经先于当前冲突的提交被合并进了系统。

（3）这两个提交对同一文件的修改有冲突的地方。

当然还有其他一种场景也有可能导致这种情况的发生，那就是在提交修改时所基于的本地分支没有更新到最新的版本，而当前修改在远端准备进行合并的时候发生了冲突。所以这个问题从另外一个角度提醒开发人员，在每次提交代码前，推荐能够更新本地代码到最新版本，从而降低发生合并时代码冲突的可能性。

15.6 最佳实践

（1）为了达到分析编译和测试日志的目标，可以通过添加 Jenkins 上的 Parsed Console Output 这个插件来做到，如图 15.17 所示。

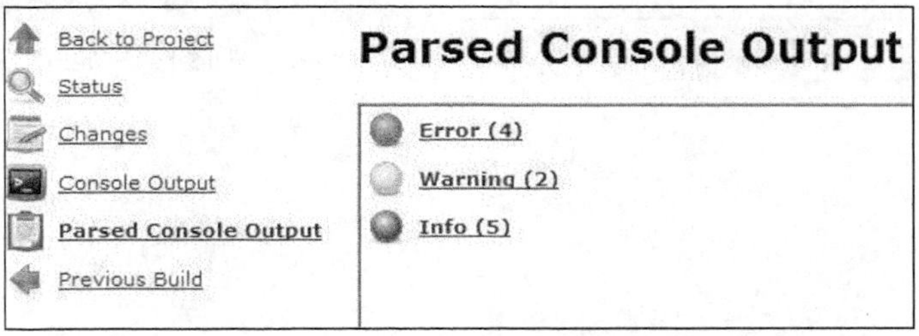

图 15.17 Parsed Console Output 插件

用户可以在 Job 的配置页面中详细地自定义错误的关键字，一旦 Jenkins 的日志输出中包含指定的关键字，Jenkins 的 Job 就可以根据预先的设定强行标记失败，并且在如图 15.17 右侧中将匹配到的关键字的 Log 信息展现出来。

（2）另外一个比较有用的插件就是 Plots，这个插件在实践中可以用来做性能测试时候的结果比对，通过记录不同的执行时间，这个插件会自动保留之前所有执行的结果，并自动绘制出曲线图，这将方便地使用户可以轻松比对不同时间段内性能执行时间比对。

图 15.18 是这个插件的官方示例图片，我们可以自定义 x 轴是性能测试用例执行的次数，y 轴用来记录当前的性能测试用例执行的具体时间，从而通过定期或者一段时间内不同的版本，就可以判断出被测软件是否有所关注性能指标的下降或者提升。

（3）持续集成的作用就是使得开发过程更加的透明化和可视化，为了实现透明化，邮件通知基本是每个团队所必备的，这里就不详细介绍了。为了达到可视化，可以通过参考 Wall Display 这个插件来实现，如图 15.19 所示。

这个插件会将用户执行任务的执行结果用不同颜色标记出来，并可以外接到大屏幕上展示。在某个团队，这个插件还被配置连接了一个小型交通灯来给团队其他成员展示当前的系统状态。例如，“红色”就是有编译失败的任务，“黄色”就是有任务正在执行中，“绿色”就是所有指定的任务都成功了。

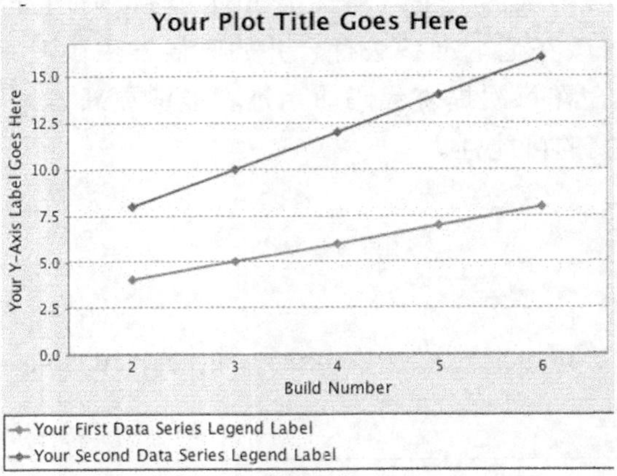

图 15.18 Plot 插件示例

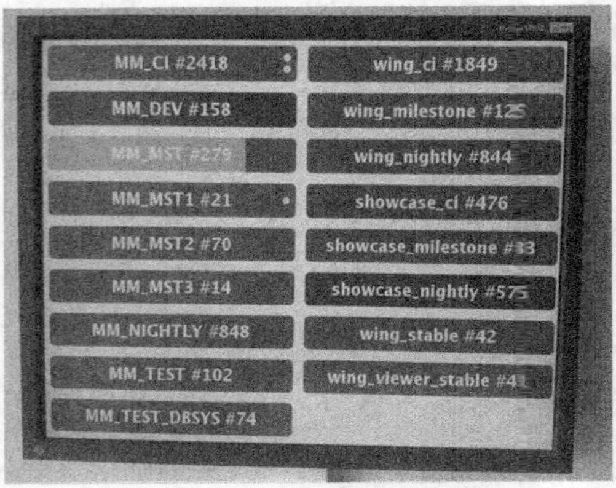

图 15.19 Wall Display 插件

第 16 章 Webdriver 入门简介

16.1 Webdriver 的基本结构

在使用任何自动化测试工具来进行自动化测试工作之前，了解所使用的工具的结构都是很有必要的，这样能够帮助使用者更好地利用该工具，针对项目实际情况，设计出更适用的自动化框架。Webdriver 主要由 3 个部分组成，具体如图 16.1 所示。

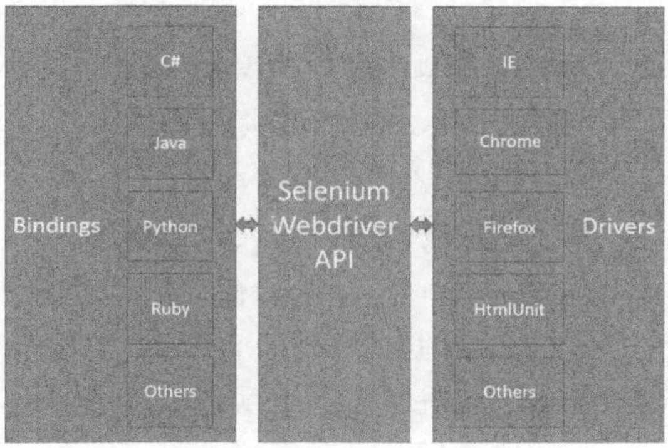

图 16.1 Webdriver 组成

（1）Bindings

在图 16.1 的左侧有很多程序语言，如 C#、Java 等。通过这些语言实现了 Webdriver 的代码或者说是通过这些不同的语言来实现 Webdriver 的 API，从而完成与不同浏览器或者不同设备的交互。

（2）Selenium Webdriver API

这是一系列公用的命令以及操作的集合。

（3）Drivers

不同的浏览器需要不同的 driver 来驱动，这是根据浏览器的工作原理来决定的。

16.2 Webdriver 的工作原理

Webdriver 是按照 server-client 的经典设计模式设计的，如图 16.2 所示。

server 端就是 remote server，可以是任意的浏览器。当脚本启动浏览器后，该浏览器就是 remote server，其职责就是等待 client 发送请求并做出响应。client 端简单说来就是测试代码，测试代码中的一些行为，比如打开浏览器、转跳到特定的 url 等操作是以 http 请求的方式发送给被测试浏览器，也就是 remote server。remote server 接受请求，执行相应操作，并在 response 中返回执行状态、返回值等信息。

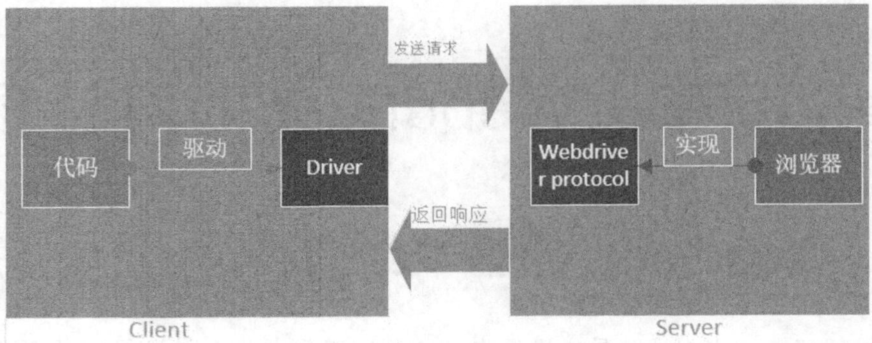

图 16.2 Webdriver C/S 架构示意图

例如，当脚本执行 driver.get（“http://www.fastpoint.cn”）时，client 也就是被执行的代码，向 remote-server 也就是浏览器发送了以下信息：

```
POST session/sessionID/urlpost_data {"url":"http://www.fastpoint.cn"}
```

发送信息的格式是以 json 呈现的。

Webdriver 在工作的时候，是直接调用浏览器本身的接口（native event）来进行自动化。这些调用的方式是跟所使用的浏览器有关的。对于 Firefox 来说，因为 selenium 最初的开发平台就是它，所以可以直接调用。对于 IE 和 Chrome 来说，调用它们则需要相应的驱动器 driver，即 iedriver.exe 和 chromedriver.exe。其余浏览器也是类似的处理方式。

16.3 在启动浏览器的时候发生了什么

16.3.1 Firefox

当在代码中新建了一个 FirefoxDriver，然后执行 driver.get(xxx)时，程序会新建一个进程，在这个进程内临时创建一个 Firefox 的 profile。这个 profile 是全新的、纯净的，所以不会看到本地 Firefox 的一些插件（plug-in）。同时当浏览器启动以后，也创建了一个新的 session，这个 sessionID 是随机生成的。那么怎么正确启动浏览器呢？首先，需要检查浏览器的安装位置，如果是安装在默认的目录下（如，C:\Program Files\Mozilla Firefox\firefox.exe），那么直接新建一个 FirefoxDriver 开始 Webdriver 之旅吧，如果不是在默认目录下，那么需要在代码里设置 Firefox 的执行路径，然后再新建一个 FirefoxDriver。例如：

```
System.setProperty("webdriver.firefox.bin", "D:/ Mozilla firefox/firefox.exe")
```

16.3.2 Chrome

Chrome 在启动时与 Firefox 是不一样的，当在代码中新建一个 ChromeDriver，然后执行 driver.get(xxx)时，首先会去查找 chromedriver.exe，通过它来向 server 端也就是浏览器发送请求。如果没有 chromedriver.exe，就不能启动浏览器。

在完成了对 chromedriver.exe 的检查以后，在当前进程内会创建一个匿名的用户数据目录（C:\Users\xx\AppData\Local\Google\Chrome\User Data）。在这个匿名的用户数据目录里面没有任何个人数据，当然也不会有任何插件（plug-in）。类似地，当 Chorme 浏览器启动以后，也创建了一个带有随机生成的 sessionID 的 session。

那么如何正确启动 Chrome 浏览器呢？首先需要设置 chromedriver.exe 的路径：System.setProperty("webdriver.chrome.driver", "path-to-chromedriver/chromedriver.exe"，然后新建一个 ChromeDriver 即可。当然还有个偷懒的办法，即直接把 chromedriver.exe 放到"C:\Windows\System32"。

16.3.3 IE

IE 的启动策略有其独特性。在代码中新建一个 InternetExplorerDriver，然后执行 driver.get（xxx）时，首先会去查找 internetexplorerdriver.exe，通过它来向 server 端也就是浏览器发送请求。如果没有 internetexplorerdriver.exe，就不能启动浏览器。在完成了对 chromedriver.exe 的检查以后，就会创建一个进程来打开浏览器，这时 internetexplorerdriver.exe 会检查 IE 每个区域的安全设置，如果各个区域的安全设置不同，在启动浏览器的时候，就不能通过。可以通过手动的方式将每个区域的设置改为相同，也可以通过代码来实现：

```
DesiredCapabilities capabilities = DesiredCapabilities.internetExplorer();
capabilities.setCapability("ignoreProtectedModeSettings",true);
```

关于如何修改 IE 各个区域的安全设置，可以参见图 16.3。

当这些都完成以后，就可以新建一个 InternetExplorerDriver 了。上述操作的代码实现如下：

```
System.setProperty("webdriver.ie.driver", "files/IEDriverServer64.exe");
DesiredCapabilities capabilities = DesiredCapabilities.internetExplorer();
capabilities.setCapability(InternetExplorerDriver.INTRODUCE_FLAKINESS_BY_IGNORING_SECUR
ITY_DOMAINS, true); capabilities.setCapability("ignoreProtectedModeSettings",true);
driver = new InternetExplorerDriver(capabilities);
```

对于 IE 11，还需要对注册表做一些特别的设置，以让 iedriver 和创建的 IE 对象保持持续的连接，也就是将注册表中的 FEATURE_BFCACHE 项下名称为 iexplore.exe（类型为 Dword）的键赋值为 0。对于 32 位 IE，这个项的路径为 HKEY_LOCAL_MACHINE\SOFTWARE\Microsoft\Internet Explorer\Main\FeatureControl\FEATURE_BFCACHE。对于 64 位 IE，则需要找到 HKEY_LOCAL_MACHINE\SOFTWARE\Wow6432Node\Microsoft\Internet Explorer\Main\FeatureControl\FEATURE_BFCACHE。

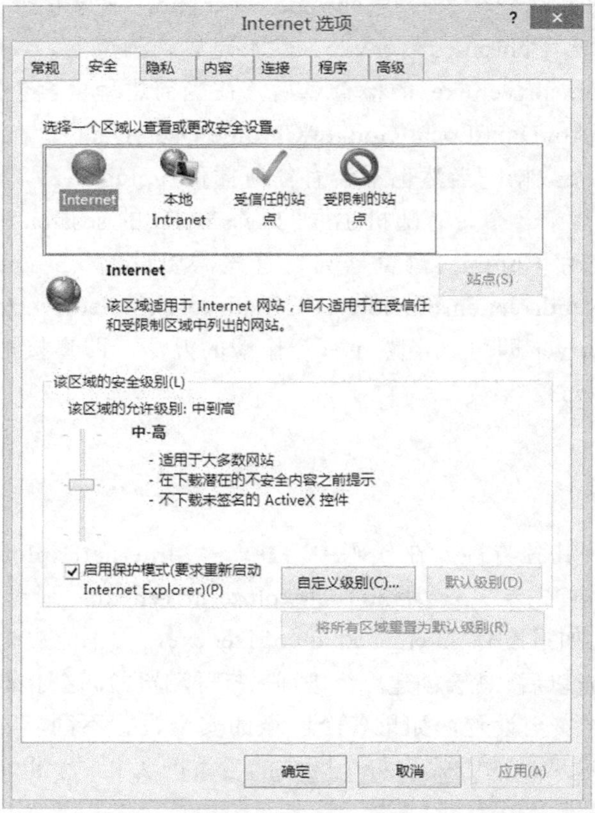

图 16.3 IE 安全设置

需要注意的是，FEATURE_BFCACHE 当前可能并不存在，可以自行创建一个，并按照上述描述进行赋值。

16.4 Webdriver 常用 API 简介

16.4.1 Webdriver API 结构浅析

图 16.4 就是 Webdriver API（http://selenium.googlecode.com/svn@7093/trunk/docs/api/

java/index.html）所有包含的包。下面抽取一些比较常用的包进行说明。

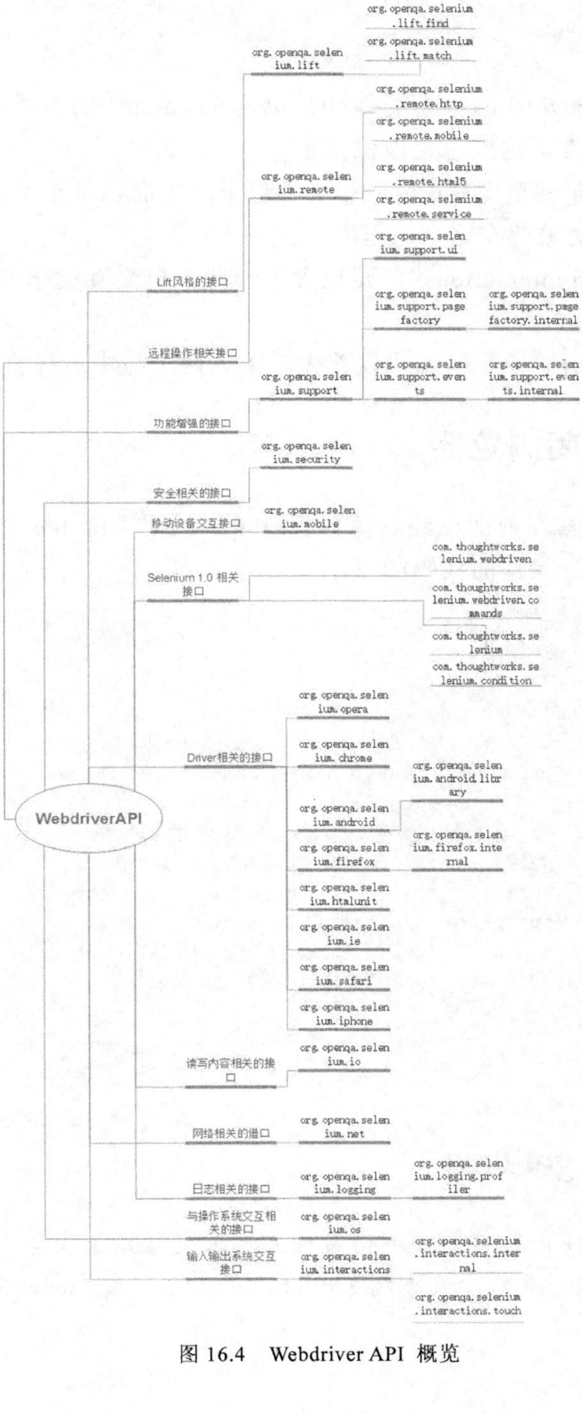

图 16.4　Webdriver API 概览

```
com.thoughtworks.selenium
com.thoughtworks.selenium.condition
com.thoughtworks.selenium.webdriven
com.thoughtworks.selenium.webdriven.commands
```

这 4 个包都是由 thoughtworks 公司贡献的，也是 Selenium1 的主要代码。到了 Webdriver 时代，考虑到向下兼容性，这些包也被保留了。

org.openqa.selenium 就是 Webdriver 的核心包了，里面包括了 webdriver 的很多核心接口，比如 Webdriver 对象就在这个包里面。

org.openqa.selenium.interactions 主要包含了一些人机交互的东西，简单的来说就是键盘、鼠标事件模拟等。

对于 Webdriver 的初学者，笔者建议首先对上述两个包中所提供的 API 进行学习。

16.4.2 启动与关闭浏览器

对于如何启动浏览器在前面已经具体分析过了。采用 Chrome 作为例子来介绍下浏览器的启动与关闭操作。具体的代码如下：

```
public class launchbrowser {
        public WebDriver driver;
        @Test
        public void launchChrome() throws Exception{
                System.setProperty("webdriver.chrome.driver", "./tools/chromedriver.exe");
                ChromeOptions options = new ChromeOptions();
                options.addArguments("--test-type");
                driver = new ChromeDriver(options);//实例化一个chrome对象，启动一个chrome浏览器
                driver.get("http://localhost:8080/testlink/");
                String currenttitle = driver.getTitle();//获取当前页面的 title
                System.out.println(currenttitle);
                driver.close();  //关闭当前焦点所在的浏览器窗口
                driver.quit(); //关闭所有窗口，并将进程销毁
        }


}
```

16.4.3 提取文本 getText

在执行测试的过程中，往往需要取得各种文本来进行验证或者其他操作。在获取这个文本的时候，首先要弄清楚这个文本到底是 html 的内嵌文本（inner text）还是一个 value 属性的值。

如图 16.5 所示，在登录页面上的这个 login 文本就是一个内嵌文本，它的 HTML 代码如图 16.6 所示。

图 16.5 Login 页面

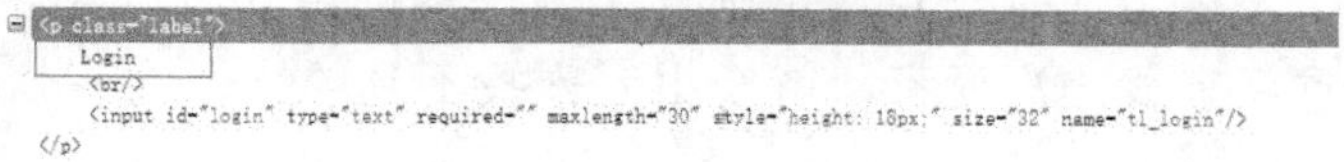

图 16.6 Login 文本的 HTML

可以看出，"Login"文本包裹在一对 html<p>标签之间。对于这种文本，可以用 getText()方法来获取它的值，具体代码如下：

```
    String logintext = driver.findElement(By.xpath(".//*[@id='login_div']/form/div[2]/
p[1]")).getText();
    System.out.println(logintext);
```

登录页面这个 login button 里面的"Log in"文本（如图 16.7 所示）属于一个 value，它的 HTML 如图 16.8 所示。

图 16.7 Log in 按钮

图 16.8 Log in 按钮的 HTML

与图 16.6 中的"Login"相比，"Log in"文本是 HTML <input>标签的'value'属性的值。对于这种文本，可以用 getAttribute()方法来获取它的值，具体代码如下：

```
    String loginbuttontext = driver.findElement(By.name("login_submit")).getAttribute("value");
    System.out.println(loginbuttontext);
```

16.4.4 提取元素属性 getAttribute

开发人员通过属性来控制元素行为和样式，如图 16.9 所示。

图 16.9 元素属性 HTML 示例

这个 input 元素的类型是 submit，要想取得这个类型的值，就需要使用 getattribute（）来获得，具体代码如下：

```
    String inputattribute = driver.findElement(By.name("login_submit")).getAttribute("type");
            System.out.println(inputattribute);
```

16.4.5 模拟浏览器的前后跳转 forward 和 back

有时候需要向前一页和后一页进行跳转，可以使用以下方法：

```
driver.navigate().forward();//向前跳转
driver.navigate().back();//向后跳转
```

需要注意一点，当进行了浏览器跳转以后，整个页面的 dom 结构会被刷新，如果不重新来找一次元素，就会报元素找不到的错误。

16.4.6 模拟鼠标右键 Actions 和 contextClick

对于鼠标和键盘事件，Webdriver 提供了一个 Actions 类来实现，而鼠标右键的活动就是其中的一个典型例子。

如图 16.10 所示，如果需要全选密码框里面的密码，按照手动操作的步骤来讲，应当是在密码框上先打开鼠标右键菜单，然后单击“全选”这一行。但是，在用 Webdriver 实现的过程中有些细微的差别，即要在右键菜单弹出后按下快捷键“A”，所以代码如下：

```
driver.findElement(By.name("tl_password")).sendKeys("123456");
Actions actions = new Actions(driver);
actions.contextClick(driver.findElement(By.name("tl_password"))).build().perform();
Robot rob = new Robot();
rob.keyPress(KeyEvent.VK_A);
```

实际效果如图 16.11 所示，输入的文本会被全选，如图 16.11 所示。

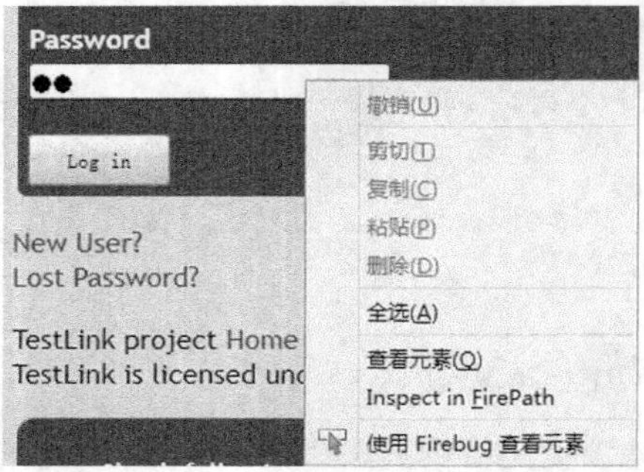

图 16.10 鼠标右键菜单

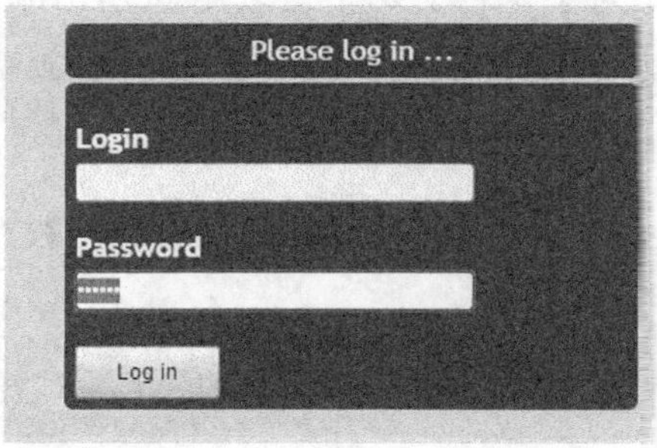

图 16.11 右键全选效果

需要注意的是，当构建完一个 action chains 的时候，必须要 perform，这样 actions 里面的操作才会执行。在 actions 这个类里面常用的方法还包括了拖曳（dragandDrop()）、双击（doubleClick()），具体的使用方法可以在 Webdriver 的 API 当中查到。

16.4.7 截图 TakesScreenshot

在某些时候，执行测试的时候，需要把当前页面的状态记录下来，截图就有了用武之地。Webdriver 提供了 TakesScreenshot 接口来实现这一功能，那么怎么使用呢？来看个实例. 现在需要截取当前页面的图，然后将其放进工程目录的 screenshoot 这个文件夹，如图 16.12 所示。具体代码如下：

```
try {
            File loginpagesrc = ((TakesScreenshot) driver)
                        .getScreenshotAs(OutputType.FILE);
            FileUtils.copyFile(loginpagesrc, new File(
                        "./screenshoot/loginpage.png"));
    } catch (IOException e) {
            e.printStackTrace();
    }
```

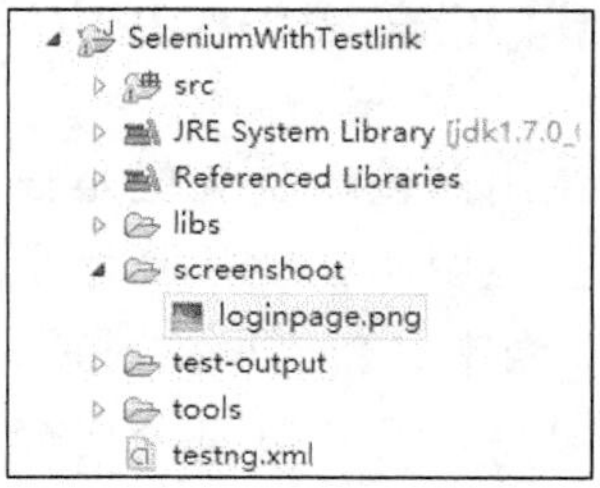

图 16.12　存储路径截图

但是这一功能在不同浏览器上的表现是不同的，对于 Firefox 来说，会截取整个页面的图，无论当前部分是否可见；而对于 Chrome 和 IE 来说，只会截取当前可见页面的图。

16.4.8　操作下拉菜单 Select 控件

在 TestLink 中，可以任意创建一个测试项目，然后单击测试用例，就可以进入测试用例创建页面，在如图 16.13 所示的过滤器界面内，可以看到几个下拉菜单，这几个就是典型的 select 控件。

查看图 16.13 中的“状态”这一下拉菜单的 HTML 源代码，可以看到如图 16.14 所示的一个 Select 控件。这个控件由一个‘select’标签以及包裹在这个标签内的若干个‘option’标签组成。

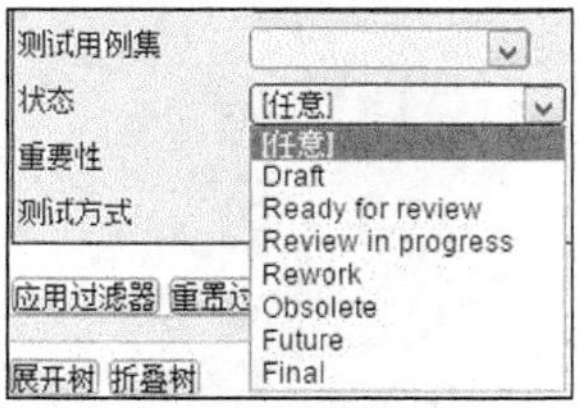

图 16.13　过滤器界面

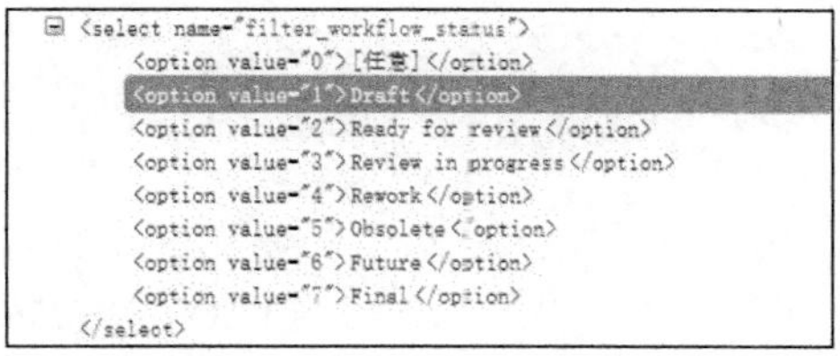

图 16.14　Select 控件

那么如何操作它们呢？Webdriver 提供了 Select 类来替代 webelement 类，通过调用这个类的各种方法，可以轻松实现对下拉菜单的操作：

```
    Select statue = new Select(driver.findElement(By.name("filter_workflow_status")));//
得到下拉框
    statue.selectByIndex(1);//选择第二个选项
    Thread.sleep(1000);
    statue.selectByValue("2");//选择 value 为 1 的选项
    Thread.sleep(1000);
    statue.selectByVisibleText("Rework");//选择可见文本为 Rework 的选项
    Thread.sleep(1000);17.17.
```

16.4.9 操作 frame 里面的元素 switchTo

在前面有一个步骤是单击测试用例按钮，但是很多人会发现当在执行的时候会报出一个 no such element 的错误，但是明明就能找到这个元素啊？这是为什么呢？归根结底，是因为这个元素存在于 frame 当中。在较早的时期，frame 嵌套是开发过程中比较流行的一种方式，但是到了新时代以后，几乎鲜有公司会在自己的页面上使用 frame 技术了，因为这种技术减弱了代码的可读性，同时也对页面的性能有一定的影响，不过在一些 OA 系统网站还是能够见到。那么应该怎么处理这个元素呢？Webdriver 提供了一个 driver.switchTo().frame()方法来实现 frame 的切换操作：

```
    driver.switchTo().frame("titlebar");//切换到标题栏
    driver.findElement(By.xpath("//img[@title='测试用例']")).click();//单击测试用例按钮
```

单击了测试用例按钮以后，就进入了测试用例编辑页面。然后试图操作“状态”这个下拉菜单，就使用 driver.switchTo().frame("treeframe")；这一句来切换到图 16.15 的左侧。

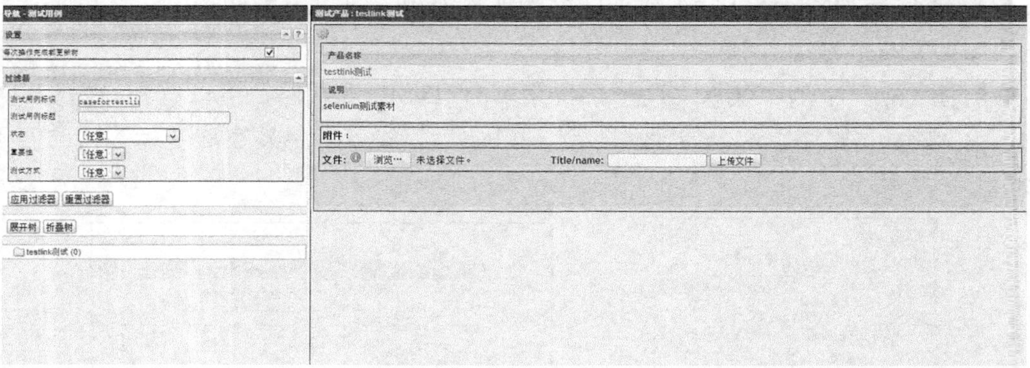

图 16.15 测试用例编辑页面

这时就可以来操作下拉菜单了。但是会发现问题又来了，在运行时会提示 no such frame，这又是怎么了？明明切换过 frame 了啊，它不是叫 treeframe 吗？说到这里，就不得不提到 frame 的结构了，frame 是一个层层嵌套的类似堆栈一样的结构，只能一层一层地往里切，同时，同级的 frame 也不能直接切换，必须切到最外层，然后再从最外层往里面切换。但是从最里面切到最外面就可以一步到位：driver.switchTo().defaultContent()。从 HTML 里面可以看到，“测试用例”按钮是在 titlebar 这个 frame 里面，如图 16.16 所示。

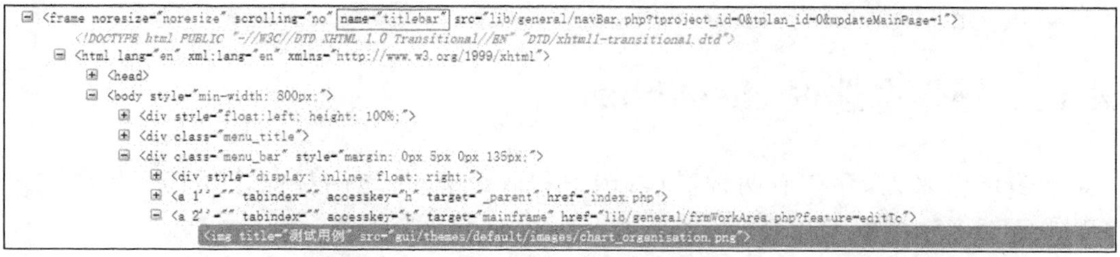

图 16.16 “测试用例”按钮 HTML

“测试用例标题”则在 treeframe 这个 frame 里面，如图 16.17 所示。

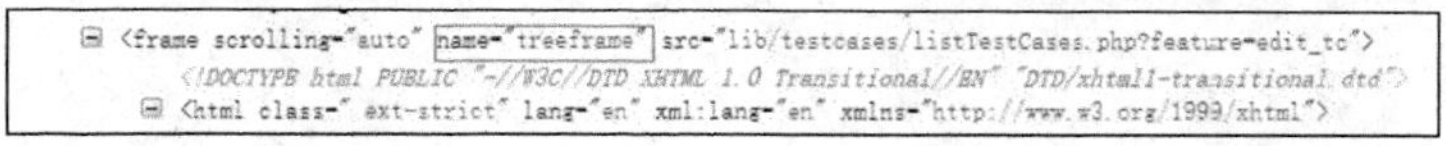

图 16.17 “测试用例标题”HTML

既然不能直接切进来，那就先切到最外层，然后再切进来就行了吧？答案是不行。为什么呢？因为在 treeframe 的外侧还嵌套了一层 mainframe 这个 frame，如图 16.18 所示。

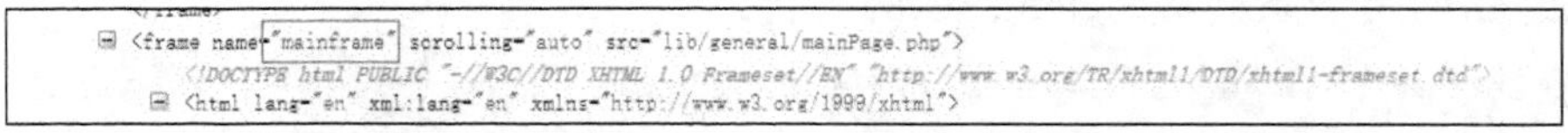

图 16.18 外层 frame 的 HTML

必须先切到 mainframe，然后才能切到 treeframe：

```
driver.switchTo().defaultContent();//切换到最外层
driver.switchTo().frame("mainframe");//切换到 mainframe
driver.switchTo().frame("treeframe");//切换到 treeframe
Select statue = new Select(driver.findElement(By.name("filter_workflow_status")));//得到下拉框
statue.selectByIndex(1);//选择第二个选项
```

16.4.10 操作单选按钮 radio button

因为 testlink 当中没有单选按钮，所以就拿其他地方的单选按钮来举例，它的 HTML 为：

```
<input type="radio" checked="checked" name="Sex" value="male" />
<input type="radio" name="Sex" value="female" />
```

那么怎么操作呢？一般在单击一个单选按钮的时候，会先判断下它是否被选中，如果没被选中，才会去选择，这时候 isSelected()方法就能起作用了。

```
    WebElement malebox = driver.findElement(By.xpath("//input[@value='male']"));//使用
value 值获取 male 这个单选按钮
    //如果 male 没被选中，那就单击它
    if(!malebox.isSelected()){
           malebox.click();
    }
```

16.4.11 操作多选框 checkbox

对于多选框来说，存在着两种操作：选中和取消选中，这两种操作其实都是通过 click()来实现的，而多选框的 HTML 一般为：

```
    <input type="checkbox" name="vehicle" value="Bike">
    I have a Bike
    <br />
    <input type="checkbox" name="vehicle" value="Car" >
    I have a Car
    <br/>
    <input type="checkbox" name="vehicle" value="Airplane" >
    I have an Airplane17.
```

从上面可以看出 checkbox 一般只有 value 有区别，于是可以一次将他们全部获取，然后通过他们的索引（index）来操作，这时候，就要使用一个新的方法：findEelements()。这个方法返回的是一系列 webelements 的集合：

```
    List<WebElement> checkbox = driver.findElements(By.name("vehicle"));//通过 name 获取所
有的 checkbox
    checkbox.get(1).click();//单击第二个 checkbox
```

因为多选框是有两种状态的，不知道在操作以后是否是选中的，还是可以使用 isSelected()来判断：

```
    checkbox.get(1).isSelected();//判断是否选中
```

16.4.12 切换窗口 getWindowHandle

有的时候，当单击一个链接时，在本地浏览器打开了一个新的标签，但是在 Webdriver 的执行过程中却是打开了一个新的浏览器窗口，这个是很正常的，在浏览器采取多标签的结构之前，一直都是采取多窗口的结构，一个标签实质上还是一个新窗口。现在来看这个链接的 HTML 结构：

```
    <a href="/example/html/pref.html" target="_blank">preface</a>
```

可以看到这个链接的 target 属性是“_blank”，这个属性就表明当单击这个链接时，会在一个新的页面打开对应页面。对于 Webdriver 来说，只能在当前的页面进行操作，如果要在新打开的页面内操作，就必须切换到这个新的窗口上来，Webdriver 提供了 driver.switchTo().window()来切换窗口，可以通过提供窗口的名称（name）或者句柄（handle）来进行切换，但是有的时候窗口的名称可能会相同，所以更多使用句柄来切换：

```
String currenthandle = driver.getWindowHandle();//获取初始窗口的句柄
Set<String> handles = driver.getWindowHandles();//获取当前所有窗口的句柄
for(String handle:handles){//遍历所有的句柄
       driver.switchTo().window(handle);//切换到每个窗口
       if(driver.getPageSource().contains("Preface")){//当前窗口是否含有目标窗口的标志
               driver.switchTo().window(handle);//切换到这个窗口
               break;//跳出循环
       }
}
driver.close();//关闭当前窗口
driver.switchTo().window(currenthandle);//回到初始窗口
driver.close();//关闭初始窗口
```

从以上代码中可以看到 getWindowHandle()和 getWindowHandles()两个方法。那么这两个有什么区别呢？getWindowHandle()是获取当前窗口的句柄，返回的是一个 String，getWindowHandles()则是获取当前所有窗口的句柄，返回的是一系列 String。因为每个 String 实际上是不相同的，所以把它们存储在了一个 Set 当中。当获取了所有句柄以后，就可以一个个进入每个窗口，去看看当前的窗口是不是所需要进入的窗口。如果是，就用当前这个句柄当参数切换到所要进入的窗口，同时，也就不需要继续找了，直接跳出循环。这时就到了新的窗口了，然后就可以正常获取元素和操作了。如果想关掉当前这个窗口，回到初始窗口，就使用 driver.close()来关闭当前窗口。但是关掉了这个窗口，能不能操作初始窗口呢？答案是不能，所以这时候还要切换到上一个窗口。此时最初通过 getWindowHandle() 取得的 currenthandle 就是时候派上用场了，当通过 driver.switchTo().window(currenthandle)；切换到初始窗口后就能正常操作了。

16.4.13 等待

在 Webdriver 执行的过程中，由于网络或者一些其他的原因，可能会导致脚本的不稳定。这时就需要等待了。在 Webdriver 当中，有两种等待：显示等待和隐式等待。当使用了隐式等待，如果一个元素当前找不到，就会等待一定的时间，并且在这段时间内不会再找，等过完这段时间以后才会继续找，一直到把指定的时间消耗完。而这个等待的时间是根据使用的 driver 或者是浏览器的类型决定的，而且隐式等待的是贯穿 driver 的整个生命周期的，比如说页面内有两个按钮，第一个按钮会在 12 秒内等它出现，第二个还是会在这 12 秒内等它出现，不需要每一个都去设置一遍。使用以下代码来实现隐式等待：

```
driver.manage().timeouts().implicitlyWait(12, TimeUnit.SECONDS);
```

正是由于隐式等待是存在于 driver 的整个生命周期的，这无疑会增加执行的时间，所以并不建议使用隐式等待。

使用了显示等待，就可以指定条件，比如在预定的时间内的任何时候找到元素，就不会继续等待了，比如：

```
new WebDriverWait(driver, 10).until(new ExpectedCondition<Boolean>(){
            public Boolean apply(WebDriver d){
                   return d.findElement(By.xpath("//img[@title='测试用例']")).isDisplayed();
            }
    });
```

在以上代码中，在 10 秒内等待这个元素出现，这个元素什么时候出现，就什么时候退出等待，这个时间可以自己设置。另外，显示等待的条件也可以自定义，只要实现 ExpectedCondition 接口就行。比如：

```
new WebDriverWait(driver, 10).until(new ExpectedCondition<WebElement>(){
            publicWebElement apply(WebDriver d){
                  return d.findElement(By.xpath("//img[@title='测试用例']"));
            }
    });
```

另外还有一种等待就是 Thread.sleep()，这种等待就是不论如何，程序暂停这么长时间，写几次就执行几次，执行完也就销毁了，这种等待不常用，但是不意味着它没有意义，尤其是页面上有自定义的组件的时候，使用这种硬等待是很有帮助的。

16.4.14 JS 弹出框

在网页上进行操作，通常保存以后会使用弹出框来进行提示，这些弹出框多半都是用 JavaScript 来实现的，而触发这个 JavaScript 的事件往往是绑定在一个 button 或者一个 image 上，它们的 HTML 大致如下：

```
<input type = "button" onclick = "disp_prompt()" value = "显示提示框" />
```

其中最重要的也就是这个 onclick 事件，它指的是，当单击这个按钮时，就会触发 disp_prompt()这个函数，然后就会弹出相应的弹出框，那么应该怎么处理这个弹出框的操作呢？首先，必须触发这个 disp_prompt()函数，但是有的时候使用 driver.findElement (By.xxx).click()并不能触发这个时间，所以可以用前面介绍过的 Actions 类的一些方法来触发这个时间，然后，Webdriver 提供了一个 Alert 类来处理这类 JS 弹出框：

```
Actions action = new Actions(driver);
```

```
    action.click(driver.findElement(By.xpath("//input[@value='显示提示框']"))).perform();
//触发 disp_prompt()函数
    Alert alert = driver.switchTo().alert();//切换到 alert 当中
    String alertmessage = alert.getText();//获取 alert 当中的文本
    System.out.println(alertmessage);
    alert.accept();//单击确认按钮
    //alert.dismiss();//单击取消按钮
```

在以上代码当中，alert.accept()和 alert.dismiss()并不能同时使用，只是为了方便，所以这么做了，请大家要注意这一点。

16.4.15 弹出框的扩展

很多人看到弹出框的第一反应就是使用 alert，但是当他们使用了以后，却发现报错了，说当前没有 alert，这是为什么呢？最简单的答案就是因为它不是 alert。那不是 alert 又是什么呢？这就要从弹出框的不同种类来说了。

那么弹出窗到底有哪些种类呢？一般来说分为以下 3 种。

（1）用 JavaScript 实现的弹出框

JS 弹出框一般都是用 js 的函数来实现的，比如 alert、confirm 和 prompt，而这些弹出框的实现方式大概如下：

```
    Alert("I am an alert box!")
    Confirm("Press a button!")
    Prompt("Please enter your name", "Harry Potter")
```

而它们的页面表现形式如图 16.19 至图 16.21 所示。

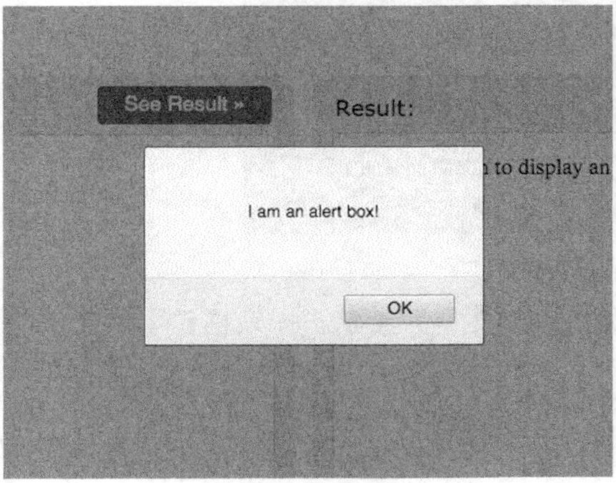

图 16.19 Alert

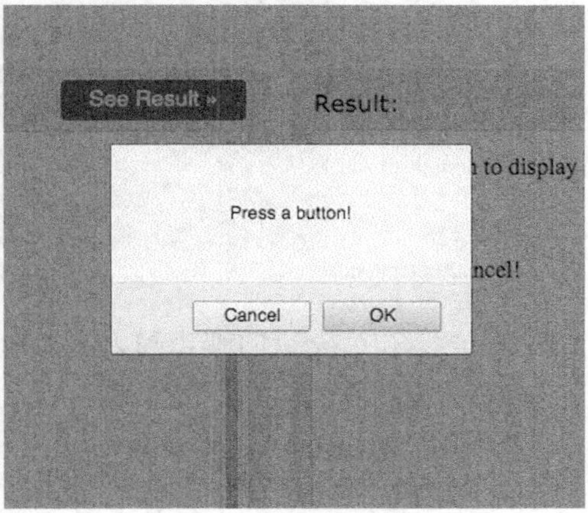

图 16.20 Confirm

另外，如果试图使用检查页面元素的工具去检查元素，会发现根本不行，这也是判断 alert 的一个辅助手段。

（2）用 div 元素模拟的弹出框

对于用 div 模拟的弹出框，可以用检查页面元素的工具来获取到页面元素。它的 HTML 样式如图 16.22 所示。

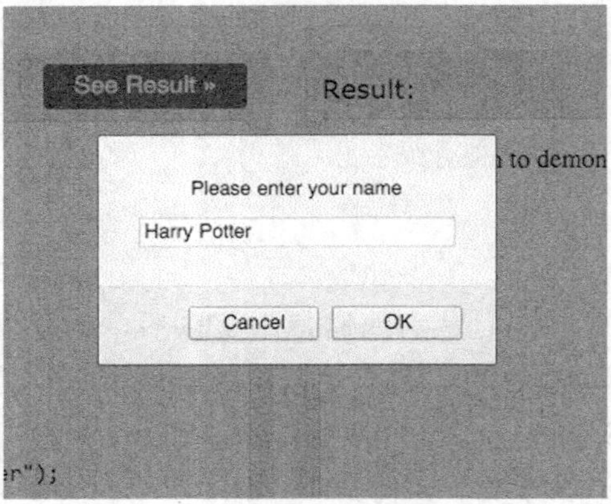

图 16.21　Prompt

```
◢ <div class="md-content" >
   ▶ <h3 > … </h3>
   ▶ <div > … </div>
   </div>
</div>
```

图 16.22　div 模拟的弹出框 HTML 示例

而它的页面表现形式如图 16.23 所示。

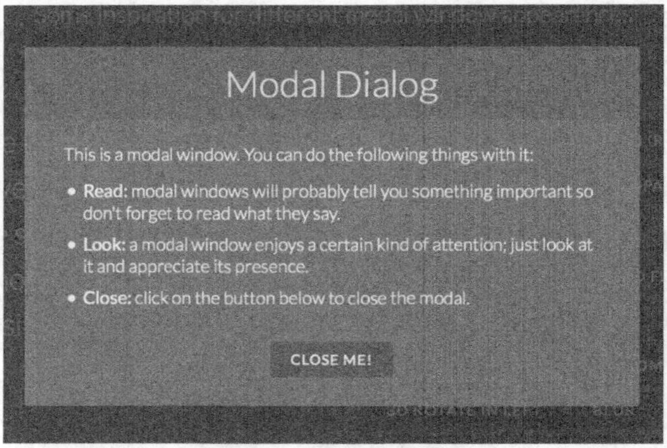

图 16.23　div 模拟的弹出框

对于这种 div 模拟的弹出窗，就可以像操作正常页面元素一样来操作了。需要注意的是，最好在操作它们之前多等待一会儿。

（3）系统弹出框

系统弹出框是属于当前的操作系统的一个组件，它不是浏览器的一部分，比如下载弹出框，就是很典型的系统弹出框，Selenium 是不能处理这类弹窗的，必须借助第三方工具，比如 AutoIT 或者 Skuli。

16.5 Page Object 介绍

说到 Webdriver，就必须要提到 Webdriver 当中经常使用的一种设计模式：Page Object。简单的来说，就是把元素和方法按照页面抽象出来，分离成一定的对象，然后来进行组织。大概的思路如图 16.24 所示。

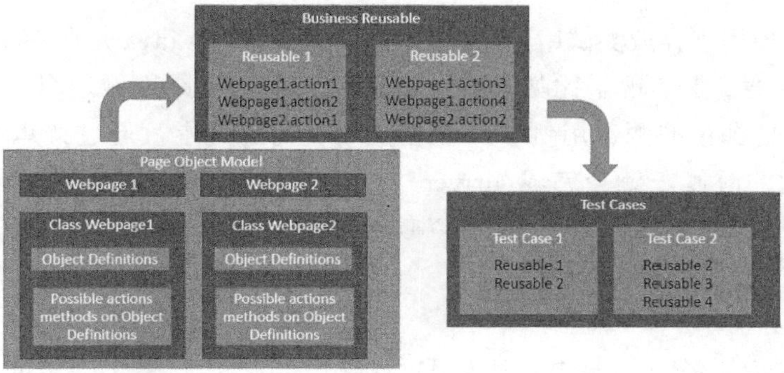

图 16.24　Page Object 流程

把元素和方法按照页面来形成不同的类 webpage，在这个基础上其实可以把元素和方法分别抽离出来管理，然后把每个页面的业务逻辑按页面形成新的类 reusable。当然这个类可以要，也可以不要，这个是根据代码的颗粒度来的，而颗粒度则由业务需求来决定。在完成各个页面的业务逻辑的编辑以后，就可以按照一定的规则和顺序来组织这些元素，这样就形成了测试用例 test case。

这样的好处是减少了很多重复冗余的代码；另外如果页面的 UI 或者逻辑变化以后，也只需要在少数地方去修改，从而避免了一些繁重的工作。比如一个场景，假设页面上的元素发生了变更，如果代码是线性脚本，那么就必须去脚本内把所有的元素挨个地找出来修改，同时在这个过程中，因为代码太多了，说不定就会多改了或者少改了，同时还要考虑逻辑，这个时候就要全程调试。而运用 Page Object，就只需要关注改了的是什么。改了元素，就去改元素，改了逻辑，就去改逻辑，这样不容易造成混淆。同时，对于测试用例，完全可以让手工测试人员来组装 page 或者是 Business Reusable 里面的方法或逻辑，而自动化的实现者就可以从中脱身了。下面就以 testlink 的登录页面作为实例来讲解下 Page Object。

图 16.25　工程结构图

首先来看下项目结构，如图 16.25 所示。

（1）Core 包

Core 包主要是页面功能的实现，里面的 LoginPage.java 是 login 页面所有功能的一个对象。而 LoginVariables.java 则是 login 页面内所有变量组成的一个对象，这里面的变量基本上来说都是各个元素。当然对于 LoginVariable.java，其实也可以另外将其放入一个单独存放 variables 的包。这里为了方便，就暂时没有这么做了。而 GlobalFunction.java 则是一些通用方法，比如访问某个 url 之类的。

（2）Tests 包

Tests 包就主要用来存放测试用例，里面的 Webdriver Test.java 是所有 test case 的父类。在这个类里面主要就是实现了比如 driver 实例化、退出等跟用例逻辑关系不大的功能，而 LoginTest 就是真正的测试用例了。在创建用例的过程中，通过继承 WebdriverTest，在运行测试用例的时候，就会完成 driver 实例化、退出等过程。然后在 LoginTest.java 当中，新建一个 LoginPage 对象，便可以使用这个对象当中的所有方法了，按照一定的逻辑组织这些方法，便形成了测试用例。

（3）Utils 包

Utils 包则存放了各种工具类，比如 DriverUtils.java，在这个类里面就存放了判断元素是否存在的方法等。

各个包与类的关系如图 16.26 所示。

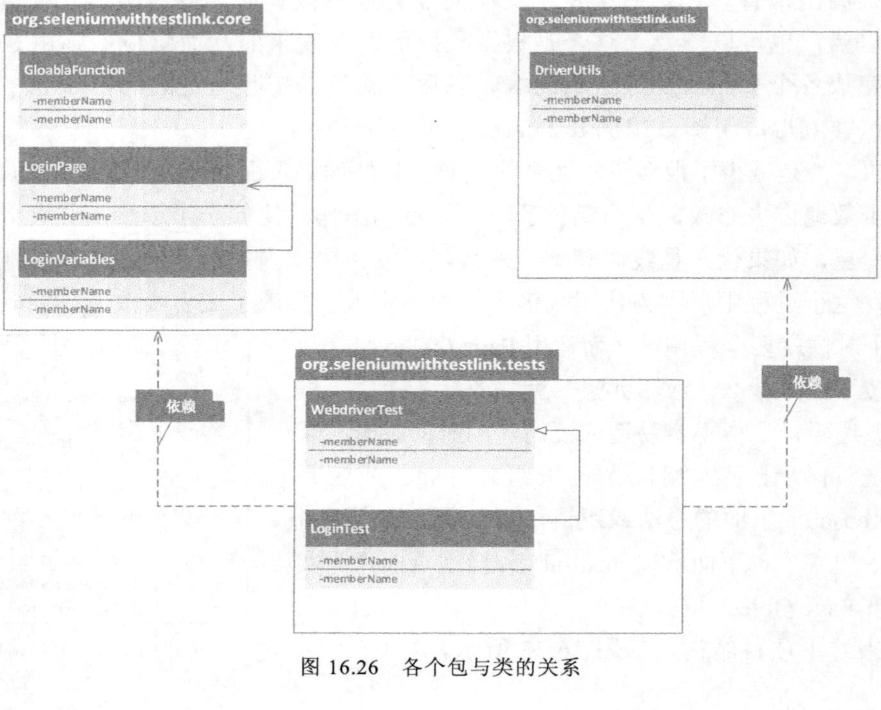

图 16.26　各个包与类的关系

说完了项目结构，现在来说说怎么做，正所谓光说不练假把式，就以登录页面（如图 16.27 所示）作为例子来详解下怎么做。

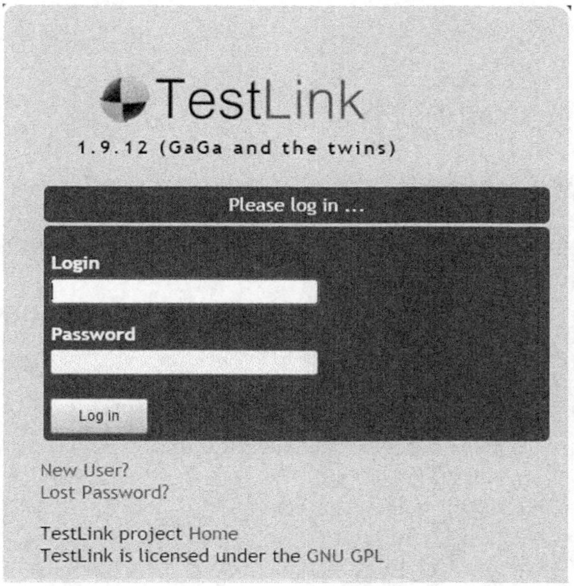

图 16.27　Testlink 登录界面

16.5.1　创建 LoginVariables.java 文件

在 org.seleniumwithtestlink.core 这个包里面创建一个 LoginVariables.java，用于存放所有的页面元素，代码如下：

```
package org.seleniumwithtestlink.core;

public class LoginVariables {
    public static String url_login = "http://localhost:8080/testlink/login.php";
    public static String username_id_LoginPage = "login";
    public static String password_name_LoginPage = "tl_password";
    public static String loginbutton_name_LoginPage = "login_submit";
    public static String newuserlink_xpath_Loginpage = ".//a[contains(text(),'New
    User?')]";
    public static String findpasswordlink_xpath_LoginPage = ".//a[contains(text(),
    'Lost Password?')]";
```

按照不同的获取元素的方式，取不同的变量名，比如要用 id 作为获取元素的方式，同时这个元素又在 login page 里面，那么就创建一个变量名为 username_id_LoginPage 的变量，这样就为以后使用不同的获取元素的方法提供方便。另外，所有的元素定位方式不仅可以直接写在这个类里面，也可以把它们提取出来，用 excel、xml、yaml 等方式来管理，这里就不详细说了。

16.5.2 创建 LoginPage 文件

在这个页面类，存放所有跟 login 这个页面相关的操作。

```
package org.seleniumwithtestlink.core;
import org.openqa.selenium.By;
import org.openqa.selenium.WebDriver;
import org.openqa.selenium.support.ui.WebDriverWait;
import org.seleniumwithtestlink.core.LoginVariables;
public class LoginPage {
  private WebDriver driver;
  public LoginPage(WebDriver driver) throws InterruptedException{
        this.driver = driver;
        driver.manage().deleteAllCookies();
  }
  public void setUsername(String username) throws InterruptedException{
        if(username!=null){
               WebDriverWait wait = new WebDriverWait(driver, 2);
  driver.findElement(By.id(LoginVariables.username_id_LoginPage)).clear();;
  driver.findElement(By.id(LoginVariables.username_id_LoginPage)).sendKeys(username);
               }
  }
  public void setPassWord(String password) throws InterruptedException{
        if(password!=null){
               WebDriverWait wait = new WebDriverWait(driver, 2);
  driver.findElement(By.name(LoginVariables.password_name_LoginPage)).clear();
  driver.findElement(By.name(LoginVariables.password_name_LoginPage)).sendKeys("password");
        }
  }
  public void submitLoginPage(){
  driver.findElement(By.name(LoginVariables.loginbutton_name_LoginPage)).click );
  }

}
```

从图 16.27 可以看到，页面内主要有两个文本框和一个提交按钮，所以对这个页面的主要操作也就是填写这两个文本框，然后单击提交按钮。把所有相关的方法写在这个 Loginpage 类里面，同时在这个类里面的所有元素都由 LoginVariables.java 传过来。

16.5.3 创建 GloablaFunction.java 文件

在这个类里面存放一些通用方法，例如访问 url、访问数据库、获得时间戳等。

```
package org.seleniumwithtestlink.core;

import java.text.SimpleDateFormat;
import java.util.Date;

import org.openqa.selenium.WebDriver;

public class GloablaFunction {
  public void loadUrl(WebDriver driver, String requestUrl){
        driver.get(requestUrl);
  }
  public static String getCurrentTimeStamp(){
        SimpleDateFormat sdfDate = new SimpleDateFormat("yyyyMMMddHHmmms");//dd/MM/yyyy
        Date now = new Date();
        String strDate = sdfDate.format(now);
        return strDate;
  }
}
```

16.5.4 创建 WebdriverTest.java 文件

在 org.seleniumwithtestlink.tests 包里面创建一个 WebdriverTest.java，在这个文件里面存放一些运行测试时跟业务逻辑关系不大的方法，例如实例化 driver、退出 driver 等。

```
package org.seleniumwithtestlink.tests;
import java.util.concurrent.TimeUnit;
import org.openqa.selenium.WebDriver;
import org.openqa.selenium.chrome.ChromeDriver;
import org.openqa.selenium.chrome.ChromeOptions;
import org.junit.Before;
import org.junit.After;

public class WebdriverTest {
      public WebDriver driver = null;

      @Before
      public void setUpBeforeClass() {
            System.setProperty("webdriver.chrome.driver",
                        "./tools/chromedriver.exe");
            ChromeOptions options = new ChromeOptions();
            options.addArguments("--test-type");
```

```
            driver = new ChromeDriver(options);
            driver.manage().timeouts().pageLoadTimeout(10, TimeUnit.SECONDS);
        }

        @After
        public void teardown() {
            // driver.close();
            driver.quit();
        }

}
```

在这个类里面@Before 和@After 都是 JUnit 的注解，@Before 里面的内容代表在测试开始之前要执行什么，@After 里面的内容代表在测试完成后要干什么，具体可以去 JUnit 的官网了解一下。可能会问了，为什么不直接在用例里面实例化对象，而是在这个父类里面实例化呢？这又引申到了另外一个问题：怎么只让代码里面只有一个 driver 对象？可以这样理解，把所有代表用例的 class 放在一个 test 里面，在这个 test 运行之前，就会运行 Before 这个注解里面的实例化方法，这个时候，driver 实例就确定了，所有的测试用例类都继承了这个父类（WebdriverTest.java），那么这个 driver 实例就传到了待运行的测试用例类（LoginTest.java）。在测试用例类里面创建一个页面对象（loginpage）的时候，这个页面对象的 driver 对象就是这个父类（LoginTest.java）当中实例化过的 driver（即 chromedriver），页面对象（loginpage）的构造方法接收了这个 driver，实例化这个页面对象的时候，这个页面对象里面所用的 driver 就是从父类继承来的这个 driver 实例。所有的测试用例类都继承这个父类，那么这些类所采用的 driver 对象都是从父类传进去的，这就保证了所有类里面就只有一个 driver 对象，如图 16.28 所示。

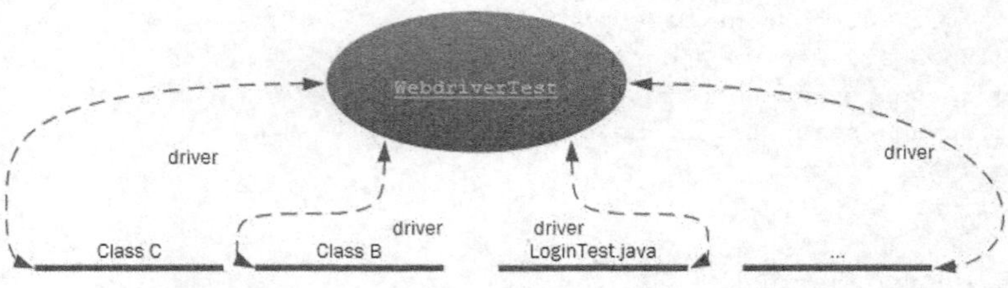

图 16.28 driver 传递示例图

16.5.5 创建 LoginTest.java 文件

在 org.seleniumwithtestlink.tests 包里创建一个 LoginTest.java，在这个类里面实现测试用例逻辑。在测试用例里面最好不要出现条件判断、循环的语句，可以把这些放到页面对象里面去，这里就是 LoginPage.java 这个页面内。当然，这个做法也不是绝对的，在某些场景下面就不得不在测试用例里面写上逻辑判断等。

```
package org.seleniumwithtestlink.tests;

import org.seleniumwithtestlink.core.GloablaFunction;
import org.seleniumwithtestlink.core.LoginPage;
import org.seleniumwithtestlink.core.LoginVariables;
import org.junit.Test;

public class LoginTest extends WebdriverTest {
	String currenttime;
	String username = "admin";
	String password = "suser";
	GloablaFunction globalfunc = new GloablaFunction();

	@Test
	public void logintest() {
		try {
			LoginPage loginpage = new LoginPage(driver);
			globalfunc.loadUrl(driver, LoginVariables.url_login);
			loginpage.setUsername(username);
			loginpage.setPassWord(password);
			loginpage.submitLoginPage();
			Thread.sleep(3000);
		} catch (Exception e) {
			e.printStackTrace();
			currenttime = GloablaFunction.getCurrentTimeStamp();

		}
	}

}
```

通过以上的学习，大概可以了解 Page Object 的思想和使用方法，在后续的使用过程当中就可以根据这些基础来进行拓展，比如添加数据库操作的工具类等。

16.6 选择 Webdriver 而不是 Selenium RC

做出这样的选择，最现实的原因是 Selenium 在后续的版本当中不会对 Selenium RC 的内容进行支持。这就意味着如果要把自动化用例的代码运行在比较新的浏览器当中是不行的。如图 16.29 所示，Wedriver 支持市面上几乎所有的主流浏览器，包括 HtmlUnit，而 Selenium RC 则不支持。

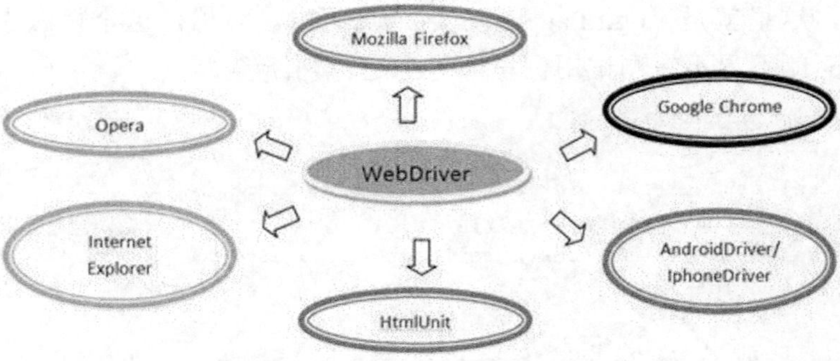

图 16.29 Webdriver 能驱动的客户端

其次，就是由 Selenium RC 和 Webdriver 的工作原理不同来决定的，Selenium RC 是将 JS 注入浏览器，通过 JS 来操作浏览器的行为，因为 JS 本身的同源策略，对于跨域的操作支持就不是那么好，如果要操作的内容在另外的一个 frame 里面，而 Webdriver 则是由浏览器自身遵守了 Webdriver 的一系列协议，提供了一些接口，让 Weddriver 来调用，所以对于 frame、窗口之类的支持要更好一些。

再次，Webdriver 的运行速度也要比 Selenium RC 快。因为 Webdriver 是直接与浏览器通信的，如图 16.30 所示。

Selenium RC 则需要通过 Selenium Remote Control Server 作为代理，与 Selenium Core（即 JavaScript 程序）通信，通过 Selenium Core 来操作浏览器行为，如图 16.31 所示。

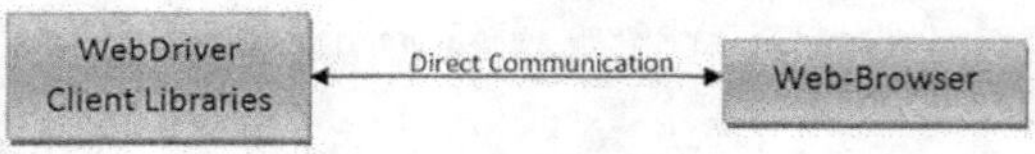

图 16.30 Webdriver 工作原理

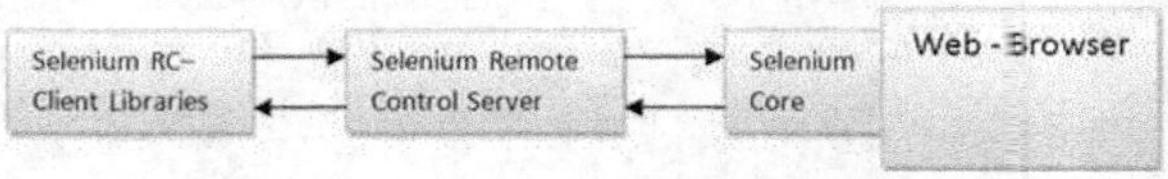

图 16.31 Selenium RC 工作原理

16.7 如何从 Selenium RC 迁移到 Webdriver

在开始迁移之前，首先要确保代码能够在最新的 Webdriver 版本上能正常使用。

迁移的第一步是改掉实例化 Selenium 对象的方法。当使用 Selenium RC 的时候，代码中是这样做的：

```
Selenium selenium = new DefaultSelenium(
   "localhost", 4444, "*firefox", "http://www.yoursite.com");
selenium.start();
```

而当迁移到 Webdriver 的时候，就可以这么做：

```
WebDriver driver = new FirefoxDriver();
Selenium selenium = new WebDriverBackedSelenium(driver, "http://www.yoursite.com");
```

当使用了 WebDriverBackedSelenium 这个方法来将 Webdriver 对象转化为 Selenium 对象以后，就可以直接调用 Selenium RC 的所有方法了，但是这种解决方案并不完美。另外，就如前文所述，Webdriver 在后续的版本当中会逐步移除 Selenium RC 的接口，所以建议大家如果要用 Webdriver，最好还是使用 Webdriver 自身的接口和方法。

在完成了 Selenium 对象的实例化以后，下一步就是用新的 API 代理老的 API，这个过程根据项目的规模和复杂度可能花费几天到几个月的时间。

在新旧 API 的替换过程中，往往会遇到一些问题，现在就来提取一些比较常见的问题做解答。

（1）单击和输入的结果过多了

比如使用 Selenium RC 的方式实现以下代码：

```
selenium.type("name", "exciting tex");
selenium.keyDown("name", "t");
selenium.keyPress("name", "t");
selenium.keyUp("name", "t");
```

在 Selenium RC 当中，运行结果会是输入了一个字符串“exciting text”，而当使用 WebDriverBackedSelenium 转化来的 Selenium 对象来完成这段代码的时候，返回的结果却是“exciting texttt”。这是为什么呢？这个问题实际上还是由于 Selenium RC 和 Webdriver 的工作原理不同来决定的。在 Selenium RC 当中，当执行 type 的时候，它只是简单地使用“exciting tex”来替换要操作元素当中的内容，而不会触发用户和页面交互的事件，只有当用户直接通过“key*”这些方法，才会触发用户与页面的交互事件，而对于 Webdriver 来说，是全程都在试图准确地模拟用户的行为。因此，这个过程会在输入文本的时候一直持续，得到“exciting texttt”这个结果。

（2）WaitForPageToLoad() 还是不能完全等到页面载入完

在 Selenium RC 时代，Selenium 提供了一个 WaitForPageToLoad()的方法来控制页面的加载时间，因为有的时候如果用例执行速度过快，有的元素都还没来得及显示，就执行过去了，这就导致了大量 case 的失败。但是，在 Webdriver 当中并没有提供类似的方法，这又是为什么呢？最初 Webdriver 是有这个意图的，但是由于种种原因被放弃了，最明显的一个原因就是难以区分一个还没开始加载的页面和一个在这个方法被调用前都已经加载完了的页面。后来在 Webdriver 当中就采取了等待某些特定元素的解决方案。

（3）执行 JS 以后却没有返回值

在 Selenium RC 当中，使用以下代码可以成功获取页面的 title：

```
String title = selenium.getEval("browserbot.getCurrentWindow().document.title");
```

但是当使用以下代码来试图获取值的时候，返回的却是个空值。这时候只需要在 JS

语句里面加一个 return 就能解决这个问题了。

```
JavascriptExecutor jse= (JavascriptExecutor)driver;
String title = jse.executeScript("document.title;");
```

16.8 Webdriver 如何执行 Javascript

在自动化的过程中，有时不得不使用 JavaScript 来进行一些类似于修改某些元素属性或者一些其他特殊操作，当然并不提倡过度使用 JS，因为使用 JS 修改元素属性这些已经改变了页面的结构，测试已经不是在原来的产品上了。好了，说了这么多，具体该怎么做呢？

```
JavascriptExecutor jse= (JavascriptExecutor)driver;
jse.executeScript("document.title;");
```

通过上述代码不难发现，首先需要构造一个执行 JS 的对象，体现到这儿就是 JavascriptExecutor，通过强制转换，把当前的 driver 对象转变成了一个 JavascriptExecutor 对象 jse，然后 jse 通过 executeScript 方法来执行 JS，JS 语句作为参数传到这个方法内，关于 executeScript()这个方法的详细使用方法，请参考 Webdriver 的 API。

16.9 如何定制浏览器

1. Firefox

Firefox 的浏览器设置都是存储在 profile 文件当中的，如果要对浏览器自定义 就需要对 profile 进行操作，例如需要在 Firefox 启动时载入指定的 firebug:

```
File file = new File(".\\res\\firebug-1.9.1-fx.xpi");
FirefoxProfile firefoxProfile = new FirefoxProfile();
try { firefoxProfile.addExtension(file); }
catch (IOException e)
{ // TODO Auto-generated catch block e.printStackTrace(); } firefoxProfile.setPreference
("extensions.firebug.currentVersion","1.9.1");
```

或者采取一个更简便的方法，调用本地默认的 Firefox，当在默认的 Firefox 做好了设置，通过调用默认的 profile，就可以应用所有的设置：

```
ProfilesIni allProfiles = new ProfilesIni();
FirefoxProfile profile = allProfiles.getProfile("default");
WebDriver driver = new FirefoxDriver(profile);
```

说到这里，profile 文件在哪儿呢？一般来说都在 C:\Users\当前用户名\AppData\Roaming\

Mozilla\Firefox\Profiles 这个路径下，或者通过 Windows 命令行输入“echo %APPDATA%\Mozilla\Firefox\Profiles”，就会即时输入当前 profile 所在的位置。

2. Chrome

Chrome 浏览器其实也存在着类似 profile 文件的东西，即 user data directory。要对 Chrome 浏览器进行自定义，可以通过对 Capabilities 进行操作来实现。操作 Capabilities 有以下两种方式。

（1）使用 ChromeOptions 这个类，比如需要在启动浏览器时带某个插件：

```
Chrome Options options = new ChromeOptions();
options.addExtensions(new File("/path/to/extension.crx"));
ChromeDriver driver = new ChromeDriver(options);
```

（2）如果使用的语言库里面没有 ChromeOptions 这个类（比如 ruby 的包里面就没有），就需要直接指定 Capabilities 来作为 DesiredCapabilities 的一部分：

```
Map<String, Object> chromeOptions = new Map<String, Object>();
chromeOptions.put("binary", "/usr/lib/chromium-browser/chromium-browser");
DesiredCapabilities capabilities = DesiredCapabilities.chrome();
capabilities.setCapability(ChromeOptions.CAPABILITY, chromeOptions);
WebDriver driver = new ChromeDriver(capabilities);
```

那么如何找到 user data directory 呢？打开 chrome 浏览器，在地址栏中输入“chrome://version”，然后就可以看到一栏个人资料路径，这就是 user data directory 了。

拓展——通过定制浏览器来解决下载问题

新装一个 Firefox 浏览器以后，就会观察到一个现象，如果不设置任何关于下载的选项，当去单击任何一个下载链接的时候，浏览器不会弹出一个窗口，让选择下载到哪个位置，这就给解决下载问题提供了一个思路，通过 profile 制定的默认下载位置。关键的代码如下：

```
profile.setPreference("browser.download.folderList", 2);//0 代表桌面，1 代表的下载，2 代表自定义位置
profile.setPreference("browser.download.dir","give the path where u want to save the file");
```

16.10 小结

通过本章的学习，大家已经对 Webdriver 有了一个比较全面的认识，从基本原理到设计模式进行了详细的梳理。Webdriver 作为当前组流行的 Web 自动化工具，无疑是经过很多检验的，但是它并不是万能的，因为它只能操作 DOM 对象，而对于像 Windows 系统窗体、Flex 控件等，它就无能为力了。因此，正确认识工具能做什么、不能做什么

也是很重要的。在使用 Webdriver 进行测试的时候，最容易遇见的问题就是找不到元素，碰见这种问题，可以按照以下步骤进行排查和调试。

（1）使用类似 firepath 之类的工具确定的定位方式是否正确。

（2）查看要操作的元素是否在 frame 里。

（3）查看该元素是否在新的窗口内。

（4）修改定位方式，换一种思维，因为某些浏览器的渲染方式并不支持某些定位方式，这样基本就能够解决元素找不到的问题了。

要构建一个测试框架甚至平台，单一的一个工具几乎是不能满足所有要求的，所以需要工程师拥有良好的基础知识，这样才能驾驭各种工具，将它们进行整合，以满足需求。同时最好避免重复“造轮子”的工作，如果市面上有能满足需求的工具，根据自己的需求大胆去研究吧，总有一款是合适的。